Von 1872–1972 wurde Phthalsäureanhydrid ununterbrochen großtechnisch hergestellt. Als Grundchemikalie ist es das älteste technisch genutzte Anhydrid aus der wichtigen Gruppe der Dicarbonsäuren und neben Essigsäure die wichtigste organische Säure überhaupt. Seine Folgeprodukte-Weichmacher, Polyesterharze, Farbstoffe – sind seit 70 bis 100 Jahren fest im Markt der chemischen Industrie verankert. Neben diesen alten Anwendungsgebieten eröffnen sich selbst heute noch dem Phthalsäureanhydrid auf dem Zwischenproduktensektor überraschend neue Perspektiven durch eine bislang unbekannte Folgechemie.

Dieses Buch soll Chemikern, Technikern und Wirtschaftlern als Orientierungs- und Arbeitshilfe dienen. In ihm wird neben der Betrachtung der einzelnen Marktsituationen und der zukünftigen Entwicklungsmöglichkeiten eine Übersicht über die Verfahren zum gegenwärtigen Stand der Technik gegeben.

WISSENSCHAFTLICHE FORSCHUNGSBERICHTE

Reihe II: Anwendungstechnik und angewandte Wissenschaft

WISSENSCHAFTLICHE FORSCHUNGSBERICHTE

II. ANWENDUNGSTECHNIK UND ANGEWANDTE WISSENSCHAFT

BEGRÜNDET VON RAPHAEL EDUARD LIESEGANG
FORTGEFÜHRT VON ROLF JÄGER

HERAUSGEGEBEN VON

DR. WERNER BRÜGEL
Ludwigshafen/Rhein

PROF. DR. A. W. HOLLDORF
Bochum

BAND 1

PHTHALSÄUREANHYDRID

DR. DIETRICH STEINKOPFF VERLAG
DARMSTADT 1972

PHTHALSÄUREANHYDRID UND SEINE VERWENDUNG

WEICHMACHER, POLYESTERHARZE, FARBSTOFFE, ZWISCHENPRODUKTE

von

DR. HUBERT SUTER

unter Mitarbeit von

DR. FRIEDRICH WIRTH und DR. HEINZ NOHE

Badische Anilin- & Soda-Fabrik AG., Ludwigshafen am Rhein

Mit 41 Abbildungen (darunter 1 farbige) und 18 Tabellen

DR. DIETRICH STEINKOPFF VERLAG

DARMSTADT 1972

Softcover reprint of the hardcover 1st edition 1972

ISBN 978-3-642-51104-2 ISBN 978-3-642-51103-5 (eBook)
DOI 10.1007/978-3-642-51103-5

Zweck und Ziel der Sammlung

Als RAPHAEL EDUARD LIESEGANG am 13. November 1947 starb, lagen 57 Bände der Sammlung vor, die er 1921 gegründet und mehr als ein Vierteljahrhundert lang herausgegeben hatte. ROLF JÄGER, sein Nachfolger in der Leitung des Frankfurter Instituts für Kolloidforschung und in der Herausgabe dieser Sammlung, betreute insgesamt 15 weitere Bände, z. T. zusammen mit WERNER BRÜGEL.

Brücken zu schlagen zwischen den einzelnen Teildisziplinen von Naturwissenschaft und Medizin, war und ist das Ziel der „Wissenschaftlichen Forschungsberichte". Diese Aufgabe ist im Zeitalter zunehmender wissenschaftlicher und technischer Spezialisierung notwendiger denn je zuvor. Erfaßten die ersten Bände der Sammlung nach dem Ersten Weltkrieg in Form kritischer Sammelreferate die Literatur einzelner Teilbereiche, so folgten später vorwiegend monographische Darstellungen junger, inzwischen selbständig gewordener Zweige der Wissenschaft und neuer Methoden, die auf vielen Teilgebieten der Forschung allgemeine Bedeutung erlangt hatten. In jüngster Zeit stand die Darstellung physikalischer Methoden und biologischer Probleme im Vordergrund. Diese Entwicklung ließ es geraten erscheinen, ab 1972 die Sammlung in zwei einander ergänzende Reihen unterzugliedern. *Reihe I* umfaßt wie bisher Beiträge zur *Grundlagenforschung und grundlegenden Methodik,* die neue *Reihe II* soll Beiträgen zur *Anwendungstechnik und angewandten Wissenschaft* vorbehalten sein. Mit dieser Untergliederung wurde zugleich die Möglichkeit geschaffen, zu einem späteren Zeitpunkt je nach Bedarf noch weitere Untergliederungen vorzunehmen, sei es im Blick auf bisher nicht oder kaum berücksichtigte Randgebiete von Naturwissenschaft und Medizin, sei es im Blick auf deren mögliche Anwendungsgebiete. Insofern soll am Grundkonzept LIESEGANGS auch künftig festgehalten werden, als die „Wissenschaftlichen Forschungsberichte" heute wie bei ihrer Gründung ein möglichst umfassendes Forum für den wissenschaftlich-technischen Gedankenaustausch sein sollen.

HERAUSGEBER UND VERLAG

Vorwort

100 Jahre nach Aufnahme der technischen Produktion von Phthalsäureanhydrid bei der BASF sind Produktionseinheiten von 100.000 t/Jahr für diese wichtige organische Grundchemikalie möglich geworden. Was steht hinter dieser Entwicklung? Was hat sich zwischen 1872 und 1972 in diesem gesamten Bereich, z. B. in der katalytischen Chemie, in der Technik der Oxidationsverfahren und in der Verwendung dieser chemischen Substanz alles ereignet? Wo stehen wir heute? Und wie sieht es um die Zukunft von Phthalsäureanhydrid aus?

Unwillkürlich drängen sich einem solche Fragen angesichts des seltenen Produktionsjubiläums auf. Das Werden, Sein und Vergehen chemischer Produkte ist oft von verblüffender Kürze. Zwei, drei Jahrzehnte – und es ist vorbei. Warum nicht so bei Phthalsäureanhydrid? Die Antwort ist relativ einfach, die Gründe sind solide und zukunftsträchtig. Ganz allgemein betrachtet ist heute die Gruppe der Dicarbonsäuren und Anhydride eine der wichtigsten unter denen der organischen Chemikalien. Dicarbonsäuren bzw. Anhydride werden gebraucht für Polyamide, Polyester, Weichmacher, Alkydharze, Polyesterharze, Schmieröle, Dinitrile, Farbstoffe u. a. Das älteste technisch genutzte Anhydrid aus dieser Gruppe ist das Phthalsäureanhydrid. Es ist gleichzeitig ein interessantes Beispiel für die große Vielseitigkeit einer solchen Grundchemikalie. Phthalsäureanhydrid ist daher auch neben Essigsäure bzw. deren Anhydrid heute die technisch wichtigste organische Säure überhaupt. Aus diesem Grunde finden Verfahren zur Herstellung von Phthalsäureanhydrid und die seiner technischen Folgeprodukte, wie Weichmacher, Polyesterharze, Farbstoffe und Zwischenprodukte, ein unmittelbares und vitales Interesse.

In diesem Buch ist daher der Versuch unternommen worden, einerseits den modernen Stand der Chemie und der Verfahrenstechnik auf diesem Sektor darzustellen, andererseits die Anwendungsbereiche der Derivate, ihre Entwicklungslinien, ihre wirtschaftliche Bedeutung und ihre Abhängigkeit von den Märkten, auch im Hinblick auf die Einflüsse konkurrierender Produkte, aufzuzeigen.

Angesichts der Fülle des zu behandelnden Stoffes mußte natürlich ausgewählt und abgegrenzt werden. Das geschah unter dem Blickwinkel, mit einer solchen Zusammenfassung allen in diesem Bereich Tätigen – sei es Chemiker, Techniker oder Wirtschaftler in Forschung, Lehre, Produktion, Management, Anwendung oder Anlagenbau – eine Orientierungs- und Arbeitshilfe zu geben. Gleichzeitig soll damit auch denen, die etwas ferner stehen, für dieses technologisch und wirtschaftlich bedeutsame Gebiet rasch Einblick und Überblick vermittelt werden. Bemüht um Aktualität wurde versucht, die chemische, technische und wirtschaftliche Literatur bis in das Frühjahr 1971 hinein zu berücksichtigen. Für den älteren Stand der Technik wurde die Literatur bewußt auf die wesentlichsten Entwicklungsschritte beschränkt. Es sollte und konnte nicht Sinn dieser Arbeit sein, eine ziemlich lückenlose Dokumentation zu präsentieren, in der schlichter Fleiß die wertenden Aussagen überwuchert hätte. Es war unser Ziel, die wissenschaftlichen Resultate gemeinsam mit den Praxiserfahrungen der Vergangenheit zu kombinieren und dies als Erkenntnisgewinn hervorzuheben. Gerade das hat nämlich seinen Niederschlag in den verschiedenen modernsten verfahrenstechnischen Lösungen gefunden. Zu unserem heutigen Stand der Technik hat ferner der allgegenwärtige Begriff „Qualität eines Produktes" nicht unbeträchtlich beigetragen. Trotz steigendem Kostendruck erhöhten sich ständig die Qualitätsforderungen, und mit ihnen wuchs unausweichlich der technische Aufwand.

Den Maßstäben unserer Zeit können ja nur Verfahren gerecht werden, die alle damit verbundenen Faktoren in optimaler Form vereinigt haben. Nur so erhält man betriebssichere Produktionseinheiten möglichst großer Kapazität, die Produkte mit Spitzenqualität erzeugen und unsere Umwelt nicht durch Schmutz belasten. Solche Verfahren sind hier vorgestellt, und sie sind auch seit Jahren bei der BASF verwirklicht.

Ungeachtet dessen bietet aber dieser alte und intensiv bearbeitete Rohstoff Phthalsäureanhydrid selbst heute noch Überraschungen. Deshalb wird zum Schluß gezeigt, wie mit Hilfe elektrochemischer Verfahrenstechnik bei Phthalsäureanhydrid sich das Tor zu einer bisher teilweise unbekannten Folgechemie, zu neuen Produktgruppen und ihren Anwendungsbereichen öffnen läßt.

Ludwigshafen am Rhein, im Juni 1971

HUBERT SUTER

Inhalt

4. Phthalsäureanhydrid für Farbstoffe und spezielle Produkte
(bearbeitet von FRIEDRICH WIRTH)

5. Phthalsäureanhydrid für Zwischenprodukte

(bearbeitet von HEINZ NOHE)

Anhang (Stoffwerte und Spezifikationen)

Literaturverzeichnis

1
Phthalsäureanhydrid

1.1 Historie

Was immer auch dem Forscher und Techniker als der jeweils modernste, oft kaum mehr verbesserungsfähige Stand der Technik erscheint, schrumpft im Rückblick auf ein Jahrhundert schnell auf wenige große Entwicklungsstufen zusammen, die gleichzeitig die Leistungsstärke der Technik ihrer Zeit, die Bedürfnisse der Märkte, die Finanzkraft einzelner Unternehmen und den Einfallsreichtum der Naturwissenschaftler widerspiegeln. Im Bereich der technischen Chemie ist hierfür ein charakteristisches Beispiel die ununterbrochene großtechnische Herstellung von Phthalsäure bzw. Phthalsäureanhydrid in der BASF seit 100 Jahren. Ein Blick auf ihre Geschichte läßt erkennen, wie durch die katalytische Chemie, durch die Technik des Oxidationsverfahrens – sei es Flüssig- oder Gasphasenprozeß – und die Art des Rohstoffes neue Marksteine gesetzt wurden. Nicht nur das, man sieht auch, wie und wo durch das Aufkommen neuer Verwendungsmöglichkeiten bei den Folgeprodukten die Tore zu großen Märkten aufgestoßen wurden; und stets löste das eine wiederum neue Impulse für das andere aus.

Phthalsäure (PS) wurde 1836 von A. LAURENT[1] entdeckt. Dieser französische Chemiker, ein Zeitgenosse LIEBIGS, stieß beim Experimentieren mit Naphthalin auf einen Stoff mit saurer Natur, den er einfach „Naphthalinsäure" nannte. Er glaubte, hier läge das unveränderte Kohlenstoffskelett des Naphthalins noch vor. Kritiken von LIEBIG und MARIGNAC lösten bei LAURENT neue Arbeiten[2] aus, wobei er feststellte, daß seine „Naphthalinsäure" nicht mehr der Naphthalinreihe angehörte, sondern kohlenstoffärmer war. Daraufhin nannte er die Substanz „Phthalinsäure", die dann wenige Jahre später in Phthalsäure umgetauft wurde.

Von der Struktur des Naphthalins hatte man um das Jahr 1840 noch keine rechte Vorstellung. Erst nachdem 1865 KEKULÉ seine Benzolformel aufgestellt hatte, erkannte C. GRAEBE[3] etwas später, 1869, daß es sich bei der Phthalsäure um die Benzol-o-dicarbonsäure handelt. Sie entsteht außer durch Oxidation von Naphthalin auch aus o-Xylol unter den verschiedensten Bedingungen. Durch Abspaltung von Wasser geht sie in ihr Derivat Phthalsäureanhydrid (PSA) über. In dieser Form wird sie technisch verarbeitet und gehandelt.

Mit dem Entstehen der Farbstoffindustrie in der zweiten Hälfte des 19. Jahrhunderts erwachte das Interesse an dieser Substanz, da sie für zahlreiche Farbstoffe benötigt wurde. Erstmals wurde PS bzw. PSA 1872 in größerem technischen Ausmaß in der BASF hergestellt. Seither ist diese organische Grundchemikalie stets ein Gegenstand besonderer Aufmerksamkeit gewesen. Zunächst wurde nach dem LAURENTschen Verfahren von 1872 bis 1881 die Oxidation des Naphthalins zu PS bzw. PSA mit Braunstein und Salzsäure für die Farbstoffe Fluorescein und Eosin, später auch für Rhodamin, Phenolphthalein u. a., ausgeführt. Die Ausbeute lag bei 5–7%. Von 1881 bis 1891 verwendete man als Oxidationsmittel Chromsäure und schließlich zwischen 1891 und 1896 Oleum, was die Ausbeute bis auf ca. 15% verbesserte. Trotzdem blieb dieses Verfahren unbefriedigend, weil es zu teuer war.

Für die sich damals anbahnende Synthese des „Königs der Farbstoffe", des Indigo, wurde es notwendig, einen neuen Weg zur Herstellung eines wesentlich billigeren PSA zu finden. E. SAPPER[4], dem 1891 der Zufall mit einem zerbrochenen Quecksilberthermometer zu Hilfe kam, entwickelte daraus das erste katalytische Flüssigphasenverfahren für PSA. Man bediente sich des Quecksilbersulfats als Katalysator. Von 1896 bis 1925 wurde das SAPPER-Verfahren technisch durchgeführt und hiernach bei BASF 63000 t PSA hergestellt. Zur Wirtschaftlichkeit dieses Prozesses trug bei, daß man das dabei aus dem Oleum anfallende Schwefeldioxid in das Schwefelsäure-Kontaktverfahren zurückführen und so wieder in Oleum verwandeln konnte. Die Naphthalinoxidation wurde also indirekt mit Luftsauerstoff betrieben. Nicht zuletzt hat damals diese Kombination des katalytischen Phthalsäureverfahrens nach SAPPER mit dem Schwefelsäure-Kontaktverfahren nach KNIETSCH der BASF im Wettrennen um eine technisch brauchbare und wirtschaftliche Indigosynthese einen beachtlichen Vorsprung gegeben*. Keine der verschiedenen anderen Methoden für die PSA-Herstellung konnte sich dann auch gegenüber dem SAPPER-Verfahren durchsetzen.

Anthrachinon und vor allem Indigo haben in der Folgezeit in Europa zu einer beachtlichen Steigerung der PSA-Produktion geführt. Bereits 1909 wurden in der BASF 440 t pro Monat hergestellt, wobei die Leistung des Reaktionskessels bis auf 20 t pro Tag gesteigert worden war. Damit hatte das Verfahren seinen Höhepunkt erreicht.

Die Umstellung der Indigosynthese und die aufkommende rationellere Luftoxidation von Naphthalin nach WOHL drängten dann das SAPPER-Verfahren immer mehr zurück, bis es 1925 vollständig aufgegeben wurde. Bereits 1916 zeichnete sich die neue technologische Entwicklung ab, in deren Verlauf die mehr als ein halbes Jahrhundert alte Flüssigphasenoxidation von Naphthalin durch die Gasphasenoxidation abgelöst wurde. Die gasförmige Oxidation von Kohlenwasserstoffen im Luftstrom an Vanadinpentoxid als Katalysator ist heute der beherrschende Prozeß zur Herstellung von PSA. Rund 98% der Weltproduktion werden danach erzeugt.

Im Laufe der Jahre haben sich natürlich verschiedene verfahrenstechnische Lösungen für diese chemische Reaktion herausgebildet. Heute unterscheidet man aber nur noch Verfahren mit fest angeordnetem Kontakt (fixed bed) und Verfahren im Wirbelbett (fluid bed), wobei allerdings eine Abhängigkeit von der Art des Rohstoffes Naphthalin oder o-Xylol besteht. Letztlich kam der Anstoß zu dieser Entwicklung wiederum aus der Kostensituation. Im ersten Weltkrieg, als die Preisfrage keine Rolle spielte, fanden Phthalsäureester an Stelle von Glycerin als Wärmeübertragungsöl bei Feldküchen Verwendung. Wollte man nun für PSA auch außerhalb des Farbstoffsektors neue Verwendungsmöglichkeiten erschließen, galt es, wie schon einmal beim Indigo, erneut die Herstellkosten zu senken, die Ausbeute zu verbessern, mithin eine neue Synthese zu suchen.

Begonnen hat diese Entwicklung mit den Arbeiten von A. WOHL[5], Professor an der Technischen Hochschule in Danzig, dem als ersten Erfolg beschieden war bei dem Versuch, Naphthalin unmittelbar durch Luftsauerstoff zu PSA zu oxidieren. WOHL ließ sich diese Arbeitsweise 1916 patentieren, und die BASF erwarb die Patentrechte. Zunächst handelte es sich hierbei nur um eine Laboratoriumsmethode. In Ludwigshafen wurde dann erst ein der Schwefelsäurekontaktmasse ähnlicher Vanadinkatalysator dafür entwickelt.

Für die Übertragung der Methode in den fabrikationstechnischen Maßstab mußte jedoch erst eine Fülle neuer Probleme gelöst werden. Hauptsächlich zwei Faktoren bestimmten die ganze Technologie: die explosible Eigenschaft des Kohlenwasserstoff-Luft-Gemisches und die Wärmetönung der Reaktion. Hieraus resultierte ein Kernproblem dieser Synthese, nämlich die Einhaltung der günstigen Reaktionstemperatur in Kata-

* „Bedeutung des SAPPER-Verfahrens für Indigo" im Vortrag von BRUNCK am 20. 10. 1900 vor der Deutschen Chemischen Gesellschaft.

lysatorräumen von technischen Dimensionen. Es wurde die Art der Wärmeabfuhr – sei es über Salzbad, Quecksilberbad oder anderem – entscheidend für die verfahrenstechnische Entwicklung des Prozesses und damit die Leistung des Reaktors zur charakteristischen Kerngröße des jeweiligen Verfahrens.

Unabhängig davon und praktisch gleichzeitig wurde in den USA von H. D. GIBBS und C. CONOVER[6] derselbe Weg beschritten. Nach dem Ausbruch des ersten Weltkrieges wurden die USA von der Versorgung mit Phthalsäureanhydrid, das sie aus Deutschland bezogen, abgeschnitten. Bemühungen, den Flüssigphasenprozeß für die eigene Versorgung zu verwirklichen, verliefen wenig zufriedenstellend und lösten eine gründliche Untersuchung über die katalytische Gasphasenoxidation aus. Als Katalysator bevorzugte man eine Mischung von Molybdän- und Vanadinoxid. 1917 wurde dafür in den USA ein Patent erteilt. Erst nach dem ersten Weltkrieg wurde bekannt, daß hier eine wichtige technologische Entwicklung auf diesem Gebiet an zwei Stellen der Welt, noch dazu fast gleichzeitig, zur selben Lösung geführt hatte. Um die Priorität des WOHLschen Patents entbrannte in den USA ein in die Geschichte des Patentrechts eingegangener Streit. Er endete schließlich 1934 damit, daß der BASF (damals IG-Farben) das US-Patent 1971888 erteilt wurde, das normalerweise erst 1951 seine Gültigkeit verloren hätte. Dieser Fall wird zu Recht oft zitiert, weil er deutlich illustriert, wie wichtig es ist, die technische Verwendbarkeit rechtzeitig zu prüfen, mit anderen Worten, die Stunde der „reduction to practise“ zu erkennen.

Der Streit und die späte Entscheidung des US-Patentamtes hatten aber auch in anderer Hinsicht noch erhebliche Konsequenzen. Der zunächst umstrittene, später gesicherte Rechtsschutz für die Luftoxidation zwang alle anderen Interessenten recht früh, unabhängige katalytische und verfahrenstechnische Lösungen zu suchen. Als Folge davon verlief auf Jahrzehnte hinaus die Entwicklung in Deutschland und den USA deutlich voneinander getrennt. Charakteristisch unterschieden sich sowohl die Art des Katalysators als auch der Reaktortyp. Rückblickend kann man nun sehen, wie und warum erst in jüngster Zeit die Vorteile der verschiedenen Techniken zusammen in einem Verfahren verschmelzbar wurden.

In Europa wird das Verfahren seit 1921 von der BASF technisch ausgeübt. Der hierfür verwendete Vanadinkatalysator – ein oxidischer Mischkatalysator – ist in die englische Literatur als „German type catalyst“ eingegangen und besitzt eine Lebensdauer von über 30 Jahren. Er wird in Röhrenreaktoren fest angeordnet. Seit 1926 wird darin die freiwerdende Wärme der stark exothermen Reaktion über eine Kaliumnitrat-Natriumnitritschmelze abgeführt. Für den Festbettprozeß hat sich dieser Salzbad-Röhrenofentyp, natürlich abgewandelt und weiterentwickelt, heute allgemein durchgesetzt. Er genügt den Synthesebedingungen in jeder Hinsicht und hat sich als robust und frei von Störungen erwiesen. Die Ausbeute für rohes PSA lag anfangs bei 85 Gew.% = 73,5% d. Th. und erreichte später 100 Gew.% = 86,6% d. Th. bezogen auf Naphthalin. Bereits in den Jahren 1925 bis 1927 räumte man der Steigerung der Reaktorleistung den Vorrang vor der Verbesserung der Ausbeute ein.

Bis 1945 lag in Deutschland praktisch die gesamte PSA-Produktion in Händen der IG-Farbenindustrie, verteilt auf ihre Produktionsstätten Ludwigshafen, Bunawerk Schkopau und Uerdingen. 1941 wurden 1000 t/Monat hergestellt.

Für die USA bietet sich ein ganz anderes Bild. Obwohl die Regierung Inhaberin des Patents war, wurde dort die industrielle PSA-Herstellung offenbar nur von wenigen Firmen, wie Du Pont, Monsanto und Allied Chemical aufgenommen. Das erste PSA von ihnen kam dort 1918 auf den Markt[7]. Der Temperaturbereich des „German type“-Katalysators zwischen 350–400 °C war patentrechtlich umstritten, und die schlechte

Naphthalinqualität forderte robustere Katalysatoren. Man mußte auf höhere Arbeitstemperaturen von 420–550 °C ausweichen. Als Katalysator benutzte man geschmolzenes Vanadinpentoxid auf einem porenarmen inerten Träger. In der Literatur wird er „coated catalyst" genannt.

Ein Röhrenreaktor mit einer Salpeterschmelze für die Wärmeabfuhr war damals in diesem hohen Temperaturbereich aus Gründen der mechanischen Festigkeit und der Konstruktion technisch äußerst problematisch. Die schließlich gefundene Lösung war der Quecksilberröhrenofen, bei dem die Wärme über siedendes Quecksilber abgeführt wurde. Obwohl in seinen Apparatedimensionen wesentlich kleiner, blieb dieser Reaktor doch noch ziemlich aufwendig. Man brauchte hochprozentige Chromstähle und hatte auch immer Verpuffungen in Kauf zu nehmen. Seine Betriebssicherheit ließ zu wünschen übrig. Die Ausbeute an rohem PSA betrug 70–85 Gew.% (60–74% d. Th.), und man erhielt noch 6–10% Maleinsäureanhydrid (MSA).

In der Literatur unterscheidet man daher entsprechend diesen beiden Entwicklungslinien auch ein Niedertemperatur- und ein Hochtemperaturverfahren. Als nun nach 1945 durch die BIOS-[8] und FIAT-Berichte[9] die technischen Einzelheiten des BASF-Verfahrens allgemein bekannt wurden, bürgerte sich auch für das Hochtemperaturverfahren in den USA der Bau von Salpeterbad-Röhrenreaktoren ein. Obwohl der Quecksilberröhrenofen noch über zwei Jahrzehnte nach dem zweiten Weltkrieg in zahlreichen neuen PSA-Anlagen installiert wurde, war die technische Sackgasse dieser Entwicklung schon längst sichtbar geworden. An diesem Beispiel kann man deshalb sehen, wie die unterschiedlichsten Gründe – etwa ein zollgeschützter Markt, billiges Quecksilber im eigenen Land, der geschäftspolitische Wunsch nach Unabhängigkeit vom Lizenzgeber oder auch fehlende technische Bewertungsmöglichkeit – die wirtschaftliche Existenz einer überholten Technologie verlängern.

Doch nun noch ein Wort zum Hoch- bzw. Niedertemperaturverfahren. Sie unterscheiden sich nicht nur im Katalysator- und Reaktortyp, sondern auch in der Verweilzeit des Kohlenwasserstoffs am Katalysator. Im Hochtemperaturprozeß oxidiert man bei wesentlich geringerer Verweilzeit am Kontakt, läßt also höhere Raumzeitgeschwindigkeiten und folglich höhere Gasdurchsätze zu als im Niedertemperaturprozeß. Jener bot daher die Aussicht, in Kombination mit dem betriebssicheren Salzbad-Röhrenreaktor die Reaktorleistung attraktiv vergrößern zu können. Das Festbettverfahren war damals an die Einhaltung der unteren Explosionsgrenze für die Kohlenwasserstoffbeladung der Luft gebunden. Somit gab es prinzipiell nur zwei Möglichkeiten, die Reaktorleistung zu steigern: den Querschnitt des Reaktors zu vergrößern, d. h. die Zahl der Rohre zu vermehren oder den Gasdurchsatz zu erhöhen. Die Reaktorleistung der 30er Jahre mit 90 t/Monat genügte nämlich nicht mehr den wirtschaftlichen Erfordernissen in den 50er Jahren.

Im Unterschied zu der Übergangsperiode von der Flüssigphasenoxidation zur Gasphasenoxidation 1916 bis 1925 war es diesmal nicht der eigene Impuls, neue Anwendungsgebiete zu entdecken, man stand vielmehr im Sog der gewaltigen Expansion der Kunststoffe. War es Ende der 20er Jahre noch so gewesen, daß die technische Erschließung von Anthrachinonderivaten über die FRIEDEL-CRAFTS-Reaktion infolge einer neuen Aluminiumchloridsynthese den Ausfall von Indigo als PSA-Verbraucher gerade aufzufangen vermochte, so hatten sich inzwischen seit dem Aufkommen von Polyvinylchlorid (PVC) als Kunststoff die Phthalsäureester als Weichmacher einen festen Platz im Markt erobert. Auch als Rohstoff für die Herstellung von Alkydharzen war ein etwa gleich großer Bedarf entstanden.

Als nun Anfang der 50er Jahre die Gruppe der hochpolymeren Polyester sich auch industriell allgemein um die ungesättigten Polyesterharze erweiterte, war noch ein weiterer und zukunftsträchtigerer PSA-Verbraucher auf dem Markt erschienen. Nun wurde überall der Ruf nach PSA-Produktionseinheiten mit großen Leistungen laut. Von den Ingenieuren der Deggendorfer Werft und Eisenbau GmbH zusammen mit der Chemischen Fabrik von Heyden AG wurden in mehrjähriger Entwicklungsarbeit schließlich Reaktoren mit 4,20 m Durchmesser und bis zu 9000 Rohren konstruiert und gebaut. Damit konnte bis 1963 die Reaktorleistung auf 400 t/Monat gesteigert werden. Wie nicht anders zu erwarten, forderte eine solche Situation geradezu heraus, andere Verfahrensprinzipien für die Luftoxidation heranzuziehen.

Bereits 1926 ist W. A. CASPARI[10] ein Patent für die Methode der Wirbelbettoxidation zur Erzeugung von PSA erteilt worden. In den USA hatte SHERWIN WILLIAMS[11] 1944 die erste großtechnische PSA-Wirbelbettanlage in Betrieb genommen. Sowohl in den USA durch Badger als auch in Großbritannien bei UNITED COKE & CHEMICALS[12] wurde diese Technologie hoffnungsvoll vorangetrieben, weil hiernach große Reaktorleistungen verwirklicht werden konnten. Tatsächlich konkurrierte dann auch bald das Wirbelbettverfahren ernsthaft mit dem Festbettverfahren.

War bis 1945 Kokerei-Naphthalin der einzige Rohstoff für die PSA-Herstellung gewesen, so wurde nun auch o-Xylol als Ausgangsmaterial mit in die Überlegungen einbezogen. Im selben Jahr wurde bei ORONITE CHEM. CO.[13] in den USA o-Xylol an einem „coated catalyst" im Salzbad-Röhrenreaktor zu PSA (6500 t/Jahr) oxidiert. MID CENTURY[14] zeigte 1955 die Möglichkeit auf, o-Xylol in einem Lösungsmittel unter Druck in flüssiger Phase, also katalytisch zu oxidieren.

Für den Rohstoff Naphthalin hatte das Wirbelbettverfahren um 1959 (Leistung von mehr als 300 t/Monat je Reaktor) das Festbettverfahren (125 t/Monat je Reaktor) eindeutig überrundet. Natürlich war es verlockend, die späteren großen Reaktorleistungen der Wirbelbettöfen von 2000 t/Monat auch auf den Rohstoff o-Xylol zu übertragen. In den darauffolgenden zehn Jahren war der Weg dahin freilich weitaus dorniger, als zunächst vermutet. Alle bekannt gewordenen Variationen konnten bis heute nicht die Grundbedingungen der Betriebssicherheit und der konkurrenzfähigen Wirtschaftlichkeit erfüllen und fanden daher auch bislang keinen Eingang in die Großtechnik.

Gerade zu dieser Zeit kamen jedoch von seiten des Rohstoffmarktes unübersehbare Alarmsignale. Die flache Steigerungstendenz bei Stahl gegenüber den Kunststoffen und die rückläufige Kohleförderung ließen Naphthalin knapp werden. Bei steigenden Rohstoffkosten drohte eine Lücke zwischen der Versorgung mit Naphthalin und dem Bedarf an PSA aufzureißen. Es war ein Gebot der Stunde, auf o-Xylol überzuwechseln. Von der petrochemischen Industrie wurde es gerade in ausreichenden Mengen und preiswert in den Markt eingeschleust. Zwar glaubte man noch 1960/61[15] in den USA, mit Hilfe von Entalkylierungsverfahren auch die Methylnaphthalinfraktion des Teers und Erdöls als Rohstoffbasis mit heranziehen zu können, aber dieser Weg erwies sich als zu kostspielig, um von Dauer zu sein. Heute werden manche dieser Anlagen auf die Entalkylierung von Toluol umgestellt. In Europa und Japan hingegen ging man gleich konsequent auf o-Xylol über.

Im übrigen nahm die jüngste Entwicklung ab 1962 auch sonst einen anderen Verlauf. Die Aufgabe, vor der die Chemiker und Ingenieure standen, war klar: für den neuen Rohstoff o-Xylol wurde ein Verfahren mit hoher Reaktorleistung gesucht.

Von Progil in Frankreich wurde der Weg über die Flüssigphasenoxidation weiter verfolgt und 1967 die bisher einzige Betriebseinheit nach dieser Methode mit 1700 t/Monat (ca. 20000 t/Jahr) Leistung realisiert. Im Augenblick ist noch nicht zu übersehen, welche Zukunftschancen der Prozeß hat. Offensichtlich müssen erst noch ausreichende Betriebserfahrungen gesammelt werden.

Ein technischer Durchbruch zeichnete sich allerdings ab, als es in der BASF gelang, Vanadiumpentoxid in Form des Mischoxidkatalysatortyps auf einen inerten Kugelträger in dünner Schicht aufzuziehen. Damit konnte nicht nur die chemische Reaktion selektiver gesteuert und so die Ausbeute erheblich verbessert werden, es wurde auch möglich, zu hohen Raumzeitgeschwindigkeiten überzugehen. Da der Druckverlust des Kugelkatalysators ungewöhnlich niedrig ist, gelingt es, bei guter Ausbeute gleichzeitig große Gasmengen durchzusetzen. Während noch 1966 beispielsweise die Reaktorleistung nach dem von Heyden-Verfahren bei rund 400 t/Monat und nach dem Ruhröl-Verfahren bei 850 t/Monat lag, gelang es 1967 in der BASF, die Reaktorleistung auf 1200 t/Monat zu erhöhen.

Aus der chemischen und technischen Weiterentwicklung der Luftoxidation resultierte das BASF-Verfahren, bei dem jetzt durch die Kombination von neuer Reaktorkonstruktion und Kugelkatalysator eine Leistung je Einheit von 1650 t/Monat entstanden ist und von 3000 t/Monat erwachsen wird. Damit werden wirtschaftliche PSA-Großanlagen von 100000 t/Jahr Kapazität möglich.

Seit einigen Jahren haben die neu installierten Anlagen fast alle o-Xylol als Rohstoffbasis. Innerhalb des EWG-Raumes beträgt der Anteil der PSA-Versorgung aus Naphthalin nur noch 30%. Eine ähnliche, wenn auch zeitlich verzögerte Tendenz verrät auch der USA-Markt. Für eine Übergangszeit mag bei Unternehmen mit Zwangsanfall von Naphthalin in Kokereien dieser Rohstoff wirtschaftlich noch tragbar sein, wenn sie ihn selbst weiterverarbeiten.

Nach einem halben Jahrhundert getrennter verfahrenstechnischer Entwicklung des Nieder- und Hochtemperaturverfahrens gelang es endlich – ausgelöst durch den Zwang, eine neue Rohstoffquelle der PSA-Versorgung zu erschließen –, die Vorteile beider Methoden im BASF-Prozeß zu vereinigen: selektiver Vanadinpentoxid-Mischoxidkatalysator, Salzbad-Röhrenreaktor, gute Ausbeute bei hohen Gasdurchsätzen und somit große Reaktorleistungen.

Sowohl die Betriebssicherheit als auch die wählbare Verwendung von o-Xylol oder Naphthalin als Rohstoff unterstützen die Flexibilität des Verfahrens. All diese Faktoren lassen heute, 100 Jahre nach Aufnahme der technischen Produktion von PSA und einem vielfach gewundenen, nur selten überschaubaren Weg durch die Märkte und die chemische Technik, Produktionseinheiten von 100000 t/Jahr für diese wichtige organische Grundchemikalie zu.

1.2 Wirtschaftlich-technische Bedeutung

1.2.1 Allgemeine Überlegungen

Für die wirtschaftliche und damit auch technische Bedeutung eines Produktes ist stets entscheidend, ob sich die Chemikalie zum Massenprodukt entwickelt. Die Mengenkonjunktur fordert und fördert neue Produktionsmethoden und wird dadurch auch gewöhnlich von sinkenden Preisen begleitet. Anders ausgedrückt: Preisverfall bei Nachfrageboom signalisiert für eine solche chemische Substanz eine breite Verankerung im Markt durch die verschiedensten Anwendungsbereiche. Ein solches Marktgeschehen spiegelt also die zunehmende Bedeutung des Produktes bzw. seiner Folgeprodukte wider, sagt etwas über mögliche Anfälligkeit gegenüber Konkurrenzprodukten aus und läßt durchaus zu Recht Sicherheit über dessen zukünftige Lebensfähigkeit aufkommen.

In diesem Sinne zählt PSA zu den wichtigsten organischen Grundchemikalien, ja es hält ohne weiteres einem Vergleich mit der Schwefelsäure auf dem Gebiet der organisch-technischen Chemie stand. Der Trend zum billigen Massenartikel kann auf seinem windungsreichen Weg in der 100jährigen Fabrikationsgeschichte verfolgt werden. 1876 beliefen sich die Herstellkosten auf 18,50 Goldmark/kg, bis 1913 waren sie auf –,58 Goldmark/kg gesunken; 1950 betrugen sie ca. –,70 DM/kg, und heute liegen sie im Durchschnitt bei –,50 bis –,60 DM/kg. In den USA lagen die Verkaufspreise[16] 1917 bei 4,23 US $/lb, 1919 bei –,99 US $/lb, 1939 bei –,14 US $/lb, 1950 bei –,19 US $/lb und heute bei –,08 US $/lb.

In Abhängigkeit vom jeweiligen dominierenden Verwendungszweck gab es einerseits Produktionsspitzen, so z. B. bei dem Aufkommen der Indigosynthese um die Jahrhundertwende oder dem Heranwachsen von PVC zum großen Kunststoff. Andererseits gab es Einbrüche, wie etwa bei der Verdrängung des Indigo durch die hochechten Küpenfarbstoffe der ®Indanthren-Reihe, natürlich auch in Kriegs- und Nachkriegszeiten. Da bis in die frühen 60er Jahre Naphthalin der einzige Rohstoff war, reflektierte dieses Auf und Ab die Schwankungen der Stahlindustrie. Mittlerweile ist ein ruhigerer Verlauf zu beobachten; bis vor einem Jahrzehnt war es jedoch nicht gelungen, den Markt so gut zu beobachten, daß eine brauchbare Marktanalyse hätte gemacht werden können.

Die PSA-Produktion pendelte so zwischen cyclischer Verknappung und cyclischem Überschuß. Solange die chemischen Verfahren noch im scharfen Wettbewerb miteinander standen und sich noch keines in seiner Technologie deutlich überlegen von den anderen abgesetzt hatte, verzögerte das Auswählen nicht selten die Entscheidung für eine neue Investition. In einem solchen Stadium ist es schwierig, die konstruktive Sicherheit der technischen Auslegung, somit also das betriebliche Risiko, einzuschätzen. Verzögerungen bei der Projektabwicklung und unerwartete Anfahrschwierigkeiten durchkreuzten häufig die Terminpläne. Die heute übliche durchschnittliche Plan- und Bauzeit für ein PSA-Projekt von ca. 24 Monaten dauerte damals mitunter 6 bis 12 Monate länger, so daß die ursprünglichen Marktprognosen nicht mehr zutrafen. Die Zeiten des PSA-Mangels verlängerten sich, die Preise kletterten weiter – mitunter entstand ein grauer Markt – und die momentane gute Rendite lockte Newcomer in das PSA-Geschäft. Die Welle der Überkapazität, die dadurch entstand, rollte in der Praxis an, wenn der Markt sich bereits normalisiert hatte. Die Preise stürzten tiefer, als erwartet wurde, und sanken manchmal bis unter die Selbstkosten.

Solche bitteren Erfahrungen lösten bei den nächsten fälligen Investitionsentscheidungen wenige Jahre später besondere Vorsicht aus. In der guten Absicht, denselben Fehler zu vermeiden, wurde er in Wirklichkeit durch manchen Fabrikationszusammenbruch verschärft wiederholt. PSA erwarb sich damit den Ruf eines schwierigen Produktes. Im Kreis der PSA-Produzenten dauerte es außerdem Jahre, bis über die Wettbewerbsdifferenzen hinweg eine statistische Tatsache allgemein zugegeben wurde und schließlich in die Kapazitätsüberlegungen miteinging. Mangelnde Betriebssicherheit der Verfahren, vorübergehende Rohstoffengpässe, Streiks, kürzere Lebensdauer der Produktionseinheiten als erwartet, all das summierte sich zu dem jährlich wiederkehrenden Ergebnis, daß die PSA-Kapazitäten nur 85 – 90% ihrer Nennkapazität überhaupt erreichten. Mithin wurde schon deshalb jahrelang mit Kapazitätsangaben gearbeitet, die in Wirklichkeit um 10 – 15% überhöht waren und so die Phase der vollen Auslastung zu spät erkennen ließen.

Seit einigen Jahren vollzieht sich allerdings – und das aus mehreren Gründen – eine Wende. Der Ausbruch aus diesem circulus vitiosus gelang erst, nachdem man allgemein

---

® = registriertes Warenzeichen.

davon abging, die Investitionsentscheidung nicht mehr induziert durch den Blick auf die Branchenführer für das Produkt PSA alleine zu fällen. PSA wurde zunehmend bei vielen Firmen in dem jeweils spezifischen örtlichen, vertikalen, wirtschaftlichen Verbund vom Rohstoff Naphthalin bzw. o-Xylol bis zu der Endproduktenpalette – sei es Weichmacher, Alkyd- und Polyesterharze oder Farbstoffe – einbezogen. Seine dominierende Bindung an die Entwicklung des Kunststoffsektors erlaubte nun auch in der Folge verläßliche Marktanalysen. Längst hat sich ja PVC vom Kunststoff zum Werkstoff gewandelt. Ein Werkstoff wie PVC, der sich von 1970 mit 5,8 Mio t/Jahr bis 1980 auf rund 22 Mio t/Jahr steigern wird, ist nach menschlichem Ermessen aus dem technisch überschaubaren Zeitraum der nächsten zwei bis drei Jahrzehnte nicht wegzudenken.

In qualitativer und quantitativer Hinsicht haben sich die Phthalate als Weichmacher für PVC einen festen Platz erobert. Schon dadurch ist ein beachtlicher PSA-Bedarf garantiert. Berücksichtigt man nun in dieser längerfristigen Betrachtung die durchschnittliche Lebensdauer der PSA-Anlagen und setzt diese mit ca. 8 Jahren an, wird auch die Größe der Ersatzinvestitionen kalkulierbar. Da ferner die Fälle der „höheren Gewalt" vernachlässigbar klein geworden sind, erreichen die modernsten PSA-Verfahren einen „on stream"-Faktor von praktisch 100%(bezogen auf die Nennkapazität). Damit erhalten die bekannten gegebenen Kapazitäten auch eine größere Zuverlässigkeit.

Technischer Fortschritt und ein verbreiterter Rahmen der Wirtschaftsstatistik machen den PSA-Markt transparenter. Beide Faktoren tragen dazu bei, die Risiken für PSA-Investitionen in Zukunft zu verkleinern und die erwartete Rendite auch zu verwirklichen.

1.2.2 Markt- und Kapazitätsüberblick

Welche Marktentwicklung kann man nun erwarten? Welche PSA-Kapazitäten sind gegenwärtig vorhanden, und wo befinden sich die wichtigsten Produktionsstätten? Um zu einer gültigen Aussage zu kommen, müssen alle drei Fragen gemeinsam betrachtet werden.

In der Tab. 1 sind die Produktionsmengen und Kapazitätsangaben sowie die Zahl der Herstellerfirmen in der Zeit von 1960 bis 1971, gegliedert nach den großen Wirtschaftsräumen, zusammengefaßt. Für die Jahre 1960 bis 1965 sind nur die Produktionszahlen wiedergegeben. Ab 1965 können die Kapazitäten mit den tatsächlich produzierten Mengen verglichen werden. Die Differenz zwischen den beiden Werten deutet eine scheinbare Produktionsreserve an, die stets nur teilweise und kurzzeitig bestanden haben kann (s. o.).

Aufschlußreicher ist die jährliche und die absolute Steigerung. Legt man für 1960 den Index 100 zugrunde, so ergibt sich für diese Zeit eine Steigerung von 176%der Produktion bzw. der Kapazität. Die jährliche Rate beträgt hierbei 12%. Die Zahl der erfaßten Hersteller nahm von 83 auf 90 innerhalb von 5 Jahren zu. Berücksichtigt man noch kleinere Produzenten in Südamerika, Afrika und anderswo, so darf man auf der ganzen Welt rund 100 PSA-Produzenten annehmen. Auskunft über die Verteilung der Kapazitäten gibt indessen ein Blick auf die zehn größten PSA-Produzenten der Welt (Tab. 2).

Hiernach werden 842600 t/Jahr = 38,3% der gesamten Kapazität allein von 10% der Hersteller erzeugt. Der Anteil der BASF-Gruppe selbst beträgt schon 9,36%.

Tab. 1. Entwicklung des weltweiten Kapazitätsausbaus und der Produktion von PSA
Stand 1970 in 1000 Tonnen

	1960	1961	1962	1963	1964	1965		1966		1967		1968		1969		1970		
PSA-Produzent	Prod.	Prod.	Prod.	Prod.	Prod.	Prod.	Prod.-stätten	Kapa-zität	Prod.	Kapa-zität	Prod.	Kapa-zität	Prod.	Kapa-zität	Prod.	Kapa-zität	Prod.	Prod.-stätten
EWG*	134,8	156,3	165,5	209,5	235,5	258,8	34	343,5	264,1	390,5	336,5	444,0	400,8	512,0	414,0	560,0		33
EFTA	41,9	52,0	54,6	59,5	66,0	71,6	13	113,0	81,5	122,0	89,5	138,8	116,0	116,0	104,0	198,0		13
USA	182,1	172,5	193,9	208,4	253,1	277,8	16	315,5	303,0	322,3	322,3	400,0	342,5	362,0	351,4	478,0		13
Japan	52,6	70,3	70,2	76,1	91,0	94,8	10	149,5	124,0	162,5	137,0	202,5	161,0	203,0	194,5	240,0	226,0	11
COMECON**	45,0	73,0	80,0	90,0	95,0	100,0	10	117,1	105,0	156,0	140,0	178,6	170,0	231,5	190,0	307,5		13
Produktions-stätten							83											83
Gesamt-Prod.	456,4	524,1	564,2	643,5	740,6	803,0			877,6		1025,3		1190,3		1253,9			
Produktions-steigerung Index 1960	100,0	115,0	123,5	141,0	162,5	176,0			192,0		224,5		261,0		275,0			
Produktions-steigerung***/ Jahr %		14,8	7,68	14,1	15,1	8,4			9,3		14,4		16,1					
Gesamtkapazität								1038,6		1153,3		1363,9		1424,5	5,35	1783,5		
Kapazitäts-steigerung Index 1966								100,0		111,5		131,5		137,2		171,8		
Kapazitäts-steigerung/Jahr in %										11,1		18,3		4,4		25,2		

* EWG mit Spanien. ** COMECON mit Jugoslawien. Die Angaben für diesen Wirtschaftsraum sind unsicher. ***Durchschnittliche Produktionssteigerung = 11,7%/a.

Tab. 2. Entwicklung des Kapazitätsausbaus bei den 10 größten PSA-Produzenten der Welt Stand 1971 in 1000 Tonnen *

Produzent	1966	1967	1968	1969	1970	1971/72
BASF-Gruppe	28,0	42,0	72,0	72,0	166	206
(BASF-Lu, BRD)	28,0	42,0	72,0	72,0	72	110
Koppers, USA	22,7	22,7	31,7	41,6	98	98
Monsanto, USA	45,4	45,4	79,3	70,0	36	94
Nihon Shokubai, Japan	60,0	60,0	70,0	70,0	74	92
Gelsenberg, BRD	10,8	29,0	29,0	32,6	33	85
Kawasaki, Japan	47,5	42,0	55,0	63,4	72,0	72,0
Allied Chemical, USA	64,4	64,4	67,6	67,6	67,6	67,6
Ftalital, Italien	42,0	42,0	50,0	50,0	45,0	45,0
Ruhröl, BRD	27,0	37,0	45,0	45,0	45,0	45,0
Péchiney, Frankreich	38,0	38,0	38,0	38,0	38,0	38,0
Sa. der Kapazitäten	385,8	422,5	537,6	550,2	674,6	842,6
% der Weltkapazität	37,2	36,7	39,4	38,7	37,8	38,3

* geschätzt vom Autor nach Pressemitteilungen.

1.2.3 Marktanteile der einzelnen Anwendungsgebiete

PSA dient als Rohstoff für vier verschiedene technische Anwendungssektoren: Weichmacher, Alkydharze, ungesättigte Polyesterharze, Farben. Bei den Weichmachern ist der Trend zur Mengenkonjunktur seit $1^1/_2$ Jahrzehnten erkennbar. Durch das sprunghafte PVC-Wachstum stießen der Bedarf und damit die fälligen Produktionskapazitäten zu einer anderen Größenordnung vor. Die Alkydharze mit ihrer stetigen Entwicklung wurden dadurch auf den zweiten Platz verwiesen, der allerdings auch schon durch die ungesättigten Polyesterharze gefährdet erscheint. Für diese wurden nämlich neue technische Verwendungen aufgezeigt, was in jüngster Zeit zusätzlich eine beachtliche Nachfrage auslöste. Gegenwärtig ist dieses Marktvolumen jedoch nur ungefähr abzuschätzen. Der Bedarf für Farben hingegen kann naturgemäß nicht diese Wachstumsfreudigkeit zeigen. Von der Menge her ist dieser Sektor nicht so unbegrenzt aufnahmefähig wie der Kunststoffbereich. Daneben zeichnet sich heute ein fünftes Gebiet ab, in den Derivaten der Dihydrophthalsäure. Es handelt sich um bislang teilweise unbekannte Zwischenprodukte.

Auf dem japanischen Markt besitzt PSA außerdem eine spezielle Bedeutung für die Herstellung von Terephthalsäure.

Aus Tab. 3 ist nun die prozentuale Verteilung des PSA auf die einzelnen Sektoren in Europa und den USA ersichtlich.

Tab. 3

Land	Weichmacher	Alkydharze	ungesättigte Polyesterharze	Farben	Sonstige
BRD	59	23	12	5	1
USA	50*	25	20	5 (Farben und Sonstige)	
Japan	49**		13	14	24

* Schätzwert für 1972 = 56%. ** Schätzwert für 1972 = 51%.

Der Anteil für Weichmacher dürfte sich weltweit gesehen in einigen Jahren bei ca. 55% einpendeln.

Betrachtet man PSA-Kapazitäten und PSA-Verwendungsbereiche zusammen, so bietet sich langfristig das Bild eines unverwüstlichen und gesunden Wachstums. Wenn sich die mittelfristige Beurteilung des PSA-Marktes dagegen häufig weitaus schwieriger gestaltet, so dürfte dies nicht zuletzt auch auf die Form der Meinungsbildung zurückzuführen sein. Irrtümer und taktische Methoden zur Irreführung der Konkurrenz gehen bei einer aktuellen mittelfristigen Prognose unvermeidlich mit ein. Der Kapazitätsausbau ist dadurch nicht selten unternehmerisch mit einem erheblichen Unsicherheitsfaktor belastet. Die langfristige Prognose liefert indes, wie die Erfahrung lehrt, hilfreiche Orientierungswerte in der richtigen Größenordnung. In den USA[17] wurde bereits 1954 die PSA-Produktion in einer Zwanzigjahresperspektive für 1975 auf ca. 1 Million t geschätzt. Aus der heutigen Sicht können 0,6 – 0,8 Millionen t erreicht werden.

An dieser Stelle mag es daher gestattet sein, ein klärendes Wort zu dem zählebigen, vor allem häufig in der angelsächsischen Fachliteratur unverdrossen wiederkehrenden Unkenruf „phthalic – could go out like a light" abzugeben. Es heißt, PSA hätte, wie alle Produkte, die ohne Verkaufstalent und technischen Service einen automatischen Markt besitzen, eine eigenartige Faszination. Sein niedriger Preis und die durchaus zu Recht bestehende Verärgerung über die ständigen Schwierigkeiten bei der Produktion legen jedoch nun fälschlicherweise den Gedanken nahe, daß die chemische Substanz keine besonderen Verbraucherqualitäten besitzt. Man folgert hieraus, daß die starke Position des Phthalsäureanhydrids, die es in der großen Liste der Dicarbonsäuren hat, lediglich vom billigen Preis herrühre. Das aber ist ein Irrtum! Keine der anderen Dicarbonsäuren, könnte sie auch nur billig genug hergestellt werden, kann PSA in seiner Marktposition deutlich erschüttern. Längst sind die Eigenschaften von Dicarbonsäuren der aliphatischen und cycloaliphatischen Reihe bekannt. Sie können die Eigenschaften des PSA, wie sie für Weichmacher, den Hauptteil der Alkyd- bzw. der ungesättigten Polyesterharze benötigt werden, ganz abgesehen von dem Farbstoffbereich, nicht bieten. PSA hat heute und in der Zukunft seinen festen Platz und gehört zu den ersten organischen Grundchemikalien. Mit einer Weltkapazität von ca. 2 Mio t im Jahr 1972 und einer erwarteten Steigerung auf ca. 4 Mio t/Jahr 1980 ist PSA neben Essigsäure bzw. deren Anhydrid die technisch wichtigste organische Säure überhaupt.

1.2.4 Investitionsvolumen

Der einzige Weg, um mit dem zeitweise wenig rentablen PSA zu einem normalen oder guten Geschäft zu kommen, besteht angesichts einer solchen kaum verrückbaren Marktposition darin, zu möglichst großen Produktionseinheiten überzugehen. Hierfür kann, ja muß sogar im Hinblick auf die Kosten bei Produktionsausfall genügende technische Reserve berücksichtigt werden, um die Produktionssicherheit zu garantieren und noch wirtschaftlich zu bleiben – ein Weg, der von der BASF konsequent in letzter Zeit beschritten wurde.

Die Größe einer wirtschaftlichen Produktionseinheit ist natürlich stark von örtlichen Bedingungen und den Gegebenheiten des jeweiligen Marktes abhängig. Als Minimalkapazität hat sich in den letzten Jahren die Einheit von 14400 t/Jahr erwiesen. Für die maximale Kapazität je Einheit zeichnet sich auf absehbare Zeit eine Größe von 100000 t/Jahr ab. Vom Markt her werden gegenwärtig Anlagen zwischen 30000 – 60000 t/Jahr bevorzugt.

Inzwischen haben einzelne große Märkte, wie der USA-Markt oder der Japan-Markt, für die Investitionsentscheidungen mit Blick auf drohende Überkapazitäten ihre eigene Marktstrategie und Regulative ausgebildet. In dem publikationsfreudigen USA wird von den einzelnen Unternehmen bereits die Absicht, Neuinvestitionen vorzunehmen, veröffentlicht. Kleine Kapazitätszahlen werden dabei nicht genannt. Man plant allgemein auf der Basis einer 80%igen Kapazitätsauslastung und praktiziert die Methode, erst bei genauer Durcharbeitung eines Projektes die Kapazität dem Markt anzupassen. Nicht selten werden dadurch die ursprünglich publizierten Investitionspläne um 30–40% reduziert, mitunter gänzlich gestrichen. Da solche Korrekturen erst sehr viel später bekannt werden, addieren sich die Zahlen in den Wirtschaftsmeldungen zu papierenen, gleichwohl beeindruckenden Überkapazitäten. Diese wirken sich dämpfend auf die Investitionsfreudigkeit anderer aus, sobald tatsächlich eine Spitzengruppe von drei, vier Firmen mit dem Bau von Neuanlagen begonnen hat. Hier werden Wirtschaftsmeldungen gezielt eingesetzt, um Konkurrenten irrezuführen. Auch in Japan werden Wirtschaftsmeldungen in derselben großzügigen Art benützt, jedoch reguliert hier das Wirtschaftsministerium (MITI) über die staatliche Finanz- und Steuerpolitik. Es wird sorgfältig darauf geachtet, daß der Kapazitätsausbau dem geschätzten Bedarf angepaßt bleibt. Alle konkurrierenden PSA-Produzenten werden unter Inkaufnahme von Zeitverschiebung gegenüber den Investitionsterminen angehalten, ihre Ausbaupläne vorher gegenseitig abzustimmen. Und so resultiert hieraus – unabhängig von den publizierten Plänen, daß Markt und Kapazität in einem vernünftigen Verhältnis zueinander bleiben.

Warum PSA auf ein so vielfältiges und umkämpftes wirtschaftliches Interesse stößt, kann abschließend nur mit dem zu erwartenden Investitionsvolumen bis 1980 beantwortet werden. Geht man davon aus, daß 1972 in der Welt ca. 2 Mio t PSA hergestellt werden, und schätzt man die jährliche Steigerung des Bedarfs bis 1980 auf 10%, so ergibt sich ein Zuwachs von ca. 2 Mio t. Addiert man hierzu die Ersatzinvestitionen für nur 1 Mio t, so heißt dies, daß in den kommenden acht Jahren insgesamt Kapazitäten für 3 Mio t Leistung neu zu erstellen sind. Das sind mindestens 30 Einheiten der maximalen Größe von 100000 t/Jahr, in Wirklichkeit aber, da mittlere und kleinere Einheiten überwiegen werden, erheblich mehr. Die hierfür aufzubringende Geldsumme bewegt sich in einer Größenordnung von 1–1,5 Milliarden DM. Der zu erwartende jährliche Umsatzwert dürfte zwischen dem Eineinhalb- bis Zweifachen dieser Summe liegen. Solche Investitionsbeträge allein für eine einzelne Chemikalie sprechen für sich, und sie müssen amortisiert werden. Auch aus diesem Grund ist die Marktposition auf lange Zeit stabil.

1.3 Derivate des Phthalsäureanhydrids bzw. der Phthalsäure

Als einfachste aromatische Dicarbonsäure vermag diese Substanz natürlich alle typischen Reaktionen der Dicarbonsäuren einzugehen. Darüber hinaus sind auch viele Reaktionen möglich, die mit der aromatischen Natur des Benzolkerns zusammenhängen. Von den zahlreichen, in der Literatur beschriebenen Reaktionen des PSA sind hier nur die interessantesten ausgewählt worden.

Reaktionen mit Alkohol: Erhitzt man PSA mit Alkohol, bildet sich zunächst durch Alkoholyse des Anhydridringes der saure Monoester, der dann in den neutralen Diester übergeht.

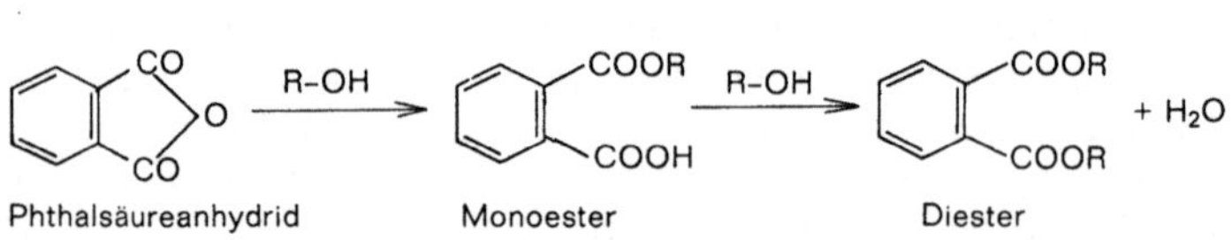

Mit mehrwertigen Alkoholen hingegen bilden sich Polyester von harzartiger Beschaffenheit.

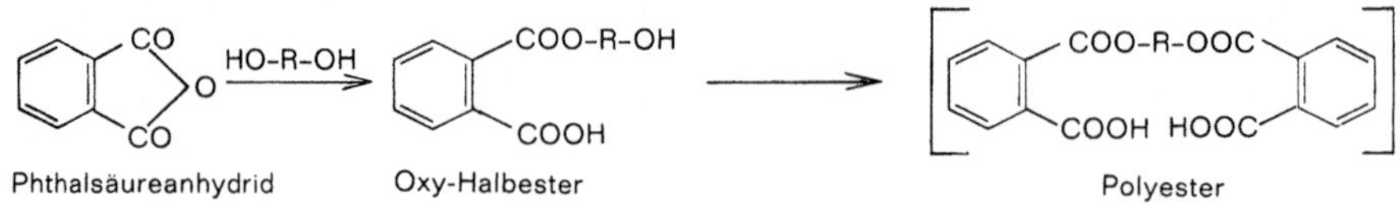

Reaktionen mit Ammoniak: In Abhängigkeit von den Bedingungen der Reaktion erhält man Phthalimid, Phthalsäuremonoamid, Phthalsäurediamid oder Phthalodinitril.

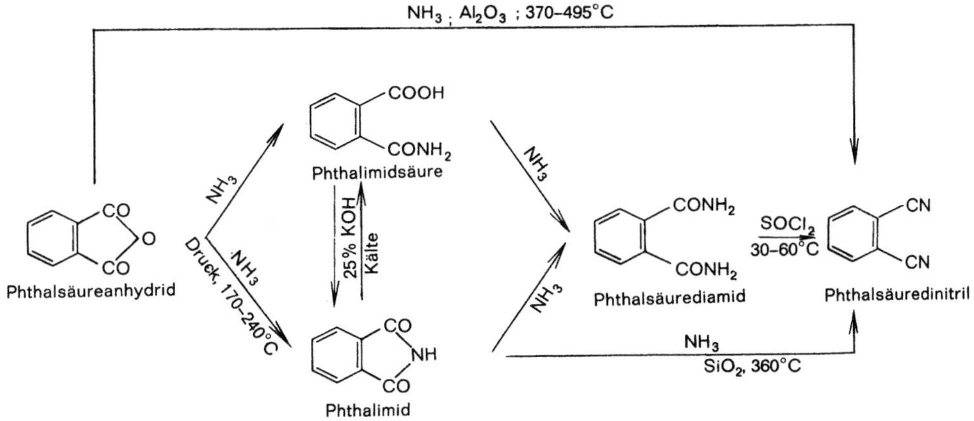

Decarboxylierung des Anhydrids bzw. der Säure: Durch Einleiten von Dampf in geschmolzenes Anhydrid kann in Gegenwart eines Katalysators die Substanz unter Abspaltung von Kohlendioxid in Benzoesäure übergeführt werden. Die Reaktion kann unter entsprechenden Bedingungen auch in der Dampfphase ausgeführt werden.

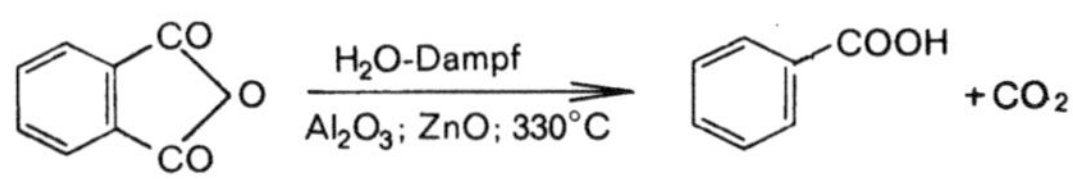

Umlagerung: Erhitzt man das Dikaliumsalz der Phthalsäure, so lagert sich die o-Phthalsäure zur Terephthalsäure um.

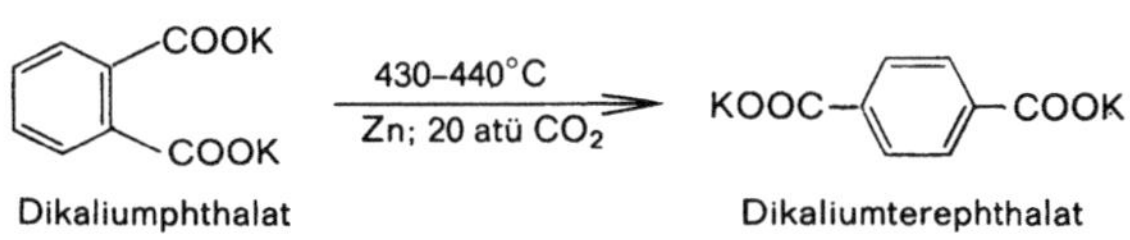

Reaktionen mit Wasserstoff: Bei der katalytischen Hydrierung in Gegenwart eines Nickelkatalysators entsteht eine Mischung der verschiedenen Reaktionsprodukte: Phthalid, o-Toluylsäure und Hexahydro-o-Toluylsäure. Hydriert man mit Nickel unter Druck, entsteht Hexahydrophthalsäure. Durch elektrochemische Hydrierung hingegen gelingt es, Phthalsäureanhydrid selektiv in $\Delta^{3.5}$-Dihydrophthalsäure überzuführen.

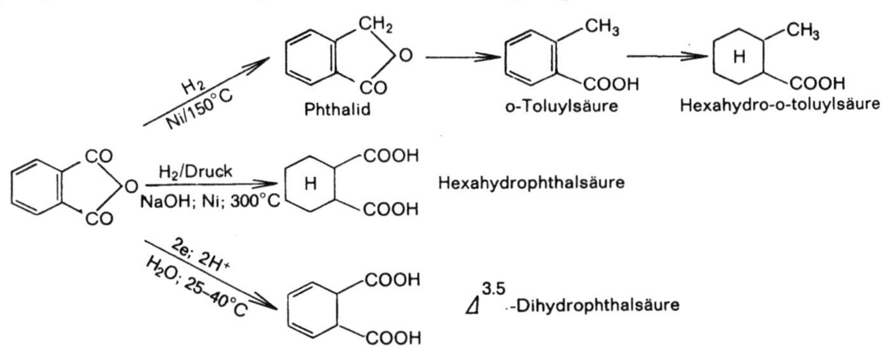

Halogenierung: Das normale Phthalylchlorid entsteht durch Reaktion mit Phosphorpentachlorid bei erhöhter Temperatur. Mit Hilfe von Aluminiumchlorid als Katalysator kann dieses in das Stellungsisomere umgewandelt werden.

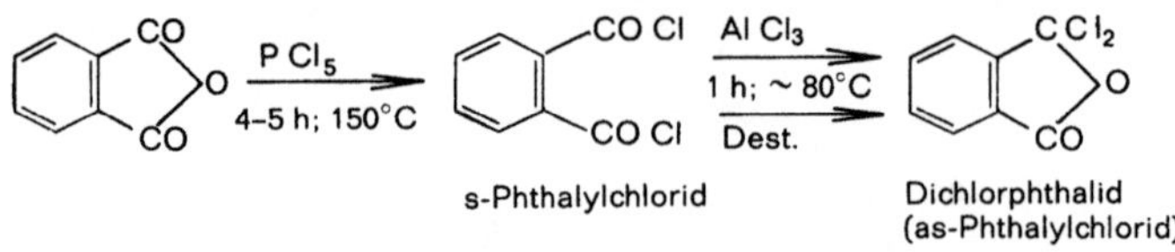

Nimmt man die Chlorierung in rauchender Schwefelsäure mit Jod als Katalysator vor, so erhält man 3.6-Dichlorphthalsäureanhydrid. Durch erschöpfende Chlorierung entsteht schließlich Tetrachlorphthalsäureanhydrid.

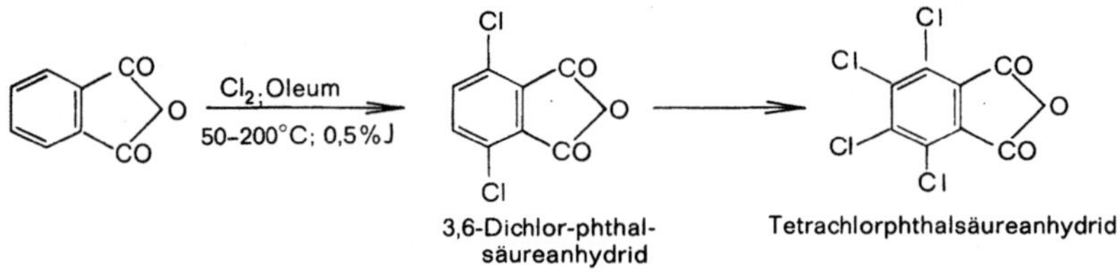

In ähnlicher Weise erhält man auch Tetrabromphthalsäureanhydrid.

Sulfurierung: Dürch Behandlung mit rauchender Schwefelsäure erhält man 3- und 4-Sulfophthalsäure.

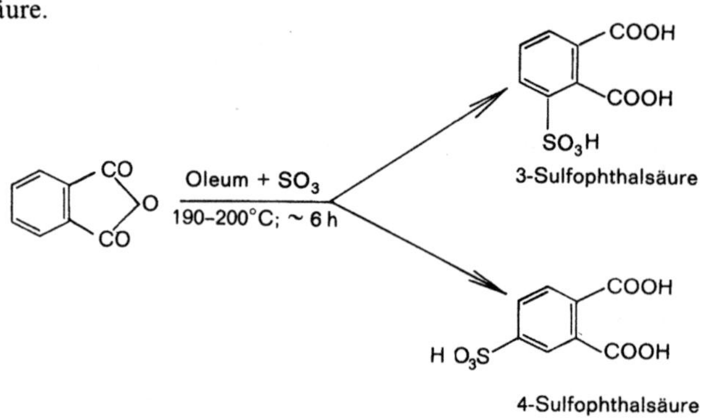

Nitrierung: Durch Reaktion mit rauchender Salpetersäure entsteht ein Gemisch von ungefähr 50% 3- und 4-Nitro-Phthalsäure.

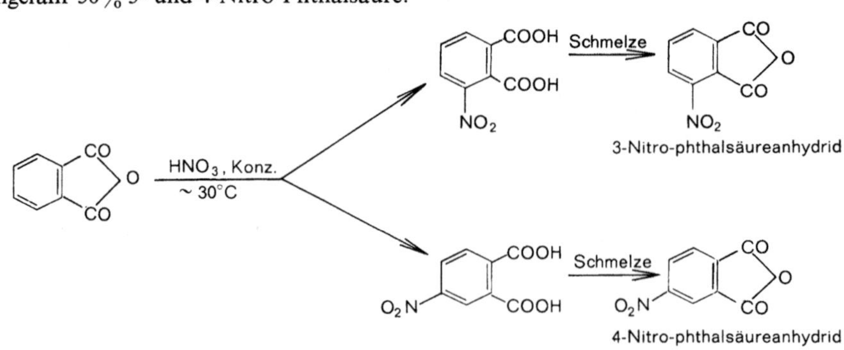

Kondensationsreaktionen: Bei der Umsetzung von Phthalsäureanhydrid mit Aromaten oder substituierten Aromaten nach FRIEDEL-CRAFTS mit $AlCl_3$ entstehen nach dem Ringschluß vor allem Derivate des Anthrachinons.

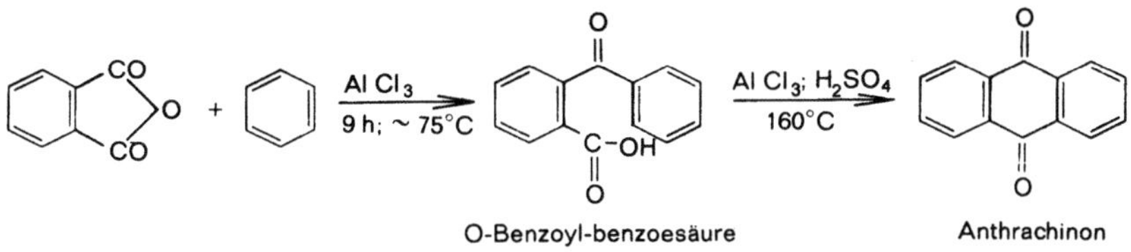

Durch Kondensation mit Phenol erhält man Phenolphthalein; substituierte m-Amidophenole ergeben Rhodamine, mit Resorcin entsteht Fluorescein, mit Chlorphenol bildet sich Chinizarin und mit Chinaldin Chinophthalon.

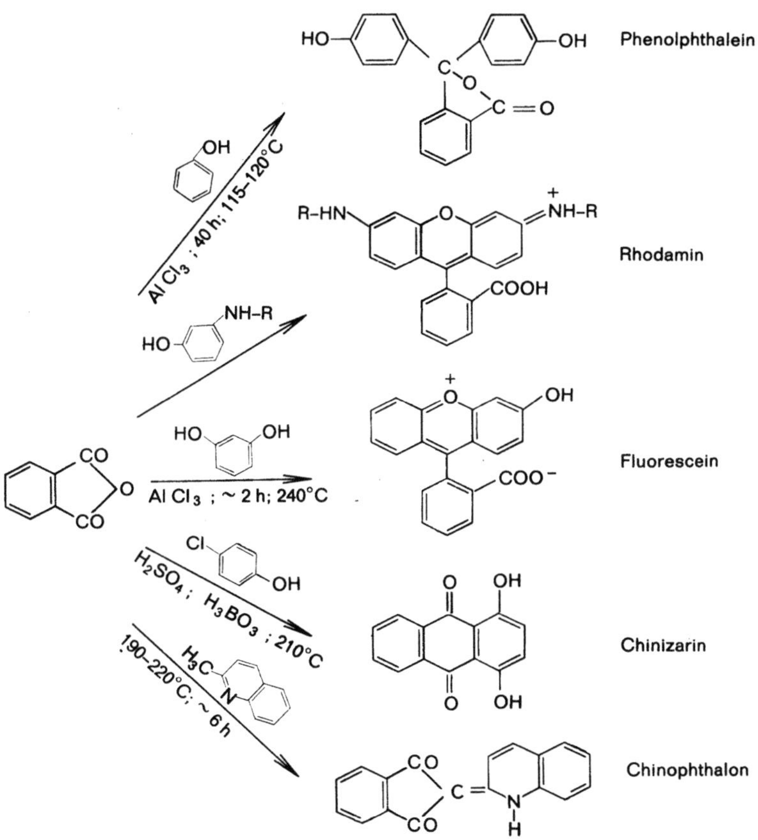

In Gegenwart von Cu-Salzen kondensiert Phthalsäureanhydrid mit Harnstoff zu Phthalocyaninen.

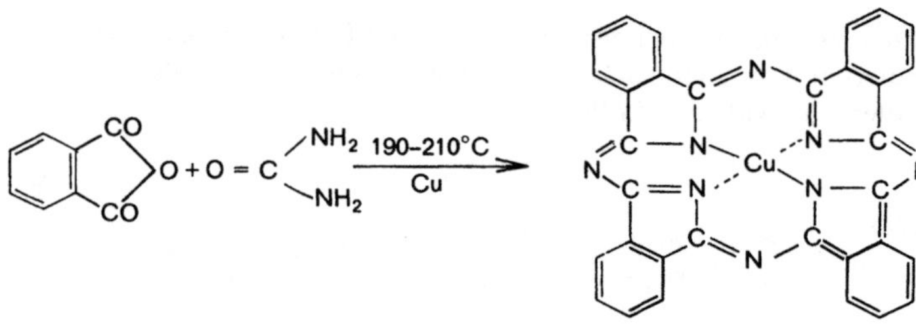

Kupferphthalocyanin

1.4 Reaktionen von industrieller Bedeutung

Von diesen Reaktionsmöglichkeiten hat sich in der chemischen Industrie besonders die Veresterung als bedeutungsvoll erwiesen. Die Diester mit monofunktionellen Alkoholen haben sich als klassische Weichmacher ein breites Anwendungsgebiet erobert. Für diesen Sektor wird in den verschiedenen Märkten von 50 bis zu 70% der PSA-Produktion verarbeitet.

Das nächste wichtige und bedeutende Anwendungsgebiet entstand aus demselben Reaktionstyp mit polyfunktionellen Alkoholen, der dann zu Alkydharzen und ungesättigten Polyesterharzen führt und zwischen ca. 20 – 40% der PSA-Produktion beansprucht.

Ein weiterer beachtlicher Sektor der industriellen Verwertung von ca. 8 – 10% betrifft die Kondensationsreaktionen mit ihrer breiten Streuung in das ganze Farbstoffsortiment. Daneben gibt es einige kleine, speziellere Verwendungszwecke, wie z. B. halogenierte Phthalsäureanhydride für flammresistente Kunststoffe. In neuerer Zeit kündigt sich nun die $\Delta^{3,5}$-Dihydrophthalsäure als interessantes Zwischenprodukt mit einer breiten Palette von Folgeprodukten und guten Zukunftsaussichten an.

1.5 Chemische Grundlagen des Luftoxidationsverfahrens

Das beherrschende Verfahren zur Herstellung von PSA ist nach wie vor die katalytische Gasphasenoxidation von o-Xylol bzw. Naphthalin mit Luft. Es handelt sich hierbei um eine exotherme Reaktion. Je nach Rohstoff liegen jeweils die beiden folgenden Grenzfälle von PSA-Bildung und Totalverbrennung zu Kohlendioxid vor.

Reaktionsgleichungen für o-Xylol:

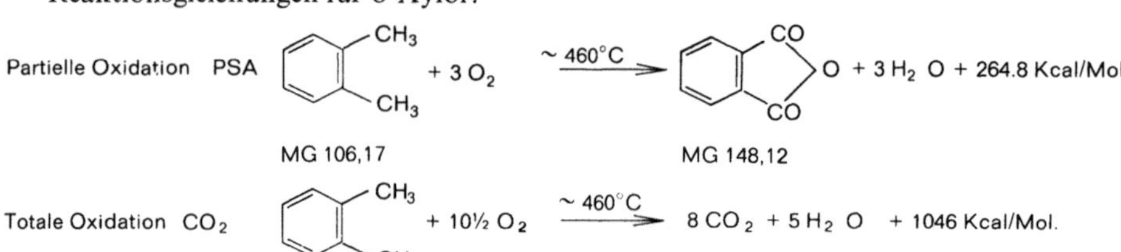

Reaktionsgleichungen für Naphthalin:

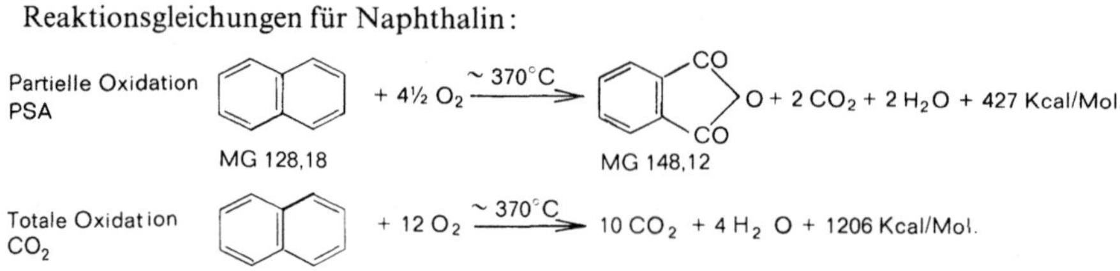

Der beachtliche Unterschied in den beiden exothermen Reaktionen der PSA- und CO_2-Bildung weist aus, daß um so weniger Wärme entwickelt wird, je selektiver die Reaktion in Richtung Phthalsäureanhydrid abläuft. In der praktischen Durchführung der Reaktion gibt es jedoch ein verhältnismäßig weites Spektrum von teil- bis totaloxidierten Reaktionsprodukten. Neben PSA und CO_2 sind das vor allen Dingen Kohlenmonoxid, Maleinsäureanhydrid und — natürlich wiederum abhängig von dem Rohstoff — Benzoesäure oder Naphthochinon sowie Spuren anderer Verbindungen. Die Reinheit der Ausgangsstoffe geht unmittelbar in die Ausbeute des Verfahrens ein und beeinflußt wesentlich die abzuführende Reaktionswärme.

Von der technischen Seite her boten sich verschiedene Möglichkeiten an, das Problem der Wärmeabfuhr zu lösen. Zunächst entwickelte man Reaktorkonstruktionen, die unter dem Namen Salzbadröhrenofen und Quecksilbersiedebadofen bekannt wurden und zu den typischen Kennzeichen der jeweiligen Verfahren wurden. Inzwischen haben sich die unterscheidenden Merkmale verlagert. Statt der Art der Wärmeabfuhr im Reaktor ist heute für das Verfahren charakteristisch, ob der Katalysator fest angeordnet ist oder gewirbelt wird.

Der Reaktortyp wird vom Festbett- oder Fließbett-Katalysator bestimmt. Zwangsläufig mußte die Wärmeabfuhr diesen Reaktoren spezifisch angepaßt werden, und sie unterscheidet sich demnach auch prinzipiell. Bei den Festbettreaktoren geschieht die Wärmeabfuhr auf dem indirekten Weg, wobei das Salzbad als Wärmeübertragungsmedium dient. Bei den Wirbelbettreaktoren bevorzugt man hingegen die direkte Dampferzeugung. In beiden Fällen wird die freiwerdende Wärmemenge für Dampferzeugung wirtschaftlich genutzt.

1.5.1 Allgemeines Verfahrensschema

Die praktische Durchführung eines Verfahrens ist unweigerlich mit der gleichzeitigen Lösung zahlreicher technischer Einzelprobleme verknüpft, wie sie sich eben als Aufgaben durch den Betrieb stellen. So ist für den PSA-Prozeß von Bedeutung:

- hohe Ausbeute bei hohem Gasdurchsatz
- Abführung der Reaktionswärme und optimale Nutzung des erzeugten Prozeßdampfes
- Abscheidung und Gewinnung des rohen Produktes
- Reinigung des Produktes
- Reinigung der Abluft, Vermeidung der Wasserverschmutzung und Beseitigung des Abfalls.

Wie man erkennen kann, beeinflussen sich beispielsweise Katalysator, Reaktor und Dampfsystem wechselseitig.

Ein guter technischer Prozeß ist deshalb charakterisiert durch die ausgewogene Abstimmung einer Vielzahl chemischer und technischer Parameter. Ein Blick auf das Blockschema (Abb. 1) zeigt, daß alle PSA-Verfahren in zwei voneinander verhältnismäßig unabhängige Teile — die Oxidation und die Reinigung — gegliedert sind.

Die Hauptmerkmale der Oxidation sind der Katalysator, der Reaktortyp und dadurch bedingt die Art bzw. Wirtschaftlichkeit des Gebläses, die Leistungsfähigkeit des Abscheidesystems mit seinen alternativ arbeitenden Kondensatoren und eine wirksame Abgaswäsche mit billiger Beseitigung der konzentrierten Nebenprodukte, um Wasser- und Luftverunreinigung auszuschalten.

Die Reinigung von rohem PSA ist diskontinuierlich und kontinuierlich möglich. Für die kontinuierliche Arbeitsweise, welche bei großen Kapazitäten die einzig wirtschaftliche ist, ist die Art der thermischen Vorbehandlung und die Zahl der Kolonnen für die Abtrennung flüchtiger und hochsiedender Nebenprodukte kennzeichnend.

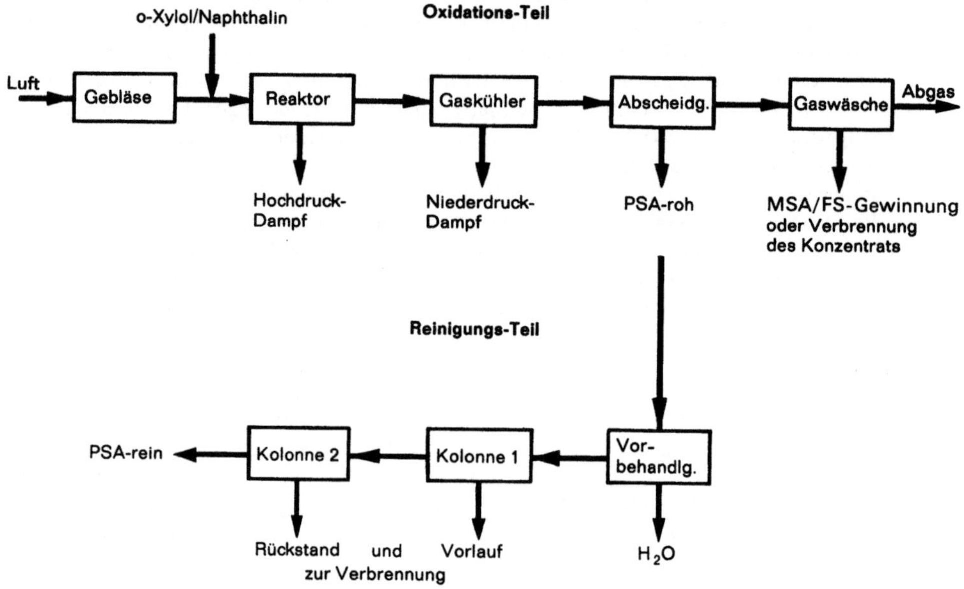

Abb. 1. Oxidations-Teil/Reinigungs-Teil

1.5.2 Oxidation

Bis 1945 war Naphthalin aus dem Kohlenteer der einzige Rohstoff für PSA-Verfahren. Als man gefunden hatte, daß C_8-Aromaten unter ähnlichen Bedingungen oxidierbar sind, wurde auch o-Xylol ein weiterer brauchbarer Rohstoff. Erstmals wurde es 1945 erfolgreich für eine Betriebsanlage verwendet, hat seither die zusätzliche Rohstoffversorgung für die PSA-Produktion gesichert und sich in den letzten Jahren als der hauptsächliche Rohstoff der Zukunft durchgesetzt (95–98%ige Ware als Handelsqualität).

Bei der Oxidation der Kohlenwasserstoffe hat man es nun mit dem einmaligen Ablauf einer Anzahl paralleler und aufeinanderfolgender Reaktionen zu tun. Von der Art des Katalysators und den Reaktionsbedingungen, wie sie verfahrenstechnisch durch die Reaktorkonstruktion ermöglicht werden, hängt die Selektivität der Reaktionsführung und die technische Beherrschung des Prozesses ab. Diese Möglichkeiten[18] sind, ohne dabei auf Einzelheiten einzugehen, summarisch zusammengefaßt in den beiden Reaktionsschemas für o-Xylol und Naphthalin wiedergegeben.

Eine eingehende Untersuchung über die Reaktionskinetik der Naphthalinoxidation wurde in jüngster Zeit von J. J. CARBERRY und D. WHITE[19] vorgenommen.

1.5.2.1 Katalysator

Bei der Luftoxidation von o-Xylol oder Naphthalin wird Vanadinpentoxid als Katalysator verwendet. Es wurde von A. WOHL erstmals eingesetzt und ist bis heute der wirksamste Katalysator geblieben. Die Vanadinoxide nehmen ganz allgemein chemisch und physikalisch eine Sonderstellung ein[20].

Für die chemische Katalyse ist besonders das Gebiet zwischen dem V_2O_4 mit seinem hohen Schmelzpunkt von 1640 °C und dem V_2O_5 mit seinem außerordentlich niedrigen

Reaktionsschema für o-Xylol:

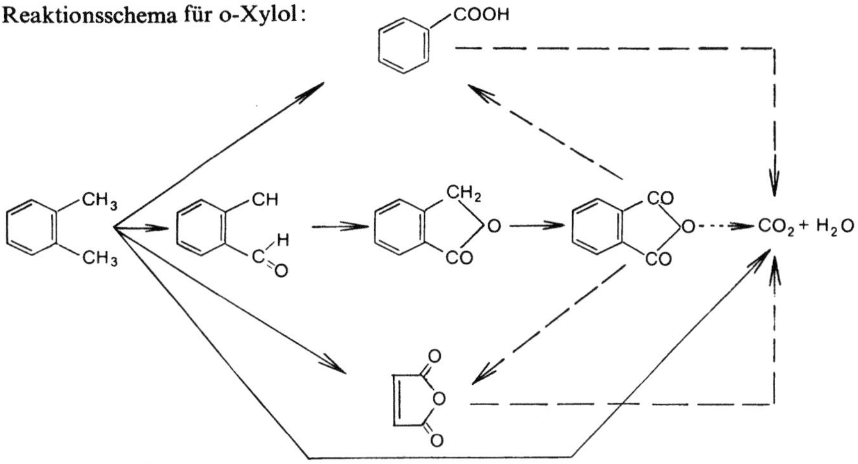

Reaktionsschema für Naphthalin:

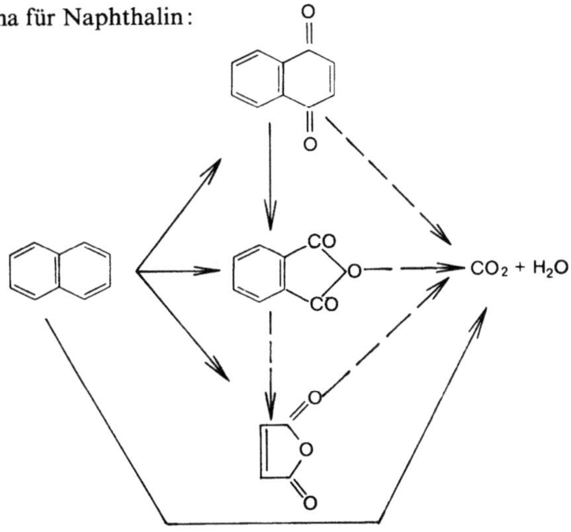

Schmelzpunkt von 685 ± 5 °C interessant. Das Vanadin wechselt in seiner oxidischen Form leicht die Wertigkeit. Schwache Reduktionsmittel, wie z. B. Ammonoxalat und SO_2, sind imstande, das 5wertige Vanadiumoxid in das 4wertige VO_2 und deren Zwischenstufen umzuwandeln.

Die Verwendung von Vanadinoxid als Katalysator für Oxidationsreaktionen – sei es zur Herstellung von PSA oder für Schwefelsäure – ist von solcher wirtschaftlicher Bedeutung, daß dieser Katalysatortyp mehr Beachtung in der wissenschaftlichen Literatur gefunden hat als irgendein anderer Typ der Oxidationskatalysatoren. Viele Publikationen aus allen Industrieländern der Welt befaßten sich mit der Aufklärung des katalytischen Mechanismus der Oxidationsreaktion von Naphthalin oder o-Xylol. Dadurch sind heute für diesen komplexen Vorgang zwar erhärtete qualitative Aussagen vorhanden, gleichwohl gibt es trotz der vielen Anstrengungen auf diesem Gebiet bislang noch keine quantitative Beschreibung der Katalyse und Kinetik eines industriell ausgeübten PSA-Prozesses. Das hat zahlreiche Gründe.

Sowohl von der Aufgabenstellung als auch von der Verfahrenstechnik her werden für die Untersuchungen isolierte und überschaubare Bedingungen fixiert und das oft noch für eingeschränkte Bereiche der Temperatur oder des Katalysators, so daß eben keine verfahrensgleichen Verhältnisse hinsichtlich der Betriebsbedingungen vorliegen. Man erhält so Teilantworten, die sich nicht einfach analog auf betriebstechnische Verhältnisse projizieren lassen. Erst im Mosaikbild werden sie aussagekräftig und können nach ausreichend kritischer Wertung neue Arbeitshypothesen liefern. Beispielsweise ist es von Interesse zu wissen, ob bei der Oxidation von Naphthalin zu PSA Naphthochinon als Zwischenprodukt oder als Nebenprodukt gebildet wird. Ähnliches gilt für Phthalid, wenn man o-Xylol oxidiert. Kann entschieden werden, ob bei dem Oxidationsvorgang eine Kette von Folgereaktionen durchlaufen werden muß oder ob unabhängige Parallelreaktionen für diese Nebenprodukte verantwortlich sind, so bieten sich neue Ansatzpunkte, Ausbeute und Qualität des rohen Oxidationsproduktes zu beeinflussen.

Untersuchungen mit reinem Vanadinpentoxid als Katalysator ergaben, daß sich die katalytische Oxidation zwischen dem 4wertigen und 5wertigen Vanadium abspielt, wobei Vanadinoxid in den Kristallformen von V_2O_4, $V_2O_{4,34}$ bzw. V_6O_{13} und V_2O_5 vorliegt. Die relativen Verhältnisse dieser Oxide zueinander sind abhängig von der Kohlenwasserstoffkonzentration in der Luft[21]. Danach heben sich drei Parameter heraus, die durch den Katalysator direkten Einfluß auf die Wirtschaftlichkeit eines Prozesses haben, geht doch die Konzentration des Kohlenwasserstoffes in der Reaktionsluft unmittelbar in die Kapazität eines Reaktors ein. In dieser Arbeit ist die Betrachtung über die katalytische Aktivität des Vanadins auf bestimmte Wertigkeitsstufen des Vanadins oder mögliche Zwischenverbindungen in der Oberfläche beschränkt. Unabhängig davon ist jedoch bekannt, daß Vanadinpentoxid allein in fein verteilter und in reiner Form auf Trägern hauptsächlich total verbrennt. Die Selektivität der Oxidation ist also zumindest teilweise eine Frage der Oberfläche – ein Faktor also, der für einen technischen Katalysator in den meisten Fällen gegeben ist. Nur für die reinen Vanadinpentoxid-Schmelzkontakte, wie sie beim Wirbelbettverfahren verwendet werden können, spielt die Oberfläche keine solche Rolle. Sieht man jedoch einmal davon ab und wendet sich dem dominierenden Festbettverfahren zu, so hat man es beim Festbettkatalysator praktisch stets mit einem Trägerkatalysator zu tun. Ein Vollkontakt aus geschmolzenem Vanadinpentoxid hat anstelle dessen Splittform und bringt damit hohen Druckverlust und großen Energieaufwand im Betrieb mit sich. Es ist notwendig, Träger für den Vanadinkatalysator zu verwenden, sei es nun Kieselsäure, Aluminiumoxid, Siliciumcarbid oder andere. Das katalytisch wirksame Vanadinpentoxid wird nun in seiner chemischen Aktivität modifiziert, weil eine Anzahl neuer Faktoren hinzutritt. Je nach Herstellung kann eine zusätzliche Aktivität aus der Trägerkomponente kommen. Die Oberfläche, welche stark in den Diffusionsvorgang eingreift, wird von der Art des Trägers geprägt. Für kleine Poren gilt, daß die mittlere freie Weglänge zwischen einem Molekülzusammenstoß im Vergleich zur Porengröße groß ist. In solchen Fällen durchläuft das Kohlenwasserstoffmolekül innerhalb der Poren einen Weg, der durch eine Serie von zufälligen Fluchtbewegungen gekennzeichnet ist, die durch die Zusammenstöße mit der Porenwand ausgelöst werden. Hier wird die Diffusion meist langsamer als die Reaktion. Damit werden aber alle wichtigen kinetischen Größen, wie Aktivierungsenergie, Reaktionsordnung, Selektivität von der Porengröße und Pillenform des Katalysators abhängig. Mit anderen Worten: Der durch die Porengröße bedingte Grad der Diffusionshemmung geht selektiv in die Ausbeute der Reaktion ein. o-Xylol bzw. Naphthalin werden gegebenenfalls weiter oxidiert.

Mit dem Träger sind nicht nur chemische Einflüsse zu beachten, auch physikalische Größen, wie z. B. Abriebfestigkeit und mechanische Stabilität, sind unter den Reaktionsbedingungen von Bedeutung. Ein Trägerkatalysator muß vor allem mechanisch über lange Zeit hin stabil sein, d. h., er muß bei einem kontinuierlichen PSA-Verfahren mehrere Jahre lang Temperaturen von 350 – 500 °C aushalten können, ohne daß seine Struktur wesentlich verändert wird. Ein langsamer Zerfall des Katalysators verändert nicht nur dessen chemische Aktivität, sondern auch seine Schichthöhe und folglich damit unmittelbar über die Verweilzeit auch die Produktqualität; er beeinflußt ebenfalls den Druckverlust. Bei vielen wissenschaftlichen Untersuchungen ist es schon aus rein zeitlichen Gründen kaum möglich, diese langsamen Katalysatorveränderungen im Langzeitverhalten zu erfassen.

In der Vergangenheit gab es nun zwei große Entwicklungsrichtungen für Vanadinpentoxid-Trägerkatalysatoren. Einmal wurden 4 – 6 mm große Körner eines porenarmen oder porenlosen Trägers wie Alundum, Quarzkies oder Siliciumcarbid mit 7 – 8% geschmolzenem V_2O_5 überzogen[22]. Dies führte zu einem Katalysatortyp, der robust und selektiv war. Bei Reaktionstemperaturen im Bereich von 450 – 600 °C benötigte er nur sehr kurze Verweilzeiten. In die Literatur ist er als Hochtemperaturkatalysator eingegangen. Dieser „coated catalyst" liefert mit Naphthalin eine Gewichtsausbeute von 70 bis 85% (60 – 74% d. Th.) an rohem PSA. Daneben entstehen noch 6 – 10% MSA. Mit o-Xylol[13,23] beträgt die Gewichtsausbeute 70 – 95% (50 – 68% d. Th.). Auch hierbei entstehen ebenfalls bis zu 10% MSA. Die fehlende Selektivität des Katalysators wird durch den beachtlichen Anfall von Maleinsäureanhydrid noch unterstrichen. Der Katalysator braucht nicht durch Zugabe von SO_2 zum Reaktionsgemisch aktiviert zu werden. Seine Oberfläche kann sich jedoch mit Ruß beladen, und dadurch wird langsam seine Aktivität beeinträchtigt. So muß z. B. beim Scientific Design-Prozeß, der mit ca. 60 g/m^3 Beladung jenseits der Explosionsgrenze arbeitet, in regelmäßigen Abständen der Katalysator regeneriert werden.

Ganz allgemein liegt jedoch ein Vorteil des „coated catalyst" in der großen Raumgeschwindigkeit, die er zuläßt. Die hohe Reaktionstemperatur und die damit verbundene Gefahr der Totalverbrennung verlangt geradezu eine kurze Verweilzeit, also einen großen Gasdurchsatz. Damit können große Reaktorleistungen erzielt werden. Solange der Investitionsvorteil einer großen Reaktorkapazität die Ausbeuteverluste aufwiegt, kann ein PSA-Prozeß auf dieser Basis lebensfähig bleiben.

Der Typ des „coated catalyst" schaltete den Einfluß der Oberfläche für den Chemismus weitgehendst aus. Einen ganz anderen Weg verfolgte man indessen beim „German type catalyst", wo man danach suchte, die große Aktivität des reinen V_2O_5 durch Zusätze wie Salze oder Oxide zu mildern.

Die katalytischen Eigenschaften von Oxidgemischen weichen nun sehr häufig von der Additivität ab. Dies kann sowohl im Sinne einer Verstärkung als auch im Sinne einer Abschwächung geschehen. Es gibt Beispiele dafür, daß eine Änderung der Bindungsfestigkeit des Sauerstoffs eines katalytisch wirksamen Oxids durch eine zugeschlagene zweite Komponente Änderungen der katalytischen Eigenschaft bei der Oxidationskatalyse, also bei der sauerstoffübertragenden Reaktion, zur Folge hat. Es gibt aber auch zahlreiche Beispiele dafür, daß die elektronische Fehlordnung von halbleitenden Oxiden durch Zuschläge verändert werden kann, was wiederum die katalytischen Eigenschaften stark beeinflußt[24]. Tatsächlich ist auch bekannt, daß eine teilweise Reduktion von Vanadinpentoxid stark die elektrische Leitfähigkeit, ebenso wie die katalytische Aktivität, erhöht. Bedenkt man nun, daß das Zentrum einer Störstelle mit einem Durchmesser von 10 und mehr Atomen durch ein Fremdatom verursacht werden kann, so können Zusätze, die als Störstellenpromotoren wirken, beachtliche Effekte auslösen.

Der katalytische Oxidationsvorgang wird beim Vanadinpentoxid-Mischkatalysator komplizierter. Bekanntlich treten bei Anwesenheit von Vanadinpentoxid relativ tief schmelzende Eutektika auf; die Schmelztemperaturen von Sulfaten oder anderen Oxiden werden herabgesetzt. Die hierbei vorliegenden Verbindungen sind nur teilweise bekannt.

Noch dürftiger ist unser Wissen über ihre Umwandlungspunkte und Umwandlungsphasen. Spätestens an diesem Punkt einer Katalysatoruntersuchung kommen auch die heutigen Grenzen unserer Experimentiertechnik und der analytischen Möglichkeiten mit ins Spiel. So sind beispielsweise die Temperaturmessungen in einer Katalysatorzone reine Gastemperaturmessungen außerhalb der eigentlichen Katalysatorschicht, in der das chemische Geschehen abläuft. Sie haben sich längst als Leitwerte bestens bewährt, sagen jedoch über die tatsächliche Temperatur an der katalytisch aktiven Stelle nichts aus. Gerade diese echte Katalysatortemperatur ist jedoch ausschlaggebend für mögliche Umwandlungen der Mischoxide. Unter Umständen kann ein geringfügiger Prozentsatz an Umwandlungen ausreichen, um den Katalysator altern zu lassen. Die modernen physikalischen Methoden der Strukturuntersuchung, wie z. B. der Röntgenstrukturanalyse und andere, haben bislang hier nicht weiterhelfen können. Ob der Mischkatalysator für den Oxidationsvorgang als Überträger des Sauerstoffes unter Änderung seiner oxidischen Struktur an der Störstelle dient oder ob die Störstelle nur die Spaltung der Sauerstoffmolekel leichter einleitet, ist auch noch eine offene Frage.

Der bekannteste Vertreter dieser Vanadinpentoxid-Mischkatalysatoren ist der alte BASF-Katalysator, der unter dem Namen „German type" in die Literatur Eingang fand. Er enthält etwa 10% Vanadinpentoxid, 20–30% Kaliumsulfat und 60–70% poröse Kieselsäure, die zu 5 × 5 mm hohen Zylindern geformt wird. Bei der Oxidation von Naphthalin lieferte er eine Ausbeute an rohem PSA von 100 Gew.% (86,6% d. Th.). Eine für o-Xylol später entwickelte Modifikation der Firma von Heyden lieferte etwa 96–97 Gew.% (69% d. Th.).

Wegen seiner niedrigen Reaktionstemperatur von 360–380 °C ist er auch als Niedertemperaturkatalysator bezeichnet worden. Seine Lebensdauer erreichte zwar 33 Jahre, sein Nachteil bestand jedoch darin, daß er nur eine verhältnismäßig niedrige Raumgeschwindigkeit zuließ. Mit anderen Worten, die Reaktorleistung war klein, und für eine größere Kapazität benötigte man stets mehrere Reaktoren. Ein weiterer Nachteil lag in dem Umstand, daß die Sulfate des Katalysators bei der Reaktionstemperatur bereits einen merklichen SO_3-Dampfdruck besitzen. Bei der Oxidation von Naphthalin wurde mit dem Rohstoff gewöhnlich genügend elementarer Schwefel eingebracht, der das auszugleichen vermochte. Bei dem Wechsel auf o-Xylol wurde es jedoch notwendig, laufend etwa 1 Gew.% SO_2 dem Synthesegas zuzudosieren.

Wie man ersehen kann, besteht ohne Zweifel für die technische Oxidation von Kohlenwasserstoff ein komplexes Reaktionssystem. Neben den chemischen müssen auch die verfahrenstechnischen Parameter, wie das horizontale und vertikale Temperaturprofil beim Wärmeübergang vom Katalysatorkorn zum Wärmeübertragungsmedium, Turbulenz des Gases und Druckverlust miteinbezogen werden.

Ohne hier einer chronologischen und quantitativen Beschreibung zu folgen, lassen diese vielfältig voneinander abhängigen Faktoren verstehen, warum bisher für jeden Rohstoff und für jede Arbeitsweise, sei es Hoch- oder Tieftemperaturkatalyse, Fest- oder Wirbelbett, jeweils nur ein spezieller Katalysator entwickelt wurde bzw. wirtschaftlich brauchbar war.

Gegenwärtiger Stand: Inzwischen ist es gelungen, die wesentlichsten Parameter der beiden Katalysatortypen in einem neuen Katalysatortyp des Festbettverfahrens zu vereinigen. In der BASF wurde von W. FRIEDRICHSEN[25] auf der Basis eines V_2O_5-Mischoxids ein

Trägerkatalysator von besonderer Leistungsfähigkeit entwickelt. Er ist wahlweise für o-Xylol und Naphthalin brauchbar. Seine deutlich höhere Selektivität drückt sich in einer wesentlich besseren Ausbeute aus. Je nach Raumgeschwindigkeit werden bei o-Xylol 102 – 112 Gew.% erreicht (72,8 – 80% d. Th.); mit Naphthalin liegen die Werte bei 95 bis 98 Gew.% (84% d. Th.). Als Träger sind Kugeln mit glatter oder porenarmer Oberfläche, z. B. aus Porzellan, Magnesiumsilikat, Quarz, Siliciumcarbid am geeignetsten. Eine V_2O_5/TiO_2-Katalysatormasse wird in sehr dünner Schicht auf den Träger aufgezogen. Als günstigstes Mischungsverhältnis von $TiO_2 : V_2O_5$ ergab sich ein Gehalt von 2 – 15% V_2O_5 in der aktiven Masse. Die Schichtdicke selbst liegt zwischen 0,03 – 1,5 mm.

Gegenüber den üblichen Pillen-, Splitt- oder Strangkatalysatoren besitzt dieser Kugelkatalysator entscheidende Vorteile. Der Anteil des Vanadinpentoxids am Gesamtkatalysator übersteigt nicht 3%. Die dünne Katalysatorschicht verringert den Ausbeuteverlust infolge geringerer Diffusionshemmungen. Der Katalysator ist mechanisch vollständig stabil. Sintererscheinungen, die zur Veränderung des Gaswiderstandes im Reaktionsrohr führen, sind einfach nicht mehr möglich. Für die Reaktionsbedingungen in der Katalysatorschicht werden alleine durch die Wahl der Kugelform wesentlich bessere und gleichmäßigere Voraussetzungen geschaffen. So liegt bei dem Kugelkatalysator nach dem Einfüllen eine gleichmäßige Kugelpackung vor. Es entstehen keine Kanäle, und alle Kugeln selbst berühren sich nur punktförmig; dadurch werden wiederum kleine ausbeutemindernde Hitzenester vermieden. Bei flächigen Berührungen, wie sie unregelmäßig geformte Träger zwangsläufig haben, sind sowohl Hitzenester als auch Kanalbildungen zwangsläufige Erscheinungen. Auch wird beim Kugelkatalysator der Druckverlust im Vergleich zu anderen Formkörpern so stark vermindert, daß sich die Gasdurchsätze unter Beibehaltung der guten Ausbeute vergleichsweise um ein Mehrfaches steigern lassen. Seine Reaktionstemperatur überschreitet nicht einmal in der „hot spot"-Zone 500 °C; folgerichtig beschränkt sich auch der Anfall von Maleinsäure auf 4 – 5%.

In diesem Kugelkatalysator sind die Vorteile des Hochtemperatur- wie des Niedertemperaturkatalysators vereinigt worden. Die hohe Raumgeschwindigkeit des Reaktionsgases, letztlich die kleine Verweilzeit, ist ein Ergebnis der Kugelform. Die größere Selektivität, somit die bessere Ausbeute, ist wiederum ein Resultat des Vanadinpentoxid-Mischoxidkatalysators in dünner Schicht. Beides verbindet sich zu einem beachtlichen wirtschaftlichen Fortschritt. Für das Festbettverfahren ist damit das jahrzehntelang angestrebte Ziel eines robusten, in Kapazität und Ausbeute leistungsstarken, vom Rohstoff unabhängigen Katalysators großtechnisch mit Erfolg verwirklicht worden.

Für den Wirbelbettprozeß hingegen ist dieses Ziel noch nicht erreicht. Beim Wirbelbettkatalysator stand der „German type catalyst" Pate, und alle bisher bekannten Katalysatoren sind Variationen dieses V_2O_5-Mischoxidgrundtyps. Bewährt hat er sich im technischen Betrieb bisher jedoch nur für Naphthalin. Von der United Coke & Chemicals Comp. Ltd.[26] wird ein Katalysator mit 4 – 10% Vanadinpentoxid, ca. 20% K_2O und Kaliumsulfat und 70 – 80% Kieselgel in einer Korngröße von 40 – 300 Mikron (mittlere Korngröße $\bar{d}$ = 175 µ) verwendet. Je nach Art des Katalysators liegen die Arbeitstemperaturen zwischen 360 und 380 °C und die Ausbeuten an rohem PSA bei 85 – 95 Gew.% (73,5 – 82,2% d. Th.).

In Abhängigkeit von der speziellen Art des Katalysators werden gewisse Forderungen an die Qualität des Naphthalins gestellt. Die besten Ergebnisse erzielt man nach H. L. Riley[27] mit Petronaphthalin. Die Forderung nach schwefelarmem Naphthalin hat beispielsweise bei American Cyanamid Comp.[28] dazu geführt, eine Naphthalin-Entschwefelung mit metallischem Natrium dem Oxidationsprozeß vorzuschalten, die auch von ICI verwendet wurde. Bei Verarbeitung von Teernaphthalin wird ein E. P. von mindestens 77 – 78 °C gefordert.

Alle Bemühungen, auch o-Xylol im Wirbelbett zu oxidieren, führten dagegen noch zu keiner technisch brauchbaren Lösung. H. NONNENMACHER u. a.[29] ist es gelungen, durch Zusatz von Brom als Aktivator die Oxidation von o-Xylol auf das Niveau der Reaktionstemperatur von Naphthalin herabzudrücken. In den USA hatte die Firma Badger an der Weiterentwicklung des Sherwin Williams-Prozesses für o-Xylol gearbeitet. Doch auch mit der Bromzugabe mißglückte es, ihn betriebsreif zu machen. Der Zusatz von Brom hat die Schwierigkeiten nur teilweise ausgeräumt; andere, neue Probleme sind dafür aufgetreten, so z. B. ungewohnte Korrosionen. Auch die Qualitätsfrage für das reine PSA ist damit für diesen Prozeß neu gestellt worden.

Künftige Entwicklung: Obwohl auf dem Gebiet der Katalysatorforschung nach langem Bemühen sich der V_2O_5-Mischoxid-Katalysatortyp als überlegen herausschälte, sind die Dinge noch im Fluß. So zufriedenstellend die Ergebnisse mit dem Kugelkatalysator sind, so ist doch die Ausbeute noch steigerungsfähig, ist der Gasdurchsatz und damit die Kapazität noch nicht ausgelastet. Eine systematische Untersuchung mit dem Ziel, über Störstellenpromotoren die Selektivität der Katalyse weiter zu verbessern, wird sowohl hinsichtlich der zulässigen Konzentration des Kohlenwasserstoff/Luft-Gemisches als auch der Verweilzeit weitere Fortschritte bringen. Nicht zuletzt darf man erwarten, damit auch die Explosionsgrenze beim Festbettverfahren überschreiten zu können, ohne die Sicherheit zu gefährden.

1.5.2.2 Reaktor

Beim Bau von PSA-Reaktoren blickt man auf eine mehr als 50jährige Tradition zurück. Man kann erkennen, wie die Steigerung der Reaktorleistung eng mit den Kenntnissen und Möglichkeiten der mechanischen Fertigungstechniken einherging und von der Form des Katalysators mitbestimmt wurde. Wichtige Impulse zur Erhöhung der Reaktorkapazität kamen auch aus den Fortschritten der chemischen Katalyse hinzu.

Bei dem fest angeordneten Katalysator wurden verschiedene technische Lösungen erprobt. Neben dem klassischen Typ des Röhrenreaktors wurde vorübergehend auch der Horden- bzw. Schachtofen auf Möglichkeiten der Leistungssteigerung abgetastet. Der Röhrenreaktor selbst unterschied sich in der Vergangenheit vor allem in der Art der Wärmeabfuhr, sei es durch Salzbad, sei es durch Quecksilbersiedebad. Heute hat sich der Salzbadröhrenreaktor überlegen durchgesetzt. Beim Übergang auf Wirbelbettkatalysatoren waren hingegen ganz andere und neue verfahrenstechnische Bedingungen zu berücksichtigen. Im Falle der Wirbelreaktoren hatte dies zur Folge, daß der ganze Oxidationsteil verfahrenstechnisch weitgehend anders gestaltet werden mußte.

Seitdem die Forderung nach leistungsstarken Reaktoreinheiten gestellt wurde, ergänzte die jeweilige Reaktorkonstruktion – unabhängig davon, ob Festbett- oder Wirbelbettprozeß – den jeweilig eingesetzten Katalysator. Eine ungünstige technische Lösung des Reaktors oder schlechte Fertigung verhindert die Ausschöpfung der katalytischen Möglichkeiten und kann sogar die Betriebssicherheit der gesamten Produktionsanlagen gefährden. Umgekehrt wiederum ist bei einem technisch guten Reaktor, der mit einem leistungsschwachen Katalysator arbeitet, nicht festzustellen, welche katalytischen Verbesserungen der Oxidation vom Reaktor noch bewältigt werden können. Katalysator und Reaktor bedingen sich in einem erheblichen Maße gegenseitig.

1.5.2.2.1 Festbettreaktoren

Salzbad-Röhrenreaktor (s. Abb. 2*): Erstmals wurde dieser Typ 1920 von der BASF in einer technischen Betriebsgröße verwirklicht. Seine Leistung betrug 6–8 t/Monat. Das Abführen der Wärme wurde durch Kühlung mit Luft vorgenommen. Bereits 1926 hatte sich der Prototyp für mehr als 2 Jahrzehnte herauskristallisiert. Als Mittel für die Wärmeübertragung wurde nun ein Salzbad verwendet, das aus einem molaren Gemisch von Kaliumnitrat und Natriumnitrit besteht und einen Erstarrungspunkt von 141 °C hat. Mit größeren Mengen geschmolzenen Salpeters umzugehen, bildete damals ein Gefahrenmoment, das man jedoch durch Einhaltung von Vorsichtsmaßnahmen bald sicher auszuschalten wußte. Um in der Salzschmelze eine möglichst gleichmäßige Wärmeverteilung zu erreichen, wurde in der Mitte des Ofens ein Badrührer eingebaut, der die Schmelze in Bewegung hielt. Für die Kühlung des Salzbads war eine Innen- und Außenkühlung vorgesehen. Zur Innenkühlung diente ein in das Salpeterbad eingetauchtes geschlossenes Rohrbündel. Es saß direkt unter dem Propeller des Rührwerkes, in das von außen ein Kaltluftstrom eingeblasen wurde. Hier wurde der Hauptteil der Badwärme weggenommen. Der Wärmerest wurde über die Mantelfläche des Ofens entzogen, wobei man in den vorhandenen Doppelmantel Luft einsaugte. Die Hauptmenge der entstehenden Reaktionswärme wurde allerdings mit den Reaktionsgasen abtransportiert.

Der erste Ofen dieser Art hatte damals bereits eine Leistung von ca. 80 t/Monat. In einem Rohrbündel waren ca. 2250 Rohre von 25 mm lichter Weite und 3300 mm Länge zusammengefaßt. Die Katalysatorfüllhöhe betrug 2500 mm, das entspricht ca. 1 l/Rohr. 1935 wurde die Zahl der Rohre auf ca. 3000 gesteigert und damit eine Leistung von 90 t/Monat erreicht**. Die Katalysatorfüllung dieses Reaktors betrug ca. 3 m^3. In diesem Ofen wurde mit der ersten Füllung des Katalysators praktisch ununterbrochen bis zum Verschrotten der Anlage 1960 PSA hergestellt. Eine Anzahl von Thermoelementen registrierte sowohl die Reaktions- als auch die Badtemperatur. Erst 1952 wurde die Zahl der Rohre auf 4000 erhöht. Etwa zur gleichen Zeit kam auch eine andere technische Weiterentwicklung des Reaktors in Fluß. Bei Monsanto war man bereits von der indirekten Wärmeabfuhr durch Luft abgekommen und zu einer Verdampfungskühlung, gekoppelt mit Dampferzeugung im Reaktor, übergegangen. Von der Deggendorfer Werft und Eisenbau GmbH (DWE) wurde zusammen mit der Chemischen Fabrik von Heyden dieses Prinzip auf einen Röhrenreaktor von 4000 Rohren übertragen. Im Laufe der folgenden Jahre gelang es schließlich, die maximale Breite der Stahlblechbandstraßen in Europa von 4,20 m für den Durchmesser des Röhrenreaktors auszunützen. Die Rohrzahl stieg damit 1963 auf ca. 8900, und die PSA-Leistung dieses Typs wurde für o-Xylol bzw. Naphthalin auf 400 t/Monat ± 10% angehoben. Von der Deggendorfer Werft und Eisenbau GmbH wurden auch für die Hochtemperaturkatalysatoren des Scientific Design-Prozesses und des Ruhröl-Verfahrens Röhrenreaktoren konstruiert und gebaut, wobei Einzelheiten der technischen Ausführungen deutlich voneinander abwichen.

Für den Typ DWE/Scientific Design ist charakteristisch, daß die Umwälzung des Salpeterbades über einen Pufferbehälter mit Tauchpumpe erfolgt. Zur Wärmeübertragung ist ein Ölkreislauf zwischengeschaltet. Beim Anfahren und während der Kontakt-Regenerierung wird dem Reaktor über die Salzschmelze durch Aufheizen des Wärmeübertragungsöls in einer Brennkammer Wärme zugeführt. Bei einem Katalysatorwechsel kann

---

* Diese Abbildung befindet sich in der Lasche am Schluß des Bandes.

** Oronite benutzte für die Oxidation von o-Xylol 1945 den Salzbad-Röhrenreaktortyp. Ein Reaktor hatte eine Leistung von ca. 125 moto.

hier das Salzbad völlig aus dem Reaktor abgelassen werden. Vorübergehend wurde das als Vorteil angesehen, da man beim Erstarren der Salzschmelze, im Falle der Stillegung, Auswirkungen auf die Festigkeit des Reaktors befürchtete.

Der Reaktortyp DWE/Ruhröl hingegen besitzt zwar das zentrisch angeordnete Rührwerk zum Umwälzen des Salzbades, bedient sich jedoch eines außenliegenden Dampferzeugers zur Abführung der Reaktionswärme. Die Nitrat/Nitrit-Schmelze wird in einem Mittelrohr umgepumpt. Das Rührwerk wirkt axial, wobei die Schmelze von unten durch eine Lochplatte, deren Öffnungen dem Druckabfall entsprechend zum Umfang hin größer werden, um die Rohre möglichst gleichmäßig verteilt wird. Die Reaktionswärme wird im Gegenstrom abgeführt. Die Schmelze erwärmt sich auf dem Weg vorbei an den Kontaktrohren um ca. 2 – 3 °C. Diese Wärmemenge wird herausgenommen, indem man über das Kühlregister einen Teil des Salzbades abkühlt. Damit gelang es Ruhröl Chemiewerk 1966, die Reaktorleistungen auf 850 t/Monat zu erhöhen.

Die rein technische Ausführung des Reaktors stellt lediglich eine andere und unabhängige Lösung des Problems der Wärmeabfuhr dar*. Sie enthält keinen wesentlichen neuen Ansatz, da bei größeren Reaktoreinheiten mit einem ungleichmäßigen Wärmeprofil über dem Reaktorquerschnitt auf der Seite des Salzbades gerechnet werden muß. Insgesamt jedoch wird bei der Entwicklung des Ruhröl-Verfahrens sichtbar, daß die Kapazitätssteigerung des Reaktors nicht alleine über den Querschnitt infolge Vermehrung der Rohrzahl erzielt wurde, sondern daß auch die Steigerung des Gasdurchsatzes je Rohr dazu beitrug, letztlich also auch die chemische Katalyse beteiligt war. Bei der BASF löste der neue Kugelkatalysator auch neue Überlegungen hinsichtlich des Reaktors und künftiger Größe je Einheit aus. Zusammen mit der Deggendorfer Werft und Eisenbau GmbH wurde der Typ 1967 konstruiert[30]. Auf einem Reaktorquerschnitt von 4200 mm sind nahezu 10000 Einzelrohre von 25 mm Durchmesser und 3200 mm Länge gebündelt. Dieser Reaktor hat eine Leistung von 1200 t/Monat PSA. Sein Rührwerk ist exzentrisch angeordnet. Schon aus räumlichen Gründen ist damit gegenüber der früher unmittelbar am Rührwerk installierten Dampferzeugung eine wesentlich größere Flexibilität in der Dampferzeugung erreicht. Der außenliegende Dampferzeuger bietet die Möglichkeit, je nach Wahl überhitzten Wasserdampf mit 20 – 90 atü herzustellen. Das Salzbad wird über einen Ringkanal auf der Außenseite am Boden des Reaktors eingeführt. Durch Ringkanal und Verteilerplatte wird die Salzschmelze strömungstechnisch so gleichmäßig über den gesamten Querschnitt des Reaktors verteilt, daß bei einer Temperaturdifferenz im Salzbad von unten nach oben von 2 °C kein Temperaturunterschied über den Querschnitt auftritt. Über einen zweiten Ringkanal auf der Oberseite des Reaktors verläßt der Wärmeträger wieder den Reaktor. Eine weitere Neuerung ist die elektrische Zusatzheizung. Deren Funktion ist es, bei einer möglichen Betriebsunterbrechung das Salzbad auf der notwendigen Anspringtemperatur zu halten. Sowohl das Salzbad als auch mehrere mit Katalysator gefüllte Rohre enthalten in unterschiedlicher Höhe Thermoelemente, mit denen der Reaktionsablauf und die Aktivität des Katalysators kontrolliert werden können.

Während noch 1958 der Festbettreaktor ganz allgemein durch die Konkurrenz der Wirbelbettreaktoren mit ihren wesentlich größeren Leistungen so hart bedrängt wurde, daß für ihn keine günstige Zukunftsprognose gestellt werden konnte, hat sich dies doch vor wenigen Jahren durch die Kombination von Kugelkatalysator und neuem Reaktortyp grundlegend geändert. Im PSA-Anlagenbau ist der Reaktor mit 1200 t/Monat Leistung innerhalb von 18 Monaten zur beherrschenden Erscheinung geworden. 1970 wurde die

---

* Eine Kombination des DWE/Scientific Design-Typs und DWE/Ruhröl-Reaktortyps wird seit 1970 auch von Krebskosmo angeboten.

Kapazität über die Vergrößerung der Rohrzahl auf ca. 13700 bei einem Reaktorquerschnitt von 5000 mm auf die Leistung von ca. 1650 t/Monat gesteigert. Dabei wurde man inzwischen von der Breite der Blechbandstraßen unabhängig, weil man lernte, auch zusammengeschweißte Bodenbleche zu verwenden. Damit ist prinzipiell eine weitere Leistungssteigerung allein über die Vergrößerung des Reaktorquerschnitts möglich geworden. Wird nur dieser Weg – eventuell noch mit älteren Konstruktionselementen – beschritten, wird man auf Begrenzungen durch das Wärmeprofil auf der Salzbadseite und des Transportgewichtes stoßen. Aussichtsreicher ist eine sorgfältig abgestimmte Kombination von chemischer Kinetik und Geometrie des Apparates. Die weitere Entwicklung der BASF führt auch konsequent schon bei einem Reaktorquerschnitt von max. 5000 mm zu einer Leistung von 3000 t/Monat.

Bei solchen Reaktorleistungen und in Verbindung mit dem Kugelkatalysator, der ja o-Xylol wie Naphthalin verarbeiten kann, wird sogar die Oxidation von Naphthalin im Festbett gegenüber den Wirbelbettreaktoren wieder konkurrenzfähig. Diese Reaktorkonstruktion hat sich auch anderen Lösungen gegenüber als technisch überlegen erwiesen. Man hat eine völlig gleichmäßige Strömungsverteilung des Salzbades über den gesamten Reaktorquerschnitt, wobei die Möglichkeit einer optimalen Wärmeabfuhr gewährleistet ist. Gleichzeitig ist man flexibler bei der Höhe des Dampfdruckes.

An dieser Stelle ist es angebracht, noch eine kurze Bemerkung zur ®Hygrotherm-Methode[31] zu machen. Nach diesem Verfahren kann man Schwierigkeiten beim Erstarren des Salzbades im Reaktor umgehen, indem die erhitzten, wasserfreien Salzschmelzen beim Abkühlen mit Wasser bzw. Wasserdampf so lange versetzt werden, bis eine verdünnte Salzlösung entsteht, die nach dem Erkalten im Rohrsystem flüssig bleibt. Man kann beim Wiederaufheizen die verdünnte Salzlösung von ihrem Wassergehalt durch Verdampfen wieder befreien. Am Schluß ist dann die wasserfreie Salzschmelze wiederhergestellt. So einfach das zunächst anmutet, so nachteilig ist es auch. Reaktoren, die nach diesem Hygrotherm-Verfahren arbeiten, werden undicht. Die Nitrat/Nitrit-Schmelzen müssen sowieso laufend auf eine Veränderung des eutektischen Punktes überwacht werden, da chemische Reaktionen stattfinden, die das Verhältnis der Salze beeinflussen[32]. In Gegenwart von Wasser bzw. Wasserdampf sind solche Schmelzen bei höheren Temperaturen nicht stabil. Es entstehen korrodierende nitrose Gase, welche die Reaktoren undicht werden lassen; außerdem kann heute beim Erstarren des Salpeterbades auf solche Hilfsmethoden verzichtet werden.

1.5.2.2.2 Andere Festbettreaktoren

Für den Überblick sei hier auch noch kurz auf die inzwischen technisch veralteten Lösungen anderer Reaktortypen eingegangen (Abb. 3 und 4).

Der *Hordenreaktor* bzw. *Schachtofen:* Ausgehend von dem Hordenreaktor für die Herstellung von Anthrachinon wurde von 1940 bis 1955 ein Typ des Schachtofens entwickelt, der mit einer Produktion von 180 – 300 t/Monat zunächst die Leistung der damaligen Röhrenreaktoren deutlich überragte. In den Betriebseinheiten jedoch zeigte er erhebliche Mängel. Teils wurden diese von der Art der Wärmeübertragung ausgelöst, teils jedoch beruhten sie auf der mangelhaften Beherrschung des Chemismus der Oxidationsreaktion in den einzelnen Katalysatorschichten. Die Ausbeuten und die Qualität des erhaltenen Rohproduktes ließen deshalb viel zu wünschen übrig.

Quecksilbersiedebadofen: Dieser Röhrenreaktor, der in der amerikanischen Literatur vielfach als *„Downs-type“* bezeichnet wird[33] und mit Quecksilber als Wärmeüberträger arbeitet, mußte für Reaktionstemperaturen von 400 – 500 °C, also für die Hochtemperaturkatalyse, ausgelegt werden. Für das die Kontaktrohre umgebende, siedende Queck-

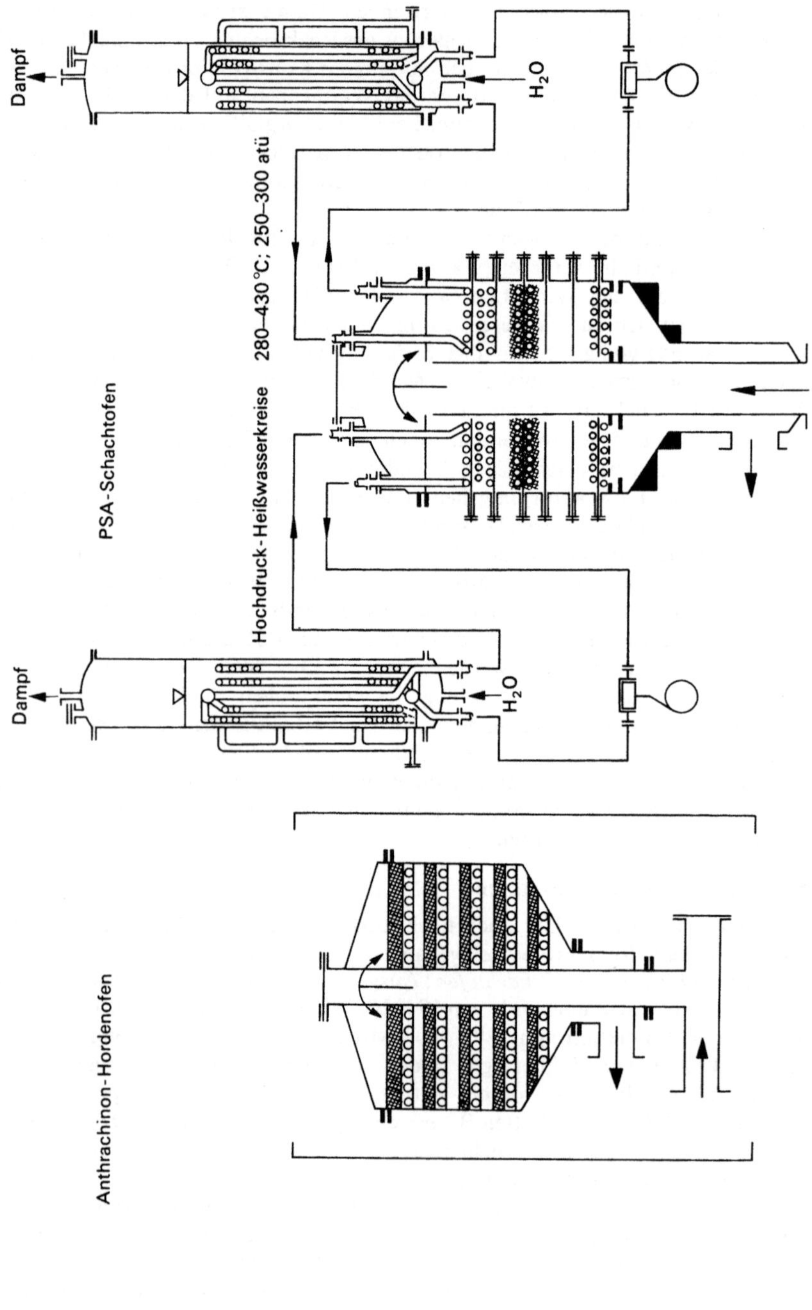
Dampf
Dampf
PSA-Schachtofen
Hochdruck-Heißwasserkreise 280–430 °C; 250–300 atü
H₂O
H₂O
Anthrachinon-Hordenofen

Technische Daten

Typ 1937

Hochdruckheißwasserschlangen	10
Katalysator	
Anordnung	auf Horden über den Schlangen
Volumen	
Konstruktion	BASF
Wärmeträger	Heißwasserkreis

Typ 1955

Hochdruckheißwasserschlangen	24
Katalysator	
Anordnung	direkt zwischen den Schlangen
Volumen	15 m^3
Konstruktion	BASF
Wärmeträger	Heißwasserkreis mit Dampferzeugung 20 atü
Leistung	300 Tonnen/Monat
Beladung	30 g Naphthalin/Nm^3 Luft und Stunde
Techn. Zwischengrößen	1940/—/10 m^3; 1952/180/10 m^3; 1953/225/12 m^3 (Jahr/Leistung/Kontaktvolumen)

Abb. 3. Anthrachinon-Hordenofen/PSA-Schachtofen
Maßstab ~ 1 : 50

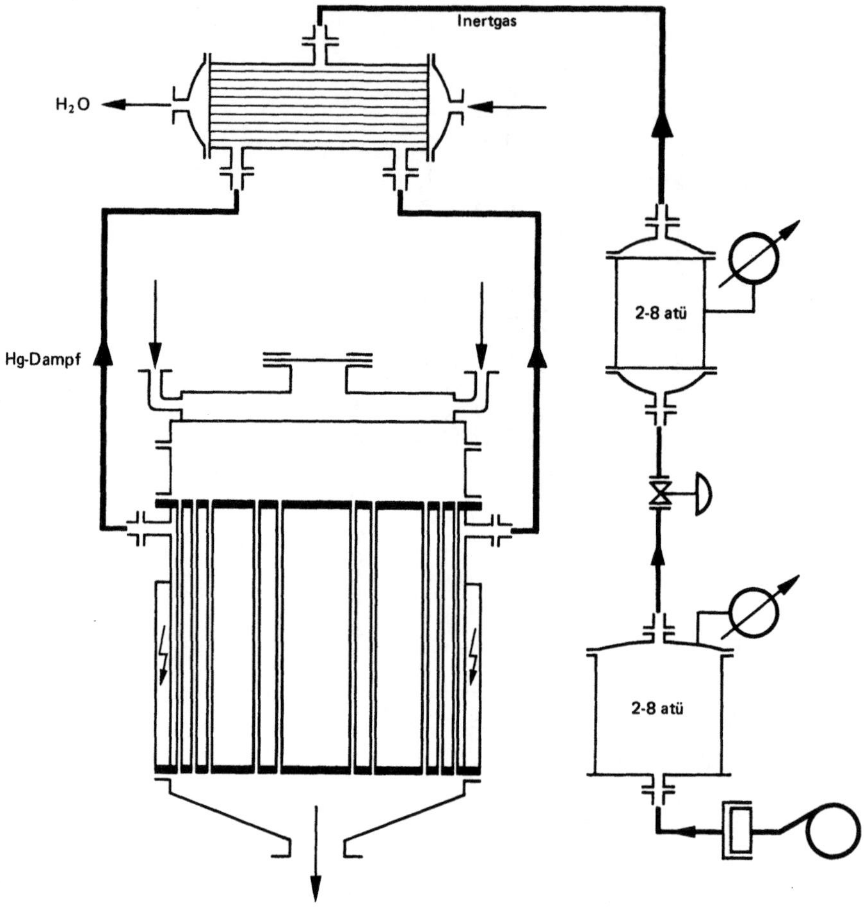

Typ 1920–1945	
Rohrzahl	1300
Rohrmaße, innen	18–32 mm (zylindrisch u. quadratisch)
Rohrbündel	~900–1500 × 1200 mm ∅
Konstruktion	„Downs-type"/USA
Wärmeträger	Hg-Siedekühlung
Leistung	25–100 Tonnen/Monat
Beladung	40–50 g Naphthalin/Nm^3 Luft u. Stunde

Maßstab ~ 1 : 25

Abb. 4. Quecksilbersiedebadofen

silber wurde es daher erforderlich, dieses unter einem Druck von 2–8 atü zu halten. Wegen des hohen Gewichts des Quecksilbers und der Druckfestigkeit des Reaktors bedurfte es somit einer besonders stabilen Konstruktion. Der Reaktor enthält etwa 1300 nahtlos gezogene Vierkantrohre von 8 mm innerer Kantenlänge und einer Höhe von 1150 mm. Der quadratische Querschnitt bietet bei einem Maximum an wärmeaustauschender Oberfläche ein Minimum an freiem Raum zwischen den Rohren. Die Abstände zwischen den Rohren betragen 3 mm, und die Rohre selbst sind durch Distanzstäbe an ihrem oberen und unteren Ende zu einer stabilen Einheit verschweißt. Die Katalysatorfüllung beträgt in diesem Ofen insgesamt 300 l. Die Quecksilberfüllung im Bad reicht bis zur Höhe der Katalysatorschicht. Vom Dampfraum des Quecksilberbades gehen seitlich mehrere Rückflußröhren ab, die auf einen gemeinsamen Kondensator münden. Er ist durch eine Leitung über das Expansionsgefäß mit dem Druckkessel verbunden. Die Druck-Konstanthaltung selbst wird mit Hilfe eines Kompressors durch Inertgas erreicht. Bei Beginn der Produktion wird der Ofen über eine elektrische Heizung aufgeheizt.

Bei diesem Prinzip wird durch die Reaktionswärme nach Einsetzen der Reaktion das Quecksilber verdampft und über den Rückflußkühler wieder in das Bad zurückgeleitet. Hier werden etwa $^2/_3$ der Reaktionswärme durch den Quecksilberdampf abgeführt. Bei einer Raumgeschwindigkeit von 4000–5000 l Produktgas/l Katalysator und h und einer Kontaktzeit von 0,6 sec leistet ein solcher Reaktor 30–45 t/Monat rohes PSA. Obwohl der Quecksilbersiedebadofen für kleinere Anlagen einmal weit verbreitet war, ja sogar Einheiten mit einer Leistung von 100 t/Monat gebaut wurden, endete schließlich diese Entwicklung wegen zahlreicher gravierender Nachteile doch in einer Sackgasse. So hat z. B. das Quecksilber einen hohen Preis, ist selbst in geringen Dampfspuren giftig, besitzt neben seinem hohen spezifischen Gewicht hohe thermische Ausdehnung, sehr geringe Wärmeleitfähigkeit und schlechte Netzbarkeit; außerdem ist es bei der hohen Temperatur auch oxidationsbereit. Obwohl der Hg-Badreaktor hauptsächlich in den USA, Frankreich und Italien Eingang gefunden hatte, gelang es nicht, seine Nachteile auf die Dauer betriebssicher und wirtschaftlich zu beherrschen.

1.5.2.2.3 Wirbelbettreaktoren

Sherwin Williams/Badger-Reaktor (s. Abb. 5): 1944 wurde in den USA erstmals ein Wirbelbettreaktor von Sherwin Williams für die großtechnische Herstellung von PSA verwendet[11]. Die Anfangsleistung von ca. 280 t/Monat wurde durch Entwicklungen von Badger weiter gesteigert. Für den Rohstoff Petronaphthalin hat man inzwischen eine Reaktorleistung von 2000 t/Monat erreicht.

Im unteren Teil des Reaktors wird ein Teil der Reaktionswärme durch eine direkte Hochdruck-Dampferzeugung abgeführt; im oberen Teil werden die Reaktionsgase abgekühlt, wobei Niederdruckdampf erhalten wird. Bei einer Reaktionstemperatur von ca. 370–400 °C und einem Betriebsdruck von 4 ata beträgt die gewirbelte Betthöhe etwa 10 m. Die Verweilzeit beträgt ca. 15 sec. Die Hälfte des Kohlenwasserstoffes wird bereits verdampft und zusammen mit der Hauptluft eingeblasen, die den Katalysator in wirbelnder Bewegung hält. Die andere Hälfte des Naphthalins wird über Einstoffdüsen direkt zugegeben. Die Verdampfung des Naphthalins und die Direktverdampfung am Katalysator wählt man, um durch diese Kombination eine möglichst gleichmäßige Konzentration und damit Temperaturverteilung in der Wirbelschicht zu erzielen. Je nach gewünschter Leistung des Reaktors können sich Reaktordurchmesser bis zu 5,5 m ergeben.

Die Reaktionsgase verlassen zusammen mit einem Teil des Katalysators den Reaktor oben. Außenliegende Cyclone sorgen für Katalysatorzirkulation und Feinkornabschei-

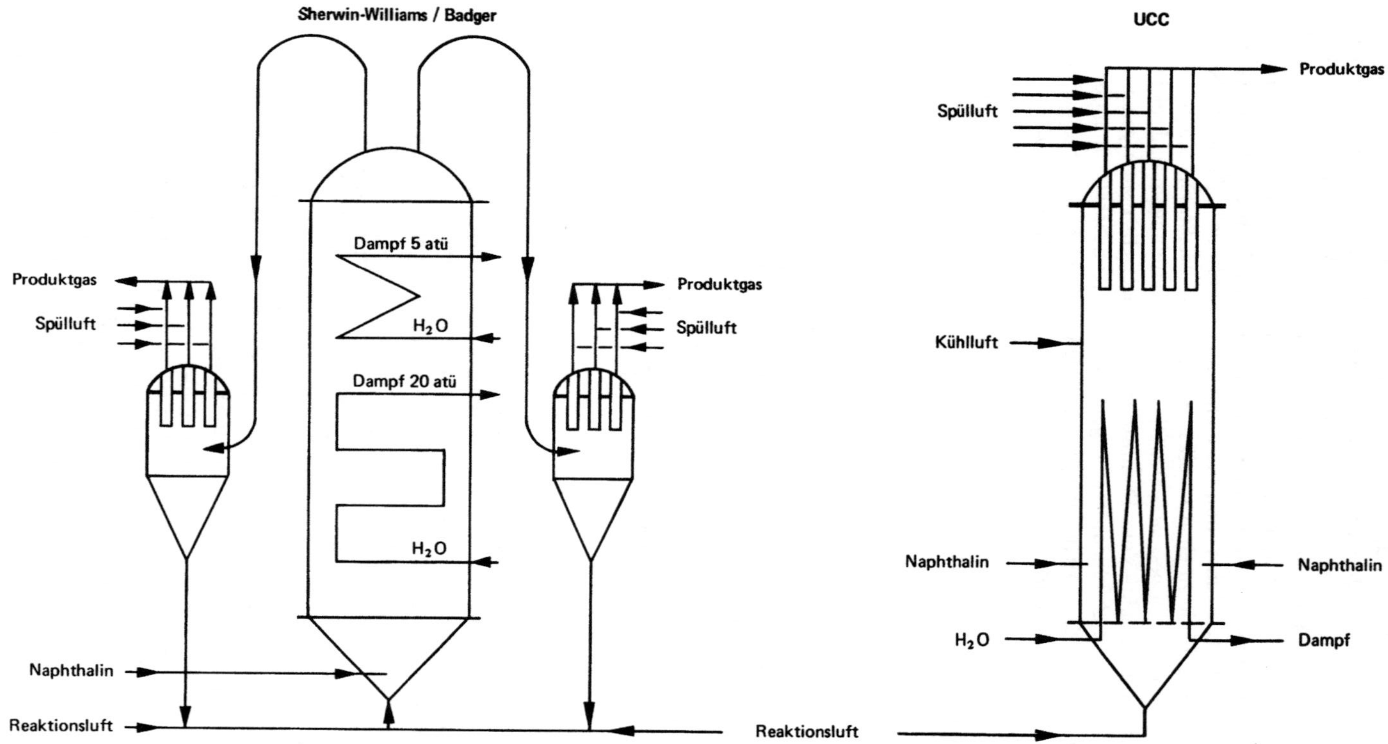

Technische Daten

	Sherwin-Williams / Badger		UCC
Ausmaße	~14 000 × bis zu 5500 mm∅	Ausmaße	16 700 × 3075 mm∅
Wärmeführung	Dampf 20 bzw. 5 atü	Wärmeführung	Dampf 20 atü
Leistung	ca. 2000 Tonnen/Monat	Leistung	1000 Tonnen/Monat
Beladung	ca. 90 g Naphthalin/Nm^3 Luft u. Stunde	Beladung	125 g Naphthalin/Nm^3 Luft u. Stunde

Abb. 5. Wirbelreaktoren

dung. Der bei den Cyclonen durchschlagende Katalysatorstaub wird in mindestens 5 periodisch zurückblasbaren Kerzenfiltern abgeschieden und wieder zurückgeführt.

UCC-Reaktor (s. Abb. 5): Dieser Reaktor wurde Mitte der 50er Jahre in Großbritannien von UNITED COKE & CHEMICALS[34] entwickelt und zunächst in einer ersten Betriebseinheit von 300 t/Monat Leistung erprobt. 1969 wurde eine Anlage mit einer Reaktorleistung von ca. 1000 t/Monat in Betrieb genommen. Bei einer Reaktionstemperatur von ca. 360 °C wird Teernaphthalin verarbeitet.

Die Konstruktionsmerkmale dieses Reaktors zeigen ebenfalls eine unmittelbare Dampferzeugung zur Abführung der Oxidationswärme. In senkrecht von unten eingebauten Rohren mit Zwangsdurchlauf von Wasser wird die Verdampfungskühlung vorgenommen. Dieses Kühlregister ragt vollständig in die Wirbelzone hinein. Der Reaktionsluft, die auf 2,8 – 3,2 ata komprimiert wird, wird kein Naphthalin zugegeben. Statt dessen wird Naphthalin flüssig in die Mitte des Wirbelbetts über einen Verteilerkranz von Düsen eingespritzt. Von dem Verteilerboden aus, der ein Durchfallen des Katalysators zu verhindern hat, erreicht die Wirbelschicht eine Höhe von ca. 5 m. Der Durchmesser eines Reaktors beträgt ca. 3,0 m, die Länge ca. 16 m, die Verweilzeit liegt bei 5 – 15 sec im Wirbelbett. Oberhalb der Wirbelschicht des Reaktors befindet sich eine Kühlzone, in die Luft zum Abkühlen des Produktgases vor Eintritt in die Kerzenfilter eingeblasen wird, um unerwünschte Nebenreaktionen abzustoppen. Technisch ist die Abkühlung auch mit Wärmeaustauschereinbauten zu erzielen. Diese haben jedoch den Nachteil des vermehrten Katalysatorabriebs. Darüber sind im Kopf des Reaktors Filterkerzenbündel angeordnet, die mitgerissenen Katalysatorstaub vollständig aus dem Produktgas abtrennen. Am Übergang vom konischen Unterteil zum zylindrischen Reaktorteil sitzen die Verteilerböden für die zentral von unten eintretende Reaktionsluft. Durch diese Verteilerböden sind die Haarnadelrohre der Verdampfungskühlung durchgeführt. Andere technische Lösungen, wie z. B. waagerecht liegende Kühlrohre mit überwiegender Queranströmung des Katalysators oder senkrecht hängende Rohre oberhalb der Verteilerböden, dürften betriebstechnisch mehr zufriedenstellen. Diese Art der senkrecht gestellten Haarnadelrohre erweist sich nämlich im Dauerbetrieb durch die ständige Bewegung des Wirbelbetts anfällig für Ermüdungskorrosionen. So können Haarrisse an den Haarnadeln auftreten, die relativ häufig zu Wasser- bzw. Dampfeinbrüchen im Wirbelbett und damit im Produktgas führen.

Zukünftige Möglichkeiten der Reaktortypen: Das Beispiel des BASF-Kugelkatalysators mit seiner hohen Selektivität und seiner wahlweisen Verwendbarkeit von o-Xylol oder Naphthalin zeigt, daß die Leistungsgrenze des Festbettreaktors auch mit 3000 t/Monat noch nicht erreicht sein wird. Genauere Kenntnisse der Oxidation innerhalb des Explosionsbereichs und die hieraus zu erwartende Beherrschung dieser technischen Zustände bietet ja alleine über die Kohlenwasserstoffbeladung des Produktgasgemisches noch beachtliche Kapazitätssteigerungen. Aber auch unter Einbehaltung der bisherigen Explosionsgrenze kann in der bewährten Kombination von Katalysator und Reaktor die Kapazität je Einheit noch erhöht werden.

Für den Wirbelbettreaktor sind nach dem heutigen Stand der Technik die Aussichten weniger günstig. Selbst dort, wo Wirbelbettreaktoren mit hoher betrieblicher Dauerleistung laufen, wie z. B. bei Verwendung von Petronaphthalin, besitzen sie bekanntlich im Vergleich zu Festbettreaktoren eine deutlich größere Anfälligkeit für Reparaturen. Ihr bisheriger Vorteil der größeren Kapazität ist zudem mittlerweile von der Entwicklung der Festbettreaktoren eingeholt. Erschwerend kommt hinzu, daß die Wirbelreaktoren bei Verwendung von Teernaphthalin an den Rohstoff besondere Anforderungen stellen[28]. Für o-Xylol ist bis heute selbst unter Verwendung von Brom als Co-Katalysator eine betriebliche Produktion nicht möglich geworden.

Künftig werden bei der Wahl eines Wirbelbettprozesses örtliche oder geschäftspolitische Faktoren eine größere Rolle in der Entscheidung spielen als rein technische. Die Zukunft der Wirbelbettreaktoren wird sehr stark davon abhängen, ob es irgendwo gelingt, einen Wirbelkatalysator zu entwickeln, der einerseits auf die lästige Bromzugabe verzichten und andererseits trotzdem Naphthalin und o-Xylol zu verarbeiten vermag.

Vergleicht man die beiden Reaktortechniken, so heben sich heute einige verläßliche qualitative Erkenntnisse ab. So sollte man z. B. nicht außer acht lassen, daß die Vergrößerung eines Wirbelbettreaktors genau wie beim Röhrenreaktor nur über den Querschnitt möglich ist. Die vertikale Erhöhung der Schicht, die schon öfter so unbedenklich vorgenommen wurde, schafft durch lineare Erhöhung der Verweilzeit derart unangenehme Probleme im chemischen Bereich, daß sich ein solcher Schritt heute von vornherein verbietet. Der gerühmte Vorteil der vollkommen homogenen Temperaturführung in der Wirbelschicht kann für die Oxidation mit Vanadinoxiden jedoch auch Nachteile haben. Nach neuesten Erkenntnissen ist für Katalysatoren, die o-Xylol zu oxidieren haben, eine höhere Temperatur als für Naphthalin erforderlich. Diese Temperatur greift zusammen mit dem Sauerstoffpartialdruck natürlich unmittelbar in den Oxidationszustand des Vanadins ein. Wie bekannt ist, bedienen sich vor allem Firmen der USA gern der Wirbeltechnik. Sie erachten dabei den Nachteil einer ungleichmäßigen Verweilzeit des Reaktionsgases für gering. Diese Haltung kann sich jedoch im Bereich der PSA-Herstellung unter dem Kostendruck der Konkurrenz durchaus nachhaltig ändern. Angesichts dessen dürfte die Zukunft des Wirbelreaktors für die PSA-Herstellung nicht als besonders hoffnungsvoll angesehen werden.

Wenn auch im negativen Sinne, so bestätigt sich doch wiederum die enge Kopplung von chemischer Kinetik mit verfahrenstechnischen Parametern. Beim Festbettreaktor wurde aus einer auffallend zurückhängenden technischen Leistungsfähigkeit durch diese Kombination ein Durchbruch zu neuen Möglichkeiten geschaffen, während beim Wirbelreaktor mangels einer solch günstigen Kombination dieser Verfahrensweg seine zwischenzeitliche Überlegenheit verloren hat. Allerdings hatte hierzu auch der Wechsel der Rohstoffbasis von Naphthalin auf o-Xylol wesentlich beigetragen.

1.5.2.3 Abscheidung und Gaswäsche

Aus den heißen Reaktionsgasen, die den Reaktor bei einer Temperatur zwischen 350 und 500 °C verlassen, ist das darin enthaltene PSA möglichst quantitativ abzuscheiden. Nach der Abscheidung enthält das an Reaktionsprodukt verarmte Abgas noch den tensionsmäßig unvermeidbaren Dampfanteil an PSA, die leichter flüchtigen, oxidativen Nebenprodukte, wie MSA, aromatische Monocarbonsäuren u. a. In einer intensiven Gaswäsche wird der Anteil an gesamter organischer Substanz auf weniger als 0,2 g/m^3 Abgas gesenkt. Die so gereinigte Abluft wird dann über einen Kamin in die Atmosphäre abgegeben.

Für diese generelle Arbeitsweise kennt man verschiedene, dem speziellen Prozeß angepaßte technische Lösungen. In allen Fällen jedoch wird das Produktgas, bevor es der eigentlichen Abscheidestufe zugeleitet wird, vorgekühlt. Dazu benützt man einen als Siedekühler arbeitenden Gaskühler, in dem gleichzeitig Niederdruckdampf erzeugt wird.

1.5.2.3.1 Abscheidung

Die Eingangstemperatur des abgekühlten Produktgases wie auch die Art der Kondensatoren sind selbst wiederum spezifische, prozeßabhängige Parameter. Bei den Festbettprozessen, die bis heute größtenteils mit dem Kohlenwasserstoff/Luft-Verhältnis unterhalb der Explosionsgrenze von 44 g/m^3 bleiben, wird alles PSA durch Desublimation fest abgeschieden. Bei den Wirbelbettverfahren hingegen, die mit einer Kohlenwasserstoff/Luft-Beladung von 80–125 g/m^3 Gas und ca. 3–4 ata Druck arbeiten, können etwa 60–65% PSA flüssig abgeschieden werden. Die Desublimation von festem PSA verlangt ein möglichst rasches Absinken unter den Taupunkt (125 °C). Die technischen Konstruktionen für die Desublimation begannen mit Kammern und gingen dann auf die verschiedenen Typen von Schmelzkondensatoren über, die nach dem Kühlfallenprinzip arbeiten (s. auch Abb. 6*).

Sublimationskammern: Mehrere Jahrzehnte lang leitete man das Produktgas zunächst in zwei parallel geschaltete, wassergekühlte Kammern, hinter denen stets noch eine Serie paarweise geschalteter, luftgekühlter Kammern folgte, um die Festabscheidung zu Ende zu führen. Ein anschließender Cyclon schied noch mitgerissenes Produkt, vor allem Naphthochinon, ab. Das auf etwa 40–50 °C abgekühlte Reaktionsgas wurde damals unmittelbar in den Abgaskamin geleitet. In diesen Kammern fiel ein rohes PSA an, das sich in Abhängigkeit von der jahreszeitlich bedingten Luftfeuchtigkeit aus einem wechselnden Gemisch von PSA und Phthalsäure zusammensetzte. Es bestand aus feinen, lockeren, hellgrauen, kleinen Nadeln, die mechanisch über eine Transportschnecke ausgetragen wurden. Diese Abscheidekammern hatten verschiedene Nachteile. Bei der relativ niedrigen Konzentration von PSA/m^3 Luft mußten große Abscheideflächen gewählt werden. Die Kammern, von den Amerikanern wegen ihrer Größe auch „hay barns“ genannt, hatten einen Platz- und Raumbedarf, der im Mißverhältnis zu den anderen Verfahrensstufen des Prozesses stand. Außerdem kam es bei Funkenbildung in diesen Kammern immer wieder zu Staubexplosionen.

Im Zuge größerer Reaktorleistungen und größerer Anlagekapazitäten mußte diese Methode aufgegeben werden. Natürlich hatte es schon vorher – in den USA seit 1940 – nicht an zahlreichen Bemühungen gefehlt, die Abscheidung technisch zu verbessern. Beispielsweise wurden die auf 200 °C abgekühlten Gase mit einer heiß gesättigten, wäßrigen Phthalsäurelösung gewaschen und der Phthalsäureschlamm abgetrennt[16,35]. Bei dieser Methode fällt das gesamte Reaktionsprodukt in Form der freien Säure an und muß vor der Destillation erst einer kostenaufwendigen Trocknung und Dehydratisierung unterzogen werden. Bei Allied Chemicals wurde auch versucht, PSA in einer normalen Wasserwäsche abzuscheiden. Das hat neben den bereits geschilderten Schwierigkeiten noch zusätzlich einen hohen Wasserverbrauch zur Folge, da die Löslichkeit von Phthalsäure mit ca. 0,6–1,0% bei Temperaturen von 20–30 °C recht gering ist. Eine elegantere Abwandlung hiervon arbeitete so, daß man die Reaktionsgase oberhalb 135 °C hielt und in diese in einem auf 85 °C gehaltenen Sprühturm so viel Wasser eindüste, daß es völlig verdampfte und das PSA sich am Boden ansammeln konnte. Dort wurde es geschmolzen und flüssig abgezogen[36]. Wenig später ging man beim Auswaschen der Reaktionsgase noch einen Schritt weiter und versuchte, in einem Rieselturm bei etwa 135 °C etwa 95% des PSA durch Auswaschen mit Dibutylphthalat abzutrennen[37]. Alle diese oder ähnlich komplizierte Arbeitsweisen waren offensichtlich wirtschaftlich nicht konkurrenzfähig.

Eine Wende trat ein, als sich bei Imperial Chemical Industries Ltd. (ICI) das Prinzip der alternierend arbeitenden Schmelzkondensatoren abzuzeichnen begann. Heute hat sich diese Arbeitsweise bei allen Verfahren durchgesetzt.

Schmelzkondensatoren: Bei diesem Abscheidertyp wird das gekühlte Produktgas in eine Gruppe von Abscheidern geleitet, die heute vollautomatisch gesteuert werden. Jeder

---

* Diese Abbildung befindet sich in der Lasche am Schluß des Bandes.

einzelne dieser Kondensatoren arbeitet in einem Aufheiz- und Kühl- bzw. Schmelz- und Beladungszyklus. Die Zahl der Aggregate je Gruppe und insgesamt, genauso wie die Größe der Abscheidefläche, ist durch die Kapazität der Anlage vorgegeben. Befindet sich ein Abscheider in der Beladungsphase, so desublimiert PSA auf den parallel angeordneten Rippenrohrkühlern. Jedes einzelne Rippenrohr wird in dieser Phase auf der Innenseite von einem gekühlten Wärmeübertragungsmittel durchflossen. Bei einem bestimmten Druckverlust des Kühlers oder nach einer bestimmten Zeit wird dieser dann aus dem Produktgasstrom abgeschaltet. Das kalte Wärmeübertragungsmedium wird durch zirkulierendes heißes verdrängt und damit das rohe Anhydrid auf der Innenseite abgeschmolzen und in einem Rohwaretank gesammelt.

Die Wirksamkeit eines Schmelzkondensators wird durch den PSA-Abscheidegrad gekennzeichnet; das ist das apparate-spezifische Verhältnis zwischen der gesamten aufgegebenen und der im Kondensator abgeschiedenen Produktmenge. Der theoretische Abscheidegrad oder die maximale PSA-Menge, die in den Kondensatoren fest oder flüssig abgeschieden werden kann, ergibt sich aus dem PSA-Gehalt des Reaktionsgases und dem PSA-Dampfdruck bei der Abgastemperatur der Kondensatoren. Der tatsächliche Abscheidegrad, der nur wenig kleiner als der theoretische sein darf, hängt noch von anderen Faktoren ab, wie z. B. den mechanischen Stoffverlusten durch den Gasstrom und dem Grad der Annäherung des PSA-Gehaltes an die Gleichgewichtskonzentration. Die Abhängigkeit des Abscheidegrades vom Verhältnis Luft : PSA nach A. S. WIGDOROW und Mitarb.[38] zeigt Abb. 7. Die einzelnen technischen Ausführungsformen der Schmelzkondensatoren unterscheiden sich deutlich voneinander. Man kennt z. B. von UNITED COKE & CHEMICALS (Typ III)[39] das senkrecht gestellte Rippenrohrbündel, bei dem die Anströmung durch das Produktgas quer erfolgt. Bei der Konstruktion von GEA LUFTKÜHLERGESELLSCHAFT HAPPEL GMBH & CO und von CHEMISCHE FABRIK VON HEYDEN (Typ IV)[40] hingegen ist das Rippenrohrbündel horizontal gelagert, die Anströmrichtung verläuft von unten nach oben. Von den Ruhröl-Abscheidern ist bekannt, daß sie von oben angeströmt werden. Das an Produkt verarmte Reaktionsgas verläßt die Abscheider mit 45–60 °C. Die Anordnung der Rohre selbst kann versetzt oder einheitlich sein; auch der Abstand zwischen den Rippen auf den einzelnen Rohren kann variieren. Die Art der Rippenbefestigung auf den Rohren, ein wichtiger Punkt, da hierdurch der Wärmeübergang stark beeinflußt wird, geht von reinem Aufstecken oder Punktschweißung bis zum massiven Verbund. Es werden runde und ovale Rippenrohre verwendet, teilweise sind die Gehäusewandungen beheizt, mitunter nur isoliert.

Ohne Zweifel ist auf dem Gebiet der Schmelzkondensatoren das Optimale noch nicht gefunden. Dies spiegelt sich sogar in der Wahl der verschiedenen Wärmeübertragungsmedien wider. Bevorzugt sind Öle, wie ®Mobiltherm light u. ä., man benutzt aber auch Wasser und Dampf. Beide Medien haben ihre Vor- und Nachteile.

Beim Festbettverfahren ist im allgemeinen die Stufe der Abscheidung der störungsanfälligste und reparaturbedürftigste Teil des Verfahrens. Einem Schmelzkondensator wird im Betrieb infolge des ständigen Kühl- und Heizzyklus über Jahre hinweg ein hoher Lastwechsel in den Temperaturschwankungen abverlangt. Schon das kann ausreichen, daß kleine Konstruktionsfehler ihn mechanisch vorzeitig zerstören können. Unabhängig davon können im Laufe der Zeit unterschiedliche Strömungsgeschwindigkeiten auf der Innenseite der Rohre ebenfalls Defekte verursachen. Treten Leckstellen auf, wird hierbei rohes PSA durch Öl verschmutzt, und das verursacht wiederum Schwierigkeiten während der Reinigung zum spezifikationsgerechten Produkt. Die Lebensdauer der Kondensatoren kann in der gleichen Anlage weit mehr als 100% voneinander abweichen.

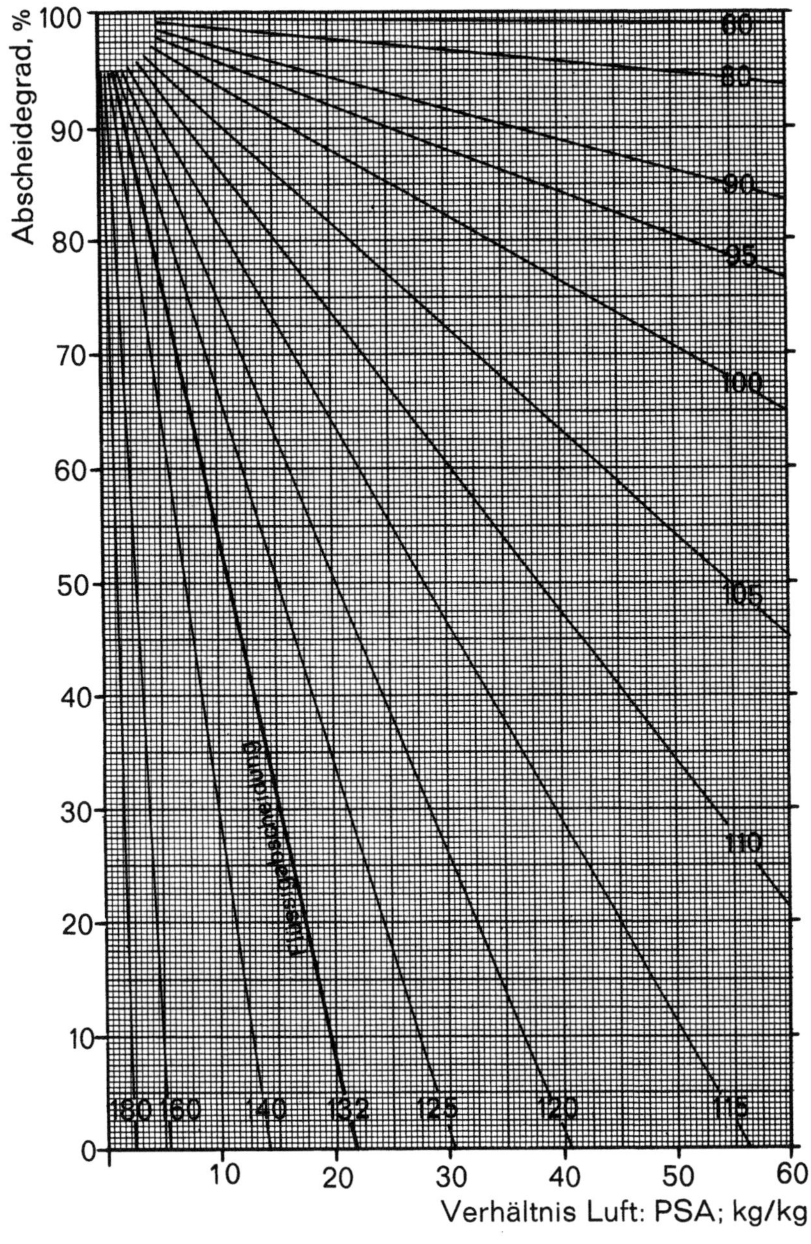

Abb. 7. Abhängigkeit des theoretischen Abscheidegrades von PSA, vom Verhältnis Luft : PSA (*A. S. Wigdorow, A. W. Amitin* u. *L. J. Blachmann,* Khim. prom. *42 (1)*, 31—32 (1966)).

Verwendet man Wasser bzw. Dampf, ist diese Gefahr weniger gegeben, doch unterliegt auf der Außenseite das Material stets der chemischen Korrosion durch die von dem Reaktionswasser und der Luftfeuchtigkeit abhängigen Menge an freien Säuren im Rohprodukt. Aus 100 kg o-Xylol entstehen bei 106 kg PSA ca. 59 kg Reaktionswasser; von 100 kg Naphthalin, die 95 kg PSA liefern, erhält man ca. 33 kg Reaktionswasser. Zu diesen Werten addiert sich noch die durchschnittliche relative Luftfeuchtigkeit. Für den Standort Ludwigshafen am Rhein (+10 °C, 76% relative Luftfeuchtigkeit) liegt z. B. die gesamte Wassermenge im Produktgas eines Reaktors (Leistung 1200 t/Monat) im Jahresmittel bei 297 kg/h, das sind 7,15 g H_2O/m^3.

Tritt im Störungsfall zusätzlich Wasserdampf in den Abscheideraum aus, erhält man ziemlich massive Kristallklötze von Phthalsäure, die erst durch eine gesonderte Behandlung mit Soda-Lösung oder verdünnter Natronlauge entfernt werden können. In einem solchen Moment wird auch ein höherer Prozentsatz von Phthalsäure als sonst über den Gasstrom in die Abgasleitung weitergetragen und kann auch da zu Leitungsbränden Anlaß geben.

Unter all diesen erschwerenden Umständen erwartet man jedoch beim heutigen Stand der Technik, daß ein guter Abscheider, wie er z. B. von der GEA Luftkühlergesellschaft GmbH geliefert wird, einen Abscheidungsgrad von mindestens 99% besitzt. Durch die jüngst möglich gewordene Kapazitätssteigerung des Reaktors werden die allgemein üblichen Schmelzkondensatoren mit Abscheideflächen von ca. 1500 m^2 pro Aggregat zu klein. Die Notwendigkeit, eine größere Abscheiderfläche pro Apparat unterzubringen, verlangte neue Konstruktionen. Heute stehen verschiedene Schmelzkondensatoren bis zu 3700 m^2 zur Verfügung.

Flüssigkondensatoren: Dieser Abscheider (Typ V) wird bei dem Wirbelbettverfahren von Sherwin Williams/Badger verwendet. Die Beladung und der Druck von 4 ata erlauben es, ca. 65% der gesamten PSA-Menge flüssig abzuscheiden. Für das restliche PSA wird natürlich noch ein kleineres Schmelzkondensatorsystem benötigt.

Der Flüssigabscheider besteht aus einem Röhrenbündel mit Schwimmkopf, in den das Gas bis nahe an den PSA-Taupunkt abgekühlt eintritt. Die Rohre haben einen Innendurchmesser von 25 mm und sind 7000 mm lang. Wegen der Korrosionsgefahr durch kondensierende, aromatische Carbonsäuren kann auf Edelstahl (V4A) nicht verzichtet werden. Die Rohrzahl des Bündels richtet sich nach der Größe der gewünschten Kühlfläche und damit nach der Anlagenkapazität. Der Kondensator wird von unten angeströmt, wobei die Kondensation mit einer groben Fraktionierung verbunden ist. Die hochsiedenden Komponenten werden zuerst abgeschieden und von dem oben herabfließenden PSA heruntergewaschen. Damit reinigt sich der Kondensator von selbst. Als Kühlmedium dient bei 3,1 atü verdampfendes Wasser. Die Gase verlassen die Kondensatoren mit ca. 140 °C und enthalten dann noch ca. 23 g PSA/Nm^3 Reaktionsgas. Die nachgeschalteten Schmelzkondensatoren für die Festabscheidung arbeiten alternativ und ebenfalls noch unter Betriebsdruck. Das Abschmelzen führt man mit Prozeßdampf durch. Das Temperaturintervall für die Festabscheider liegt hier zwischen 75 und 140 °C. In diesem Arbeitsbereich verringert sich die mechanische Beanspruchung des Materials. Infolge der größeren spezifischen Wärme für Kühlwasser bzw. Dampf verkürzen sich die Aufheiz- und Abkühlzeiten. Aus diesen beiden Gründen kann auch der Schaltzyklus zeitlich verkürzt werden. Damit haben die Schmelzkondensatoren eine größere Leistung bzw. kann man bei einer gegebenen Mindestleistung die Kostenvorteile der kleineren Apparatedimensionen wahrnehmen. Die Gasaustritt-Grenztemperatur berechnet sich für diese Festabscheider aus der Sättigungstemperatur des Abgases mit Wasserdampf zu 75 °C, da Wasser unter keinen

Umständen kondensieren darf. Der unvermeidliche PSA-Verlust von weniger als 1% wird in Kauf genommen.

Zukünftige Entwicklung: Wenn auch die verschiedenen technischen Lösungen der einzelnen Abscheider den betrieblichen Erfordernissen genügen und damit nun ein betriebssicherer Zustand erreicht ist, kann man diese Verfahrensstufe doch noch nicht als optimal gelöst ansehen.

Eine relativ einfache und elegante Arbeitsweise, wie sie durch Kombination von Flüssig- und Festabscheidung beim Sherwin Williams/Badger-Wirbelbettprozeß gegeben ist, ist allerdings auch spezifisch an die Beladungen und die Druckbedingungen des Prozesses gebunden. Für Festbettprozesse, die ihr Kohlenwasserstoff/Luft-Verhältnis unterhalb der Explosionsgrenze halten und unter 1 atü bleiben, ist gemäß dem Dampfdruck eine flüssige Abscheidung nicht möglich. Der Taupunkt wird erst nach Unterschreiten des Schmelzpunktes von PSA erreicht.

1.5.2.3.2 Gaswäsche (s. auch Abb. 8)

Das die Abscheider verlassende Abgas ist nun von den restlichen, noch flüchtigen Anteilen an organischen Substanzen zu reinigen. Eine betriebssichere und wirtschaftliche katalytische Verbrennung für PSA-Abgas ist bis heute nicht bekannt geworden. Wo billiges Erdgas zur Verfügung steht, kann mit Erfolg die direkte Verbrennung durchgeführt werden. Allgemein bedient man sich zur Reinigung des Gases einer Wasserwäsche. Zwischen Waschturm und Abgaskamin sind gewöhnlich noch Cyclone zum Abtrennen mitgerissener Wassertröpfchen eingeschaltet. Auch Tropfenfänger in Form von Lamellenabscheidern haben sich für diesen Zweck bewährt. Gelegentlich werden zwischen Waschturm und Cyclon sogar noch Naßventilatoren eingebaut. Das gesamte Waschsystem ist meist in seiner Leistung leicht überdimensioniert, um im Störungsfall plötzlich auftretende, höhere Konzentrationen an PSA auffangen zu können. Auf diese Weise kann verhindert werden, daß PSA staubförmig austritt und die nähere oder weitere Umgebung der Anlage belästigt.

Im Waschturm, der entweder mit Einbauten für Pall- oder Raschigringe versehen sein kann, aber meist nur einen Verteilerkranz mit Sprühdüsen besitzt, wird das eintretende Abgas in intensiven Kontakt mit Wasser gebracht. Je nach den örtlichen Wasserverhältnissen kann man mit einmaligem Wasserdurchgang arbeiten (s. Methode I) oder durch einen Kreislauf eine höhere Konzentration der löslichen organischen Anteile im Waschwasser einstellen. Die anfallende Maleinsäurelösung kann zur Gewinnung von Maleinsäureanhydrid bzw. Fumarsäure weiterverwertet werden (s. Methode II). Sofern sich dies nicht lohnt, kann ebensogut das Waschwasser noch stärker aufkonzentriert und dann unmittelbar verbrannt werden (s. Methode III). Anstelle des Waschturms wird auch oft ein Venturi-Waschsystem benutzt. Außerdem finden Siebbodenkolonnen für die Wäsche Verwendung. Die in allen Teilen der Welt immer schärfer werdenden Bestimmungen über Luftreinhaltung werden bald dazu zwingen, die Abgaswäsche so sorgfältig durchzuführen, daß weniger als 0,1 g organische Substanz pro m^3 Abluft in die Atmosphäre emittiert wird.

1.5.3 Reinigung

Um reines PSA von Handelsqualität zu erhalten, wird das Rohprodukt einer kombinierten Reinigung aus thermischer Vorbehandlung und Rektifikation unterzogen. Früher wurde diese Aufarbeitung diskontinuierlich in Kondensierkesseln bzw. Destillationsblasen ausgeführt. Von der BASF wurde schließlich erstmals 1959/63 die kontinuierliche

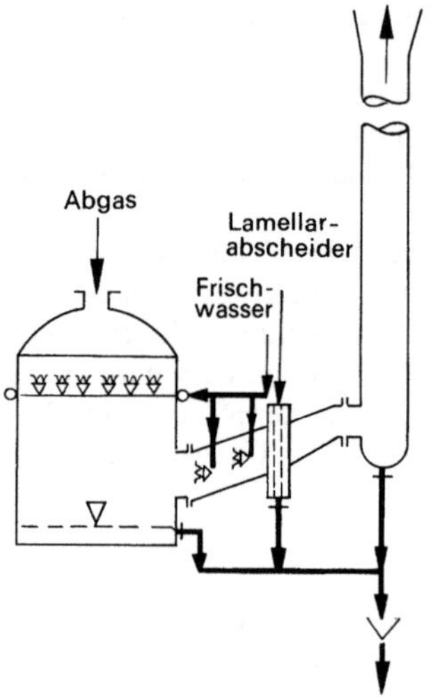

Methode I
Wasserdusche ohne Aufarbeitung des Abwassers

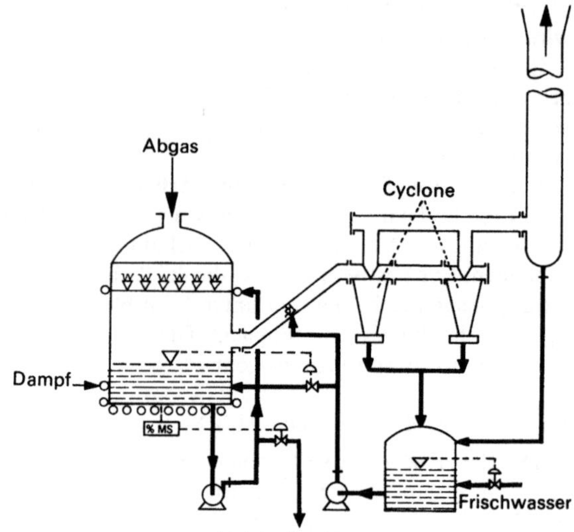

Methode II
Wasserdusche mit Aufarbeitung des Abwassers auf Maleinsäureanhydrid bzw. Fumarsäure

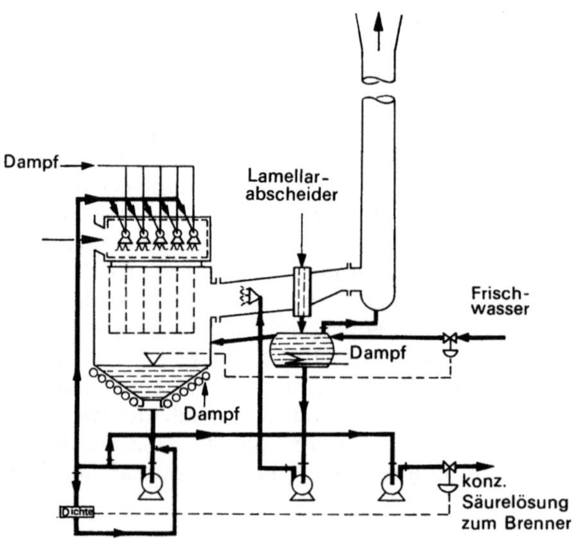

Methode III
Wasserdusche mit Aufkonzentration des Abwassers und Verbrennung des Konzentrats

Abb. 8. Behandlung der Abgase

Rektifikation von rohem PSA aus Naphthalin[41] und 1961/66 die gesamte kontinuierliche Reinigung von der thermischen Vorbehandlung bis zur Rektifikation von rohem PSA aus o-Xylol[42] entwickelt und in die Betriebspraxis eingeführt. Bei allen modernen großen Anlagen, wie sie besonders nach dem BASF-Verfahren erstellt wurden, ist dies inzwischen Stand der Technik geworden (s. auch Abb. 9). Nur kleine oder ältere Anlagen bedienen sich heute noch des Chargenbetriebes. Mit dieser kontinuierlichen Reinigung erhält man ein PSA von jener Spitzenqualität, wie man es vor allem für die Herstellung ungesättigter Polyesterharze benötigt (s. auch PSA-Spezifikation im Anhang).

Sowohl die Art der thermischen Vorbehandlung als auch der destillative Aufwand für rohes PSA ist vom Rohstoff abhängig. Die durchschnittliche Zusammensetzung des Rohproduktes jeglicher Provenienz hat gewöhnlich mehr als 90% PSA, daneben Phthalsäure, Maleinsäureanhydrid und Maleinsäure. In den weiteren Nebenprodukten unterscheiden sich jedoch die Rohwaren charakteristisch. Bei Verwendung von Naphthalin treten außer Naphthochinon organische Schwefel- und Stickstoffverbindungen auf. Bei Verwendung von o-Xylol dagegen hat man es mit Benzoesäure, o-Toluylsäure, o-Toluylaldehyd, Phthalid und auch Spuren von Schwefelverbindungen zu tun. Daneben haften dem Rohprodukt geringe Spuren von freiem Wasser an; ferner enthält es anorganischen Rückstand. Der methanolunlösliche Rückstand kann bei PSA aus Naphthalin etwa 5- bis 10mal so hoch sein wie bei PSA aus o-Xylol. Obwohl es sich bei diesen Nebenprodukten teilweise nur um Spuren, stets jedoch um relativ niedrige prozentuale Anteile handelt, ist es unvermeidbar, die chemischen Bedingungen der Vorbehandlung genauso wie die verfahrenstechnische Auslegung der kontinuierlichen Rektifikation spezifisch anzupassen. Wegen der korrosiven Säuren ist für beide Verfahrensstufen Edelstahl (V4A) als Material unerläßlich.

Die gegenwärtig größte vollkontinuierliche Reinigung von der Vorbehandlung des rohen PSA bis zum reinen PSA hat eine Leistung von 60000 t/Jahr und ist seit 1968 bei der BASF in Ludwigshafen in Betrieb.

1.5.3.1 Vorbehandlung

Die Verfahrensstufe der thermischen Vorbehandlung ist ganz allgemein erforderlich, da sie eine wichtige Voraussetzung für die anschließende Rektifikation ist. Bei einer Temperatur von 220–280 °C, gewöhnlich bei 250 °C, und einer Verweilzeit von mehreren Stunden bis zu einem Tag werden primär durch Dehydratisierung die Anteile von Phthalsäure bzw. Maleinsäure in ihre Anhydride umgewandelt. Würde man darauf verzichten, so fände die Dehydratisierung unter den Bedingungen der Destillation im Kolonnensumpf statt. Das entstehende Reaktionswasser würde die Einstellung der Dampfphasen-Flüssigkeitsgleichgewichte bei der Rektifikation in unkontrollierbarer Weise stören. Neben dieser Hauptreaktion läuft während der thermischen Behandlung noch eine Reihe anderer chemischer Reaktionen parallel dazu ab. So verharzen beispielsweise Spuren von Aldehyden und anderen Verbindungen, während MSA mit anderen niedrig siedenden Anteilen schon hier teilweise ausgetrieben wird.

In welchem Maße Nebenreaktionen vorliegen und ablaufen, hängt wesentlich von dem Betriebszustand einer PSA-Anlage ab. Beispielsweise kann erhöhte Luftfeuchtigkeit zusammen mit einer vorübergehend schlecht arbeitenden Abscheidung den Anteil an Phthalsäure wie an Maleinsäure merklich verändern und damit die Verweilzeit in der Vorbehandlung beeinflussen. Zweckmäßigerweise berücksichtigt man das bereits im Syntheseteil des Verfahrens und wählt die Konstruktion bzw. Fahrweise der Abscheidung so, daß man den MSA/MS-Anteil im Rohprodukt unter 1% senken kann. Ein Blick auf einige

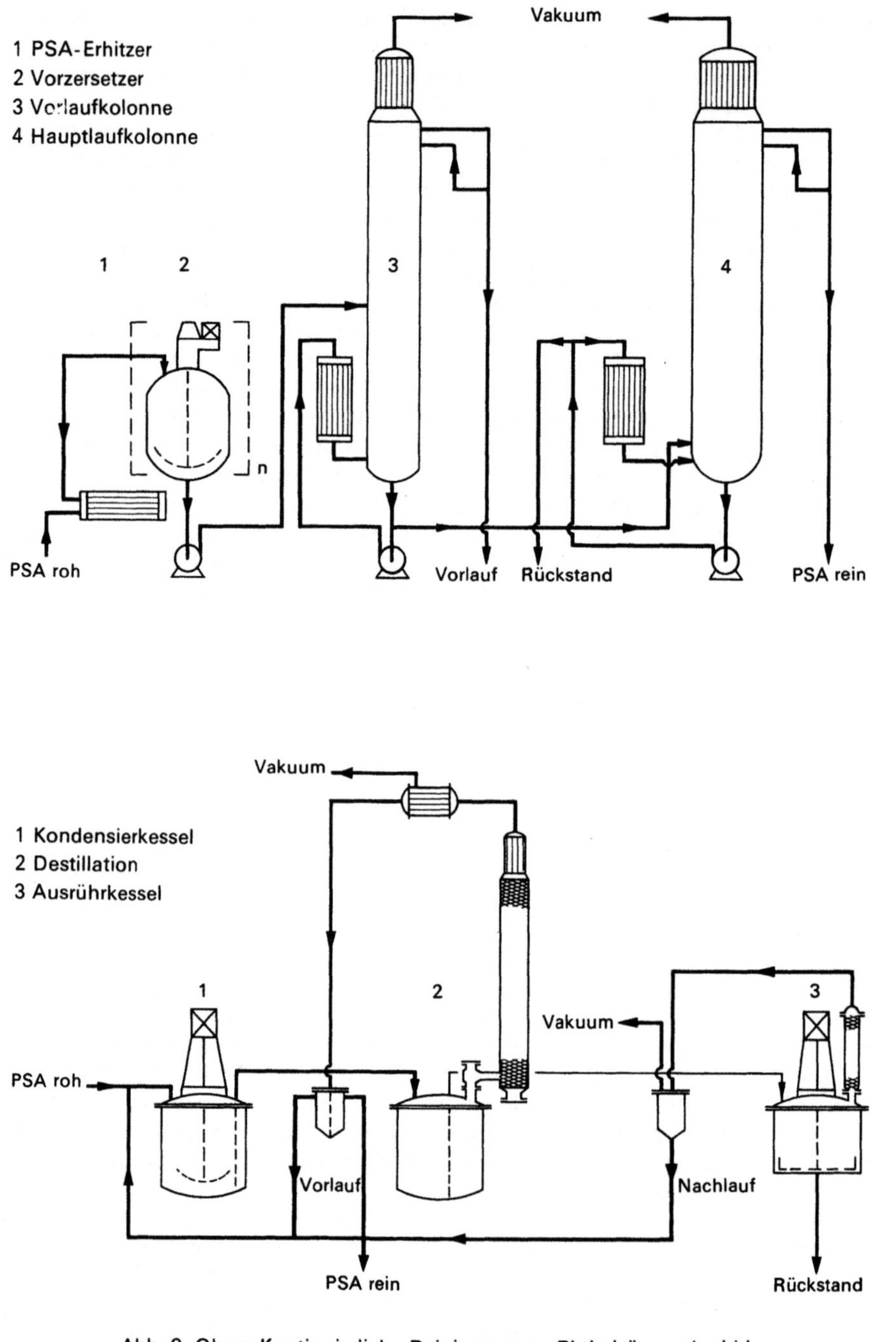

Abb. 9. Oben: Kontinuierliche Reinigung von Phthalsäureanhydrid
Unten: Diskontinuierliche Reinigung von Phthalsäureanhydrid

Siede- und Schmelzpunkte der Hauptkomponenten im rohen PSA (Tab. 4) macht die Problematik deutlich:

Tab. 4

	Siedepunkt (°C)	Schmelzpunkt (°C)
Maleinsäure	–	zersetzt ab 135
Maleinsäureanhydrid	202	52,8
Benzoesäure	249	122
o-Toluylsäure	259	108
m-Toluylsäure	263	111,7
p-Toluylsäure	275	181
Phthalsäureanhydrid	284,5	131,1
Fumarsäure	290 (sublimiert ab 200)	287
Phthalid	290	73
1.4-Naphthochinon	subl.	194
o-Toluylaldehyd	200/2 Torr	–

Das Gleichgewicht der Dehydratisierung von Phthalsäure verschiebt sich erst oberhalb 180 °C zugunsten des Anhydrids. Für Maleinsäure ist dies hingegen schon ab 135 °C der Fall, also knapp 4° über dem Schmelzpunkt von PSA. Eine zuverlässige und gleichzeitige Dehydratisierung der beiden Substanzen erfordert daher einen wesentlich höheren Temperaturbereich. In diesem nimmt aber die Umlagerung der Maleinsäure zu Fumarsäure auch deutlich zu. Die Gegenwart von Fumarsäure, die erst ab 200 °C sublimiert und die Destillation empfindlich stören kann, ist letztlich eine Frage des Anteils an umwandelbarer Maleinsäure.

Rohes PSA aus Naphthalin hat im allgemeinen etwa folgende durchschnittliche Zusammensetzung: ca. 92% PSA, ca. 5 – 6% PS, $\leqq$ 0,5% Naphthochinon, ca. 0,2% MSA und MS, 0,3% Schwefel und ca. 1 – 1,3% Rückstand. Das recht störende Naphthochinon wird während der thermischen Behandlung durch Kondensation in höhermolekulare Verbindungen übergeführt. Das Nebenprodukt verbleibt so bei der Destillation im Rückstand, da über eine chemische Reaktion Naphthochinon aus dem Siedebereich entfernt wird. Diese Reaktion ist katalysierbar. Aus der Literatur geht hervor, daß hierfür die verschiedensten Zusätze verwendet werden, beispielsweise $SnCl_2 \cdot 2H_2O$ und $NaHCO_3$[43]; aber auch Kombinationen von Schwefelsäure und Borsäure[44] oder Alkalihydroxid sind bekannt[45]. Hauptsächlich dient als Zusatz konzentrierte Schwefelsäure[46]. Bei stark schwefelhaltigem Naphthalin kann unter bestimmten Umständen auf eine gesonderte Zugabe von Schwefelsäure verzichtet werden, da ja während des Oxidationsprozesses die nötige Schwefelsäure in ausreichender Menge für die Reaktion mit Naphthochinon gebildet wird. Die katalysierbare Reaktion ist abhängig von dem Gehalt an Naphthochinon, Schwefel und von der Zeit. Diese variablen Einzelgrößen beeinflussen sich gegenseitig. Als Vorbedingung für eine gute Vorbehandlung und Rektifikation sollte in dem rohen PSA ein Schwefelgehalt von 0,1 % und ein Wassergehalt von weniger als 1 % vorliegen. Der dazugehörige Naphthochinongehalt darf dann 0,5% nicht übersteigen. Innerhalb dieses Rahmens hat man nun je nach den effektiven Werten der einzelnen Parameter Verweilzeiten für die Naphthochinonkondensation von Minuten bis zu mehreren Stunden. Eine statistische Auswertung der experimentellen Daten erlaubt es, die gegenseitigen Abhängigkeiten tabellarisch zu erfassen. An Hand der Analysenwerte für Wasser, Naphthochinon und Schwefel kann daraus die Mindestverweilzeit für die Vorbehandlung abgelesen werden.

Rohes PSA aus o-Xylol hat dagegen folgende durchschnittliche Zusammensetzung: ca. 94% PSA, ca. 4–5% PS, ca. 0,4% MS, ca. 0,3% Benzoesäure, 0,1% Toluylsäure, 0,1% Phthalid und 0,2% Rückstand. Naphthochinon als farbverschlechternde Komponente kann hier nicht auftreten. Gleichwohl werden in der Literatur ähnliche Zusätze für die Vorbehandlung wie beim anderen Rohprodukt beschrieben. Man kann indessen mit dieser Rohware die Vorbehandlung ohne jegliche Zugabe vornehmen. Hier gilt es eher, durch Decarboxylierung den Anteil an aromatischen Monocarbonsäuren herabzusetzen. Da o-Toluylsäure mit PSA ein azeotropes Gemisch bildet, kann auf diese Weise schon während der Vorbehandlung der unvermeidbare Anfall des Vorlaufs aus der Destillation verringert werden. Die chemische Reaktion entlastet somit die physikalische Trennung. Ohne Zweifel werden daneben natürlich auch andere temperaturempfindliche Substanzen – manche davon in kaum nachweisbaren Mengen vorhanden – zerstört. Die Verweilzeit bei der thermischen Behandlung ist stets nur eine summarische Größe für die verschiedenen chemischen Reaktionen, wie Dehydratisierung, Decarboxylierung, Kondensationen und thermische Zersetzung von Spurenverbindungen. Die jeweiligen unterschiedlichen Konzentrationsverhältnisse spielen dabei noch eine zusätzliche Rolle. Dies macht sich besonders bemerkbar, sofern ein Gemisch aus beiden Rohwaren verarbeitet wird oder wenn die Vorbehandlung kontinuierlich in einer Kaskade von Rührbehältern ausgeführt wird. Die Verweilzeit muß deshalb immer so gewählt werden, daß mit Sicherheit die geschilderten möglichen Destillationsschwierigkeiten ausgeschaltet werden.

1.5.3.2 Destillation

Diskontinuierlich: Bis zu Beginn der 60er Jahre kannte man bei der PSA-Produktion nur die diskontinuierliche Destillation[46]. Aus einer Destillierblase von 10–20 m^3 Inhalt wurde über eine Füllkörperkolonne von ca. 8 m Höhe PSA zwischen 190–205 °C und unter vermindertem Druck von 40–50 mm Hg destilliert. In die Vakuumleitung eingesaugte Anhydriddämpfe wurden in Sublimatfängern niedergeschlagen, die den Vakuumpumpen bzw. Dampfstrahlern vorgeschaltet waren. Die flüchtigen Säuren wurden im Einspritzkondensator mit barometrischem Wasserverschluß ausgewaschen. Nach Abtrennung des Vorlaufs wurde der Hauptlauf über eine barometrische Austragsleitung in ein Puffergefäß geführt und von dort entweder unmittelbar auf die Kühlwalze zum Abschuppen oder in den Tank für reines PSA geleitet. Je nach den Schwankungen des Rückstands in dem rohen PSA konnte die Destillierblase ein bis mehrere Male gefüllt werden, bis ein Rückstand ausgetragen werden mußte. Dieser Rückstand wurde in einem weiteren Kessel, der mit einem besonders kräftigen Rührwerk versehen war, bis zur Trockne ausdestilliert und das Destillat wieder in die Vorbehandlungsstufe zurückgegeben. Der pulvrige Rückstand wurde verworfen.

Abweichend von dieser Arbeitsweise wurde auch schon das gesamte PSA erst in einer Vorkolonne abgetrieben, also zunächst von seinem hochsiedenden und anorganischen Rückstand befreit und anschließend in einer Glockenbodenkolonne unter vermindertem Druck fraktioniert[47]. Vor- und Nachlauf aus der Hauptdestillationskolonne werden dem Ausgangsmaterial wieder beigemischt. Die Heizung solcher Destillationsblasen betrieb man entweder mit Hochdruckdampf oder mit ®Dowtherm.

Kontinuierlich: In den letzten Jahren hat sich mit den neuen großen Kapazitäten für die PSA-Destillation die kontinuierliche Rektifikation überzeugend durchgesetzt. Die gleichbleibende Qualität des Produktes, der geringere Energieverbrauch, der niedrige destillative Ausbeuteverlust und auch der kleinere Wartungsaufwand bei größerer Funktionssicherheit erwiesen sich als klare Vorteile gegenüber dem älteren Chargenbetrieb.

Nicht zuletzt ist hier noch die höhere Flexibilität hinsichtlich der Durchsatzmengen in diesem Zusammenhang zu erwähnen. Der höhere Investitionsaufwand für die kontinuierliche Arbeitsweise ist deshalb nur in Grenzfällen noch diskussionswürdig.

Die kontinuierliche Destillation für PSA aus o-Xylol benötigt lediglich 2 Kolonnen. Natürlich sind die beiden Kolonnen mit Abtriebs- und Verstärkungsteil versehen, die wahlweise eingestellt werden können. Eine zusätzliche Rückstandsaufarbeitung des Sumpfes aus der Hauptlaufkolonne wird nicht benötigt. In der Vorlaufkolonne werden bei einer Verdampfungstemperatur von 180–225 °C/60–220 mm Hg die leicht flüchtigen Anteile, die aromatische Monocarbonsäuren und MSA enthalten, zusammen mit einer kleinen Menge PSA als Vorlauf abgetrennt. Die Hauptmenge an PSA, nun von flüchtigen Anteilen befreit, wird ebenfalls unter vermindertem Druck in der Hauptlaufkolonne über Kopf entnommen. Aus dem Sumpf werden die höhersiedenden Anteile zusammen mit dem anorganischen Rückstand entfernt. Das Destillat selbst wird flüssig in die Vorratstanks für reines PSA gepumpt. Vorlaufschnitt (0,7%) und Rückstand (0,8%) ergeben zusammen 1,5% der Destillatmenge, die verbrannt wird. Der Rückstand aus der zweiten Kolonne enthält 90–95% organische Substanz. Er setzt sich aus 30–50% PSA, 15–30% Trimellithsäure, 10–20% Pyromellithsäure, 1–2% Fumarsäure und 5–10% methanolunlöslichem Anteil zusammen.

Andere kontinuierliche Arbeitsweisen sind inzwischen ebenfalls bekannt geworden, so z. B. eine einstufige Destillation[48] ohne Vorlaufabtrennung. Diese hat aus grundsätzlichen Überlegungen heraus den Nachteil, daß sie in der Qualität des Endproduktes nicht die Spitzenwerte einer zweistufigen Rektifikation erzielen kann. Auch dreistufige Destillationen[49], vorzugsweise bei PSA aus Naphthalin, werden ausgeübt. Hier wird in der ersten Stufe durch Totalverdampfung des Rohproduktes zunächst der Rückstand abgetrennt. Der unvermeidbare Nachteil hiervon ist der größere Energieaufwand durch diese zusätzliche Verdampfungsstufe, ganz unabhängig von der gleichfalls höheren Reparaturanfälligkeit. Heute wird die Verfahrensstufe der Destillation sowohl beim Festbettverfahren als auch beim Wirbelbettprozeß allgemein für die kontinuierliche Arbeitsweise ausgelegt.

1.5.3.3 Transport, Lagerung und Abschuppung

PSA als Handelsware ist durch eine bestimmte Spezifikation (s. auch Anhang) gekennzeichnet. Der Reinheitsgrad wird dabei durch eine Anzahl genormter Tests (DIN oder ASTM) mit Mindestwerten festgelegt. Um diese Werte einhalten und garantieren zu können, muß bei der PSA-Erzeugung auch dem Transport von geschmolzenem PSA durch Leitungen, seiner flüssigen Lagerung sowie der Abschuppung des festen Handelsproduktes besondere Aufmerksamkeit gewidmet werden. Dabei sind durch die Substanz selbst enge Grenzen für die technischen Lösungen gezogen. Da PSA mit seinem Schmelzpunkt von 131 °C nur in Schmelze flüssig gehalten werden kann, bedeutet eine längere Lagerzeit in diesem Zustand auch eine lange Temperaturzeitbelastung des Produktes. Darunter leidet immer die Qualität. Allein durch diese einzige Stoffkonstante des PSA ist es flüssig nicht zeitlich unbegrenzt ohne Qualitätsminderung lagerbar. Auch bei Verwendung von Edelstahl als Tankmaterial sind 8–10 Tage das Maximum, was an Lagerzeit ohne Einbuße an Qualität zugestanden werden kann. Auch bei der Förderung von flüssigem PSA ergeben sich für die Rohrleitungen – durch die Notwendigkeit, PSA oberhalb 131 °C geschmolzen zu halten – erhebliche technische Aufwendungen. Obwohl in der BASF schon zwischen 1900 und 1914 der größte Verbraucher diese Substanz in flüssiger Form durch elektrische oder dampfbeheizte Leitungen bezog, hat sich bis heute noch keine allseits befriedigende einheitliche technische Form dafür herausgeschält. In der betrieblichen Praxis kennt man sowohl mit Dampf beheizte begleitende Rohrleitungen als auch mit Dampf beheizte Doppelmantelrohrleitungen. Neuerdings wird mit einer speziellen Form der Dampfbeheizungen gearbeitet, wonach die aufgelegten Begleitrohre mit einer wärmeübertragenden Masse (®Thermon) versehen werden. Mit elektrischen Begleitheizungen wird ebenfalls wieder experimentiert. Schon aus diesen vier verschiedenen Möglichkeiten ist zu ersehen, daß keines dieser Rohrleitungssysteme voll befriedigt. Doppelmantelleitungen sind teuer, und es muß eine hohe Arbeitsqualität gewährleistet sein, will man mit Sicherheit Leckstellen für den Übertritt von Dampf aus dem Mantel in das Produkt ausschließen. Ein Dampfeinbruch in die Produktseite führt zu einem Phthalsäurepfropfen in der Rohrleitung und meist zu einer erheblichen Betriebsstörung. Die Begleitrohrheizungen vermeiden zwar diesen Nachteil, schaffen jedoch nicht immer genügend Wärme. Das PSA erstarrt dann in der Leitung und kann beim Aufschmelzen Rohrsprengungen auslösen. Der Kostenaufwand für die Installation ist keineswegs gering.

Besonders problematisch werden diese Fragen, wenn man zu größeren Rohrdurchmessern übergehen muß. Bei Doppelmantelrohrleitungen bringt der verwendete Dampf überall die gleiche Temperatur, während die Wärmemenge beliebig entnommen werden kann. Für die Begleitrohrheizung, besonders für die elektrische, ist hingegen die Wärmemenge praktisch eine konstante Größe, und die örtliche Temperatur schwankt. Die Forderung nach gleichmäßigem und gleichzeitigem Schmelzen von PSA-Kristallpfropfen, um örtlichen Flüssigkeitsdruck und damit das Bersten von Leitungen zu verhindern, wird von den Doppelmantelleitungen besser erfüllt. Sie können jedoch im Betrieb wegen Rohrflanschen und Rohrkrümmern nicht überall installiert werden. Am besten bewährt hat sich daher bis heute eine geschickte Kombination von Doppelmantelleitung und Begleitrohrheizung.

Diese PSA-spezifischen Bedingungen wirken sich auf den Markt einerseits und auf den Produktionsverbund andererseits aus. Früher wurde reines PSA als Schuppenware gehandelt und verarbeitet. In den letzten Jahren hat sich für alle Großverbraucher die Flüssiglieferung und -lagerung eingeführt. Daneben hat aber auch die Schuppenware ihren festen Platz im Markt. Schuppenware ist wegen des Abschuppens und des Absackens und auch wegen der großräumigen Lagerhaltung natürlich teurer als flüssiges PSA. Besonders kostengünstig kann man deshalb PSA stets dann weiterverarbeiten, wenn eine räumliche Nähe zwischen PSA-Produzenten und PSA-Verbraucher gegeben ist. Große räumliche Entfernungen und lange Transportzeiten, sei es auf Straße, Schiene oder See, können praktisch nur mit PSA-Schuppen überbrückt werden. Für die Bedienung des Marktes ist davon auszugehen, daß stets – sei es aus Gründen der Entfernung oder der kleinen Mengen – ein Teil des produzierten PSA in fester Form gebraucht wird.

Lagerung von flüssigem PSA: Solange nur Tauchpumpen für flüssiges PSA verwendet werden konnten, lag die Tankgröße zwischen 50 und 70 m^3. Erst nachdem die technische Entwicklung die Tauchpumpen durch normale Horizontalpumpen mit spezieller Packung abgelöst hatte, wurde es möglich, das Volumen eines Tanks einer bestimmten Anlagenkapazität in sonst allgemein gewohnter Weise anzupassen. Natürlich ist die beschränkte Lagerstabilität des PSA im Volumen zu berücksichtigen. Auch große PSA-Tanks benötigen ein Boden- und Wandbeheizungssystem. Immerhin bieten Tanks von 200–500 t Inhalt heute keine Schwierigkeit mehr.

Abschuppung von PSA (s. auch Abb. 10): Für die Herstellung von Schuppenware verwendet man eine Kühlwalze, die in eine Wanne mit flüssigem PSA eintaucht. In der Wanne wird der Stand an flüssigem PSA konstant gehalten. Die Kühlwalze selbst wird auf der Innenseite mit Wasser gekühlt. Im allgemeinen wird dabei aus einem Tank

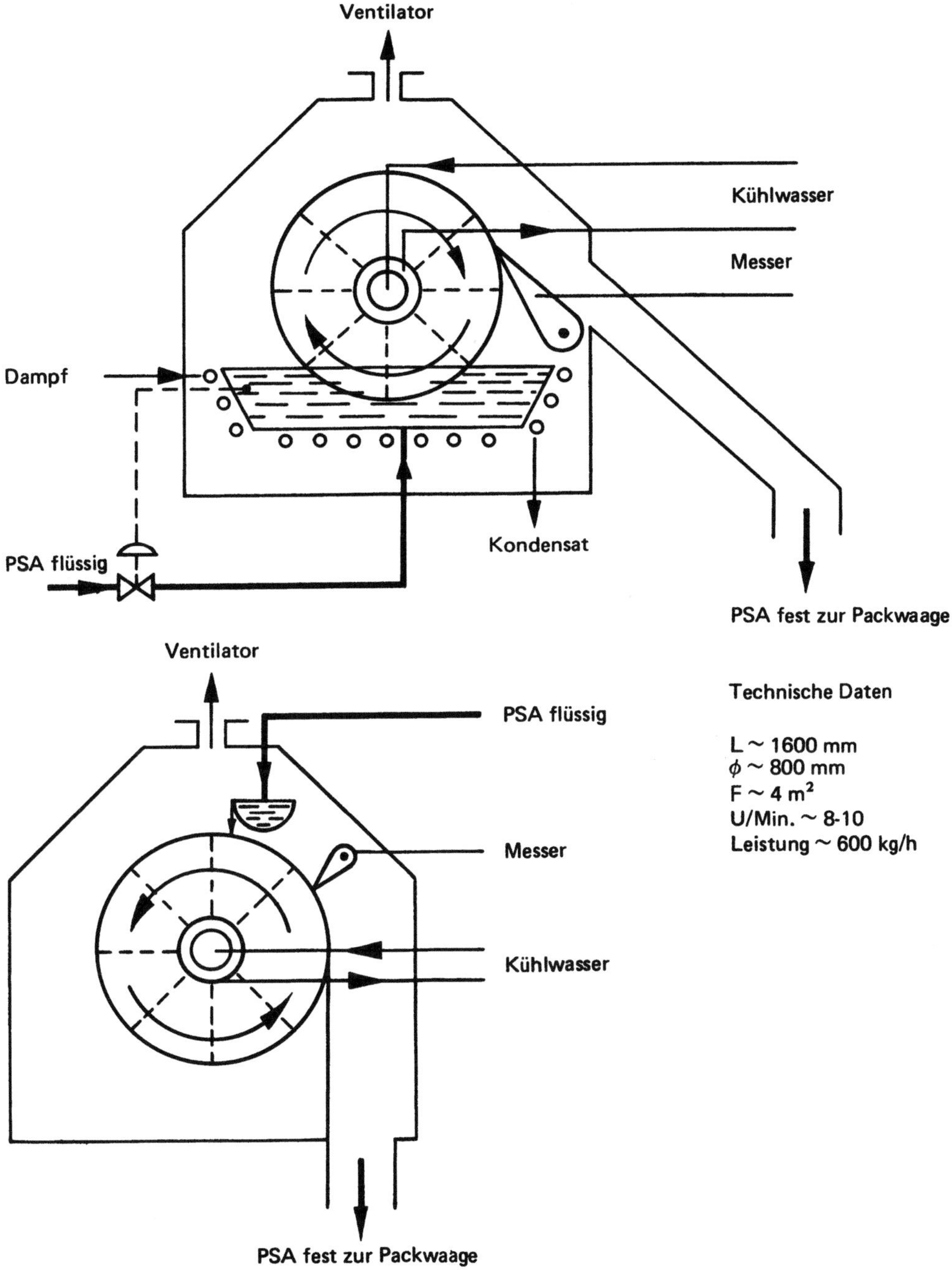

Abb. 10. Oben: Kühlwalze mit Tauchwanne
Unten: Kühlwalze mit Zulaufrinne

und einem Puffergefäß über eine Pumpe ständig flüssiges PSA in die Wanne gefördert und der Stand durch einen Überlauf, der in das Puffergefäß zurückgeht, eingestellt. Der Abkühlungsgrad kann über die Wasserdurchflußmenge kontrolliert werden. Während die Walze rotiert, taucht sie in das flüssige PSA ein und nimmt einen dünnen Film auf. Dieser erstarrt auf der Metallfläche und wird von einem Schabemesser abgehoben. Durch Einstellen der Drehgeschwindigkeit der Walze kann die Dicke des Films reguliert werden. Mit gröberen Schuppen steigt das Schüttgewicht und wird der Staubanfall und der Walzenabrieb verringert. Die Schuppen werden dann über eine Schnecke oder durch freien Fall in einen Zwischenbehälter befördert, von dem aus die Abfüllmaschine bedient wird. Das Austragen mit einer Schnecke ist jedoch nachteilig, da Fe-Staub mit PSA vermahlen wird. Die Füllung der Säcke und die Wägung erfolgen automatisch.

Eine Modifikation dieser Abschuppung bedient sich bei der Kühlwalze statt der PSA-Wanne einer Zulaufrinne auf der Oberseite der Kühlwalze. Prinzipiell kann natürlich auch statt der Kühlwalze ein Kühlbad verwendet werden.

Bei der Abschuppung ist eine geringe Tendenz zur Verklebung des PSA zwischen 50 und 55 °C zu berücksichtigen, was die Verpackung erschwert. Die Walzen müssen daher so konstruiert werden, daß das erstarrte PSA unterhalb dieses Temperaturbereiches anfällt. Die ganze Einrichtung ist geschlossen und mit einem Exhaustersystem ausgestattet. Mit dem Exhauster wird der sich bildende PSA-Staub und PSA-Dampf entfernt und so das Entstehen einer explosiven Staub/Luft-Mischung vermieden. Gleichzeitig sind die Arbeiter dagegen geschützt, zu lange dem PSA-Dampf und -Staub ausgesetzt zu sein.

Eine allgemeine Normung der Füllgewichte je Sack besteht bislang nicht. In Europa sind Säcke mit 30 oder 50 kg im Handel, in den USA Säcke mit 80 lbs. Sie werden auf Paletten gestapelt und so verladen. Wegen der hohen PSA-Reinheitsforderungen haben die Papiersäcke heute Polyäthyleneinlagen.

1.6 Technologie des Luftoxidationsverfahrens

Dem üblichen Schema eines Verfahrens folgend sind die einzelnen Verfahrensstufen für sich in ihrer Entwicklung, dem gegenwärtigen Stand und mit einem Ausblick auf zukünftige Möglichkeiten in qualitativer Form dargelegt worden. Nun weiß man aber aus Erfahrung, daß eine PSA-Anlage je nach technischer Auslegung nach ca. 6–8 Jahren teilweise erneuerungsreif wird. Selbst eine technisch ungewöhnlich gute Einheit ist nach 10 Jahren mit großer Wahrscheinlichkeit nicht mehr wirtschaftlich konkurrenzfähig. Auch wenn örtliche Sonderbedingungen, wie geschützte Märkte oder besondere steuerliche Abschreibungsmöglichkeiten hie und da Anlagen länger am Leben erhalten, spricht das nicht dagegen. Es sollen daher jetzt für den Gasphasen-Oxidationsprozeß am Beispiel des jeweils führenden Verfahrens die einzelnen Technologien, wie sie in der Betriebspraxis verwirklicht sind, beschrieben werden.

Nach dem Festbettreaktorverfahren wurde und wird mit einem Hochtemperaturkatalysator noch an zahlreichen Produktionsstätten der Welt PSA erzeugt (CALIFORNIA RESEARCH CORP.[50], Ruhröl, FTALITAL[51], Péchiney-St. Gobain, Japan Gas-Chemical u. a.). Teilweise werden bis heute die Quecksilbersiedebadöfen dazu verwendet. Im Zuge des Kapazitätsausbaus und der Verfahrensumstellungen in den letzten Jahren traten jedoch die Salzbadröhrenreaktoren an deren Stelle. Die beiden wichtigsten Prozesse dieser Art, das SCIENTIFIC DESIGN-Verfahren[7,52] und das Ruhröl-Verfahren, wurden jedoch Mitte der 60er Jahre von dem VON HEYDEN-Verfahren[53], einem Niedertemperaturkatalysator/Salzbadreaktorprozeß, überrundet. 1966 betrug dessen Anteil an den Weltkapazität ca. 20–25%.

Heute nimmt das BASF-Verfahren einen hervorragenden Platz ein. Durch den Kugelkatalysator ist es rohstoffunabhängig, denn sowohl o-Xylol als auch Naphthalin sind verwendbar. Nach diesem Prozeß wurde und wird innerhalb der BASF-Gruppe an mehreren Produktionsstätten der Welt eine Gesamtkapazität von ca. 206000 t/Jahr aufgebaut. Daneben wurden Lizenzen mit einer vertraglichen Gesamtkapazität von 486440 t/Jahr an folgende Firmen erteilt: SISAS/Italien, Österreichische Stickstoffwerke AG/Österreich, Koppers Company Inc./USA, Yawata Chemical Industry Co. Ltd. (Nippon Steel Chemical)/Japan, Montecatini Edison/Italien, Farbenfabriken Bayer AG/BRD, Snia Viscosa/Italien, Monsanto Company/USA, UCB-Ftal/Belgien, Kymmene Aktiebolag/Finnland, Esso Research & Engineering Comp./USA, Japan Gas-Chemical Co. Inc./Japan. Für 1971/72 ist die gesamte PSA-Kapazität in der westlichen Welt mit ca. 2 Mio t/Jahr geschätzt. Der Kapazitätsanteil nach dem BASF-Verfahren beträgt demnach ca. 35%. Es wurde deshalb als Beispiel für das Festbettverfahren gewählt.

Auch nach dem Wirbelbettreaktorprozeß wird in verschiedenen Ländern der Welt, besonders jedoch in den USA, PSA hergestellt. Neben Sherwin Williams, die 1944 die Methode in die Betriebstechnik übersetzt und als erste 1952 eine Großanlage errichtet hatte, nahmen hiernach wenige Jahre später auch UNITED COKE & CHEMICALS[34,54], AMERICAN CYANAMID COMP.[55] und Koppers Comp. Inc. mit eigenen Verfahren die Produktion auf. Von diesen hat sich das SHERWIN WILLIAMS/BADGER-Verfahren[56] als das überlegenere erwiesen und dient hier deshalb als Beispiel. Diese Technologie ist nach wie vor auf den Rohstoff Naphthalin beschränkt. Anlagen nach diesem Verfahren liefen oder laufen noch bei den Firmen Sherwin Williams/USA, Monsanto/USA, Grace/USA, Union Carbide/USA, Reichhold/USA, Acna/Italien, UCB/Belgien, Synres/Holland. Diese Aufzählung erhebt keinen Anspruch auf Vollständigkeit. Die Nennkapazität dieser Produktionsanlagen addierte sich 1966 zu ca. 210000 t/Jahr und entsprach damals ca. 20% der Weltkapazität.

Bei der Beurteilung eines Verfahrens – und dies muß hier noch ergänzend gesagt werden – darf natürlich seine Wärmewirtschaftlichkeit nicht außer acht gelassen werden. Die gewünschte autarke Dampfbilanz oder anders ausgedrückt die Entscheidung zwischen Gebläse und Dampfturbine, zwischen Öl- oder Dampfheizung in der Destillation ist jedoch stark abhängig von örtlichen Gegebenheiten und der Größe einer Einheit.

1.6.1 BASF-Verfahren für o-Xylol und Naphthalin (s. auch Abb. 11*)

Die Hauptmerkmale des Prozesses bestehen in dem neuen Kugelkatalysator mit dünner, aktiver Schicht, dem dazugehörigen neuen Reaktortyp, einem in seiner Leistungsfähigkeit vergrößerten und verbesserten Abscheidesystem, in den Schmelzkondensatoren, der anschließenden kontinuierlichen Vorbehandlung des rohen PSA sowie der kontinuierlichen Rektifikation in zwei Kolonnen. Die Optimierung des Verfahrens wurde erreicht, indem eine Vielzahl von chemischen und technischen Faktoren sorgfältig aufeinander abgestimmt wurde.

Die staubfreie, filtrierte Luft wird in einem einstufig arbeitenden Radialverdichter auf den der Anlage entsprechenden Druckverlust komprimiert. Diese verdichtete Luft wird in einem Luftvorwärmer mittels Dampf aufgeheizt. Anschließend wird in diesen Heißluftstrom o-Xylol, gegebenenfalls Naphthalin, eingedüst. Das fast mit Siedetemperatur eingesprühte o-Xylol verdampft sofort und verteilt sich gleichmäßig auf den gesamten

* Mit Erlaubnis der BASF entnommen aus der Druckschrift „BASF Phthalsäureanhydrid“. – Diese Abbildung befindet sich in der Lasche am Schluß des Bandes.

Luftstrom. Die Beladung des o-Xylols pro Nm^3 Luft liegt immer unter der Explosionsgrenze (44 g/Nm^3); sie beträgt normalerweise bei o-Xylol wie Naphthalin ca. 40 g/m^3 Luft. Dieses Gasgemisch, dem im Bedarfsfall auch SO_2 zudosiert werden kann, wird in den Kopf des Reaktors geleitet. Verteilt über die 10000 bzw. 13570 Rohre strömt es über den hochselektiv arbeitenden Katalysator. Die entstehende Reaktionswärme wird über ein geschmolzenes Salzbad als Wärmeübertragungsmedium nach außen abgeführt. Die Kühlung des heißen Salzes erfolgt durch Erzeugung von Hochdruckdampf. Rührwerke und Dampferzeugung sind exzentrisch außerhalb des Reaktors angeordnet. Die Temperatur des Salzbades wird über den Dampfdruck gesteuert. Etwa 40% des erzeugten Dampfes werden für Beheizungszwecke innerhalb der Anlage selbst gebraucht, die restlichen 60% können in verschiedenen Druckstufen für andere Verwendungszwecke aus der Anlage in das Dampfnetz abgegeben werden. Das den Reaktor mit 380–420 °C verlassende Reaktionsgas wird in einem als Siedekühler arbeitenden Gaskühler abgekühlt. Hierbei wird ebenfalls Dampf erzeugt. Die Anzahl und die Anordnung der Produktgaskühler können so gewählt werden, daß die Ausstattung sich nach dem gewünschten Dampfdruck, wie er innerhalb oder außerhalb der Anlage gebraucht wird, richtet. Das gekühlte Produktgas wird dann in die vollautomatisch gesteuerten Schmelzabscheider geleitet, die in einem Aufheiz- und Kühlzyklus arbeiten. Die Abscheider werden durch Mineralöl (Mobiltherm light) gekühlt, das auf eine konstante Temperatur eingestellt ist. Das rohe PSA wird dann in der Heizphase des Abscheiders durch umlaufendes heißes Mobiltherm light ausgeschmolzen und in einem Tank für rohes PSA gesammelt.

Das an PSA verarmte Abgas wird nach dem Austreten aus den Abscheidern in einem wasserbetriebenen Abgaswaschsystem gereinigt. Die organischen Verunreinigungen des Waschwassers, z. B. Maleinsäure, können, wenn gewünscht, teilweise gewonnen werden. Man kann jedoch auch die Waschwasserlösung konzentrieren, dieses Konzentrat sammeln und zusammen mit dem nicht verwertbaren Vorlaufschnitt und dem Rückstand aus der Destillation verbrennen. Das rohe PSA fließt von dem Lagertank über einen Durchlauferhitzer zu einer kontinuierlichen Vorbehandlung. Diese besteht aus einer reinen Wärmebehandlung mit einem Durchlauf in einem oder zwei Rührbehältern, die hintereinander geschaltet sind. In diesen Vorzersetzern wird im wesentlichen Phthalsäure zum Anhydrid dehydratisiert; gleichzeitig werden Wasser, MSA und Benzoesäure teilweise abgetrieben. Das so behandelte rohe PSA wird über einen Vorkühler in die kontinuierliche Destillation eingespeist.

In der ersten Kolonne werden über Kopf MSA und aromatische Monocarbonsäuren abgetrennt und aus dem Sumpfkreislauf der Zulauf für die zweite Kolonne entnommen. In dieser wird nach Rektifikation das reine PSA als Hauptlauf erhalten und von dort aus dem Vorratstank zugeleitet. Im Sumpfkreislauf der Hauptkolonne werden höhersiedende Benzolpolycarbonsäuren neben teerigen Bestandteilen angereichert und ausgeschieden. Dieser Rückstand wird zusammen mit dem Vorlauf der ersten Kolonne in einem Tank mit einer 5-Tages-Kapazität gesammelt und dann verbrannt. Unter normalen Arbeitsbedingungen liegt der Erweichungspunkt dieser Rückstände zwischen 90 und 100 °C. Beide Kolonnen arbeiten unter Vakuum, das jeweils von einem zweistufigen Dampfinjektor erzeugt wird. Der hierfür benötigte Dampf kann aus dem Dampfüberschuß des Oxidationsteils bezogen werden.

Der Oxidationsteil der Anlage ist in normaler Stahlausführung. Der gesamte Aufarbeitungsteil benötigt V4A-Stahl, denn selbst V2A-Stahl hält dem korrosiven Angriff der Polycarbonsäuren, die in geringen Mengen als Nebenprodukt im Rückstand vorliegen, nicht stand.

Der Kugelkatalysator mit V_2O_5 als der wirksamen Hauptkomponente in seiner aktiven Masse liefert beachtlich höhere Raumzeitausbeuten als alle bekannten PSA-Katalysatoren konventioneller Art. Er besitzt eine Lebensdauer von mindestens 2 Jahren, ohne daß seine Ausbeute absinkt. Beides ist wenigstens teilweise auf die bessere Selektivität zurückzuführen. Dadurch wird die Totalverbrennung verringert und letztlich insgesamt am Katalysator eine geringere Wärmetönung freigesetzt. Ein weiterer Vorteil dieses Katalysators liegt in seiner Unempfindlichkeit gegenüber Betriebsunterbrechungen. Er benötigt keine besonderen Anfahr- oder Abstellperioden. Innerhalb von ein bis zwei Wochen kann ein Reaktor auf seine volle Kapazität eingestellt werden. Der Katalysator erreicht seine volle Leistungsfähigkeit, sobald er die spezifische Reaktionstemperatur hat; außerdem gestattet die mechanische Stabilität der Trägerkugel, den Katalysatorwechsel in kürzerer Zeit als üblich vorzunehmen.

Die hohen Durchsatzleistungen des Katalysators führten auch zu einem neuen Reaktortyp. Zusammen mit der Deggendorfer Werft und Eisenbau GmbH, einem der führenden Hersteller von Röhrenreaktoren auf diesem Gebiet, wurde ein Reaktor entwickelt, der in der Lage war, die bei den hohen Leistungen entstehende Wärmemenge abzuführen. Das Rührwerk für das Salzbad mußte nach außen verlegt werden und wälzt von dort aus die Schmelze um. Um ein möglichst gleichmäßiges Wärmeprofil über den gesamten Querschnitt des Reaktors zu erreichen und dabei vertikal keine höhere Temperaturdifferenz als $\pm 2\,^{\circ}C$ zuzulassen, wurde für die Salzbadeinführung ein Ringkanal auf der Außenseite am Boden des Reaktors gewählt. Durch entsprechende Wahl der Einlaßschlitze der Salzschmelze in den Reaktor und eine Verteilerplatte wird das Salzbad gleichmäßig über den ganzen Reaktor verteilt und fließt ebenso gleichmäßig von unten nach oben. Über einen zweiten ähnlichen Ringkanal an der Oberseite tritt die Schmelze wieder aus. Diese technische Lösung hat neben den strömungstechnischen Verbesserungen den zusätzlichen Vorteil, für die nun außenliegende Dampferzeugung den jeweiligen Wasserdampfdruck bis nahe 100 atü wählen zu können.

Im Falle von Naphthalin als Rohstoff sinkt die Leistung des Standardreaktors (Typ 1967) mit 1200 t/Monat auf ca. 1000 t/Monat, d. h. auf 83,6% ab.

Für die Abscheidung wurden ebenfalls neue Konstruktionen von leistungsstärkeren Schmelzkondensatoren entwickelt. Dies führte zu zwei verschiedenen Typen mit Kühlflächen von 3200 und 3700 m^2, wobei der eine in Zusammenarbeit mit GEA Luftkühler GmbH entstand.

Die ergänzende verfahrenstechnische Auslegung des Prozesses für Naphthalin als Rohstoff ist nicht erheblich. Man benötigt für Naphthalin beheizte Tanks und beheizte Leitungen, eventuell einen Naphthalinverdampfer. Ferner muß die Konstruktion des Produktgaskühlers so sein, daß er bei Verkrustungsgefahr für Reinigungsarbeiten zugänglich ist. Für den Abscheideteil muß ein häufiger Spülzyklus aus den gleichen Gründen berücksichtigt werden. In der thermischen Vorbehandlung ist wegen des Naphthochinongehaltes die Zugabe von Schwefelsäure erforderlich.

Das Verfahren besitzt genügend Flexibilität hinsichtlich seiner Durchsatzleistung. Die Reaktoren können, wenn erforderlich, noch völlig betriebssicher bei 70% ihrer Nennkapazität arbeiten. Im Bereich des Gasdurchsatzes erreicht man normalerweise mit 60% der Nennkapazität die untere Grenze der Gebläseleistung. Da die Durchsatzleistung auch von der Beladung der Luftmenge abhängig ist, kann durch eine entsprechende Variation vorübergehend mit 60% der Gasmenge die Produktion auf 50% der Nennkapazität gedrosselt werden. Man sollte jedoch eine solche Arbeitsweise nur im ungewöhnlichen Störungsfall zulassen. Die Abstimmung der optimalen Bedingungen ist unter diesen

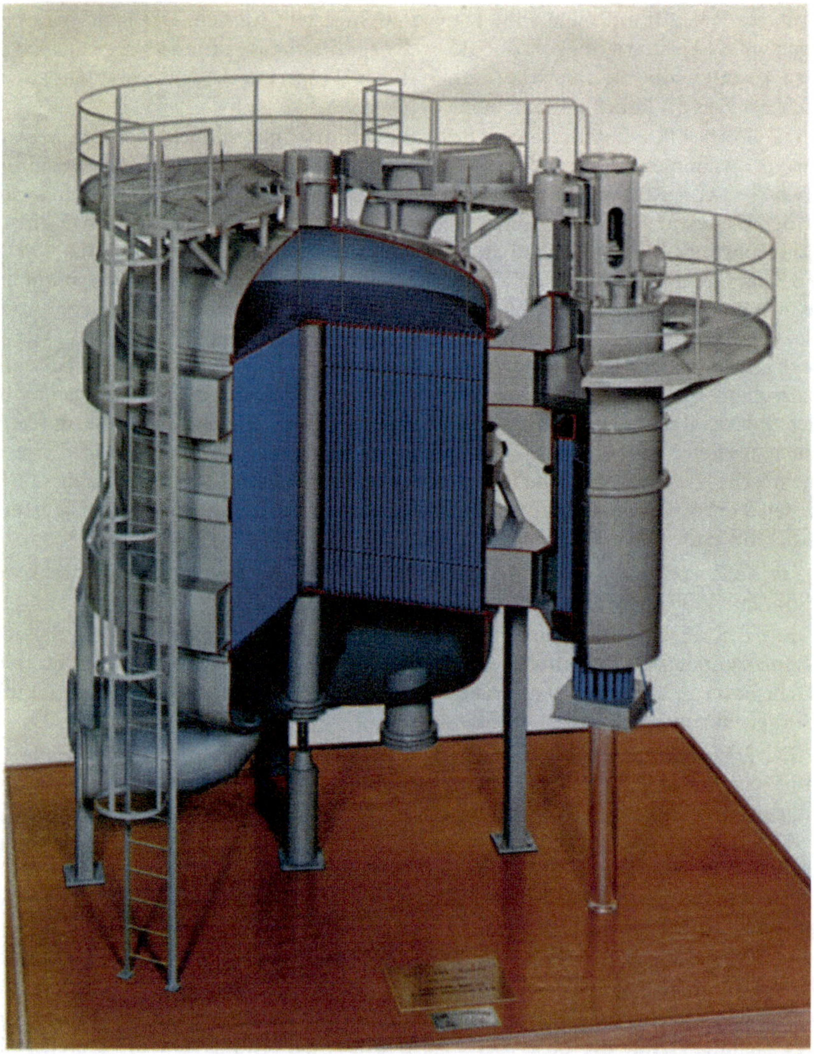

Abb. 12. BASF/DWE-Reaktor (Werkfoto – Deggendorfer Werft)

Umständen bis in die Folgestufen nicht mehr gegeben. Ausbeute und Energieverbrauchszahlen weichen dann natürlich von der Norm ab.

Im gesamten Teil der kontinuierlichen Reinigung ist die Flexibilität noch größer. Die Kolonnen haben bei einer Auslegung von 100% der Nennleistung eine betriebliche Elastizität von 40 – 125%. Man kann daher bei Neuanlagen von vornherein für den Reinigungsteil die doppelte Kapazität vorsehen. Später, wenn der Markt es zuläßt, ist es möglich, mit verhältnismäßig wenig Investitionen den Oxidationsteil zu ergänzen. Ganz unabhängig davon ist es stets zweckmäßig, den Reinigungsteil mit einer Kapazitätsreserve auszustatten, welche die Nennleistung des Reaktors übersteigt. Über ein angepaßtes Tankvolumen für rohes PSA sichert man sich so einen ausreichenden zeitlichen Puffer, der es gestattet, alle kleineren Störungsfälle ohne Stillegung der ganzen Anlage aufzufangen. Es können dann Störungen im Oxidationsteil behoben werden, ohne daß man bei der kontinuierlichen Reinigung irgendwo eingreifen muß. Gleichfalls können aber auch Störungen in dem Reinigungsteil beseitigt werden, ohne daß der Oxidationsteil abgestellt werden müßte. Sowohl die Überlastbarkeit der Kolonnen als auch deren Minderung im Durchsatz bringen ein stabilisierendes Element für den „on stream"-Faktor.

Als Hilfsstoffe werden für das Verfahren benötigt:

Reaktor mit 1200 t/Monat Leistung:	20 t Katalysator
	54 t Salzmischung
Reaktor mit 1650 t/Monat Leistung:	27,5 t Katalysator
	ca. 75 t Salzmischung

Das Verhältnis von $KNO_3 : NaNO_2$ ist 59:41.

Das in den Schmelzabscheidern verwendete Wärmeübertragungsöl ist in seiner Menge von den örtlichen Bedingungen, der Zahl und Größe der Abscheider bzw. der Anlagengröße selbst abhängig. Das gleiche gilt auch für das Wärmeübertragungsöl für die Destillation. Die verschiedenen Arbeitstemperaturen bei Abscheidung und Destillation verlangen je ein anderes Medium. Es kann dies eines der gängigen Marktöle sein, wie ®Marlotherm S und ähnliche; man kann jedoch im Destillationsbereich auch mit Hochdruckdampf arbeiten.

Für 100 kg reines PSA gelten bei Bedingungen, wie sie bei der BASF vorliegen, die folgenden Energieverbrauchszahlen:

Elektrizität für Gebläse, Pumpen, Ventilatoren vom Luftkühler der Abscheider für das Wärmeübertragungssystem und andere:	90 kWh
Heizöl:	8 kg
Kesselspeisewasser (voll entsalzt):	0,5 t
Stickstoff:	1,4 m^3
Flußwasser für Abgaswäsche:	2,5 m^3

Der exotherme Prozeß wird, um die Wirtschaftlichkeit zu verbessern, zur Dampferzeugung herangezogen. Dabei erhält man auf 100 kg PSA 0,4 t Dampf, 60% dieses Dampfes stehen als Niederdruckdampf von 5 atü zur Verfügung, während 40% als Hochdruckdampf je nach Wahl bis zu 100 atü anfallen; im Normalfall handelt es sich hierbei um Dampf von 20 bzw. 30 atü.

Als Bedienungspersonal benötigt man für eine Anlage mit 1 oder 2 Reaktoren 2 Arbeiter je Schicht für einen kontinuierlichen Betrieb. Bei 3 – 5 Reaktoren sind es 3 Arbeiter je Schicht, außerdem ein Meister und ein Laborant. Die jährlichen Kosten für Unterhaltung und Reparaturen belaufen sich auf 2,5 – 3% der Investitionssumme.

Für dieses Verfahren wird eine jährliche Betriebszeit von 8160 Std. garantiert. Das entspricht einem „on stream“-Faktor von ca. 93,5% bezogen auf das ganze Jahr. In der Praxis werden 8400 Stunden erreicht, mithin ein „on stream“-Faktor von 96%. Die hohe Betriebssicherheit ist ein summarischer Ausdruck für die verfahrenstechnische Qualität jeder einzelnen Verfahrensstufe. Zusammen mit der guten Ausbeute, der großen Reaktorkapazität und der wählbaren Verwendung von o-Xylol oder Naphthalin hat sich das BASF-Verfahren in den letzten Jahren eine Spitzenstellung auf dem Markt erobern können.

Durch die Möglichkeit der Wahl zwischen den verschiedenen Reaktorgrößen von 1200, 1650 und künftig 3000 t/Monat bei diesem Prozeß kann man sich sehr elastisch der Marktentwicklung anpassen. Jede Größenordnung einer PSA-Anlage zwischen 15000 und 100000 t/Jahr ist damit durch Zahl der Reaktoreinheiten bzw. ihre Größe mit günstigen Investitionskosten, also niedriger produktspezifischer Kapitalbindung, zu errichten.

1.6.2 Sherwin Williams/Badger-Verfahren für Naphthalin (s. Abb. 13*)

Charakteristische Kennzeichen dieses Prozesses sind die deutlich höheren Beladungen, verbunden mit Reaktorleistungen von 2000 t/Monat. Eine Naphthalinkonzentration von 80 – 120 g/Nm^3 entspricht einem Naphthalin/Luft-Verhältnis von 1 : 16,2 bis 1 : 10,7. Innerhalb des Wirbelbetts kann man die Explosionsgrenze des Kohlenwasserstoff/Luft-Gemisches gefahrlos bis zu diesem Punkt überschreiten. Der vorhandene Katalysatorstaub bricht jede Explosionswelle.

Aus der höheren Naphthalinkonzentration ergibt sich eine höhere PSA-Konzentration im Produktgas. Das vereinfacht die Abscheidung beträchtlich. Ferner ist die Füllungs- und Entleerungszeit für den Wirbelkatalysator attraktiv.

Bei Verwendung von Petronaphthalin als Rohstoff haben die Produktionsanlagen den hohen „on stream“-Faktor von 96%. Die Verwendung von Naphthalin minderer Qualitäten erfordert entweder eine zusätzliche Rohstoffreinigung (Desulfurierung u. a.) oder verursacht Schwierigkeiten und geht zu Lasten der Ausbeute und des „on stream“-Faktors der Produktionseinheit.

In diesem Prozeß wird die Luft in einem Kompressor auf 4 atü verdichtet. Eine Hälfte des Naphthalins wird zusammen mit dem Luftstrom in den Wirbelbettreaktor von unten eingeblasen, die andere Hälfte wird mittels Einstoffdüsen direkt in das Wirbelbett gegeben. Mit dieser Aufteilung der Naphthalinzugabe soll eine möglichst gleichmäßige Konzentration und Temperaturverteilung in der Wirbelschicht erzielt werden. Unter einem Betriebsdruck von 4 ata, bei einer mittleren Reaktionstemperatur von 365 °C und einer Lineargeschwindigkeit von max. 0,40 m/sec läuft die Oxidation in einer gewirbelten Betthöhe von 10,0 m ab. Im Reaktor sind Kühler eingebaut. Die Reaktionsgase werden zusammen mit einem Teil des Katalysators auf außenliegende Cyclone geführt, wo die Katalysatorabtrennung erfolgt. Der Katalysator kehrt dann wieder in den Reaktor zurück. Nicht abgeschiedener Kontaktstaub wird von periodisch rückblasbaren Kerzenfiltern abgeschieden. Diese Filter vertragen im Dauerbetrieb eine Temperaturbelastung von etwa 250 – 280 °C. Von der entstehenden Reaktionswärme werden ca. 40% für die Verdampfung und Erhitzung des Naphthalins auf Reaktionstemperatur verbraucht. Die übrigen 60% werden über die beiden Kühlregister abgeführt. Hierbei wird im unteren Teil des Reaktors ohne ein zwischengeschaltetes Wärmeübertragungsmedium unmittelbar Dampf von 18 atü erzeugt. Im zweiten Wärmeaustauscher wird dann unter Gewin-

* Diese Abbildung befindet sich in der Lasche am Schluß des Bandes.

nung von Niederdruckdampf mit 4 atü das Gas auf ca. 240 °C abgekühlt. Es enthält ca. 1,1 Vol.% PSA und wird anschließend in einem Flüssigkeitsabscheider bis nahe an den Schmelzpunkt von PSA abgekühlt. Dieser Kondensator wird von unten angeströmt, so daß die Kondensation mit einer groben Fraktionierung verbunden ist. Das Produktgas hat nunmehr eine Temperatur von ca. 140 °C und enthält noch ca. 23 g PSA/Nm^3. Die anschließende Festabscheidung in zwei alternativ arbeitenden Schmelzkondensatoren erfolgt noch unter Betriebsdruck. Als Kühlmedium dient Wasser, für das Aufschmelzen wird Prozeßdampf genommen. Das rohe PSA aus Flüssig- und Festabscheidern wird in einem Tank gesammelt und von dort aus in die Reinigungsstufe weitergeleitet.

Der Arbeitsbereich zwischen 140 und 75 °C für die Schmelzkondensatoren verringert die mechanische Beanspruchung des Materials und den beherrschenden Einfluß der Wärmekapazität des Materials auf die Schaltzeiten der Kondensatoren; d. h. Kühlwasser und Dampf verkürzen wegen ihrer größeren spezifischen Wärme die Aufheiz- und Abkühlzeit. Innerhalb weniger Minuten sind die Kondensatoren auf neue Betriebsbedingungen umstellbar. Es kommen damit kurze Betriebszyklen für Beladung, Temperaturumstellung und Abschmelzung zustande. Für die Abscheidung von Tröpfchen und Feststoffen passiert das Abgas einen Cyclon, wird dann in einem Venturi-Waschsystem gewaschen und schließlich in die Atmosphäre abgegeben.

Die Reinigung des rohen PSA durchläuft prinzipiell genau die gleichen Verfahrensstufen der Vorbehandlung und der Rektifikation und wird diskontinuierlich ausgeführt.

Der Wirbelkatalysator selbst enthält 25% aktive Schmelze auf 75% Kieselgel. Die aktive Substanz, die 4% Vanadinpentoxid in Kaliumbisulfat enthält, wird bei der Herstellung auf das Trägerkorn aufgewirbelt. Dadurch ist deren Gehalt von der Korngröße abhängig. Die Korngrößenverteilung des Wirbelkatalysators ist durch eine mittlere Korngröße von $\bar{d} = 175\,\mu$ zwischen 40 und 300 μ charakterisiert. Im Durchschnitt muß der Katalysator alle 2 – 3 Jahre erneuert werden.

Die Fertigungskosten[57] variieren mit der Anlagengröße. Für eine Einheit von 45000 t/Jahr werden 0.25 US $/lbs PSA für Hilfsmittel angegeben[56]. Als Bedienungspersonal sollen 2 – 3 Mann je Schicht und 1 Meister benötigt werden. Die jährlichen Kosten für Unterhaltung und Reparaturen werden mit 2,5 – 3% der Investitionssumme angegeben.

1.6.3 Abluft und Abwasser mit MSA- bzw. Fumarsäuregewinnung

Bis vor wenigen Jahren wurde weder dem Abgas noch dem Abwasser eines Prozesses besondere Aufmerksamkeit geschenkt. Der unvermeidliche industrielle Schmutz war eine Begleiterscheinung, zu deren Beseitigung nur selten von seiten der Chemie oder Verfahrenstechnik geistige Arbeit aufgewendet wurde. Industrieabfall – das war eben der Preis für den fortschreitenden Lebensstandard. Inzwischen hat sich das von der Technik getragene ständige Wachstum des Lebensstandards mit seinen Müll- und Abfallmengen zu einem weltweiten Problem der Luft- und Wasserverschmutzung ausgeweitet. Alle Industrieländer haben deshalb strenge Auflagen zur Luft- und Wasserreinhaltung erlassen. Ein Produktionsverfahren kann heute nur dann als vollständig angesehen werden, wenn es auch den Forderungen bezüglich Abwasser und Abluft genügt. Das bedeutet stets Mehrkosten und belastet natürlich das Endprodukt. Für ein Mengenprodukt wie Phthalsäureanhydrid sind die Kosten einer katalytischen oder direkten Verbrennung der Abgase genauso exzessiv, wie z. B. eine perfekte biologische Klärung seines Abwassers.

Eine katalytische Verbrennung von PSA-Abgasen wird bis heute weder betriebstechnisch noch chemisch zufriedenstellend beherrscht. Problematisch ist es z. B. schon, wenn die Schmelzkondensatoren in ihrem Zyklus umschalten. Es entsteht ein momentaner

Druckstoß, bei dem das Abgas kurzzeitig eine höhere PSA-Konzentration aufweist. Diese höhere Konzentration der organischen Bestandteile im Abgas setzt wiederum im Katalysator eine höhere Wärmemenge frei, was durch die Arbeitsweise des Abscheideteils unvermeidbar ist. Der Verbrennungskatalysator wird also im Dauerbetrieb periodisch mit Wärmestößen belastet, und diese kurzfristigen Überhitzungen zerstören den Katalysator schnell.

Will man anstelle dessen eine direkte Verbrennung von PSA-Abgasen vornehmen, so ist eine sichere Funktionsweise nur möglich, wenn keine Wärmerückgewinnung vorgenommen wird. Um wirtschaftlich zu sein, muß die Konstruktion der Anlage aber vorsehen, daß die heißen Verbrennungsgase wiederum zum Aufheizen der PSA-Abgase benützt werden. Einmal verursacht das hohe laufende Betriebskosten, zum anderen ist diese Möglichkeit durch eine kritische Oberflächentemperatur des Abgaswärmeaustauschers begrenzt. Auch hier wirkt sich der Umschaltvorgang der Schmelzkondensatoren aus. Die kurzfristige Erhöhung des PSA-Gehaltes im Abgas überschreitet bei der hohen Verbrennungstemperatur die Explosionsgrenze und löst explosionsartige Entzündungen an den heißen Flächen des Wärmeaustauschers aus. In solchen Abgaswärmeaustauschern besteht ständig eine große Brandgefahr. Daneben hat man es auch noch mit schwierigen produktionstechnischen Problemen zu tun, wie etwa der Verbrennungstemperatur in der Brennkammer von ca. 750 °C. Eine vollständige Verbrennung, die allerdings nur zur Erzeugung von Dampf ausgenutzt wird, kann dagegen störungsfrei betrieben werden.

Abluft und Abwasser der PSA-Prozesse müssen jedoch gereinigt werden. Eine wirksame und wirtschaftlich tragbare Lösung besteht darin, alle Verunreinigungen des Gases in das Wasser zu verlagern und das aufkonzentrierte Abwasser zu verbrennen.

Im Abgas sind partialdruckmäßig noch PSA, MSA und Monocarbonsäuren enthalten. Durch Befeuchtung der Gase in einem Waschturm mit nachfolgender Wäsche in einem Einspritzventilator (s. auch Abb. 8) läßt sich die Ausgangskonzentration von ca. 2,0–3,0 g an organischen Substanzen/m^3 Gas auf weniger als 200 mg/m^3 senken, d. h. durch eine intensive Wasserwäsche sind zunächst 90–95% der luftverunreinigenden Bestandteile entfernbar. Die Säureanhydride werden unter diesen Bedingungen hydrolisiert. Maleinsäure und Benzoesäure gehen in Lösung, und Phthalsäure flockt bei der Überschreitung der Löslichkeitsgrenze aus. Es wird ein Reinheitsgrad für das Abgas erreicht, der auch den scharfen amerikanischen „air-pollution"-Bestimmungen genügt. Aus dem Abgas werden die Wassertropfen noch durch einen Lamellarabscheider entfernt, und dann kann das Abgas über einen Kamin von 40–50 m Höhe in die Atmosphäre abgegeben werden.

Für das Abwasser, in dem nun Phthalsäure, Maleinsäure und aromatische Monocarbonsäuren enthalten sind, gibt es je nach örtlichen Bedingungen und Wahl den Weg der direkten Verbrennung oder den der Gewinnung von MSA. In beiden Fällen muß das Abwasser zunächst einmal konzentriert werden. Trotz der geringen Löslichkeit der Phthalsäure in Wasser gelingt es, eine im Kreis geführte Lösung ohne Betriebsstörungen auf 15–25% Maleinsäure aufzukonzentrieren. Man kann aus dieser Lösung unmittelbar durch Isomerisierung Maleinsäure in die schwerlösliche Fumarsäure überführen, die ausfällt.

Diese Methode, die teilweise von Ruhröl, den Österreichischen Stickstoffwerken, Ftalital und Japan Gas ausgeübt wird, findet allerdings heute ihre Begrenzung im Markt. Bei den wachsenden PSA-Kapazitäten dürfte der Zwangsanfall an Fumarsäure bald die Nachfrage übersteigen. Das verbleibende Abwasser muß in jedem Fall noch eigens verbrannt werden.

Wesentlich interessanter jedoch ist die Gewinnung der Maleinsäure in Form ihres Anhydrids. Dies wird beispielsweise seit geraumer Zeit von den Farbenfabriken Bayer AG und auch in der BASF betrieben. Das erhaltene MSA ist noch durch Destillation zu reinigen. Die Teilgewinnung des MSA-Anfalls verbessert die Wirtschaftlichkeit der PSA-Anlagen, jedoch mit Einschränkungen. Wo kein günstiger Verbund von vornherein die Möglichkeiten zur Aufarbeitung zu MSA gibt, werden dafür zusätzliche Verfahrensstufen und neue Investitionen notwendig. Es kann oft einfacher und billiger sein, das konzentrierte Abwasser gemeinsam mit dem Vorlauf und dem Sumpfaustrag aus der Destillation zu verbrennen. Der Heizwert der in dem Wasser enthaltenen organischen Produkte ist hoch genug, um die Verbrennungskosten zu decken. Letzteres bietet also auch für Abluft und Abwasser bei der PSA-Erzeugung eine befriedigende und wirtschaftlich tragbare Lösung.

1.7 Grundlage und Technologie des Flüssigoxidationsverfahrens

Die Methode der Oxidation von Xylolen in flüssiger Phase geht auf die Pionierarbeit von American Oil Comp.[58] zurück, die diesen Weg für die Oxidation von p-Xylol zu Terephthalsäure 1955 beschritten hat. Das Verfahren gestattet, sowohl die Isomeren o-Xylol und p-Xylol für sich allein als auch in Mischung zu oxidieren. Man bedient sich dabei eines Katalysatorsystems, das auf Du Pont-Arbeiten[59] von 1940 zurückgeht und aus löslichen Acetaten oder Naphthenaten von Schwermetallen, wie Co, Mn, Mo und Brom, in anorganischer oder organischer Form besteht. Als Lösungsmittel verwendet man organische Säuren, vor allem Essigsäure. Die Reaktionstemperaturen liegen zwischen 120 – 275 °C bei einem Druck von 1 – 40 atü. Das Verfahren läßt sich sowohl diskontinuierlich als auch kontinuierlich betreiben. Vor allen Dingen haben damals in den USA neben der Standard Oil Company of Indiana mit ihren Töchtern Mid Century und Amoco auch andere Firmen wie Scientific Design an der Entwicklung dieses Prozesses gearbeitet[60].

Die wesentlichen Verfahrensschritte des p-Xylol-Oxidationsprozesses sind auch für die Oxidation von o-Xylol anwendbar. Bislang erwies sich dieser Weg jedoch gegenüber der Luftoxidation des o-Xylols als nicht konkurrenzfähig. Seit 1964 versuchen in Europa die Firma Progil/Frankreich[61] und seit 1969 auch die Chemischen Werke Hüls/BRD[62], den Flüssigphasen-Oxidationsprozeß für o-Xylol weiter zu entwickeln. Auch aus der UdSSR ist bekannt geworden, daß man diesen Weg weiter verfolgt hat[63]. Von Progil wurde nach ihrem Prozeß, der sich in seinem Katalysatorsystem und auch in speziellen verfahrenstechnischen Maßnahmen von dem Amoco-Verfahren unterscheidet, eine Betriebseinheit mit einer Kapazität von ca. 17000 t/Jahr errichtet[64]. Es ist die erste ihrer Art für die Herstellung von Phthalsäureanhydrid (s. auch Abb. 14*).

Ein Gemisch von o-Xylol (99,5%ig) und Essigsäure wird zusammen mit einem Gemisch der Katalysatorlösung dem ersten der Kaskadenreaktoren zugeführt. Das o-Xylol/Essigsäure-Verhältnis beträgt etwa 1 : 5. Der Reaktor selbst besteht aus einer dreistufigen Kaskade mit außenliegendem Kühlregister und eingebauten Rührvorrichtungen. Der Betriebsdruck beträgt 6 ata. Im ersten Kaskadenreaktor wird ein Umsatz zwischen 50 und 60% erzielt, im zweiten 35 – 40% und im dritten 8 – 10%. Die gesamte Verweilzeit beträgt etwa 2 – 3 Std., wobei eine Ausbeute von 125 – 130 Gew.% (90 – 93% d. Th.) erreicht wird. Die Ausbeute ist von der Qualität des o-Xylols stark abhängig. Hohe Ausbeute erfordert o-Xylol von 99%iger Reinheit. Die Betriebstemperatur liegt zwischen

* Diese Abbildung befindet sich in der Lasche am Schluß des Bandes.

150–165 °C. Die Luftmenge wird der ersten Reaktorstufe bzw. bei paralleler Begasung allen Reaktoren zudosiert. Da die obere Zündgrenze für ein o-Xylol/Luft-Gemisch bei 6 Vol.% liegt, muß das Verfahren so betrieben werden, daß das Abgas weitgehendst sauerstofffrei bleibt. Man steuerte die Reaktion deshalb auf einen Restgehalt von ca. 2% Sauerstoff.

Für die homogene Katalyse verwendet man ein Katalysatorsystem, das sich aus 0,001 Mol Co-Acetat $\times$ 4H_2O, 0,001 Mol $MnCl_2$ $\times$ 4H_2O und 0,001 Mol $BaBr_2$ $\times$ 2H_2O je Mol o-Xylol zusammensetzt.

Das Abgas wird gekühlt und das Reaktionswasser abgetrennt, wobei nicht umgesetztes o-Xylol gleichzeitig als Schleppmittel für die Entwässerung dient. Progil betreibt die Oxidation so, daß o-Xylol zu 100% umgesetzt wird und schließlich nur PSA in Essigsäure vorliegt. Nachdem die Reaktionslösung die letzte Stufe der Kaskade verlassen hat, werden daraus die anfallenden isomeren Polycarbonsäuren auf Grund ihrer schwereren Löslichkeit durch ein Filter bereits vor der Kristallisation von PSA abgetrennt. In einer Entspannungsstufe mit Kristallisator wird PSA aus der Lösung niedergeschlagen und mit reinem o-Xylol gewaschen. Hierauf wird das rohe PSA abfiltriert und mit Essigsäure gewaschen. Die Mutterlauge wird im Katalysatorgehalt ergänzt und geht zusammen mit der o-Xylol-Waschlösung in die erste Stufe der Kaskade zurück.

In der folgenden Reinigung wird PSA aufgeschmolzen und einer kurzen thermischen Vorbehandlung von ca. 2 Stunden bei ca. 235–240 °C unter Normaldruck ausgesetzt. Die kontinuierliche Rektifikation geschieht in üblicher Weise in zwei Kolonnen unter vermindertem Druck.

Für diesen Prozeß sind gegenwärtig einige Probleme nicht ganz überschaubar. Beispielsweise müssen für die Reaktoren der Kaskade Sonderstähle bzw. Titan[65] eingesetzt werden. Sowohl vom Katalysatorsystem wie auch vom Lösungsmittel Essigsäure her entstehen unter Druck und bei höherer Temperatur spezifische Korrosionsprobleme. Auch die erforderliche Rückführung des Lösungsmittels und des Katalysators im Stoffkreis bringt für den kontinuierlichen Betrieb im Laufe der Zeit gesonderte Aufwendungen, wie z. B. für die Regenerierung von Lösungsmittel und Katalysator sowie deren Ergänzung. Auch hinsichtlich der Spezifikation für das hiernach zu erhaltende reine PSA können neue Überraschungen wegen des Br-Gehalts auftreten, der entweder einen größeren Trennaufwand oder zusätzliche Maßnahmen bei der Vorbehandlung verlangt[66]. Allgemein sollte sich allerdings die Abtrennung des Broms auch für das PSA als lösbar erweisen, wie dies für das Terephthalsäureverfahren schon erreicht wurde. Als Vorteil des Flüssigoxidationsprozesses wird gewertet, daß die Reaktoren relativ einfache Apparateeinheiten (Oxidationstürme[67]) sind, die gegebenenfalls vor Ort zusammengeschweißt werden können. Dadurch kann man theoretisch die Reaktorgröße beliebig bestimmen. Die wirtschaftlichen Vorteile der besseren Ausbeute sind natürlich vom Preis für o-Xylol abhängig.

1.8 Gesundheits- und Sicherheitsfaktoren

PSA ist eine brennbare Substanz. In flüssiger Form hat die Schmelze stets mindestens 135 °C. Die Tanks sind daher mit Stickstoff abgedeckt. Offene Flammen oder andere mögliche Zündursachen, auch kräftige Oxidationsreagenzien sind sorgfältig auszuschließen.

Reines PSA ist normalerweise nicht hautschädigend, kann jedoch lokal reizend wirken. Besondere Reizwirkungen treten auf Schleimhäuten in den oberen Luftwegen und in den Augen auf. Auf trockener Haut ruft PSA keine Rötungen hervor, erst durch Zutritt von

Feuchtigkeit und durch längere Einwirkung können infolge von Hydrolyse Verätzungen entstehen und Blasen verursacht werden, die zum Abschuppen der Haut führen. In der Arbeitskleidung, in Schuhen und Schutzhandschuhen längere Zeit haftendes PSA führt zu schweren Verätzungen.

Hingegen kann rohes PSA, je nach seinem Begleitstoff, wie z. B. Naphthochinon oder MSA, hautreizend sein und gelegentlich Ekzeme verursachen. In der Betriebspraxis ist damit jedoch äußerst selten zu rechnen, denn nur im Störungsfall ist eine Verschmutzungsmöglichkeit und damit eine Berührung mit rohem PSA bzw. PSA-Rückständen gegeben. Für den Umgang mit dieser Substanz ist es daher ausreichend, die übliche Sorgfalt, also Vermeiden des Körperkontaktes mit Industriechemikalien, walten zu lassen. Sich PSA-Staub und -Dämpfen auszusetzen, ist selbstverständlich auf das unvermeidbare Minimum zu beschränken, wobei in jedem Fall die Augen zu schützen sind. In hohen Konzentrationen verursacht der Staub oder Dampf von PSA schwere Entzündungen der Binde- und Hornhaut der Augen. Bei Asthmatikern kann die auftretende Reizwirkung beim Einatmen des Staubes oder Dampfes Bronchialasthma auslösen. Solche Personen, ebenso wie andere, die allergisch auf PSA-Staub und -Dampf reagieren, dürfen in solchen Betrieben nicht beschäftigt werden.

Am häufigsten kommen Hautverbrennungen vor, die durch Austreten von flüssigem PSA entstehen. Da auch schon erstarrtes PSA in seiner Kristallhaut noch einige Zeit eine Temperatur von über 100 °C aufweist, kann es häufig tiefere örtliche Gewebeeinwirkungen verursachen. Sofern nicht schnelle ärztliche Hilfe möglich ist, ist in solchen Fällen anzustreben, möglichst rasch diese heiße Kristallhaut von der verletzten Stelle zu entfernen. Hierfür hat sich ein Gemisch aus etwa 20% Methanol und Wasser bewährt, das man in ausreichend großen Mengen zum Abspülen verwendet.

Ein sinnvoller, vorbeugender Schutz gegen die möglichen Gesundheitsschäden besteht darin, daß innerhalb der Anlage leicht zugängliche Brausen und ausreichende Waschmöglichkeiten bestehen, wobei außerdem jeder Arbeiter die üblichen Haut- und Atemschutzgeräte stets in greifbarer Nähe haben sollte (s. auch S. 177).

1.9 Betriebssicherheit von PSA-Anlagen

Wohl nahezu alle PSA-Erzeuger haben in der Vergangenheit erfahren, welche anomalen Produktionsschwierigkeiten mit dieser Chemikalie verbunden sind. Eine Anlage zur Herstellung von PSA ist nach internationalen Normen bezüglich der Feuergefahr als Anlage 1. Ordnung eingestuft, d. h. ein großer Teil oder alle im Betrieb verarbeiteten, gelagerten und transportierten Chemikalien, Rohstoffe, Roh- und Reinprodukte sind unter bestimmten Voraussetzungen entweder selbstentzündlich oder bei direkter oder indirekter Entzündung brennbar.

Bisher galten PSA-Anlagen als widerspenstige und unberechenbare Einheiten, in denen Explosionen, Feuer, Korrosion, Rohrverstopfungen, Katalysatordesaktivierung und noch etliche andere betriebliche Probleme auftraten. Eine besondere Anfälligkeit bestand für Brände, denn es dürfte wohl wenige Betriebe geben, bei denen noch kein Brand die Produktion unterbrochen hat. In manchen Anlagen kehren sie sogar mit einer gewissen Regelmäßigkeit wieder. Durch angepaßte vorbeugende Maßnahmen konnte man sogar damit leben. Viele Ursachen kann man primär auf die spezifischen Stoffkonstanten des PSA selbst zurückführen, sekundär werden sie natürlich durch die Art der Prozeßführung für die chemische Reaktion und die verfahrenstechnische Auslegung der Anlage bedingt. Es darf nochmals an den Schmelzpunkt von 131 °C erinnert werden. Er zwingt dazu, die Substanz in allen Rohrleitungen und Behältern im geschmolzenen Zustand zu halten.

Das bedeutet nicht nur einen höheren Investitionsaufwand im Vergleich zu anderen Flüssigkeiten, sondern auch viel mehr erfinderische Arbeit im konstruktiven Detail. Während PSA hinsichtlich Korrosion kein ungewöhnliches Verhalten zeigt, ändert sich das sofort, wenn die freie Säure auftritt. Selbstverständlich gilt das ebenso für die anderen säureartigen Nebenprodukte.

Ob nun wegen Brand, Verstopfungen von Rohrleitungen, Stromausfall oder aus anderen Gründen die Anlage zum Stillstand kommt, ist nur hinsichtlich des unmittelbaren Schadens und der Dauer der Unterbrechung relevant. In jedem Fall bedeutet ja Produktionsunterbrechung erhöhte Reparaturkosten und Verdienstausfall. Ob eine PSA-Anlage eine hohe Produktionssicherheit besitzt, mit einem guten „on stream"-Faktor läuft, ist deshalb nicht nur vom Verfahren allein abhängig, es ist auch eine Sache des Anlagenbaus, somit der technischen Auslegung und der Qualität der Installationsarbeiten. Konstruktive Mängel hingegen setzen einfach den „on stream"-Faktor herab. Eine zu sparsame technische Auslegung, etwa bei der bekannt schwachen Stelle der Abscheidung oder die Wahl eines weniger geeigneten Werkstoffes aus Kostenüberlegung verkürzen die Lebensdauer einer Anlage. Abscheider-, Rohrleitungs- und Isolationsbrände verschärfen nur eine solche Situation. Sie bringen schneller als erwartet gerade solche technisch abgemagerten Anlagen in den Bereich der Unwirtschaftlichkeit.

Derartige Zustände sind stets unbefriedigend. Gleichwohl mußten sich früher viele PSA-Hersteller mit einem „on stream"-Faktor unter 90%, bezogen auf die Nennkapazität, abfinden. Inzwischen werden viele Probleme des PSA-Anlagenbaus und der PSA-Produktion besser verstanden. Einmal erwies sich eine vernünftige Reservehaltung, z. B. von Pumpen u. ä., in den kritischen Verfahrensstufen recht wirksam, zum anderen ließ sich durch eine stärkere Verwendung des Edelstahls (V4A) das Sicherheitsmoment vergrößern. Mit diesem Material sind nahezu alle Korrosionsprobleme bei Verfahren der Gasphasenoxidation prinzipiell zu beherrschen. Für das Verfahren der Flüssigoxidation sind die Betriebsergebnisse erst noch abzuwarten. Durch die Steigerung der Reaktorleistungen, einer sehr weitgehenden Automatisierung aller einzelnen Verfahrensstufen und der kontinuierlichen Reinigung haben die neuen PSA-Anlagen eine höhere Produktionssicherheit erreicht.

Ursachen von Explosionen: Explosionen im Festbettreaktorbereich können durch Überschreitung der Explosionsgrenze für das Kohlenwasserstoff/Luft-Verhältnis ausgelöst werden. Diese Explosionsgefahr besteht überall dort, wo ein Phasenwechsel fest-gasförmig oder flüssig-gasförmig in Gegenwart von Luft stattfindet. Dabei wird gewöhnlich ein explosiver Bereich durchschritten, was beim Eindampfen des Rohstoffes in den Abscheidern, in den Rein- und Rohprodukttanks sowie allgemein in der Reinigungsstufe der Fall ist. Unter den Bedingungen des Verfahrens kann sich eine Explosion jedoch nur ereignen, wenn eine Zündursache, also ein Funken, eine Flamme oder eine glühende elektrische Widerstandsheizung, vorhanden ist. Eine Selbstentzündung ohne Zündfunken ist für o-Xylol/Luft-Gemisch erst bei 465 °C und für PSA/Luft-Gemisch bei 580 °C möglich. Die Arbeitstemperaturen der Prozesse liegen durchweg unterhalb dieser Zündtemperatur. Gleichwohl werden in üblicher Weise die kritischen Stellen wie Reaktoren, Abscheider und Vorzersetzer durch Explosionsscheiben gegen unvorhergesehene Explosionen abgesichert.

Es darf aber auch das heiße Salzbad nicht mit organischem Material in Berührung kommen. Eine hohe Fertigungsqualität für den Röhrenreaktor und eine empfindliche mehrfache Kontrolle der Temperatur im Katalysator und dem Salzbad sowie des Synthesegas-Mengenverhältnisses bewährten sich als zuverlässige, vorbeugende Maßnahmen. Wenn infolge von Undichtigkeiten das Synthesegas in die heiße Salpeterschmelze eindringen kann, so kommt es im Salzbad zu überhitzten Stellen. Erreicht die Temperatur dabei 590 °C oder mehr, so beginnt das Salz mit dem Stahl zu reagieren[68]. Überhaupt ist die Salzmischung oberhalb 480 °C auf die Dauer nicht stabil. Eine regelmäßige Kontrolle des Eutektikums der Salzmischung läßt daher ungewöhnliche Korrosionsvorgänge erkennen und die Gefahr ausschließen.

Ursachen der Brände: Von den Abscheiderbränden sind viele Selbstentzündungen durch pyrophore Substanzen bekannt. Als pyrophore Substanzen kennt man die Eisensalze der Säuren, wie Eisenphthalat, Eisenmaleat, Eisenbenzoat und Eisensulfide. Selbst bei normalen Produktionsverhältnissen sind stets geringe Säureanteile im Produktgas enthalten. Im Dauerbetrieb lagern diese sich unvermeidlich in irgendwelchen toten Ecken ab und greifen dort die Eisenwand an. Untersuchungen solcher Ablagerungen im Labor zeigen eindeutig ihre pyrophore Natur. Schon bei leichter Anwärmung kommen sie im Luftstrom sofort zum Glühen. Es handelt sich dabei um sehr poröse Massen. Vermutlich bildet sich zunächst ein Fe-II-Salz, das mit überschüssigen Säuren in einen komplexartigen Zustand übergeführt wird, wobei koordinative Bindungen für die Hydroxylgruppen entstehen. Geht nun das Eisen im trockenen Zustand durch die Einwirkung von Luft und Wasserdampf in den dreiwertigen Zustand über, so wird lediglich ein Wasserstoffatom der organischen Säuren aus seiner Bindung gedrängt und vermag im status nascendi sofort mit Sauerstoff zu reagieren. Die Eisensalze zeigen dann eine Selbstentzündlichkeit, wie es auch von anderen großoberflächigen pyrophoren Substanzen, z. B. Raney-Metallen, bekannt ist. Solche Ablagerungen, die austrocknen können, entstehen an den verschiedensten Stellen. So ist beispielsweise der Ausgang der Abscheider zur Abgasleitung immer offen. Bei einer zu langen Aufheizperiode des Schmelzkondensators kann Phthalsäureanhydrid in die Abgasleitung ausdampfen. Eine Bildung von Eisensalzen der Phthalsäure ist dann von dem Feuchtigkeitsgehalt der Gase und dem Rohmaterial abhängig. Ein massiver Wasser- und Dampfeinbruch in die Produktgasseite läßt die Brandgefahr akut werden. Feuchtigkeit ist zwar sowieso nicht absolut ausschließbar, da ja Reaktionswasser entsteht und normalerweise Luftfeuchtigkeit im Produktgas vorhanden ist; diese Wassermenge ist jedoch oberhalb des Taupunktes geringfügig, und man kann sie vernachlässigen. Erst nach langjährigem Dauerbetrieb kann daraus einmal eine Zündursache entstehen. Regelmäßige, vorbeugende Spülmaßnahmen beseitigen praktisch diese Gefahrenquelle eines Brandes. Als Beispiel für die Größenordnung seien hier einige Werte aus der Ludwigshafener PSA-Anlage vom Standardreaktor bei Vollast angegeben. Der Höchstwert, welcher sich aus Reaktionswasser und der durchschnittlichen Luftfeuchtigkeit im Sommer zusammensetzt, wurde mit 1550 kg/Stunde und Reaktor gefunden. Das entspricht 38 – 39 g Wasser/Nm^3 oder 84 kg Wasser/h bezogen auf 100 kg o-Xylol-Einsatz (bei 100 kg PSA Gew.%). Aus diesem Zusammenhang zwischen Feuchtigkeitsgehalt des Gases und pyrophoren Eisensalzen wird nun allerdings ein prinzipieller Unterschied zwischen Festbett- und Wirbelbettverfahren deutlich, und dieser geht wesentlich in die Betriebssicherheit einer PSA-Anlage ein. Die Wärmeabfuhr beim Festbettreaktor erfolgt durchweg über ein Wärmeübertragungsmedium, das seinerseits durch Dampferzeugung abgekühlt wird. Mit anderen Worten, es wird die Wärmeabfuhr über die Dampferzeugung indirekt vorgenommen.

Ganz anders ist dies jedoch bei den Wirbelbettreaktoren. Bei diesen wird unmittelbar in den Kühlregistern Dampf erzeugt. Während beim Festbettreaktor die Gefahr eines Wasser- oder Dampfeinbruches in das Produktgas praktisch ausgeschaltet ist, tritt beim Wirbelbettreaktor bei Ermüdungs- und Korrosionsschäden an den Kühlregistern sofort Wasser oder Dampf unmittelbar in das Produktgas aus. Man hat es dann mit Tonnenmengen von Dampf oder Wasser zu tun. Unter den im Wirbelbett herrschenden Temperaturen steigt die Konzentration von Phthalsäure plötzlich beträchtlich an. Die Rohrleitungen, der Produktgaskühler und die Kondensatoren werden einem beachtlichen korrosiven Angriff ausgesetzt. Auch nach Abkühlung des Produktgases auf 200 °C und darunter wirkt sich das noch aus. Der geschilderte Zündvorgang kann nun wesentlich leichter einsetzen. In diesen technischen Gegebenheiten besteht der Hauptunterschied in der Betriebssicherheit des Festbettverfahrens und des Wirbelbettprozesses.

1.10 Diskussion der Zukunftschancen der Verfahren

Als wesentliche Kriterien für die Bewertung eines Verfahrens gelten bei der PSA-Herstellung die Rohstoffkosten und die Qualität der aus der Reaktion anfallenden Rohware. Rohwarequalität und gewünschter Reinheitsgrad bedingen den Reinigungsaufwand, welcher damit in die Bewertung miteingeht. Da die Kosten für den Rohstoff 60–75% der Herstellkosten betragen, gewinnt der Rohstoffeinsatz bzw. die Ausbeute eine der Betriebssicherheit gleichrangige Bedeutung. Weitere Kenngrößen sind die Flexibilität gegenüber dem Rohstoff o-Xylol und Naphthalin sowie die Reaktorleistung. Letztere geht unmittelbar in den Investitionsaufwand ein. Für das Kriterium des Reinigungsaufwandes sind im Destillationsbereich die Anteile der niedrig siedenden Verbindungen sowie die analytische Kenngröße der „methanolunlöslichen Komponente“ ausschlaggebend. Ein vernachlässigbar kleiner Anteil erspart eine Rückstandsaufarbeitung, ein größerer Anteil hingegen belastet sogar meist auch den Oxidationsteil durch Teerabscheidung im Gaskühler und in den Rohrleitungen vor den Abscheidern.

Ein PSA-Prozeß, der unter weitgehend ähnlichen Verfahrensbedingungen beide Rohstoffe verarbeiten kann, betriebssicher ist und gleichzeitig Kapazitätsausbau nach Wunsch und Maß erlaubt, war ein langgehegter Traum gewesen. So hatte man z. B. beim Wirbelbettverfahren theoretisch erwartet, daß hier eine gleichmäßige Temperaturverteilung über die gesamte Katalysatorwirbelschicht mit einer Temperaturdifferenz von nur 2–5 °C einstellbar sein müßte. Im Vergleich hierzu weist der Festbettreaktor infolge seines ausgeprägten „hot spot“ mit höheren Temperaturdifferenzen ein ganz anderes Temperaturprofil auf. Ob allerdings diese gewünschte gleichmäßige Temperaturverteilung über den Wirbelkatalysator von Vorteil ist und ob sie in der Praxis auch tatsächlich erreicht wird, ist sehr fraglich. Bekanntlich ist es nicht sehr leicht, eine homogene Wirbelschicht von großen technischen Ausmaßen auszubilden; denn alle technisch notwendigen Einbauten für beispielsweise Wärmeabfuhr oder Katalysatorrücklauf stören das Wirbelbett. Auch erfordert die Oxidation von o-Xylol eine höhere Temperatur als die von Naphthalin[69]. Hieraus läßt sich folgern, daß die gleichmäßige Temperaturverteilung im Wirbelbett für die o-Xylol-Oxidation keinen Vorteil darstellt, sondern sogar nachteiliger sein muß als die „hot spot“-Zone des Festbettes. Nur wenn es gelingt, durch Zusätze die Aktivierungsenergie für o-Xylol auf das Niveau von Naphthalin abzusenken, bessern sich für diesen Rohstoff die Aussichten des Wirbelbettprozesses. Selbst alle anderen echten Vorteile sind bis heute nur bei Verwendung des teuren Rohstoffes Petronaphthalin verwirklicht worden. Schon beim Wechsel auf Teernaphthalin wird der hohe „on stream“-Faktor nicht mehr erreicht. Die Wirbelbettanlagen erweisen sich dann jäh stark störanfällig und brandgefährdet. Es wird eine besondere Reinigung des Teernaphthalins erforderlich, und dies verteuert wiederum den Rohstoff. Auch der Versuch, die o-Xylol-Oxidation mit Bromzusatz in eine Betriebseinheit zu übersetzen, scheiterte. In der Praxis stellte sich schließlich deshalb heraus, daß der erwartete Investitionskostenvorteil beim Wirbelreaktor nicht an die Herstellkosten weitergereicht werden kann, da er von dem höheren Erhaltungsaufwand mehr als kompensiert wird. Der Wirbelbettprozeß hat inzwischen auch seinen Vorteil der großen Reaktorleistung eingebüßt. Dabei ist er auf den teuren und in der Menge begrenzten Rohstoff Naphthalin festgelegt.

Zum Verfahren der Flüssigphasen-Oxidation bleibt zu bemerken, daß dieses gerade in der Phase betrieblicher Bewährung steht. Von dem in der Betriebspraxis verwirklichten Stand der Technik nimmt der Festbettreaktorprozeß der Gasphasenoxidation nach dem BASF-Verfahren gegenwärtig eine führende Position ein.

Wie stehen nun die Chancen für die einzelnen Verfahren? Von seiten des Marktbedarfs kann man mittelfristig bis 1980 für eine kleine Zahl potenter PSA-Großerzeuger 100000 t Jahresleistung je Anlage als eine obere Grenze annehmen. Dies heißt, die technischen Möglichkeiten werden durch den Markt begrenzt. Eine solche Einstranganlage dürfte in diesem Zeitraum auch aus übergeordneten allgemeinen ökonomischen Gesichtspunkten zunächst die maximal vertretbare Größe sein. Es dürfte zudem nahezu unvermeidbar sein, derartige Großanlagen im unmittelbaren räumlichen Verbund mit den technischen Folgeproduktionen des PSA zu errichten. Lieferungen von großen Mengen PSA über Landstrecken von mehr als 1000 km sind ja in flüssigem Zustand wegen der begrenzten Lagerfähigkeit praktisch nicht durchführbar und als Sackware zu teuer. Für eine weitgehende Expansion wird es daher zweckmäßiger sein, eine Verteilung der Anlagen auf verschiedene Produktionsplätze vorzunehmen. Erklärtes Ziel ist es natürlich, dabei den Investitionsaufwand für die Anlagen möglichst niedrig zu halten. Kann man also die Reaktorleistung des Festbettverfahrens auch weiterhin steigern? Eine generelle Bemerkung bezüglich des Festbettverfahrens ist hierzu vorweg angebracht.

Mit Ausnahme des Scientific Design-Prozesses arbeiten alle anderen unterhalb der Explosionsgrenze von 44 g o-Xylol bzw. 40 g Naphthalin/Nm^3 Luft. Scientific Design hingegen hat eine Beladung von 60 g o-Xylol/Nm^3 Luft. Aus Gründen der Sicherheit wurde in vielen Ländern die Einhaltung dieser Explosionsgrenze zur Auflage gemacht. In neuester Zeit kommt indessen der Begriff der „dynamischen Explosionsgrenze" ins Gespräch. Darunter versteht man einen den Reaktionsbedingungen während der Oxidation besser angepaßten Effektivwert. Tatsächlich wird im Moment der Berührung des o-Xylols mit dem Katalysator bereits durch Teiloxidation zu PSA das Luftgemisch an leichter zündbarem Kohlenwasserstoff verarmt. In Wirklichkeit hat man nämlich in der Katalysatorzone fließende Übergänge zwischen o-Xylol und PSA vor sich, die es erlauben könnten, künftig einmal die jetzige Beladungsgrenze zu überschreiten. Es sollte möglich sein, durch technische Sicherheitseinbauten, wie Berstscheiben u. a., eine Erhöhung der Kohlenwasserstoff/Luft-Beladung ohne Gefährdung zu ermöglichen. Eine Anhebung von 40 auf 60 g bedeutet eine effektive Kapazitätssteigerung von 50% je Reaktor. Man darf annehmen, daß die Entwicklungsarbeiten in den nächsten Jahren überall dieser Richtung folgen werden.

Für den Festbettprozeß kann ganz unabhängig davon schon jetzt gesagt werden, daß beim BASF-Verfahren sowohl die Selektivität des Katalysators als auch seine Durchsatzleistung noch gesteigert werden kann. Ebenso wenig hat die Reaktorleistung ihre Grenze erreicht. Die Verbesserungen in den anderen Verfahrensstufen, wie der Abscheidung und der Reinigung, sind nur eine zwangsläufige Folge.

Für den Wirbelbettprozeß fällt eine ebenso günstige Prognose schwer. Die Verknappung des Rohstoffs Naphthalin, teilweise auch durch Umstellung der Entalkylierungsanlagen auf Benzolsynthesen, dürfte dieser technischen Entwicklung entgegenstehen. Eine Änderung dieser Tendenz kann natürlich eintreten, sobald es jemandem gelingt, auch o-Xylol in der Wirbelschicht wirtschaftlich umzusetzen. Offen bleibt dann, ob es gleichzeitig gelingt, den bestehenden technologischen Abstand aufzuholen.

Der Flüssigphasen-Oxidationsprozeß kann jedoch für die Zukunft nicht außer acht gelassen werden. Eine Ausbeute bis zu etwa 95% d. Th. beeindruckt und übt ihre Anziehung aus. Auch die Möglichkeit, die Reaktoreinheiten in Form von riesigen Oxidationstürmen nach Wahl bauen zu können, ist verlockend. Gelingt es, die vielfältigen technischen Probleme dieses Prozesses, die ihm heute noch anhaften, zu lösen und sie mit einem wirtschaftlich vertretbaren Aufwand zu handhaben, dann eröffnen sich diesem Verfahren für große Anlagekapazitäten Zukunftsperspektiven. Bislang ist allerdings nicht abzusehen, ob sich das mittelfristig verwirklichen läßt.

2
Phthalsäureanhydrid für Weichmacher

2.1 Begriff und Historie

2.1.1 Begriff

Unter Weichmacher (WM) versteht man eine Klasse von Stoffen, die als Hilfsmittel bei der technischen Verarbeitung hochmolekularer Substanzen dienen. Nach dem DEUTSCHEN NORMENAUSSCHUSS[1] lautet die Definition hierfür:

„Weichmacher sind flüssige oder feste, indifferente organische Substanzen mit geringem Dampfdruck, überwiegend solche esterartiger Natur. Sie können ohne chemische Reaktion, vorzugsweise durch ihre Löse- bzw. Quellvermögen, u. U. aber auch ohne ein solches mit hochpolymeren Stoffen in physikalische Wechselwirkung treten und ein homogenes System mit diesen bilden. Weichmacher verleihen den mit ihnen hergestellten Gebilden bzw. Überzügen bestimmte angestrebte physikalische Eigenschaften, wie z. B. erniedrigte Einfriertemperatur, erhöhtes Formänderungsvermögen, erhöhte elastische Eigenschaften, verringerte Härte und ggf. gesteigertes Haftvermögen."

In dieser Stoffklasse der Weichmacher findet sich ein breites Spektrum von organischen Verbindungen, angefangen von den unpolaren Substanzen mit Kohlenwasserstoffcharakter bzw. halogenierte Kohlenwasserstoffe bis zu den polaren Typen, wie Ester, Äther, Ketone, Alkohole, Amine, Amide u. a. Zum größten Teil handelt es sich dabei um niedermolekulare Stoffe.

Die Klassifizierung der Weichmacher in der Literatur folgt verschiedenen Gesichtspunkten. Allgemein unterscheidet man primäre und sekundäre, einfache und polymere, inerte und reaktionsfähige Weichmacher. Auch eine Gliederung nach der chemischen Struktur ist gebräuchlich. Ein Weichmacher für Hochpolymere muß einige grundsätzliche Bedingungen erfüllen. Die Substanz muß in das Polymere leicht einzuarbeiten und mit diesem Polymeren verträglich sein. Die Wirkung soll für die Lebensdauer des Produktes bestehen bleiben. Das setzt eine geringe Flüchtigkeit und eine chemische Stabilität voraus, die zumindest dem des Makromoleküls entspricht. Ferner muß die plastifizierende Wirkung sowohl bei normaler als auch bei erniedrigter Temperatur vorhanden sein. Von einem idealen Weichmacher wird außerdem gefordert, daß er farblos, geruchlos, geschmacklos und ungiftig ist. Die dielektrischen Eigenschaften des Polymeren sollen nicht beeinflußt und die Brennbarkeit des Kunststoffes kaum gesteigert werden. Neben einer gewissen Resistenz gegenüber Chemikalien darf er sich mit Wasser nicht extrahieren lassen. Auch ist für einen WM bedeutungsvoll, ob er sich preiswert und in ausreichender Menge herstellen läßt.

Seine Wirkung beruht auf einer Erniedrigung der Einfriertemperatur. Sie ist eine charakteristische Größe jeder linearen hochmolekularen Substanz und im wesentlichen durch VAN DER WAALSsche Kräfte zwischen den Molekülketten bestimmt. Für Polyvinylchlorid (PVC) liegt sie z. B. bei ca. 80 °C. Die Weichmacher lagern sich unter geeigneten Mischbedingungen zwischen die Molekülketten des PVC und verringern dadurch die zwischenmolekularen Kräfte. Sie verschieben den bei reinem PVC erst oberhalb von 80 °C beginnenden gummielastischen Zustand und machen ihn so allgemein nutzbar.

Für die vielfältigen Forderungen der Praxis stehen zur Zeit etwa 500 chemische Verbindungen zur Verfügung. Unter diesen hat heute die Gruppe der Phthalsäureester, vor allem aus hochsiedenden Alkoholen, mit ca. 65–70% der gesamten Weichmacherproduktion die weitaus größte wirtschaftliche Bedeutung erlangt.

2.1.2 Historie

Als erster fand J. A. Cutting[2], daß sich Campher als Weichmacher für Nitrocellulose eignet. Der industrielle Gebrauch von Weichmachern begann jedoch erst 1868 mit J. und I. Hyatt[3], die Campher in Nitrocellulose einarbeiteten. Die beiden Brüder erhielten ein formbares Produkt, das sie Celluloid nannten und das sie bereits ein Jahr später in den USA industriell herstellten. Von Anfang an bediente man sich der Weichmacher bei der Verarbeitung von Hochpolymeren, um deren Verarbeitungstemperaturen zu senken. Die Makromoleküle sollten möglichst nicht geschädigt und gleichzeitig aber auch eine chemische Reaktion zwischen den Polymeren und dem Weichmacher vermieden werden. Phthalsäureester selbst sind seit 1900 als Weichmacher bekannt[4], wobei sie zuerst anstelle von Campher in Celluloid verwendet wurden.

Zwischen 1900 und 1920 wurden dann die Ester der niederen Alkohole, wie Methanol, Äthanol und Butanol, für die verschiedensten Zwecke eingesetzt. Der Äthylester beispielsweise diente als Wärmeübertragungsöl in den Heizbädern der Feldküchen während des ersten Weltkrieges und ersetzte dort das Glycerin. Der Butylester erwies sich als ausgezeichnetes Geliermittel für Sprengstoffe, deren Hygroskopizität er senkt. Beide Ester fanden als Fixateure Eingang in die Riechstoffindustrie. Der Aufstieg der Phthalsäureester zu ihrer heutigen Bedeutung wurde jedoch erst ausgelöst, als sich in den 20er Jahren ihre Brauchbarkeit zur Plastifizierung bei der Herstellung von Kunstleder, Lacken und Filmen abzuzeichnen begann[5,6].

Es wurde der „Campher" für den Kunststoff Polyvinylchlorid gesucht. Das damalige Ziel war es, weichgummiähnliche Massen herzustellen, um sich von der Monopolstellung und der Knappheit des Naturkautschuks zu lösen. Mit der Entdeckung, daß man flüssigen Weichmacher zum PVC im Verhältnis $^1/_3 : ^2/_3$ zusetzen kann, erhielt man einen vielseitig verarbeitbaren, flexiblen Kunststoff. Das gefundene Weich-PVC eroberte sich weite Anwendungsgebiete, zum Teil, weil es preisgünstiger als Naturkautschuk war, zum Teil jedoch auch infolge seiner gegenüber dem Naturkautschuk besseren Eigenschaften bei den verschiedensten Verwendungszwecken.

Die Expansion des Weich-PVC setzte dann in den 30er Jahren ein und hat bis heute unvermindert angehalten. Allein in der Zeit von 1935 bis 1945 wurden schätzungsweise etwa 20000 Substanzen als mögliche Weichmacher erwähnt bzw. untersucht. Sehr wenige davon erreichten das Stadium der wirtschaftlichen Verwertung. Inzwischen sind die Phthalsäureester als WM für PVC zu Großprodukten der chemischen Industrie herangewachsen. In der Praxis sind fast alle technisch zugänglich gewordenen Alkohole aliphatischer oder cyclischer Natur Veresterungskomponenten des Phthalsäureanhydrids. In der Alkoholpalette findet man auch polyfunktionelle Alkohole ebenso wie Phenole bzw. Phenolderivate. Aus dieser großen Zahl verschiedener Phthalsäureester entwickelte sich Phthalsäure-di-2-äthylhexylester, kurz Dioctylphthalat (DOP) genannt, zum Standardweichmacher. Das DOP gilt als bester Kompromiß zwischen Lösungswirkung, Flüchtigkeit und „allround"-Eigenschaften. Auf ihn allein entfallen rund 50% aller erzeugten Phthalsäureester, somit also etwa 33% aller Weichmacher.

In der BASF wurde erstmals 1908 Phthalsäuredimethylester hergestellt und 1940 die Produktion von Dioctylphthalat aufgenommen. Für die wirtschaftliche Bedeutung und für die stetig angestiegenen Qualitätsforderungen in dieser Produktgruppe bietet DOP das beste Beispiel. An Hand dieses Standardweichmachers wird daher später auch die Entwicklung der Herstellprozesse bis zum heutigen Stand der Verfahrenstechnik dargestellt.

2.2 Wirtschaftlich-technische Bedeutung

2.2.1 Allgemeine Überlegungen

Der wichtigste Verwendungsbereich für Phthalsäureester als Weichmacher ist die PVC-Verarbeitung. Für Weich-PVC werden 87% der Phthalate verbraucht. Die restlichen 13% verteilen sich auf Lackrohstoffe, Dispersionen, Zellulose, Polystyrol, Farben, Kautschuk, hydraulische Flüssigkeiten, Schmiermittel und Polyamide. Die Entwicklung des PVC-Sektors ist damit für die Zukunft dieser Weichmachergruppe ausschlaggebend.

Das Weich-PVC mit seinem beträchtlichen Anteil von rund $^1/_3$ WM ist praktisch ein eigener Werkstoff und unterscheidet sich charakteristisch vom Hart-PVC. Gegenwärtig hat zwar die weltweite Diskussion über die Luftverunreinigung mancherorts eine gewisse Unsicherheit in der Beurteilung der PVC-Zukunftsperspektive wegen der HCl-Bildung bei der Müllverbrennung ausgelöst, doch ist die Entwicklung langfristig eindeutig positiv zu bewerten. Für die momentane Situation mögen die USA selbst als Beispiel dienen. Dort beträgt der Anteil von PVC im städtischen Abfall nur ca. 0,6%, und davon wird lediglich die Hälfte verbrannt. Unabhängig davon und grundsätzlich ist dazu jedoch zu sagen, daß man das Problem der wachsenden Abfallmengen durch Verbrennung technisch nicht generell lösen kann; es sind nämlich auch die CO/CO_2-Emissionswerte für die Atmosphäre begrenzt. Früher oder später wird wohl die Form einer kompakten Lagerung als die einzig brauchbare Lösung des Müllproblems praktiziert werden, wodurch sich die Frage für PVC von selbst erledigt.

Der ansehnliche Weichmachergehalt im Weich-PVC findet auch seinen Niederschlag in den bestehenden Produktionskapazitäten und in der Notwendigkeit, bei Erweiterungsinvestitionen des PVC mitzuziehen. Nun wird sich zwar in den kommenden Jahren das Mengenverhältnis von Hart-PVC zum Weich-PVC zu Lasten des Weich-PVC verschieben, trotzdem bleibt aber die allgemeine Tendenz des Wachstums gültig. Infolge dieser Abhängigkeit des Weichmachers vom PVC sind natürlich elementare Gegebenheiten des PVC-Marktes mit in den Betrachtungen zu berücksichtigen. Es darf in diesem Zusammenhang nochmals an die Kapazitäten für den Kunststoff PVC in der westlichen Welt erinnert werden: 1970 ca. 5,8 Mio t/Jahr, und man rechnet bis 1980 mit einer Steigerung auf 22 Mio t/Jahr. Bei der Aufschlüsselung der Mengen nach den einzelnen Markträumen fällt nun auf, daß von den großen Märkten, wie Westeuropa (EWG + EFTA), USA und Japan, Westeuropa die führende Stellung innehat. In den absoluten Kapazitätszahlen folgen die USA und Japan erst im beträchtlichen Abstand. Mit andern Worten: der Schwerpunkt der anwendungstechnischen Entwicklung bei diesem Kunststoff und die größte Vielfalt der Verarbeitungsmöglichkeiten liegt augenblicklich in Europa. Für die beiden anderen Großmärkte USA und Japan besteht also ein gewisser Nachholbedarf hinsichtlich der PVC-Anwendung. Hierin steckt noch ein zusätzlicher Expansionsfaktor, und es ist zu erwarten, daß man sich dabei am Beispiel des führenden Europa orientieren wird.

Unabhängig davon besitzt der Weich-PVC-Markt noch eine weitere Eigentümlichkeit. Das Geschehen wird nicht nur von den PVC-Kapazitäten und dem PVC-Preis geprägt. Die Produktionskapazitäten und neue Herstellungsverfahren beim Weichmacher beeinflussen ihn durchaus merklich. Sinkende Preise beim Weichmacher haben Weich-PVC-Verarbeiter schon öfters veranlaßt, ihre Rezepturen zu ändern, um mit einem größeren Anteil an Weichmacher im Endprodukt Kostenvorteile zu erreichen. Niedrige Weichmacherpreise lösen aber auch noch Anschlußinvestitionen auf der PVC-Seite aus. Gleichzeitig fördern sie die Erschließung neuer Anwendungsgebiete. Ein Blick auf die Tendenz der durchschnittlichen DOP-Preise (Tab. 5) unterstreicht diese Zusammenhänge.

Tab. 5

	BRD	USA
1950	3,48 DM/kg	0,40 US $/lb
1960	2,51 DM/kg	
1965	1,38 DM/kg	0,15 US $/lb
1970	1,00 DM/kg	0,14–0,145 US $/lb

Aus der Fachliteratur geht hervor, daß – seitdem Weich-PVC auf dem Markt ist – immer wieder der Versuch unternommen wurde, einen dem Weich-PVC ähnlichen Kunststoff zu finden, in dem die Elastizität in Form eines „inneren Weichmachers" vom Molekül her fest eingebaut ist. Hinter diesen Bemühungen stand und steht die Absicht, sich von der Koppelung zwischen PVC und WM zu befreien. Bislang ist das jedoch nicht gelungen.

Seit einigen Jahren sind als konkurrierende Materialien Polyurethane, Äthylenvinylacetat-Copolymere und chloriertes Polyäthylen auf dem Markt. Sie haben sich in der Vergangenheit nur in Spezialgebieten einführen können. Beschichtete Polyurethanware vermochte z. B. ca. 10–15% des Marktes von beschichteter Weich-PVC-Ware (Kunstleder, gestrichene Textilien) an sich zu ziehen. Der höhere Preis des qualitativ guten Polyurethans und seine aufwendigere Verarbeitungsweise durch Gebrauch von Lösungsmittel beeinflussen jedoch auch die Wirtschaftlichkeitsüberlegungen der Verarbeiter. Beim Äthylenvinylacetat-Copolymeren wird indes schon mit der Produktauswahl die Weichheit des Materials festgelegt, was gewöhnlich nur für Sonderfälle akzeptabel ist.

Von der Dow Chemical[7] wurde erstmals durch Chlorierung von hochmolekularem Polyäthylen eine bestimmte Kombination der Eigenschaften von Polyvinylchlorid und Polyäthylen erzielt. Auch dieser Kunststofftyp dürfte, ähnlich wie die anderen, sich eher eigene Anwendungsbereiche eröffnen, in denen es bislang nicht zweckmäßig war, Weich-PVC zu verwenden. In der Praxis sind Polyurethane, Äthylenvinylacetat-Copolymere und chloriertes Polyäthylen deshalb sinnvolle Ergänzungsprodukte für das Weich-PVC.

Eins kann zu dem Thema „innerer Weichmacher" immerhin festgestellt werden: Eine kurzfristige Substitution des Weich-PVC durch irgendein Konkurrenzprodukt wird nicht möglich sein. Wenn es überhaupt möglich ist, dann kann es sich nur um eine langfristige Entwicklung handeln. Die bestehenden Produktionskapazitäten beim PVC und Weichmacher, deren Vorprodukte Chlor, Äthylen und Acetylen bzw. PSA und Alkohol, wie auch die verarbeitende Industrie des Weich-PVC mit ihren Extruder- und Kalanderanlagen, haben ein gewaltiges Investitionskapital gebunden. Dieses Geld muß erst einmal amortisiert werden. Zudem muß bei der anhaltenden Mengenkonjunktur des Weich-PVC die Versorgung des Marktes gesichert bleiben. Amortisation des Kapitals und Produktionssteigerung sind wirtschaftlich bestimmende Faktoren. Eine jahrzehntelange Entwicklung hat hier Tatsachen geschaffen, die für Spekulationen wenig Spielraum lassen. Selbst neue erfinderische Leistungen der Gegenwart oder Zukunft können solche Gewichte nicht von heute auf morgen verrücken. Änderungen auf dem Gebiet des Weich-PVC werden in langen Zeiträumen vor sich gehen und daher wahrscheinlich vom aktuellen Geschehen nur selten richtig registriert werden.

2.2.2 Markt- und Kapazitätsüberblick

Als Überblick ist in der Tab. 6 die Weichmacherproduktion für die Zeit von 1960 bis 1970, gegliedert nach den großen Wirtschaftsräumen, zusammengefaßt worden. Auf eine

Tab. 6. Entwicklung der weltweiten Phthalat-Weichmacherproduktion – Stand 1970 in 1000 t

Weichmacher-Produzent	1960	1961	1962	1963	1964	1965	1966	1967	1968	1969	1970
BRD	70,5	74,3	81,6	103,8	127,2	136,6	150,4	197,0	227,8	255,5	263,8
Zuwachs in % Jahr		5,4	9,9	27,2	23,0	7,2	10,1	31,0	15,7	10,9	3,3
EWG	137,2	169,2	209,2	233,5	257,8	261,4	308,1	378,1	407,8	454,8	488,3
Zuwachs in % Jahr		23,4	23,7	11,6	10,4	1,4	17,9	22,7	7,9	11,5	7,4
EFTA	53,4	58,4	66,7	83,4	100,1	116,8	133,5	149,5	166,6	165,0	162,0
Zuwachs in % Jahr		9,4	14,2	25,0	20,0	16,7	14,3	12,0	8,1	2,1	−1,8
EWG + EFTA (Westeuropa)	190,6	227,6	275,9	316,9	357,9	378,2	441,6	527,6	569,4	619,8	669,1*
Zuwachs in % Jahr		19,5	21,2	14,8	12,9	5,7	16,8	19,5	8,1	8,9	8,0
USA	156,4	170,8	212,4	238,0	274,0	308,0	333,0	355,0	378,0	410,0	439,0
Zuwachs in % Jahr		9,2	24,4	12,0	15,2	12,4	8,1	6,6	6,5	8,5	7,1
Japan	57,4	65,9	77,6	95,0	131,7	133,0	146,6	176,6	205,9	248,7	284,0
Zuwachs in % Jahr		14,8	17,7	22,4	38,7	1,0	10,2	20,5	16,6	21,0	14,2
Summe	404,4	464,3	565,9	649,9	763,6	819,2	921,2	1059,2	1153,3	1278,5	1392,1
Restliche Welt											329,4
Weltproduktion											1721,5

* Inclusive 18,8 Spanien

Angabe über die Zahl der Produzenten ist hier verzichtet worden, da sie nicht so aussagekräftig ist, wie im Falle von PSA. Dies liegt an dem unterschiedlichen Schwierigkeitsgrad der Technologien des PSA- und des WM-Verfahrens. Weichmacher können nämlich auch von Firmen mit geringeren technischen und finanziellen Möglichkeiten hergestellt werden.

Legt man für 1960 den Index 100 zugrunde, so ergibt sich für Westeuropa bis 1970 eine Produktionssteigerung von 351%. Die durchschnittliche jährliche Rate betrug hierbei 13,5%. Ausgehend von der Marktaufteilung zwischen Weich-PVC und Hart-PVC für 1970 mit ca. 60 : 40% und unter Berücksichtigung einer geschätzten Verschiebung der Anteile bis 1980 auf ca. 40 : 60% kann man innerhalb einer Bandbreite die kommenden jährlichen Zuwachsraten für Weich-PVC mit ca. 10% prognostizieren. Die Produktion der westlichen Welt dürfte daher von 1,7 Mio t im Jahr 1970 auf ca. 4,5 Mio t bis 1980 steigen.

Auskunft über die Verteilung der Weichmacherproduktion bzw. -kapazität auf die zehn größten Hersteller der Welt gibt nun die Tab. 7. Hiernach können 1,12 Mio t/Jahr = 55,5% der gesamten Kapazität allein von 10 Herstellern erzeugt werden. Der Anteil der BASF-Gruppe und der Monsanto-Gruppe beträgt jeweils 13,4%. Auch aus dieser Übersicht ist die starke Position Westeuropas erkenntlich, befinden sich doch allein sechs westeuropäische Firmen unter diesen ersten zehn.

Tab. 7. Die Kapazitäten der 10 größten Weichmacherproduzenten der Welt Stand 1970 in 1000 t*

Produzent	1970
BASF-Gruppe	270
Monsanto-Gruppe	270
Melle-Bezons, Frankreich	125
Chem. Werke Hüls, BRD	110–120
Montecatini Edison, Italien	70
United Carbide Corp., USA	60–75
Grace, USA	55–70
Farbenfabriken Bayer, BRD	50–60
Allied Chem., USA	40–45
BP Chemicals, UK	40

* geschätzt vom Autor nach Pressemitteilungen.

2.2.3 Phthalatweichmacher-Verbrauch in den einzelnen Anwendungsgebieten

Die hervorstechendsten Eigenschaften von Weich-PVC sind: Licht- und Alterungsbeständigkeit, gummielastisches Verhalten, Abriebfestigkeit, gute mechanische Eigenschaften, Wärmeformbeständigkeit, Chemikalienbeständigkeit, brauchbare elektrische Eigenschaften und universelle Einfärbbarkeit. Weich-PVC hat deshalb auch Materialien wie Gummi, Linoleum u. a. verdrängen können. Wenn man von Textilien absieht, so hat beispielsweise Weich-PVC in der Automobil-, Taschen-, Möbel- und Polsterindustrie wegen seiner Variationsmöglichkeiten und sehr guten Eignung eine Marktbedeutung erlangt wie noch kein anderes vergleichbares Material. Dazu hat wesentlich das Phthalsäureestersortiment beigetragen. Eine allgemeine Bemerkung darüber ist daher hier einführend voranzustellen.

Unter den vielen speziellen WM-Typen beherrschen 3 bzw. 6 den Markt mit ca. 75 bis 80% (s. auch Anhang). Weit an der Spitze stehen die Ester der C_8-Alkohole: DOP aus

2-Äthylhexanol, DIOP aus Isooctanol und DAP aus geradkettigen C_7-C_9-Alkoholen. Der Anteil von DOP, DIOP und DAP zusammen liegt bei ca. 60–65%. Es folgen der Ester aus Isodekanol DIDP bzw. der aus Isononanol DINP, mit zusammen ca. 8–10%. Als einziger Prototyp der Ester aus niedrig siedenden Alkoholen kann sich daneben nur der aus Butanol DBP mit ebenfalls ca. 8–10% behaupten.

Gliedert man die Typen nach den großen Anwendungsbereichen, so ergibt sich:

DOP/DIOP/DAP	für PVC-Sektor
DIDP/DINP	für PVC-Kabelindustrie
DBP	für Nitrocellulose

Bei der PVC-Verarbeitung selbst unterscheidet man verschiedene Produktionszweige: Fußbodenbeläge, Folien (Blechbeschichtung), Kunstleder, Kabel, Profile und Schläuche, sonstige Pastenverarbeiter, sonstige Weichverarbeiter und Hartverarbeiter. Ihr prozentualer Anteil ist aus der Tab. 8 zu ersehen.

Tab. 8. Weichmacherverbrauch auf dem PVC-Sektor nach Einsatzgebieten Stand 1968 in %

Einsatzgebiet	BRD		EWG	EFTA
	gesamt für PVC	Phthalate		
Fußbodenbeläge	28,2	20,7	20,9	16,0
Folien	20,6	13,5	20,4	20,5
Kunstleder	12,9	9,4	14,4	14,1
Kabel	17,7	14,1	15,6	18,6
Profile und Schläuche	7,1	5,3	10,4	9,0
Sonstige Pastenverarbeitung	5,8	4,1		
Sonstige Weichverarbeitung	5,3	4,7	18,3	21,8
Hartverarbeitung	2,4	1,2		
Summe auf dem PVC-Sektor	100,0	73,0	100,0	100,0
% Anteil am gesamten Weichmacherverbrauch	87,0	63,5	88,5	90,0

2.3 Qualität der Phthalsäureester als Weichmacher

Die steigenden Anforderungen an die Weichmacherqualität, besonders hinsichtlich der wichtigsten Eigenschaften – Farbe, Geruch, elektrischer Widerstand, Hitzebeständigkeit –, veranlaßten überall, daß die einzelnen technischen Herstellungsmethoden für diese Ester verbessert wurden. Neben der gewöhnlichen Veresterung mit überschüssigem Alkohol wurde dabei mitunter auch nicht der Weg über die Umesterung der niederen Ester gescheut. Bei den Bemühungen um die Reinheit der Ester erfuhren die verschiedenen Verfahren mitunter eine sehr individuelle Ausgestaltung. Teilweise griff man mit unmittelbaren Maßnahmen in den Ablauf der chemischen Reaktion ein. So wurden Veresterungskatalysatoren verwendet, um die Temperatur-Zeit-Belastung des Produktes zu vermindern. Zusätze von Oxidationsinhibitoren sollten die Bildung von färbenden Nebenprodukten unterdrücken, und Absorptionsmittel, wie z. B. Kohle, hatten die Aufgabe, selektiv die Farbe aufzuhellen[8]. Trotzdem waren außerdem noch mehrere Operationen, wie Entsäuern, Auswaschen und Entfernen von flüchtigen Bestandteilen, für die Reinigung des Produktes unerläßlich.

Die Qualität des Esters zu erhöhen, war stets ein lohnendes Ziel, denn je höher sie ist, desto vielseitiger ist der WM verwendbar. Beispielsweise wird von einem DOP mit Spitzenqualität heute gefordert, daß der Ester farblos ist (Farbzahl nach Hazen 10 – 20). Eine Säurezahl $\leqq 0{,}05$ muß garantiert werden. Übermäßige Acidität wirkt sich negativ auf die Einfärbung des Kunststoffes aus, beschleunigt seine Alterung und vermindert seinen spezifischen Widerstand. Da DOP auch im Verpackungsmaterial für Lebensmittel zugelassen ist, muß es ferner praktisch geruchsfrei sein. Für elektrotechnische Verwendungszwecke wird vom Weichmacher ein spezifischer Widerstand von $4{,}0 - 5{,}0 \cdot 10^{10}\,\Omega \cdot \mathrm{cm}$ bei 60 °C verlangt mit entsprechend großer elektrischer Durchschlagfestigkeit. Deshalb müssen selbst Spuren von Elektrolyten, wie Wasser oder Alkohol, entfernt werden. Auch sollen die flüchtigen Anteile 0,15% nicht übersteigen.

Diese hohen Qualitätsanforderungen führen zu Schwierigkeiten bei der Produktion. Man hat deshalb sogar der Destillation eine gesonderte Behandlung des Esters mit Absorptionsmitteln vorgeschaltet[9]. Häufig wurde auch der Ester einer Wäsche mit stark sauren Medien, einer darauffolgenden Alkalibehandlung unter Vermeidung einer Verseifung und einer neutralen Wäsche unterworfen, ehe die Destillation mit Wasserdampf oder im Hochvakuum durchgeführt wurde. Der Aufwand für all diese Reinigungsoperationen wird in seinem Umfang von der Art der Synthese bestimmt. Obwohl damit die Qualitätsnormen erfüllbar sind, konnten bei der bisherigen diskontinuierlichen Arbeitsweise deutliche Qualitätsminderungen nicht immer ausgeschaltet werden. Wie man sieht, ist eine rationelle Weichmacherherstellung nicht allein eine Frage der möglichst quantitativen Beherrschung der chemischen Reaktion, es ist nicht minder eine Frage des Aufwandes in den Reinigungsstufen. Ein Übergang von der diskontinuierlichen Arbeitsweise zu einer kontinuierlichen Veresterung läßt nun von vornherein erwarten, daß weitere qualitätsbeeinflussende Fehlerquellen ausgeschlossen werden, sofern jede einzelne Verfahrensstufe des Prozesses völlig betriebssicher ist. Unter solchen Voraussetzungen garantiert ein kontinuierliches Verfahren eine gleichbleibende hohe Qualität des Weichmachers.

Obwohl in der Literatur kontinuierliche Veresterungen[10,11] beschrieben sind, ist bis zur ersten technischen Durchführung bei der BASF im Jahre 1963 nicht bekannt geworden, ob von anderer Seite ein kontinuierlich arbeitendes Verfahren großtechnisch bereits angewendet wurde. Um Phthalate von gleichbleibender Spitzenqualität zu erzeugen und gleichzeitig einer unvermindert stark anhaltenden Mengenkonjunktur dieser Produktgruppe nachzukommen, wurde dafür in der BASF ein neues kontinuierliches Herstellungsverfahren entwickelt[12].

2.4 Grundlagen des Veresterungsverfahrens

Bei der Herstellung von Weichmachern folgt eine Reihe von Verfahrensstufen aufeinander, die an Hand folgenden Blockschemas (Abb. 15) anschaulich dargestellt sein sollen.

Die Verfahren bestehen – von Nuancen der individuellen Ausführungen abgesehen – im wesentlichen aus:

Veresterung – Abtrennung des Alkohols – Neutralisation – Waschung – Trocknung/ Destillation – Filtration.

Der in der Neutralisation anfallende Monoester kann zur Ausbeuteverbesserung über eine Aufarbeitung zurückgeführt werden. Man kann hiernach sowohl diskontinuierlich als auch kontinuierlich arbeiten.

Die gestrichelten Linien und die eckigen Klammern im Schema zeigen Verfahrensstufen an, die bei manchen Ausführungen entfallen.

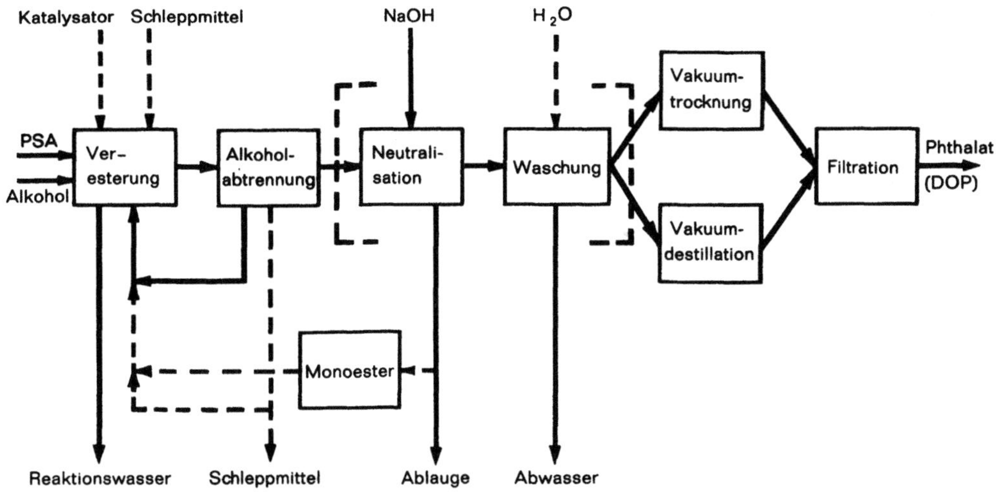

Abb. 15.

2.4.1 Mechanismus und Kinetik der Veresterung

Bei der Bildung des neutralen Phthalsäurediesters entsteht in einem ersten Reaktionsschritt durch bimolekulare Reaktion aus PSA und Alkohol der Monoester. Die Alkoholyse des Anhydrids ist in Analogie zur Hydrolyse als eine besonders durch Basen katalysierte Reaktion anzusehen. Der Alkohol fungiert hier als Lewis-Base und erhöht im Übergangszustand die Polarität der Carbonyl-Sauerstoffbindung.

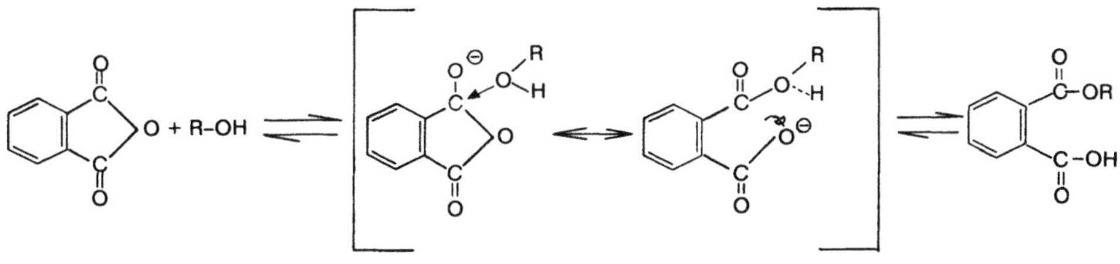

Die Reaktion verläuft exotherm, und ihr Gleichgewicht ist weitgehend zugunsten der Esterbildung verschoben. Für die Folgereaktion, die Diesterbildung, ist der Ablauf abhängig davon, ob mit einem sauren oder einem amphoteren Katalysator gearbeitet wird. Bei der klassischen Säurekatalyse geschieht dies nach dem gesicherten Chemismus der

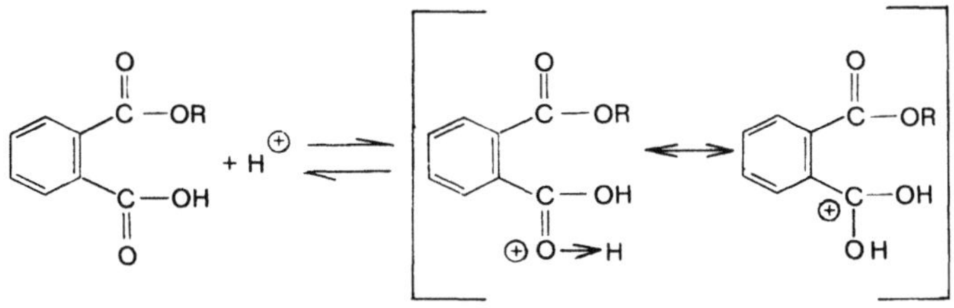

Veresterung[13]. Sowohl der Zusatz einer Säure HX als auch die durch die Solvatisierung entstehende neue Säure $R-OH_2^{(+)}$ führt zu einer Aktivierung der Carbonylgruppe im Carboxyrest.

Der energiereiche Übergangszustand wird durch die Base R – OH „neutralisiert" und geht dann unter Abspaltung eines Hydroxonium-Ions in den Carbonsäureester über.

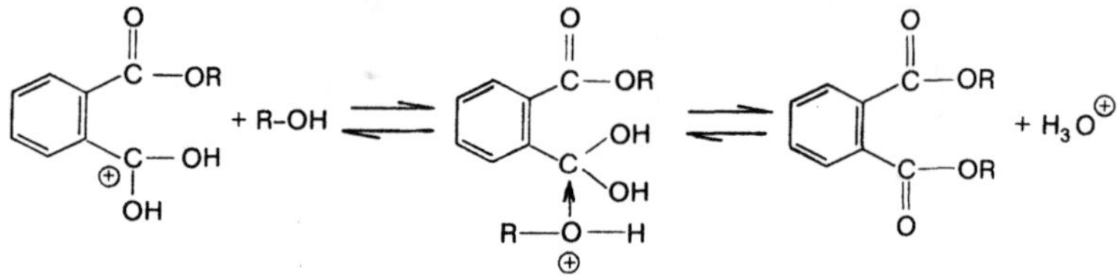

Das katalysierende Wasserstoffion wird also wieder freigegeben. Bekanntlich ist die Geschwindigkeit der säurekatalysierten Veresterung und Verseifung der Wasserstoffionen-Konzentration direkt proportional[14]. In Gegenwart von Säuren als Katalysator wird sowohl die Bildung des Phthalsäuremonoesters als auch des Phthalsäurediesters durch Protonen katalysiert[15]. Kinetische Untersuchungen ergaben, daß die Bildung des Diesters aus dem Monoester der langsamste Reaktionsschritt und somit geschwindigkeitsbestimmend ist. Für nicht zu hohe Umsetzungsgrade lassen sich die Meßergebnisse als Reaktion erster Ordnung darstellen; das entspricht einer pseudo-monomolekularen Reaktion. Aus der Temperaturabhängigkeit erhält man eine Aktivierungsenergie von 17 kcal/mol. Die gesamte Wärmetönung für beide Reaktionsschritte beträgt ca. 20 kcal/mol.

Grundsätzlich kann Phthalsäuremonoester auch durch die autokatalytische Wirkung des dissoziierenden Protons mit Alkohol verestert werden. Wegen der verhältnismäßig niedrigen Wasserstoffionen-Konzentration, die die Einstellung des Estergleichgewichts bestimmt, ist dann eine größere Verweilzeit erforderlich. Ohne Katalysatorzusatz handelt es sich jedoch bei der Monoesterbildung, wie bereits dargelegt, um eine nucleophile Alkoholyse des Anhydrids, die nach einem S_{N2}-Mechanismus abläuft. Die autokatalytische Veresterung weicht somit im ersten Reaktionsschritt von dem gewöhnlichen Mechanismus ab. Der zweite Reaktionsschritt der autokatalytischen Bildung des Phthalsäurediesters ist eine Reaktion zweiter Ordnung, bei der sowohl die Konzentration des Monoesters als auch die der Protonen abnimmt. Aus der Veresterung mit Katalysatorzusatz resultiert dagegen im wesentlichen eine Reaktion erster Ordnung.

Verwendet man dagegen als Katalysator neutrale oder alkalische Substanzen, so liegt ein anderer Mechanismus vor. Für die Katalysatorkombination von $Al_2O_3 \cdot aq + NaOH$ nimmt A. Coenen[16] an, daß die Reaktion über Zwischenverbindungen mit Ringstrukturen abläuft.

1.

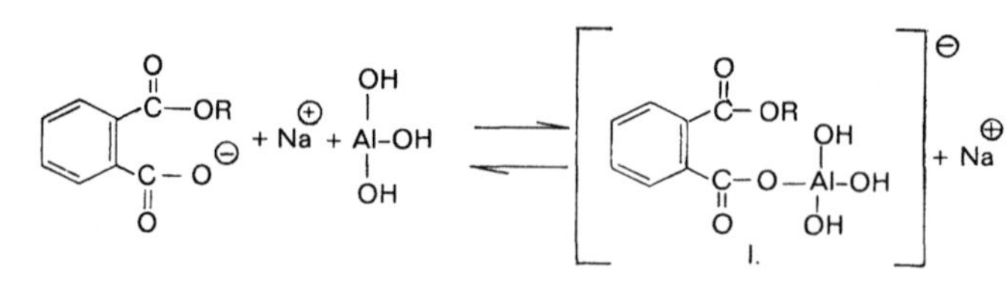

2.

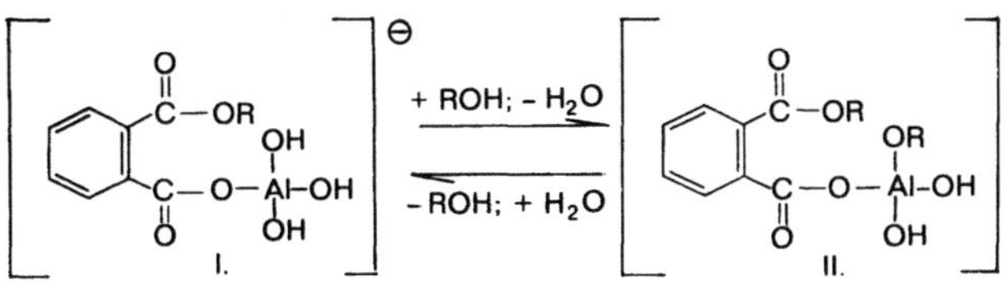

3.

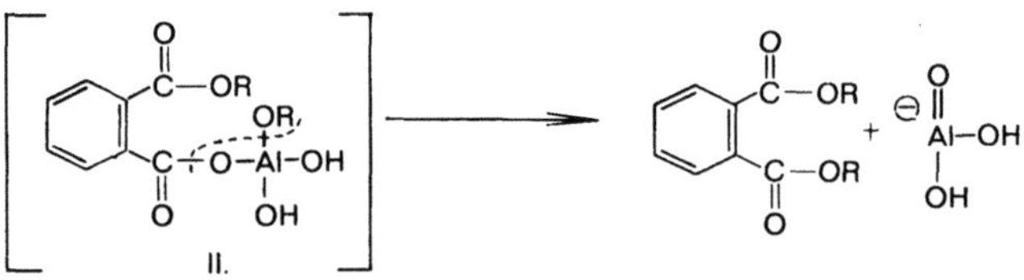

4.

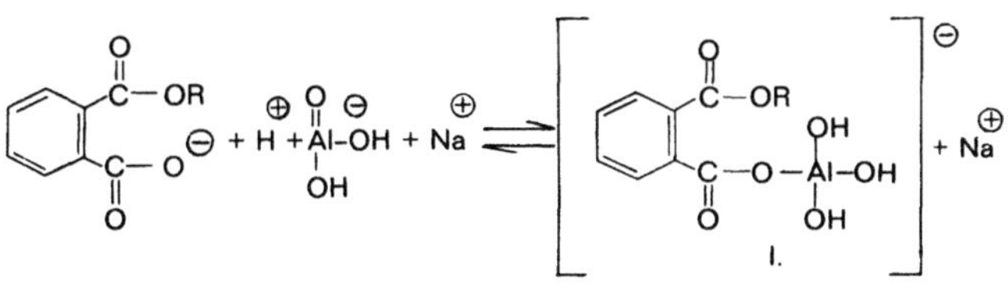

Auch für die anderen amphoteren Katalysatoren wie z. B. polymere Titansäuren[17], Titansäureester, Titandichlorid-diacetat[18], Zinnoxid bzw. Zinnderivate, Zirkonsäureester[19] dürfte ein ähnlicher Mechanismus vorliegen.

Welche Methode angewendet wird, hängt in manchen Fällen allerdings auch von der Veresterungsgeschwindigkeit ab, die mit steigender C-Zahl und mit der Verzweigung in der C-Kette der Alkoholkomponente abnimmt. Die Einstellung des Estergleichgewichts wird außerdem in dem Maß zugunsten des Diesters verschoben, wie das entstehende Reaktionswasser entfernt wird. Dieses wiederum ist von der Geschwindigkeit abhängig, mit der die Dämpfe aus dem System abgeführt werden können.

Man kann den Vorgang durch Zusatz relativ niedrig siedender inerter Schleppmittel zur Reaktionsmischung oder auch durch geeignete Einstellung von Druck und Temperatur beschleunigen, so daß die flüchtigen Komponenten unter den Bedingungen der Reaktion sieden. Die Geschwindigkeit des Wasserentzuges hängt dann von der Verdampfungsgeschwindigkeit ab.

Eine weitere oder zusätzliche Methode zur Entfernung der Dämpfe besteht darin, daß ein inertes Gas, wie Stickstoff oder Kohlendioxid, durch das System durchgeblasen wird. In diesem Fall ist der Wasserentzug von der Einleitungsgeschwindigkeit abhängig.

Durch die Auswahl des Schleppmittels und die noch zulässige Veresterungstemperatur wird die Menge des Schleppmittels festgelegt; außerdem wird dadurch die Gefäßkapazität eingeschränkt. Ferner verursacht sie stets eine umständlichere Aufarbeitung des Rohesters. Die Wasseraustreibung allein mit Hilfe von Inertgas ist nicht an eine Temperaturgrenze gebunden. Auf jeden Fall treten größere Alkoholverluste ein. Auch ist es schwierig, eine befriedigende Gasverteilung im ganzen Reaktionsmedium zu erzielen. Wird der Alkohol selbst zur azeotropen Entwässerung benutzt, ist die Wahlfreiheit in den Reaktionsbedingungen größer.

2.4.2 Veresterung

Beide Methoden der Veresterung von PSA, sowohl die durch saure Katalyse als auch die durch amphotere Katalyse, haben weltweit Eingang in die Betriebspraxis gefunden; beispielsweise wird heute in der BASF sauer, jedoch autokatalytisch verestert. Bei ICI/United Kingdom und Esso/USA wird ebenfalls sauer unter Verwendung von Schwefelsäure oder p-Toluolsulfosäure gearbeitet. Hingegen bevorzugen Firmen wie die Chemischen Werke Hüls/BRD, Monsanto/USA, Grace/USA und Reichhold/USA amphotere Katalysatoren.

Als Säurekatalysatoren kamen und kommen technisch zur Anwendung: Schwefelsäure, α-Naphthalinsulfosäure, Natriumhydrogensulfat und bevorzugt p-Toluolsulfosäure[20]. Auch Kombinationen von p-Toluolsulfosäure mit Aktivkohle[18] sind bekannt. Durch kontinuierliche Entfernung des entstehenden Wassers errreicht man eine günstige Verschiebung des Veresterungsgleichgewichts. Beim Verestern von PSA mit hochsiedenden Alkoholen wendet man heute technisch meist das Kreislauf-Verfahren an. Dabei wird entweder mit inerten, wasserunlöslichen Stoffen, z. B. Toluol, oder mit einem Überschuß an Alkohol azeotrop entwässert.

Die hauptsächlich benutzten Katalysatoren zwingen zur Einhaltung einer oberen Grenze der Reaktionstemperatur. Nach B. WOLFF[11] sollten bei der Veresterung von PSA mit Alkoholen (größer als C_4) in Gegenwart von Schwefelsäure 140 °C nicht überschritten werden, um ein Verfärben des Produktes zu vermeiden. Unter geeigneten Bedingungen können Arbeitstemperaturen bis zu 165 °C ohne Qualitätsminderung angewendet werden, wobei allerdings als Nebenreaktion die säurekatalysierte Dehydratisierung, wie z. B. von Äthylhexanol, beobachtet wird. Bei Erhöhung der Temperatur auf etwa 175 °C bis 200 °C nimmt die Umsetzungsgeschwindigkeit erheblich zu, jedoch lassen sich dann Qualitätsverschlechterungen, bedingt durch verstärkte und vermehrte Nebenreaktionen, z. B. die ebenfalls säurekatalysierte Ätherbildung, nicht vermeiden. Bei höheren Temperaturen wird also die Hauptreaktion der Veresterung deutlich von den Nebenreaktionen der Alkohol-Dehydratisierung, die auch über die Esterpyrolyse möglich ist, nämlich der Isomerisierung und der Ätherbildung überlagert[21]. Entsprechende ungesättigte Alkohol- und Dienderivate des Äthylhexanols sind analytisch nachgewiesen worden. Außerdem reagiert die p-Toluolsulfosäure unter diesen Bedingungen mit dem Schleppmittel Toluol zu p-Ditoluylsulfon[22], das im Ester gelöst bleibt.

Die Synthese von farblosem Ester über den säurekatalysierten Weg wird nicht selten auch in Gegenwart von Sauerstoff verbrauchenden Verbindungen, wie Phenolen, Aminen oder Salzen von Metallen der Übergangsreihe, ausgeführt. Allerdings hat sich bis jetzt kein Antioxidationsmittel als voll befriedigend erwiesen. In geringem Maße sind diese Nebenreaktionen auch bei niedrigen Temperaturen zu beobachten[23]. Um diese zu vermeiden, kamen andere, darunter auch amphotere Katalysatoren, zur Anwendung[18]. Teilweise sind sie weniger aktiv und müssen deshalb in größeren Mengen verwendet werden.

Die Herstellung von Phthalaten durch amphotere Katalyse, wie sie von den Chemischen Werken Hüls[16, 24] entwickelt und erstmals technisch verwirklicht wurde, bedient sich eines größeren molaren Alkoholüberschusses (Molverhältnis 1:4 von PSA:Äthylhexanol). Für die volle Wirksamkeit des Katalysatorsystems ist es notwendig, die Reaktionstemperatur oberhalb 180 °C zu halten. Bei kürzerer Verweilzeit gegenüber der säurekatalysierten Reaktion wird der hohe Umsatz von 99,5% erreicht. Die amphoteren Katalysatoren haben weder Olefine noch Äther als Nebenprodukte zur Folge, was besonders bei Verwendung von sekundären Alkoholen ins Gewicht fällt. Liegt der Siedepunkt des Alkohols unter 180 °C, ist natürlich die Reaktion nur unter einem entsprechenden Druck möglich.

2.4.3 Reinigung

Allgemein wird die Auffassung vertreten, daß die Konzentration der nicht umgesetzten Säure im Ester ein wichtiger Indikator für die Reinheit des Esters ist. Bei der Veresterung mit Katalysatorzusätzen dürfte dies zutreffen, braucht man doch nur etwa an das Optimum der Katalysatorkonzentration bei p-Toluolsulfosäure[18] mit 6,2 Gew.% bezogen auf Diester zu denken. Gelegentlich beobachtete thermische Instabilität von Phthalsäureestern kann nämlich durch kleine Mengen von Dialkylsulfat oder -sulfonaten verursacht sein, die besonders bei höheren Temperaturen als Promotoren bei der Esterspaltung wirken. In jedem Fall müssen nicht umgesetzter Monoester und Katalysator durch Neutralisieren, Waschen und Filtrieren abgetrennt werden.

Der Reinigungsaufwand für den Rohester, wie er mit p-Toluolsulfosäure als Katalysator erhalten wird, ist deshalb oft erheblich. Für die Neutralisation benützt man gewöhnlich ca. 10%ige wäßrige Natronlauge. Daneben soll eine größere Anzahl spezieller Behandlungsmethoden helfen, die farb- und geruchserzeugenden Komponenten zu entfernen. So wird u. a. eine alkalische Wasserdampfdestillation zur Verbesserung der Farbe des Esters durchgeführt[25]. Die wirksamste Reinigung und Farbaufhellung soll durch die kostspielige Methode der Esterdestillation bei 1 Torr erreicht werden[11]. Häufiger bedient man sich jedoch der Oxidation, z. B. mit Wasserstoffperoxid, oder der Adsorption an Aktivkohle[18]. Für Rohester aus der amphoteren Katalyse hingegen verringert sich der Aufwand spürbar. Zwar muß noch der Rest des Säuregehalts mit wäßriger Natronlauge neutralisiert werden, doch wird selbst die anschließende Stufe des Waschens nicht immer oder nur in geringem Umfang ausgeführt. Es genügt eine Trocknung im Vakuum und, wenn notwendig, eine Behandlung des Esters mit Aktivkohle zwecks Farbaufhellung des Endproduktes[16].

Auch die autokatalytische Veresterung erlaubt es, mit den gleichen einfachen Trennoperationen in den Reinigungsstufen des Prozesses auszukommen. Lediglich wegen des nicht ganz so hohen Umsatzes bedarf es größerer Mengen an verdünnter Natronlauge bei der Neutralisation und einer guten Wäsche.

2.4.4 Diskontinuierliche und kontinuierliche Arbeitsweise

Im Chargenbetrieb wird heute bei den Phthalsäureestern eine Ausbeute von ca. 96 bis 97% erreicht[18]. Bei einer kontinuierlichen Herstellung ist mindestens derselbe Wert zu erzielen, da sonst der Prozeß infolge seines größeren Mengendurchsatzes schon von den Einsatzzahlen der Rohstoffe her wirtschaftlich nicht konkurrenzfähig sein würde. Während bei der diskontinuierlichen Produktion die Vor- und Nachteile der einzelnen Arbeitsweisen mehr von den örtlichen wirtschaftlichen Faktoren bestimmt werden, kommen bei dem Übergang von der diskontinuierlichen zur kontinuierlichen Herstellung die verfahrenstechnischen Parameter stärker zur Geltung.

Soll eine säurekatalysierte Veresterung kontinuierlich vorgenommen werden, so sind in die Stoffkreise des Alkohols und des Toluols gesonderte Reinigungsstufen einzubauen. Ferner müßten die rückgeführten, nicht umgesetzten Ausgangsprodukte sorgfältig von den Nebenprodukten gereinigt werden, da die Art und Menge der Nebenprodukte die Reaktionsführung stärker als beim diskontinuierlichen Verfahren beeinflussen. Bei diesem bereitet die mehrmalige Rückführung keine Schwierigkeiten, da immer ein kleiner Teilstrom von den störenden Komponenten abgezweigt werden kann. Auch die amphoter katalysierte Veresterung erfordert im kontinuierlichen Betrieb Ergänzungen, die von der diskontinuierlichen Methode abweichen. Um den gleich hohen Umsetzungsgrad im Kontinuum zu erreichen, muß eine Verlängerung der Verweilzeit in Kauf genommen werden. Möglicherweise kann dies zum Teil durch eine höhere Katalysatorkonzentration aufgefangen werden. Beide Maßnahmen lassen im Dauerbetrieb die Bildung von Nebenprodukten erwarten, die diskontinuierlich nicht in Erscheinung treten. Um deren Anhäufung zu vermeiden, müssen ebenfalls besondere Reinigungsoperationen berücksichtigt werden. Weicht man indessen auf die andere Möglichkeit aus und begnügt sich mit einer geringeren Umsetzungsrate, so ist wegen des höheren restlichen Säuregehalts die Neutralisation zu verstärken. Im Dauerbetrieb wird es ferner unvermeidlich sein, für alle Störfälle auch die Stufe der Waschung einzubauen.

Aus diesen verschiedenen Gründen ist die wirtschaftliche Veresterung ein Kompromiß zwischen Reaktionszeit und Reinigungsaufwand. Ganz besonders gilt dies, wenn es sich um große kontinuierliche Produktionseinheiten handelt.

Die verlockend einfachen Arbeitsschritte des Chargenbetriebes können nur mit Hilfe von entscheidenden verfahrenstechnischen Ergänzungen zu einem brauchbaren kontinuierlichen Verfahren ausgestaltet werden. Ein solcher Herstellungsprozeß steht von Anfang an unter dem Zwang, daß die Qualität des nach ihm hergestellten Verkaufsproduktes sofort der Marktqualität üblicher Handelswaren entsprechen muß. Der Markt akzeptiert keine einzige negative Abweichung von der Qualitätsnorm.

Die Übersetzung einer diskontinuierlichen Arbeitsweise in eine kontinuierliche und die Übertragung von relativ kleinen Durchsätzen auf die eines wesentlich größeren technischen Maßstabes – zwei klassische Aufgaben der Verfahrenstechnik – führen deshalb selbst unter Verwendung bekannter Methoden meist zu neuen technischen Lösungen. Letztlich muß ein solch neuer Prozeß doch experimentell erarbeitet werden. Am Beispiel der autokatalytischen Phthalatherstellung ist dies recht klar zu erkennen. So ist schon länger bekannt, daß die Übertragung einer Reaktion erster Ordnung von einem diskontinuierlich arbeitenden Rührkessel auf eine kontinuierlich arbeitende Kaskade von Rührkesseln einfach zu berechnen ist[26]. Neuerdings kann man auch die Verweilzeit für Reaktionen höherer Ordnung in einer Rührkesselkaskade berechnen[27]. Trotzdem gilt noch der Erfahrungssatz, daß beispielsweise beim Übergang zu den großen Rührkesselvolumina einer Betriebseinheit von 8500 t/Monat die Übertragung von kleinen diskontinuierlichen auf größere kontinuierliche Einheiten nicht ohne weiteres möglich ist. Verschiedene, in ihrer Größe nicht exakt ermittelbare Prozeßparameter, wie Durchmischungsgrad und Grad der Entfernung des Wassers in Abhängigkeit von der Rührgeschwindigkeit, beeinflussen merkbar den Reaktionsablauf.

In der BASF wurde das erste kontinuierliche Verfahren für DOP technisch realisiert, indem man den säurekatalysierten Reaktionsmechanismus autokatalytisch, ohne Zusatz von irgendwelchen Säuren, ablaufen ließ. Dadurch konnte die obere Temperaturgrenze von 165 °C ohne Verschlechterung der Qualität des Esters erhöht werden. Die Reaktion läßt sich unter Normaldruck beim Siedepunkt des Alkohols (z. B. 2-Äthylhexanol 183,5 °C) durchführen, wodurch auch auf Toluol als Schleppmittel verzichtet werden kann. Durch azeotrope Destillation mit dem im Überschuß vorhandenen 2-Äthylhexanol kann das bei der Reaktion entstehende Wasser entfernt werden. Der überschüssige Alkohol ist ohne Reinigung unmittelbar wieder verwendbar. Für das kontinuierliche Verfahren werden somit erhebliche Vereinfachungen erzielt: Es entfallen der Toluolstoffkreis, der Katalysator, die Behandlung mit Aktivkohle zur Farbaufhellung; die Reaktionspartner sind nur noch PSA und 2-Äthylhexanol.

2.5 Technologie des kontinuierlichen Veresterungsverfahrens

Für den Sektor der Weichmacherherstellung wurden ebenfalls zunächst an Hand des Verfahrensschemas die einzelnen Verfahrensschritte behandelt. Neben der Entwicklung bis zum heutigen Stand infolge der ständig steigenden Qualitäts- und Mengenforderungen des Marktes sind die verschiedenen chemischen Alternativen der Veresterungsreaktion und ihre mannigfachen physikalischen Konsequenzen in der Reinigung einander gegenübergestellt worden. Zuletzt wurden die Probleme angesprochen, die mit einem Übergang von der diskontinuierlichen zur kontinuierlichen Herstellung auftreten. Nun soll am Beispiel des modernsten Verfahrens die Technologie des kontinuierlichen Prozesses beschrieben werden, wie sie in der Betriebspraxis durchgeführt wird.

Die BASF ist im Augenblick der größte Hersteller von Phthalatweichmachern in der Welt. Seit 1963 werden die verschiedenen Estertypen, vor allen Dingen Abkömmlinge hochsiedender Alkohole, nach dem neuen kontinuierlichen Veresterungsverfahren großtechnisch hergestellt. Allein für das Di-2-äthylhexylphthalat (DOP), dessen Produktion 1940 mit 1 t/Jahr aufgenommen wurde, existiert heute eine Produktionseinheit mit einer Leistung von 100000 t/Jahr[12]. Insgesamt werden heute 90–95% der gesamten Weichmacherproduktion in der BASF nach dieser Methode hergestellt. Diese moderne technische Synthese ermöglicht sehr große Kapazitäten je Produktionseinheit. Sie ist seit Jahren erprobt und bietet die wirtschaftlichste Veresterung – ein Kompromiß zwischen Reaktionszeit und Reinigungsaufwand.

2.5.1 BASF-Verfahren

Die Hauptmerkmale des Prozesses bestehen in der ausschließlichen Verwendung der Ausgangsstoffe PSA und Alkohol und der Veresterung in einer Kaskade von Rührkesseln. Bei der autokatalytischen Veresterung von Säureanhydrid und Alkohol wird auf die sonst üblichen starken Säuren als Katalysator und inerte Stoffe als Schleppmittel verzichtet. Damit ist der Aufwand in den Reinigungsstufen auf einfache Trennoperationen reduziert. Der anfallende Monoester sowie der überschüssige Alkohol werden unmittelbar in den Stoffkreislauf zurückgeführt.

Unter etwas abgewandelten Bedingungen ließ sich die Synthese auch auf die Herstellung von Estern aliphatischer Dicarbonsäuren mit Oxoalkoholen übertragen[28]. Es gelang schließlich, auch bei entsprechendem Druck für das niedrig siedende Butanol das Verfahren auf die Produktion von Dibutylphthalat zu übertragen[29].

Die kontinuierliche Veresterung wird in einer mehrstufigen Rührkesselkaskade ($n = 3-6$) vorgenommen. Dabei wird eine ausreichende Reaktionsgeschwindigkeit für Phthalsäure-di-2-äthylhexylester in der Kesselkaskade bei einer Temperatur von 185–205 °C erreicht. Das Molverhältnis von PSA zu 2-Äthylhexanol in der Kaskade beträgt 1 : 2,5. Abb. 16* zeigt das Schema einer technischen Anlage.

Das entstehende Reaktionswasser wird in jeder Stufe durch azeotrope Destillation mit überschüssigem 2-Äthylhexanol entfernt, wobei der Alkohol unmittelbar in den Kreislauf zurückgelangt. Die Säurezahl ist nach beendeter Veresterung von der Belastung abhängig; normalerweise liegt sie bei ca. 4–5, das entspricht einem Umsatz von 97,5–98%.

Der Rohester, der den letzten Kessel verläßt, wird im Vakuum entspannt und dabei das überschüssige 2-Äthylhexanol durch Verdampfung weitgehend abgetrennt. Anschließend wird in einem Rührkessel bei einer Verweilzeit von ca. 7 Minuten mit 3–5%iger Natronlauge neutralisiert. Die Dosierung der Natronlauge wird über eine automatische p_H-Regelung gesteuert. Das Gemisch aus Diester und Natronlauge läuft in einen Abscheider, in dem die organische Phase vom Wasser getrennt wird. Zu berücksichtigen ist dabei, daß die Natriumsalze der Phthalsäuremonoester wirksame Emulgatoren darstellen und leicht zu Emulsionen führen können. Der neutrale Rohester wird in einem weiteren Rühr-

---

* Diese Abbildung befindet sich in der Lasche am Schluß des Bandes.

kessel (Verweilzeit ca. 5 Minuten) von anhaftenden Alkalispuren durch Waschen mit entsalztem Wasser bzw. Kondensat befreit. Nach erneuter Abtrennung der wäßrigen Phase werden aus dem Diester in einer Ausdämpfkolonne unter vermindertem Druck die noch flüchtigen Anteile quantitativ entfernt. Für die Schlußfiltration wird ein Filterhilfsmittel, z. B. Aktivkohle, empfohlen. Die Dosierung geschieht zweckmäßig mit einer geeichten Förderschnecke. Der Grobfiltration ist noch eine Feinfiltration nachgeschaltet.

Das 2-Äthylhexanol, das aus der Alkoholabtrennkolonne und aus der Ausdämpfkolonne anfällt, gelangt zusammen mit dem 2-Äthylhexanol aus den azeotropen Entwässerungen in die Rührkesselkaskade zurück. Leichter siedende Anteile können hierbei nach O. B. Claren u. a.[30] kontinuierlich aus dem Stoffkreis ausgeschleust werden. Die Ablauge aus dem Neutralisationskessel, in der nicht umgesetzter Phthalsäuremonoester als Natriumsalz vorliegt, wird mit Schwefelsäure angesäuert. Der freigesetzte Phthalsäuremonoester wird gewaschen und ebenfalls ohne weitere Reinigung in die Rührkesselkaskade gegeben.

Die Erhöhung der Reaktionstemperatur auf 185–225 °C erlaubt bei kontinuierlichem Betrieb eine besonders günstige Energieausnützung. Über Wärmeaustauscher wird der Alkohol für die erste Stufe so weit vorgewärmt, daß sich der Halbester beim Zusammentreffen mit dem flüssigen PSA schnell bildet, wobei der Alkohol zum Sieden kommt. Die bei der Alkoholyse des PSA freiwerdende Wärme reicht für die Bildung des Phthalsäurediesters aus, und man erhält einen Umsatz an Monoester von $\geqq 75\%$. Da bei jeder Stufe der Kesselkaskade das Reaktionswasser durch Destillation entfernt wird, aber nur in der ersten Stufe ausreichend Wärme frei wird, muß die Verdampfungswärme für das Wasser in den nachfolgenden Stufen von außen zugeführt werden. Hierfür ist je Kessel eine separate Beheizung mit Dampf (z. B. 40 atü) vorgesehen.

Der erhaltene Phthalsäureester ist sehr rein und erreicht Farbzahlen nach Hazen von 10–20. Es ist weder eine Rektifikation des Phthalsäureesters noch eine chemische Bleichung mit Wasserstoffperoxid noch eine UV-Bestrahlung oder eine Behandlung mit Aktivkohle notwendig. Trotzdem ist es zweckmäßig, eine Adsorptionsbehandlung mit Aktivkohle vorzusehen, um einen weiteren, nicht zu unterschätzenden Vorteil dieses Verfahrens, nämlich die Flexibilität gegenüber Qualitätsschwankungen der Vorprodukte, auszunützen. Bei einer Produktion in größerem Maßstab muß man damit rechnen, daß die Ausgangsstoffe bei Betriebsstörungen vorübergehend von ihrer durchschnittlichen Qualität abweichen. Dadurch werden Verunreinigungen in die Veresterung miteingeschleust, die zu einem Ester führen, der eventuell nur Sekundaqualität hat. Dann kann auf eine Farbaufhellung nicht verzichtet werden.

Bei einem 97%igen Umsatz von Phthalsäuremonoester zum Phthalsäurediester in der mehrstufigen Kesselkaskade wird eine Ausbeute von 98% d. Th. (bezogen sowohl auf PSA als auch auf 2-Äthylhexanol) erreicht.

Flexibilität und Wirtschaftlichkeit: Die autokatalytische Veresterung wird in der BASF auch für die Umsetzung von PSA mit anderen Oxoalkoholen, wie i-Octanol, i-Nonanol und i-Dekanol, technisch angewendet[31]. Die Methode erwies sich als allgemein brauchbar und leistungsfähig. Bewußt wurde dabei das Arbeiten bei Atmosphärendruck und in einer Kaskade von Rührkesseln, die im Vergleich zu anderen verfahrenstechnischen Möglichkeiten relativ große Reaktionsvolumina je Kessel hat, in Kauf genommen. Trotz größerer Verweilzeit erhält man so das beste Produkt; außerdem zeigt sich die neue Verfahrensweise gegenüber Betriebsstörungen außerordentlich flexibel.

Verbrauchszahlen und Spezifikationen: Für die Erzeugung von 100 kg DOP unter Bedingungen, wie sie bei der BASF vorliegen, werden folgende Roh- und Hilfsmaterialien und Energien benötigt:

Tab. 9

Roh- und Hilfsmaterialien:	
Phthalsäureanhydrid	38,7 kg
2-Äthylhexanol	68,0 kg
Natronlauge (ber. 100%ig)	1,0 kg
Schwefelsäure (ber. 96-98%ig; für Monoesterrückführung)	2,0 kg
Energien:	
Elektrische Energie (500 V; Motoren, Pumpen und Kühler ohne Beleuchtung)	ca. 2,7 kWh
Dampf 40 atü (ca. 250 °C)	25,0 kg
16 atü (ca. 200 °C)	40,0 kg
4,5 atü (ca. 155 °C)	7,0 kg
Wasser*	
Wasch- und Prozeßwasser (reines Kondensat oder vollentsalztes Wasser)	0,12 m^3
Kühlwasser für Vakuumpumpen	
(Flußwasser, nicht korrosiv, Temperatur max. 25 °C)	0,06 m^3
Instrumentenluft (3 atü; ölfrei, staubfrei und trocken)	ca. 1,4 m^3
Stickstoff (5–10 atü; staubfrei und trocken)	ca. 2,5 m^3
Spitzenbedarf für ca. 30 Min/Betriebstag	ca. 500 m^3/h

* Es wird angenommen, daß alle Kühler als Luftkühler ausgelegt sind.

Die jährlichen Reparaturkosten werden auf ca. 2,5% der Investitionssumme geschätzt. Als Bedienungspersonal werden 1 – 2 Arbeiter pro Schicht benötigt. Die Angaben für die Spezifikationen von PSA, 2-Äthylhexanol, Natronlauge, Schwefelsäure sind im Anhang für Weichmacher zusammengefaßt.

Für die Kapazität und Leistung einer Betriebseinheit ist eine jährliche Betriebszeit von 8160 Stunden garantiert. Dies entspricht einem „on stream"-Faktor von ca. 93,5% bezogen auf das volle Jahr. In der Praxis werden bei dem Veresterungsprozeß 8400 Stunden erreicht. Der „on stream"-Faktor erhöht sich somit auf 96%. Wie betriebssicher der Prozeß ist, geht auch daraus hervor, daß selbst für die 100000-t-Produktionsstraße des DOP 1 Mann pro Schicht bei lormalem Betriebszustand genügt. Nur in Störungsfällen wird kurzfristig ein zweiter hinzugezogen.

Hohe Betriebssicherheit, gute Ausbeute und große Leistungen je Produktionseinheit spiegeln bei diesem BASF-Verfahren die gegenwärtig modernste technische Lösung wider.

Jede Größenordnung einer Weichmacheranlage zwischen 15000 und 150000 t/Jahr kann entsprechend den Bedürfnissen des Marktes mit günstigem Investitionsaufwand errichtet werden.

2.5.2 Andere Verfahren

In der Literatur sind verschiedentlich kontinuierliche Veresterungen beschrieben worden[10]. Nach B. Wolff[11] wird die übliche Veresterung unter Verwendung eines Katalysators, wie Zinkoxid, p-Toluolsulfosäure bzw. Schwefelsäure, und eines Schleppmittels, wie Toluol, in einem Druck-Röhrenreaktor bei 3,6 atü vorgenommen. Das Trennen des Toluols, des Alkoholüberschusses, die Destillation des Esters bei 5 Torr, ferner die Neutralisation im Gegenstrom, die Waschung und die Trocknung werden kontinuierlich vorgenommen.

Nach Kudo Shiro[32] wurde derselbe Veresterungsprozeß für DOP unter Verwendung von p-Toluolsulfosäure als Katalysator und Cyclohexan als Schleppmittel auf eine fünfstufige Kaskade von Rührkesseln übertragen.

Von Distillers Co.[18,32] ist bekannt geworden, daß beabsichtigt wird, ein kontinuierliches Verfahren nach der katalytischen Veresterungsmethode einzurichten. Als Reaktor dient eine Glockenbodenkolonne mit 8 Böden, die einen längeren Flüssigkeitsaufenthalt erlauben. Die übliche Zulaufmischung mit 20% Alkoholüberschuß wird oben auf die Kolonne aufgegeben und das azeotrope Schleppmittel von unten in die Kolonne eingeführt.

Vor kurzem wurde schließlich mitgeteilt, daß der Weichmacherprozeß von Melle-Bezons für eine kontinuierliche Produktionseinheit von 60000 t/Jahr in einer Neuanlage bei Chauny/Nordfrankreich verwirklicht wird[34]. Über die Einzelheiten der Technologie dieses Verfahrens ist bisher nichts veröffentlicht worden.

2.5.3 Abluft und Abwasser

Die Frage der Abluft kann für die Herstellung der hochsiedenden Weichmacher vernachlässigt werden. Für den autokatalytischen Veresterungsprozeß ist es z. B. nicht einmal notwendig, in den einzelnen Reaktionskesseln bzw. Zwischenbehältern mit Stickstoff abzudecken. Die freien Gasräume in den Apparaturen werden von den Alkoholdämpfen ausgefüllt, und dieser Alkohol wird praktisch quantitativ zurückgewonnen. Es wird also durch die Produktion keine Luftverunreinigung verursacht. Lediglich im Störungsfall können Alkoholdämpfe ins Freie gelangen.

Auch für das Abwasser mag DOP, hergestellt nach dem autokatalytischen Prozeß, als Beispiel dienen. Auf 100 kg DOP fallen insgesamt 187 l Abwasser an. Der Inhalt an organischem Kohlenstoff beträgt ca. 2500 mg/l (0,25%). Dieser organische Kohlenstoff setzt sich zusammen aus Phthalsäure, die durch Verseifung im Monoesterstoffkreis entsteht, und 2-Äthylhexanol. Der Wert für organischen Kohlenstoff aus 2-Äthylhexanol ist kleiner als 100 mg/l, der für Phthalsäure ca. 2400 mg/l. Der organische Kohlenstoff kann durch Extraktion mit Alkohol aus dem Abwasser wiedergewonnen und zurückgeführt werden. Das Abwasser selbst läßt sich durch Andestillieren auch noch von den Spuren des Extraktionsmittels befreien. Die Verunreinigung des Wassers ist von Substanz und Menge her mithin so gering, daß normalerweise keine weiteren Maßnahmen getroffen werden müssen. Alternativ kann das Abwasser auch biologisch geklärt werden, da die Produkte von Bakterien abgebaut werden.

2.6 Direkte Veresterung von PSA durch Olefine

Die chemische Möglichkeit, PSA auch direkt durch Olefine zu verestern und somit die Zwischenstufe des Alkohols zu umgehen, übte genügend Anziehungskraft aus, um sie mit Blick auf ein Produktionsverfahren wahrzunehmen. Die Einsparung einer Veredlungsstufe der Olefine ist wirtschaftlich gesehen zunächst verlockend. So haben denn auch Monsanto Chemical und Montecatini Edison an der Methode der direkten Veresterung von α-Olefinen zu Weichmachern gearbeitet. Nach Monsanto-Berichten[35] ergeben sich durch Umsetzung von α-Olefinen – wobei Perchloressigsäure und BF_3-Ätherat als Katalysator verwendet werden – zu 67–86% neutrale Phthalate. Die Olefine werden mit einem Überschuß von 50% eingesetzt. Die Reaktion wird zweistufig ausgeführt, wobei man für die Herstellung des Monoesters trotzdem Alkohol benötigt. Auch muß das überschüssige PSA zuletzt durch Zugabe von Alkohol in Monoester übergeführt werden, der dann zusammen mit dem Katalysator durch Neutralisation entfernt wird. Nach Montecatini Edison[36] werden als Olefine Octen-1, Octen-2, Decen-1 in Gegenwart von aromatischen Sulfosäuren, Ionenaustauschern und Peroxidverbindungen als Katalysator bei 150–200 °C umgesetzt.

Diese Methode der unmittelbaren Veresterung hat jedoch im Vergleich zur Alkoholveresterung außer einem prinzipiellen Nachteil auch noch schwerwiegende verfahrenstechnische Mängel. Die sekundäre Substitution der Olefine ist nicht vermeidbar. Als Endprodukt wird also ein Estergemisch erhalten, das aus primären und sekundären Alkoholen hergestellt erscheint. Die Einheitlichkeit des Endproduktes ist damit nicht gegeben. Die Spitzenqualität eines einheitlichen Weichmachers wie DOP, wie sie beim Verestern mit primären einheitlichen Alkoholen entsteht, ist auch nicht erreichbar. Abgesehen davon ist der Umsetzungsgrad der Reaktion wenig befriedigend. Die Notwendigkeit, so starke Katalysatoren, wie Perchloressigsäure u. a., verwenden zu müssen, läßt außerdem erkennen, daß für die Olefinveresterung eine wesentlich höhere Verweilzeit benötigt wird. Unerwünschte Nebenreaktionen und neue Korrosionsprobleme sind sicherlich zu erwarten. Aus Gründen des Reaktionsmechanismus und der technischen Bedingungen für die Reaktionsführung hat dieser Weg bis heute keinen Eingang in die Betriebstechnik gefunden. Die unmittelbare Veresterung von α-Olefinen ist der von Alkoholen unterlegen geblieben, und die Aussichten, daß sich dies ändern könnte, haben sich noch nicht gebessert.

2.7 Gesundheits- und Sicherheitsfaktoren

Die physiologische Wirkung von DOP ist im Tierversuch untersucht worden. Dabei hat es sich selbst bei wiederholter Zufuhr als praktisch ungiftig erwiesen. Es hat keine primäre Hautreizwirkung und verursacht nur eine unspezifische, schnell vorübergehende Reizung der Augenschleimhaut. Eine hautsensibilisierende Wirkung weist das Produkt nicht auf. Beim Umgang mit DOP und bei sachgemäßer Verwendung sind daher Gesundheitsschädigungen durch das Produkt nicht zu befürchten.

Als vorbeugende Maßnahme bei der Weichmacherfabrikation genügt es, für den Fall von Alkoholdampfausbrüchen bei Betriebsstörungen Absaugvorrichtungen zu haben. Um bei der Ausschleusung des Filterhilfsmittels aus dem Prozeß etwaige Geruchsbelästigungen zu vermeiden, kann man den Austrag aus den Filtern in geschlossenen Bunkern vornehmen. Im übrigen sind die normalen Sicherheitseinrichtungen eines jeden Betriebes, wie Atemschutzmaske, Atemluftanschluß, Säureschutz und ähnliches, völlig ausreichend.

2.8 Betriebssicherheit von kontinuierlichen Weichmacheranlagen

Kontinuierliche Produktionseinheiten haben bekanntlich eine höhere Betriebssicherheit als diskontinuierliche. Dies gilt besonders dann, wenn der Veresterungsprozeß auf die ausschließliche Verwendung der Ausgangsstoffe PSA und Alkohol beschränkt ist. Explosionen oder Brände, die durch unachtsames Überschreiten sogenannter kritischer Grenzbedingungen des Prozesses selbst auftreten könnten, gibt es nicht. Beim Arbeiten in einer Kaskade von Rührkesseln besteht nur eine geringe Anfälligkeit für Reparaturen. Auch die sich anschließenden Reinigungsoperationen sind von verhältnismäßig einfacher physikalischer Art. Natürlich ist zu berücksichtigen, daß Gußeisen oder nichtrostfreie Stähle ihrer stark färbenden Metallionen wegen nicht zur Konstruktion der Veresterungsapparatur geeignet sind. Als Material ist Edelstahl zu nehmen. Damit ist schließlich wirklich eine hohe Flexibilität gegenüber sehr vielen Betriebsstörungen gewährleistet. Im übrigen gehört der kontinuierliche Veresterungsprozeß von seiner Technologie her zu jenen Verfahren, die in der Kapazitätsbelastung der Produktionseinheit eine Elastizität von $\pm 50\%$ ohne Schwierigkeiten zulassen.

2.9 Diskussion der Zukunftschancen der kontinuierlichen Veresterung

Allgemein erwartet man in der Zukunft einen Trend zu kontinuierlich arbeitenden Großeinheiten. Jedoch, und das darf nicht vergessen werden, wird es daneben auf lange Zeit noch viele kleinere Hersteller mit Chargenproduktion geben. Es wird oft nicht wirtschaftlich sinnvoll sein, die diskontinuierliche Veresterung zu verlassen, denn für große Produktionseinheiten müssen bestimmte Voraussetzungen des Marktes, der Firmenorganisation, des technischen Standards und der finanziellen Möglichkeiten gegeben sein. Große Produktionsstraßen erfordern eine Mindestkapazität, und die muß eben durch eine entsprechende Marktposition der Herstellerfirma untermauert sein. Die großen Erzeuger können indessen ihre Anlagegrößen optimal nach der Marktgröße ausrichten. Dazu bietet sich die kontinuierlich arbeitende Kesselkaskade geradezu an. Zudem ist selbst bei sehr großen Kapazitäten praktisch kein völliger Zusammenbruch möglich. Die Grenzgröße der Kapazität je Produktionseinheit wird deshalb weniger von den technischen Möglichkeiten als vom Markt diktiert.

Die technische Lösung einer kontinuierlichen Veresterung mit einer Kaskade von Rührkesseln erweist sich bei genauerem Abwägen allen anderen Möglichkeiten überlegen. Man kann vergleichsweise als alternative Lösung eine Veresterung in der Glockenbodenkolonne dazu betrachten. Bei der Kolonne als Reaktor wird das benötigte Reaktionsvolumen in den einzelnen Reaktionsräumen der Glockenböden senkrecht übereinander angeordnet. Für jeden Boden ist durch sinnreiche technische Sondermaßnahmen die angepaßte Beheizung und der Wasserentzug sicherzustellen. Abgesehen davon findet eine Glockenbodenkolonne prinzipiell ihre Grenze in dem Mengendurchsatz je Produktionseinheit. Schon bei relativ kleinen Kapazitäten von ca. 30000 t nimmt die Dimension und der sonstige unerläßliche technische Aufwand für eine Glockenbodenkolonne derart zu, daß eine simple Kesselkaskade wirtschaftlich billiger ist und betriebssicherer arbeitet.

Der Teil der Aufarbeitung, wie die Abtrennung des Alkohols im Vakuum, Neutralisation und Waschen im Rührkessel, Trocknen mit Dampf und Filtration kann als langfristig gelöst angesehen werden. Sie sind zu einfachen, zuverlässigen Verfahrensschritten ausgestaltet worden.

Im wesentlichen werden sich alle weiteren Entwicklungsarbeiten darauf konzentrieren, die jetzigen Verweilzeiten, sei es mit oder ohne Katalysatorzusatz, zu verkürzen; d. h. entweder die Volumina der installierten Reaktionskessel zu verringern oder bei den größten installierten Kesseln die Durchsatzleistung zu erhöhen.

Zusammenfassend kann man sagen: die verfahrenstechnische Ausgestaltung des kontinuierlichen Verfahrens hat bereits weitgehend eine optimale Form gefunden.

3
Phthalsäureanhydrid für Polyesterharze

3.1 Begriff und Historie

Die Polyesterharze unterteilt man heute in gesättigte und ungesättigte. Zu den gesättigten gehören die Alkydharze, von denen die ungesättigten Polyesterharze (UP-Harze) als eigene Stoffklasse unterschieden werden.

3.1.1 Alkydharze

Die Bezeichnung „Alkyd" wurde ursprünglich von R. H. KIENLE[1] 1927 verwendet, um die Reaktionsprodukte von Polycarbonsäuren mit mehrwertigen Polyalkoholen zu beschreiben. Heute versteht man darunter spezielle Polyester, wie sie aus Polycarbonsäuren, Polyalkoholen und Monocarbonsäuren erhalten werden. Als Monocarbonsäuren werden hauptsächlich die in trocknenden und nichttrocknenden Ölen vorkommenden Fettsäuren verwendet. Der Name Alkydharz ist inzwischen ein Sammelbegriff geworden, in den Harztypen mit Fettsäuren, Harzsäuren und Fett-Öl-Modifikationen eingeschlossen sind. Da in den meisten Harzen Phthalsäureanhydrid die dominierende Säurekomponente ist, haben einige Autoren inzwischen die Bezeichnung „Alkyd" oder „reines Alkyd" auf Produkte begrenzt, die von PSA ausgehen. Die Bezeichnung „modifizierte Alkyde" hingegen umfaßt chemische Modifikationen, die während der Alkydherstellung durchgeführt werden, sowie chemische Agenzien eines anderen Typs, als in der allgemeinen Definition enthalten. Werden keine Fettsäuren eingesetzt oder sind sie vollständig gegen andere Säuren ausgetauscht, so spricht man bei diesen Produkten von „ölfreien Alkyden". Alle diese Materialien werden hauptsächlich in der Lackindustrie gebraucht. Hier sind die Bezeichnungen Alkyde, Alkydharze und – weil viele Alkyde als Harzlösungen in Kohlenwasserstoff gehandelt werden – auch der Name Alkydlösungen wahlweise gebräuchlich.

3.1.2 Ungesättigte Polyesterharze

Ungesättigte Polyesterharze erhält man durch Veresterung von ungesättigten Dicarbonsäuren bzw. Anhydriden mit bifunktionellen Alkoholen. Es handelt sich hierbei um eine Klasse von löslichen, linearen Makromolekülen mit niederem Molekulargewicht. Diese Makromoleküle besitzen als wiederkehrende Einheit entlang der Molekülkette $-OOC-\overset{|}{C}=\overset{|}{C}-COO$-Gruppierungen.

Die ungesättigten Polyester werden meist in Styrol, Methacrylaten oder anderen Vinylmonomeren gelöst. In der Polyesterterminologie ist das reaktive vinylmonomere Lösungsmittel, der „cross-linker", unabhängig von der Zahl der Doppelbindungen, die es hat. Ungesättigte Polyester dieser Art sind die weitaus am meisten gebräuchlichen Makromoleküle, die in Verbindung mit Vinylmonomeren verwendet werden.

Zu den wichtigsten Ausgangsmaterialien für UP-Harze gehören die α-β-ungesättigten Dicarbonsäuren, wie z. B. Maleinsäure (MS) bzw. deren Anhydrid (MSA) oder Fumarsäure (FS), „gesättigte" Dicarbonsäuren, wie z. B. PSA oder Adipinsäure, sowie verschiedene Diole, wie Äthylenglykol, Propylenglykol oder Butandiol. Mit dem Molverhältnis der ungesättigten zu den gesättigten Säuren und der Art der Säurekomponenten wird die Reaktivität des UP-Harzes den verschiedenen Anforderungen angepaßt.

UP-Harze sind härtbare Kunststoffe, die zur Reihe der Duroplaste gehören. Sie lassen sich bei Raumtemperatur sowie in der Wärme härten. Im ungehärteten Zustand sind sie überwiegend flüssig, da der Polyester meist in einem Monomeren gelöst ist. Im Gegensatz zu vielen Duroplasten muß bei der Härtung weder Reaktionswasser noch Lösungsmittel entfernt werden. Durch eine Copolymerisation, die von freien Radikalen ausgelöst werden kann, vernetzen sich die Doppelbindungen von ungesättigtem Polyester und Vinylmonomeren durch Ausbildung einer Raumstruktur zu einem festen Kunststoff.

3.1.3 Historie

Die Reaktion der Polykondensation, nach der aus Polycarbonsäuren mit Polyalkoholen Polymere mit Harzcharakter entstehen, ist schon lange bekannt. Erstmals wurde von J. Berzelius[2] 1847 durch Reaktion von Weinsäure mit Glycerin ein Polyester als Kondensationsprodukt hergestellt. J. van Bemmelen[3] erhielt bei der Reaktion von Glycerin mit Bernsteinsäure und Zitronensäure unschmelzbare, glasartige Massen. Seine ersten systematischen Untersuchungen waren für die Alkydharze und auch für die heutigen UP-Harze richtungweisend. Weitere Untersuchungen an diesem Polymertyp wurden von H. Debus[4] 1856, A. v. Lourenco[5] 1863 und A. Furaro zusammen mit L. Danesi[6] 1880 vorgenommen. D. Vorländer[7] gelang dann 1894 die erste Synthese eines ungesättigten Polyesters. Er beobachtete, daß Äthylenmaleate und -fumarate, wenn sie erhitzt werden, unlöslich und unschmelzbar werden. 1901 stellte W. Smith[8] dann das erste Phthalsäure-Alkydharz her. Es war ein sprödes, glasiges Polymeres aus der Veresterung von Glycerin mit PSA.

Wirtschaftliche Bedeutung erlangten die Alkydharze jedoch erst durch die General Electric Co. Diese startete 1912 eine intensive Forschungsarbeit zur Herstellung eines gebrauchsfertigen Harzes für die elektrische Isolation anstelle von Schellack. Eine Gruppe von Wissenschaftlern[9] untersuchte in ihrem Laboratorium die Glycerin-Phthalsäureanhydrid-Reaktion eingehend. Besonders interessiert waren sie, die filmbildenden Eigenschaften dieser Harze zu verbessern. Sie fanden heraus, daß man druckfeste, haftende, lackartige Filme erhält, die auch auf Metall einbrennbar sind, wenn man einen Teil des PSA durch eine monobasische Säure, wie z. B. Ölsäure, ersetzt. Diese Harze waren damals noch von sehr unterschiedlicher Qualität. Meist konnten sie nur dunkelgefärbt hergestellt werden; ihre Filme wiesen eine geringe Wasserfestigkeit auf, und in Verbindungen mit den verschiedenen Pigmenten traten auch noch andere Mängel auf. Trotzdem trugen die aus diesen Arbeiten resultierenden verschiedenen Patente ausschlaggebend zum Ausbau dieses Industriezweiges bei.

Unterstützt wurde der Erfolg der ersten Alkydharze auch durch verschiedene bedeutende technische Fortschritte auf anderen Gebieten, wie sie während und kurz nach dem ersten Weltkrieg gemacht wurden. Dazu gehörte die preiswerte Herstellung von PSA durch katalytische Oxidation von Naphthalin, wie sie damals von H. D. Gibbs und C. Conover in den USA eingeführt wurde, ferner die Produktion verschiedener neuer industrieller Lösungsmittel und die Entwicklung von niederviskosen Nitrocelluloselösungen. Die Suche nach verbesserten Alkydharzen hat jedoch auch selbst eine wichtige Rolle für viele neue Chemikalien, wie Polycarbonsäuren, Monocarbonsäuren und Polyalkohole, gespielt. Für diese Rohstoffe eröffneten sich nun bis dahin unbekannte wirtschaftliche Möglichkeiten.

Unabhängig von dieser Entwicklung in den USA hatte man 1917 in Deutschland den ersten linearen aliphatischen Polyester durch Kondensation von Adipinsäure und Äthylenglykol erhalten[10]. H. Staudingers[11] klassische Konzeption von der langen Kettenstruktur der Polymeren stimulierte nun die Untersuchungen an Polyestern genauso wie an anderen Polymeren. Bei den Alkydharzen, deren Möglichkeiten Anfang der 20er Jahre nur zu einem geringen Teil ausgenutzt waren, bahnte sich eine interessante Entwicklung für lufttrocknende bzw. einbrennbare Lacke an, als 1927 R. H. KIENLE[12] Phthalsäurealkyde mit ungesättigten Fettsäuren herstellte. Er hat mit seinen Arbeiten in den Jahren 1927 bis 1936 einen entscheidenden Beitrag hierzu geleistet. Seine Harze waren in Wirklichkeit Firnisse, die gegenüber Ölsäurefirnissen relativ schnell zu harten Überzügen trockneten. Diese Filme waren den Überzügen aus den natürlichen gelösten Harzen überlegen. Damit eroberten sich die Alkydharze im Bereich der schützenden Lackfilme eine starke Marktposition. Schon 1944 wurden mehr als 75 % aller damaligen Alkydharze für Schutzanstriche verwendet. Ein anderer Hauptgrund für diesen Erfolg liegt in den Variationsmöglichkeiten der Eigenschaften. Man erzielt diese durch Modifikation der Harzzusammensetzung mit anderen Chemikalien. Diese grundsätzliche Variabilität wird auch ein wichtiger Faktor für die künftige Entwicklung der Alkydharze bleiben.

Etwa gleichzeitig mit Kienle begann W. H. CAROTHERS[13] 1926 bis 1936 mit den ersten systematischen Arbeiten über Polyester aus Adipinsäure und Polyalkoholen mit gut definierten Strukturen. Er untersuchte die Abhängigkeit der Eigenschaften von den Ausgangskomponenten[14]. Die dabei erhaltenen linearen aliphatischen Polyester haben wegen des niedrigen Schmelzpunktes, des stark hydrophilen Charakters sowie der Löslichkeit in vielen organischen Lösungsmitteln keine technische Bedeutung erlangt. Erst T. F. BRADLEY[15] wies 1937 nach, daß die Hauptforderung nach „Trocknung" nicht durch eine einfache Oxidation erreicht werden kann. Dazu muß eine reaktionsfähige Gruppe in der Moleküleinheit angelegt sein, die sich zusammen mit anderen zu größeren Molgewichtseinheiten verbinden kann. Der Einbau versteifender Gruppen, vor allem aromatischer Ester in die lineare Polyesterkette, sowie C. ELLIS'[16] Schlüsselentdeckung der Zugabe von flüssigen monomeren Verbindungen mit einer Vinylgruppe führte durch Vernetzung zu dreidimensionalen Makromolekülen. Die Produktion dieser Stoffklasse wurde technisch sehr interessant. Diese neuartigen ungesättigten Polyesterharze trockneten wesentlich schneller, und es entstand ein druckfestes, hartes und transparentes Material. Mit diesem letzten Entwicklungsschritt trennte sich das Gebiet der UP-Harze von dem der Alkydharze. Für die UP-Harze erschloß sich in der Folgezeit eine große Skala völlig eigener technischer Anwendungsmöglichkeiten. Ihre wirtschaftliche Bedeutung wurde in den USA bereits zu Beginn des 2. Weltkrieges erkannt und genutzt. Für detaillierte Angaben hinsichtlich Literatur, Patenten und Anwendung von Polyester sei der Leser auf BJORKSTEN[17] und P. H. SELDEN[18] verwiesen.

Bei den Polyesterharzen verlagerte sich der technische Fortschritt – von der unvermindert anhaltenden Erschließung neuer Anwendungsbereiche für UP-Harze abgesehen – langsam von der Chemie zur Verfahrenstechnik. Mit der zunehmenden wirtschaftlichen Bedeutung und den gleichfalls ständig ansteigenden Qualitätsanforderungen an die einzelnen Harztypen richtete sich das Augenmerk unvermeidlich auf moderne Herstellungsprozesse. Auch auf diesem Gebiet löst nun die Mengenkonjunktur und der Zwang zum kostengünstigen Produzieren den Übergang von der diskontinuierlichen zur kontinuierlichen Arbeitsweise aus. Vor allem gilt dies für die UP-Harze. Mit einer jährlichen Wachstumsrate von 15–20% über einen Zeitraum von 15 Jahren schicken sich die UP-Harze gerade an, die Alkydharze im Mengenvolumen zu überrunden.

Immer deutlicher wird damit sichtbar, daß für viele Anwendungen die UP-Harze gegenüber den Alkydharzen bevorzugt werden. Während ein Alkydharz seinen Lackfilm unter Verdunstung des Lösungsmittels ausbildet, trägt beim UP-Harz das Lösungsmittel zum

Aufbau des Lackfilms selbst bei. Solch offensichtlicher Vorteil hat natürlich den UP-Harzen auch einen Marktanteil im Lackgebiet gesichert. Ausschlaggebend für das steile Wachstum der UP-Harze waren indes die vielfachen Dienste, die sie als junger Kunststoff, besonders als glasfaserverstärkte Duromere, zu leisten imstande sind.

In der BASF wurde erstmals 1951 die Produktion von UP-Harzen unter dem Warenzeichen ®Palatal aufgenommen. Für die Haupttypen des Sortiments ist PSA eine der Säurekomponenten. Die Nachfrage nach diesen Produkten nahm in den letzten Jahren derart zu, daß für deren Produktion ein eigenes kontinuierliches Polyesterharzverfahren entwickelt und 1970 erstmals in die Betriebstechnik eingeführt wurde. Am Beispiel dieser UP-Harze und im Vergleich zu den Alkydharzen wird deshalb später die gegenwärtige Situation der Produktionsmethoden behandelt.

3.2 Wirtschaftlich-technische Bedeutung

3.2.1 Allgemeine Überlegungen

Da in dem vorliegenden Zusammenhang hauptsächlich die Polyesterharze interessieren, die von der Rohstoffkomponente PSA ausgehen, sind die folgenden Betrachtungen auf diese unmittelbaren technischen Derivate, also die Alkydharze und UP-Harze, beschränkt. Auch dann noch bietet sich hier kein in den Einzelheiten so klares Bild wie bei dem Rohstoff PSA oder dem großen Anwendungsbereich der Weichmacher. Dabei ist dieser Sektor sowohl vom Bedarf des Marktes als auch von seinen außerordentlich breit gestreuten technischen Anwendungsmöglichkeiten und der jährlichen Wachstumsrate her recht beachtlich.

Bei den Alkydharzen liegt dies z. T. an der Produktionsbranche selbst. Diese Harzklasse zeigt seit fast 50 Jahren eine stetige Aufwärtsentwicklung in sämtlichen industrialisierten Ländern der Welt. Etwa 60% aller von der Anstrichmittelindustrie verbrauchten Kunstharze sind Alkydharze. Von diesen wieder gehört der weitaus größte Teil zur Klasse der fettsäuremodifizierten Phthalatharze. Die Anwendbarkeit dieser Produkte ist universell. Aus diesem Grunde ist auch die Anzahl der Handelsprodukte sehr groß. Allein auf dem deutschen Markt befinden sich heute etwa 500 verschiedene Typen. Die Alkydharzproduzenten erzeugen manche Rohstoffe selbst oder beziehen als kleinere bzw. mittlere Lackfabriken die Rohstoffe, mit denen sie mehr oder weniger modifizierte Malerlacke herstellen. Die große Konkurrenz unter den Produzenten macht es schwierig, zu einigermaßen zuverlässigen Produktionszahlen zu kommen. In manchen Ländern werden sie nicht veröffentlicht. Da auch Unterschiede in der Definition der Alkydharze bestehen, erscheint häufig in den bekanntgegebenen Statistiken nur ein summarischer Ausdruck, so daß diese Zahlen nicht genügend transparent sind.

Anders ist die Situation bei den UP-Harzen. Diese Harze werden nur zum kleinen Teil als Rohstoffe zur Herstellung von Lacken benutzt. Ihr Hauptanwendungsgebiet ist das der Kunststoffe. Hier stehen die UP-Harze immer noch erst am Anfang ihrer Möglichkeiten. Zwei Jahrzehnte genügten indes, ihre große technische Bedeutung erkennen zu lassen. Als Reaktionsharze lassen sie im Unterschied zu anderen Filmbildnern, wie Alkydharzen, Harnstoff- und Phenolformaldehydharzen, dem Verarbeiter einen größeren Spielraum.

Durch diese Entwicklung zum Kunststoff ist der Markt der UP-Harze auch übersichtlicher. Gegenwärtig gehen von der gesamten UP-Harz-Produktion rund 83% in den Kunststoffsektor, und nur 17% finden im Lackbereich Anwendung.

Mit einer Gesamtproduktion 1970 von rund 800 000 t in der westlichen Welt haben die UP-Harze auch als Kunststoffe die 500 000-t-Grenze bereits überschritten und steuern die

1-Million-t/Jahr-Marke an. Diese Entwicklung der UP-Harze setzte zunächst in den USA ein. Heute konzentriert sich die UP-Harz-Produktion auf die sechs größten Industrieländer der Chemie. In der Reihenfolge USA, Japan, BRD, Italien, Frankreich und Großbritannien stellen sie zusammen rund 88% der Gesamtproduktion her. Allein auf die USA entfallen 44% der Gesamtproduktion. Der Verbrauch konzentriert sich mit 84% des Gesamtverbrauchs auf dieselben Länder, wobei der Anteil der USA mit 48% sogar absolut und relativ noch höher liegt.

Auch ein Blick auf die Preissituation weist in Richtung einer zu erwartenden Mengenkonjunktur dieses Kunststoffes. Die Rohstoffe, wie PSA, MSA, Propylenglykol, Styrol, sind große organische Grundchemikalien mit konkurrierenden Marktpreisen. Für UP-Standardharze ergaben sich die folgenden durchschnittlichen Verkaufspreise:

	BRD	USA
1965	1,55 – 1,65 DM/kg	0,17 – 0,21 US $/lbs
1969/70	1,45 – 1,55 DM/kg	0,16 – 0,19 US $/lbs

Preis und Verarbeitungstechniken bestimmen jetzt zwar das Tempo der Entwicklung, doch das gesamte Wachstum dieses Gebietes, sei es durch Verbreiterung in den Ländern, sei es durch Vertiefung der technischen Möglichkeiten, ist dagegen noch nicht abschätzbar.

3.2.2 Markt- und Kapazitätsüberblick

Für den Marktüberblick können hier als verläßliche Zahlen nur die aus dem UP-Harz-Sektor vorgelegt werden.

In der Tab. 10 ist die UP-Harz-Produktion für die Zeit von 1965 bis 1970, gegliedert nach den großen Wirtschaftsräumen, zusammengefaßt.

Tab. 10. Entwicklung der UP-Harz-Produktion – Stand 1970 in 1000 t

	1965	1966	1967	1968	1969	1970
EWG	103,6	120,8	138,6	155,7	200,0	220,0
EFTA	35,8	39,5	42,6	54,9	65,0	72,0
USA	176,0	212,5	233,0	261,4	300,0	295,0
Japan	37,5	46,0	58,0	75,9	95,0	110,0
übrige westl. Welt	25,7	34,4	42,2	48,0	60,0	80,0
Westliche Welt	378,6	453,2	514,4	595,9	720,0	777,0
Index	100	119,6	135,9	157,7	190,0	206,0
Zuwachs in %/Jahr	–	+19,6	+13,2	+16	+12	+10,8

Legt man für das Jahr 1965 den Index 100 zugrunde, so ergibt sich bis 1970 eine Steigerung der Produktion um 211%. Die durchschnittliche jährliche Rate beträgt hierbei rund 16%.

Eine langfristige Prognose über die künftige Zuwachsrate ist hier ohne Zweifel schwieriger als bei PSA und Weichmacher. Zudem muß sie von vornherein mit einem größeren Fehler behaftet sein, und dieser Fehler liegt in der Chance des Kunststoffes, sich noch nicht bekannte Anwendungsbereiche zu erschließen. Man weiß eben nicht, wann solche Möglichkeiten gefunden werden, wie schnell sie sich auf dem Markt durchsetzen können und welche Produktmengen sie verbrauchen werden. Internationale Schätzungen – vor allem in den USA – legen Zuwachsraten von 10–15% für die nächsten Jahre zugrunde. Da jedoch der USA-Markt in der Anwendungstechnik am weitesten fortgeschritten ist und demgegenüber für die anderen fünf Hersteller- und Verbraucherländer noch ein Nachholbedarf besteht, ist auf den anderen Märkten für die nächsten Jahre eher mit überdurchschnittlichen Steigerungen zu rechnen. Örtliche Sonderentwicklungen, wie in der BRD z. B. der Bau von Heizölbehältern, unterstützen nur diesen Trend. Die Annahme einer durchschnittlichen Steigerung von etwa 15% dürfte deshalb unter Beachtung der vielen Imponderabilien kaum zu optimistisch sein. Völlig unberücksichtigt bleiben dabei die Marktmöglichkeiten in den Ostblockstaaten.

Eine Schätzung der Verteilung der UP-Harz-Kapazität der 10 größten Hersteller der Welt gibt ergänzend Tab. 11. Hiernach können 401000 t/Jahr = ca. 50% der gesamten Kapazität allein von 10 Herstellern erzeugt werden. Den größten Anteil hiervon nimmt Reichhold/USA mit 9,5% ein. Als nächste folgen mit nahezu gleicher Größe die BASF-Gruppe mit 7,5% und W. R. Grace & Co. mit 6,9%. Die starke Position der USA zeigt die Häufung von Großproduzenten in diesem Lande. Auch die BASF-Gruppe ist, besonders durch den Übergang zum kontinuierlichen Polyesterharzverfahren, zur Spitze mit aufgestiegen.

Tab. 11. Die Kapazitäten der 10 größten UP-Harz-Hersteller der Welt Stand 1970 in 1000 t*

Hersteller	Kapazitäten
1. Reichhold Chemicals, Inc./USA	76,0
2. BASF-Gruppe	60,0
3. W. R. Grace & Co., Marco Chem. Division/USA	55,0
4. Japan Catalytic Chem. Ind. Co., Ltd./Japan	40,0
5. Farbenfabriken Bayer/BRD	34,5
6. FMC-Corp./The Glidden/USA	34,0
7. Pittsburgh, Plate Glass Co./USA	32,0
8. Riken Synthetic Resins Co., Ltd./Japan	24,0
9. Scott-Bader & Co., Ltd./UK	23,0
10. Interchemical Corp. Finishes Division/USA	23,0

* geschätzt vom Autor nach Pressemitteilungen.

3.2.3 Anwendungsgebiete der Alkydharze

Die Umstellung der industriellen Fertigung auf die Produktion von Massengütern hatte zur Folge, daß die langsam trocknenden Öllacke keineswegs mehr als Lackierungsmittel ausreichten. Für Küchengeräte, Autokarosserien, Kleineisenteile usw. bedarf es heute eines schützenden Lacküberzugs mit stabilem und glänzendem Lack. Auch im Wohnungsbau mußte man sich der schnelleren Bauweise durch Entwicklung von rasch trocknenden Harzen anpassen. Allgemein unterscheidet man bei diesen Harzen drei verschiedene Gruppen: die PSA-Alkyde, die Maleinalkyde, auch als „harte" Alkyde bekannt, und eine gemischte Klasse, in der die restlichen Alkydharze zusammengefaßt sind. Mengenmäßig ist diese letzte Gruppe im Vergleich zu den ersten beiden gering. Für die Periode von 1950 bis 1960 betrug z. B. in den USA das Verhältnis von PSA-Alkyden zu den „Nicht-PSA"-Alkyden 80 : 20.

Der jeweilige Anwendungsbereich der Alkydharztypen hängt von den gewünschten und gegebenen Eigenschaften ab. Die Eigenschaften der Alkydharze werden aber außer von den Ausgangsstoffen und der Art der Umsetzung überwiegend von dem Mischungsverhältnis Harz/Öl beeinflußt. Dieses Verhältnis bestimmt so wichtige Eigenschaften, wie Trocknungsgeschwindigkeit, Löslichkeit und Beständigkeit. Je nach Fettsäuregehalt gliedert man diese Alkyde in 4 Gruppen (Tab. 12):

Tab. 12.

Öltyp	% Fettsäure	% PSA
kurz	35–45	35
mittel	46–55	30–35
lang	56–70	20–30
sehr lang	>75	<20

Je mehr Fettsäure ein Alkydharz enthält, desto billiger ist es. Die Preise schwanken heute zwischen 1,– DM und 1,80 DM/kg. Allgemein werden die Alkydharze als Schutz- und Dekorationslacke gebraucht. Sie sind in klarer und pigmentierter Form im Handel.

Die Kurzölalkyde oder mageren Harze werden für die Herstellung ofentrocknender Lacke benutzt und geben Lackierungen mit einem Optimum an Filmhärte, Glanz, Hitzebeständigkeit und Elastizität. Für die Lufttrocknung sind sie nicht geeignet.

Die Mittelölalkyde oder mittelfetten Harze werden für luft- und ofentrocknende Lacke eingesetzt. Besonders für Blechwaren-Lackierungen finden sie wegen guter Wetter- und Wasserbeständigkeit sowie guter Trockenkraft Anwendung.

Für Holzlacke eignen sich besser die Langölalkyde oder fetten Harze, da sie Filme mit größerer Dehnbarkeit liefern. Bei einem Ölgehalt von größer als 75% gleichen die Produkte mehr modifizierten Ölen als Harzen und Lacken.

Die Mittel- und Langölalkyde des lufttrocknenden Typs werden vorwiegend für widerstandsfähige Überzüge verwendet, während die mageren Typen für Einbrennlacke brauchbar sind. Verschiedene spezielle Typen von fetten Alkyden werden für Bauanstriche, Holzanstriche, als Verstärkungsmittel für gewöhnliche Farbtypen, Metallanstriche, für Aluminiumfarben und Metallpigmente verwendet.

Sowohl lufttrocknende als auch hitzehärtbare Produkte finden bei Schutzanstrichen von Maschinen, Pumpen und Motoren Anwendung. Mittelölalkyde sind für den Einsatz bei sämtlichen Sparten der Fahrzeug-, Schiffs-, Behälter- und Nahrungsmittelindustrie geeignet.

Für spezielle Verwendung von Alkydharzen auf dem Lacksektor wird eine Vielzahl von styrolisierten[19], acrylisierten[20] und thixotropen[21] Alkydharz-Einstellungen benutzt. Das stürmische Wachstumstempo der früheren Jahre hat sich inzwischen merklich verlangsamt. Einmal haben die Produkte schon einen sehr hohen technischen Entwicklungsstand erreicht, und es ist deshalb das weitere Wachstum wesentlich davon abhängig, ob Fortschritte in der Alkydformulierung gelingen und damit ein Eindringen in neue Anwendungsgebiete möglich ist. Zum anderen werden die Alkydharze auch von den Kosten spürbar beeinflußt. Rohstoffe und Fertigung gestalten den Preis, wobei hier die Fertigung zum Endpreis nur bescheiden beiträgt und eine weitere Senkung dieser Kosten nur beim Übergang zur kontinuierlichen Herstellung merkbar sein dürfte.

Das Abfallen der Alkydwachstumsrate scheint indes durchaus verständlich, wenn man das langsame Wachstum des Verbrauchs von Schutzlacken berücksichtigt. Alles in allem ist einer der wichtigsten Gründe dafür, daß Alkydharze ihren Marktanteil auch weiterhin halten können, ihre Wirtschaftlichkeit.

3.2.4 Anwendungsgebiete der UP-Harze

Obwohl die UP-Harze ebenfalls über ein breitgefächertes Sortiment verfügen, ist bei diesen Produkten die Gliederung nicht so differenziert wie bei den Alkydharzen. Man unterscheidet hier zunächst die Anwendungsbereiche Lackindustrie und Kunststoffindustrie.

Als Lacke haben sich die UP-Harze auf dem Holzsektor, besonders in der Möbelindustrie, sowie für alkalifeste Überzüge auf Beton und Asbestzement eingeführt. Außerdem werden sie für Spritzspachtel bei Holz und in der Metallverarbeitung verwendet. Im dominierenden Kunststoffsektor bevorzugt man eine Aufteilung nach Verarbeitungsmethoden.

Entsprechend den vielfältigen Anwendungsgebieten wurden mehrere Verarbeitungsverfahren entwickelt. Die Technik, welche angewendet wird, richtet sich nach der Stückzahl, der Größe, Form und der geforderten Festigkeit der Teile. Allgemein kennt man folgende zwei größere Verarbeitungsgruppen und deren Verwendungsgebiete (Tab. 13):

Tab. 13.

a) *unverstärkt*	
1. Gießen	für Einbettungen, Modelle, Werkzeuge, Reproduktionen
2. Tränken	für Isolation von Wicklungen, Spulen, Trafos, Gleichrichtern
3. Spachteln	für Spachtelmassen, Karosseriereparatur-Material, Fußböden
4. Schleudern	für Knopfplatten, Knöpfe, Polybetonrohre
5. Spritzen	für Oberflächenüberzüge
6. Streichen	für Formteilherstellung
b) *mit Glasfasern verstärkt*	
1. Handauflegeverfahren	für Bootsbau, Modelle, Prototypen für geringe Stückzahlen
2. Heißpreßverfahren	für rationelle Serienfertigung von Formteilen aller Art
3. Kaltpreßverfahren	für kleine Serien von Formteilen aller Art
4. Vakuum- und Niederdruckverfahren	für kleine Serien von Formteilen aller Art
5. Faserspritzverfahren	für Auskleidungs- und Beschichtungsarbeiten aller Art
6. Wickelverfahren	für Rohre, Behälter, Hohlkörper
7. Schleuderverfahren	für Rohre, Masten, zylindrische Hohlkörper
8. Preßmassen	Formteile aller Art in großer Stückzahl
9. Vorimprägnierung	für Serienfertigung von Formteilen aller Art
10. Profilziehen	für Stäbe, Profile mit längsorientierten Glasseidesträngen, wie z. B. Angelruten

An Hand einer Aufstellung der häufigsten Anwendungsgebiete läßt sich erkennen, in welchem Ausmaß dieser noch junge Kunststoff mittlerweile als Werkstoff in unsere Umwelt Eingang gefunden hat (Tab. 14):

Tab. 14.

Fahrzeugbau:	Fahrzeugaufbauten, Einzelteile für Schienenfahrzeuge, wie Dach-, Wand-, Bodenplatten, für Türen, Motor- und Kofferraumhauben, Sitzschalen, Instrumententafel sowie Kotflügel für Lkw, Omnibusse, Sportwagen.

Maschinenbau: Fahrerkabinen für Kräne, Maschinenabdeckungen und Maschinengehäuse, Großtransportbehälter, Paletten, Heizlüfter, Warmluftkanäle, Kühlturmlüfter, Wellplatten und Profile, Rückkühlergehäuse.

Apparatebau: Lager- und Transportbehälter, Stützummantelungen von thermoplastischen Teilen, Kamine, Rohre, Auskleidungen von Behältern.

Bauwesen: Schalungselemente, Wellplatten, Fensterrahmen, Sandwich-Platten, Betonbeschichtung, Segmente für Garagen und Unterstellhallen, Schwimmbecken, Türen, Lichtkuppeln, Flachdächer, Gullys, Rohre, Profile, Gießharzbeton, Balkonbrüstungen, Oberlichter, Behälter.

Schiffsbau: Boote verschiedenster Typen (z. B. Rettungsboote, Sportboote), Patroullierfahrzeuge, Aufbauten kleinerer Schiffe, Entlüftungshauben, Verkleidungen von Antennenanlagen und Kühlräumen, Lukendeckel, Gehäuse für elektrische Anlagen, Seilschutzvorrichtungen, Schwimmbecken, Bojen, Waschraumausstattungen, Kommandotürme und Bugteile von Atom-U-Booten zur Verhinderung elektrolytischer Korrosion.

Elektrotechnik: Vergußmassen für Vorschaltgeräte, Drosselspulen, Trafos, Kabelmuffen mit und ohne Füllstoffe, Isolatoren, Sammelschienen und Schaltisolierung, Verteilerschränke und Isolation in Hochspannungsschaltanlagen, Abdeckungen und Gehäuse mit erhöhten mechanischen Eigenschaften.

Weitere Einsatzgebiete für UP-Harze findet man in der Heizungs-, Klima- und Lüftungstechnik, in der Landwirtschaft, im Gewächshausbau und der Gärfuttersilo-Herstellung.

Die UP-Harze haben also infolge ihrer erstaunlichen Skala an technischen Kombinationsmöglichkeiten bereits eine beachtliche Bedeutung erlangt. Welches Gewicht hierbei u. a. auf den Rohstoff PSA fällt, zeigt, daß von mehr als 60 BASF-Handelsprodukten des ®Palatal- und ®Ludopal-Sortiments 90% PSA als Rohstoffkomponente haben.

3.3 Allgemeine Eigenschaften der Polyesterharze

Alkydharze und UP-Harze sind chemisch verwandte Produkte. Jede Gruppe erlangte jedoch eine eigene wirtschaftliche Bedeutung, weil sie sich in ihren Eigenschaften deutlich von der anderen abhebt. Ihre wesentlichen Merkmale sind jeweils im folgenden in allgemeiner Form für einen Überblick zusammengefaßt. Auf Eigenschaften für besondere Fälle der Anwendung wurde verzichtet.

Schließlich darf in diesem Zusammenhang nicht vergessen werden, daß die möglichen Variationen bei der Formulierung der Harze beachtlich sind. Die Produktionsbedingungen und die Prozeßkontrollmethoden weichen vielfach voneinander ab. Auch die Testmethoden sind von einer standardisierten Norm weit entfernt. Die Kenndaten der verschiedenen Handelsprodukte sind deshalb meist wenig vergleichbar. Eine Beschränkung auf die typischen Merkmale ist somit von selbst gegeben.

3.3.1 Alkydharze

Im folgenden sollen lediglich die PSA-Alkyde betrachtet werden. Sie kommen überwiegend nur modifiziert zur Anwendung und sind klassifiziert in:

1. trocknende oder oxidative Typen
2. halbtrocknende Typen
3. nichttrocknende Typen
4. naturharz- oder estermodifizierte Typen
5. maleinsäuremodifizierte Typen

6. phenolmodifizierte oder phenolisierte Typen
7. harnstoffharz- oder aminoharzmodifizierte Typen

Sämtliche Harze dieser Klassen sind Abwandlungen des Glycerinphthalats. Durch Zusatz verschiedener Alkohole werden bestimmte Eigenschaften, wie Schmelzpunkt, Löslichkeit, Filmbildungsvermögen, Quellbarkeit, Haftfähigkeit, Glätte, Elastizität, Benetzungsfähigkeit und Wasserbeständigkeit, beeinflußt. Zu dem bedeutendsten Vertreter der Alkohole hat sich neben Glycerin in den letzten 15 Jahren der Pentaerythrit entwickelt. Mit steigender OH-Gruppenzahl des Alkohols verbessern sich die Eigenschaften der Ester beachtlich. Ölester von Pentaerythrit trocknen und polymerisieren schneller als entsprechende Glycerinester. Praktisch alle fetten Öle und Fettsäuren werden als Rohstoffe für die Harze der Lackindustrie benutzt.

Von den Polycarbonsäuren ist das Maleinsäureanhydrid die wichtigste Modifizierungskomponente. Man erzielt damit härtere Harze mit besseren Trocknungseigenschaften, jedoch liegt die eingesetzte Menge erheblich unter der PSA-Menge.

Von den natürlichen und synthetischen Harzen sind Rosin und Copal die am häufigsten verwendeten Zusätze. Mit Phenolharzzugaben wird bei einigen industriellen Anstrichmitteln eine bessere Dauerhaftfestigkeit und Wasserbeständigkeit erreicht. Harnstoff- und Melaminharz-Zusätze bewirken günstigere Schnellhärtungseigenschaften bei wenig gefärbten Produkten, wie z. B. bei der Kühlschranklackierung.

Je nach Verarbeitungsrichtung der Schutz- und Dekorlacke muß man bei der Auswahl der Alkydharz-Modifikation unterscheiden zwischen:

trocknenden Harzen,	wenn die Trocknung an der Luft erreicht werden soll;
halbtrocknenden Harzen,	wenn die Trocknung langsam vollzogen oder durch Zusatz anderer Komponenten erreicht werden soll (Nitrocellulose, Wärme);
nichttrocknenden Harzen,	bei denen die Trocknung nur bei hohen Temperaturen stattfindet.

Die Aufgabe der nichttrocknenden Fettsäure ist die Plastifizierung des Alkydharzes.

Wenn magere Alkyde gehärtet werden, sind sie beständiger und besitzen bessere Eigenschaften als ihre fetten Abkömmlinge. Bei einem Ölgehalt von 25% werden sie unlöslich in Lösungsmitteln und nähern sich rasch den unerwünschten Eigenschaften des reinen Phthalatharzes.

Am Beispiel der Leinöl-Alkydharze sind die allgemeinen Molverhältnisse der Ausgangsstoffe mit unterschiedlichem Ölgehalt einmal erläutert (Tab. 15):

Tab. 15.

	Molverhältnis von				
	Leinöl	:	Glycerin	:	Phthalsäure
Höherer Ölgehalt	1	:	2	:	2,5
Mittlerer Ölgehalt	1	:	3	:	3,4
Niederer Ölgehalt	1	:	6	:	7

Man sieht, Alkydharze werden mit einem Überschuß an OH-Gruppen gegenüber COOH-Gruppen hergestellt. Dabei ist der Überschuß um so geringer, je höher der Ölanteil ist.

Je weniger ein Alkydharz trocknet, desto geringer ist die Vergilbungsgefahr. Gegenwärtig steht die Verwendung von Leinöl für sämtliche Alkydharz-Variationen noch an erster Stelle. Die allgemein guten Eigenschaften dieses Öls werden durch den Einbau in den Alkydharz-Verband noch weiter verbessert. Sojaöl hat in den letzten 15 Jahren vor allem aus wirtschaftlichen Gründen steigende Bedeutung erlangt. Die mageren Harze auf dieser Basis vergilben bei der Ofentrocknung weniger als die entsprechender Leinölharze. Der Nachteil der Sojaharze ist die etwas geringere Oberflächenhärte und schlechtere Glanzhaltung. Sonnenblumen- und Safloröl sind in den Eigenschaften ähnlich den Sojaölen.

Die Rizinusöl-Alkyde liegen nach dem heutigen Stand der Entwicklung in der Gesamtheit ihrer Eigenschaften an der Spitze. Rizinusöl in Kombination mit Phthalatharz ergibt optimale Eigenschaften bei den luft- und ofentrocknenden Lacken, wie Wetter- und Glanzbeständigkeit, Verträglichkeit mit Harnstoff-, Melamin- und Phenolharzen, Chemikalien- und Farbbeständigkeit sowie gute Verträglichkeit mit Nitrocellulose.

3.3.2 UP-Harze

Die Materialklasse der ausgehärteten UP-Harze gehört zur Gruppe der duroplastischen Kunststoffe mit amorph vernetztem Gefüge. UP-Harze besitzen eine ausgezeichnete Widerstandsfähigkeit gegen Wasser, nicht oxidierende Mineralsäuren, ihre Salze und Salzlösungen, ferner gegen organische Produkte bis zu einer mittleren Temperatur von ca. 50 °C. Bei Normaltemperatur ist ihre Widerstandsfähigkeit gegen anorganische Chlorverbindungen, organische Säuren und Lösungsmittel sehr gut. Geringer ist die Widerstandsfähigkeit gegen Alkalien und oxidierende Säuren sowie starke, chlorhaltige Lösungsmittel. Es können auch UP-Harze hergestellt werden, die sehr gute elektrische Eigenschaften und – wie die meisten Kunststoffe – eine hervorragende Isolierfähigkeit besitzen.

UP-Harze können zu klaren und farblosen Formkörpern ausgehärtet werden. Ihren Brechungsindex kann man dem des Glases nähern. Bei Verwendung von üblichen UV-Absorbern erhält man eine gute Witterungsstabilität. Die so behandelten Produkte neigen nicht zur Vergilbung, wenn sie länger der Witterung ausgesetzt sind.

Ohne Zusatzstoffe sind sie ausgehärtet hart und spröde, sofern von elastischen Sondermarken abgesehen wird. Im gesamten Eigenschaftsbild kommen sie dem Standard-Polystyrol nahe. Als Konstruktionswerkstoff sind ausgehärtete UP-Harze ohne Füll- und Verstärkungsstoffe uninteressant. Meist werden sie mit Glasfasern in Form von Matten, Geweben oder Rovings (GFK-UP) verarbeitet. Durch Glasfasern verstärkt, besitzen sie als Kunststoff eine Reißfestigkeit, die mit der von Aluminium rivalisiert, und ihre Festigkeit ist so hoch wie die von Gußstahl. Die Aufgabe des Harzes ist in erster Linie darin zu sehen, daß es die Lage der schmiegsamen Fasern fixiert. Das Harz bestimmt die Chemikalien- und Korrosionsbeständigkeit, die mechanischen Eigenschaften in Abhängigkeit von der Temperatur und die dynamischen Eigenschaften. Das Mengenverhältnis der Fasern zum Harz bestimmen die mechanischen und thermischen Eigenschaften; je mehr Glasfasern das Laminat enthält, um so höher sind die flächenbezogenen mechanischen Kennwerte. Neben den Glasfasern können den Harzen noch pulverförmige Füllstoffe, z. B. Quarzmehl, Schiefermehl, Kaolin u. a., zugegeben werden. Die Füllstoffe erhöhen in den meisten Fällen die Wärmeleitfähigkeit, die Rohdichte, die Härte und den Elastizitätsmodul und verringern die Volumenkontraktion. Die so behandelten UP-Harze haben etwa dieselben Eigenschaften wie entsprechende Produkte auf Epoxy- oder Phenolharzbasis.

Die ungesättigten Polyester zeichnen sich durch einige besondere Kennzeichen aus: Sie haben die Fähigkeit, mit Thermoplaste bildenden Monomeren zu polymerisieren, wobei verschiedene Polymerisationstechniken gewählt werden können. Selbst beim völligen Durchpolymerisieren entsteht kein flüchtiges Nebenprodukt. Die ungehärteten UP-Harze sind leicht in flüssiger oder gemischter Form zu handhaben. Natürlich können die Harzeinstellungen den verschiedenen Verarbeitungs- und Endprodukterfordernissen geschmeidig angepaßt werden. Das erlaubt dem Verwender eine einfache und billige technische Ausstattung.

Bei den UP-Harzen, die in die Lackindustrie gehen, haben sich für dieses Spezialgebiet zwei Gruppen herausgeschält. Man kennt

a) die mit hautbildenden Stoffen, meist Paraffin, zu verarbeitenden Polyesterharze und

b) die paraffinfrei trocknenden Polyester, die auch als Glanzpolyester bezeichnet werden.

In der ersten Gruppe ist der Zusatz Paraffin notwendig, da bei den dünnen Lackfilmen die Inhibitorwirkung des Luftsauerstoffes die radikalische Polymerisation verhindern würde. Der Paraffin- bzw. Wachszusatz[22], der nach dem Auftragen an der Oberfläche ausschwimmt, bewirkt einen Luftabschluß. Die Lackfilme härten vollkommen aus. Die zweite Gruppe enthält einen Zusatz (meist einkondensiert oder polymerisationsfähig), der den Luftsauerstoff zu binden imstande ist und auf diese Weise dessen schädliche Wirkung aufhebt. Man kennt auch UP-Harze, die physikalisch trocknen. Diese enthalten einen „harten" Polyester, der nach dem Verdunsten von Styrol aus der Außenschicht eine klebfreie Oberfläche ausbildet. Allerdings sind solche Filme sehr lösungsmittelanfällig. Mechanisch bessere Eigenschaften werden durch Einbau von oxidativ trocknenden Gruppen, z. B. Alkyläther-Gruppen, in den Polyester erhalten. Teilweise polymerisieren diese mit ein, teilweise reagieren sie auch mit dem Luftsauerstoff, und so entsteht eine harte Oberfläche.

Einige UP-Harze sind bei Raumtemperatur fest und können als Pulver oder in Granulatform verkauft werden. Die meisten Handelsprodukte werden flüssig geliefert. Mit den nötigen Füllstoffen versetzt, bilden sie dann nichtklebrige, freifließende Mischungen, die in dieser Form verarbeitet werden.

3.4 Grundlagen der Polyesterharz-Verfahren

Wegen der sehr großen Anzahl von Handelsprodukten bei Alkyd- und UP-Harzen werden in einem Blockschema (Abb. 17) die Arbeitsstufen vereinfacht zusammengefaßt:

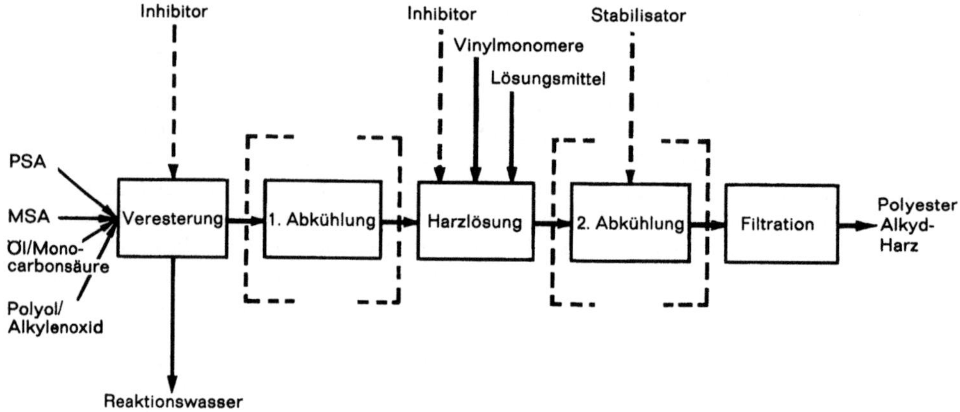

Abb. 17.

Bei den Alkydharzen handelt es sich um einen klassischen Chargenprozeß, bei dem alle Reaktionsstufen in einem Kessel ausgeführt werden können. Das Harz braucht nur noch mit dem Lösungsmittel abgemischt und filtriert zu werden. Auf diese Weise werden Alkydharze noch heute überall diskontinuierlich hergestellt. Wegen des geringen dafür notwendigen apparativen Aufwandes war kaum ein Anreiz gegeben, eine kontinuierliche Arbeitsweise in die industrielle Praxis einzuführen.

Für die UP-Harze gilt im Prinzip dasselbe. Allerdings ist für die Synthese des Polymeren über Anhydridpolyol inzwischen von der BASF auch ein kontinuierlicher Prozeß in die Betriebstechnik übersetzt worden. Man kann UP-Harze mithin nach beiden Methoden herstellen. Die gestrichelten Linien und eckigen Klammern geben die nötigen Änderungen wieder.

3.4.1 Chemische Reaktionen bei Alkydharzen

Bei der Herstellung von Alkydharzen läuft eine Reihe verschiedenster chemischer Reaktionen nebeneinander ab. Die wichtigste von ihnen ist die der Veresterung zwischen den Alkydrohstoffen oder ihren modifizierenden Komponenten, wobei auch Umesterung und Ätherbildung auftritt. Zwischen den ungesättigten C – C-Bindungen der monobasischen Fettsäuren kommt es teilweise zu Additionsreaktionen, in die man auch die Radikalreaktionen oder Diels-Alder-Reaktionen mit den modifizierenden Komponenten oder Sauerstoff einbeziehen kann. Auch Decarboxylierungen laufen ab. Polymerisationsreaktionen finden bei der Lufttrocknung des Alkyds während der Ausbildung des Films bei der Anwendung statt.

Da die Alkyde im chemischen Sinne komplexe Zusammensetzungen sind, sind Chemismus und Verhalten der verschiedenen beteiligten Reaktionen am sinnvollsten als eine Überlagerung der Grundreaktionen zu interpretieren.

3.4.1.1 Veresterung und Umesterung

Zunächst handelt es sich im Prinzip um die bekannten Veresterungsreaktionen mit ihren verschiebbaren Gleichgewichtseinstellungen. Bei ihrer Anwendung für die Herstellung von Alkydharzen sind jedoch spezifische Bedingungen zu berücksichtigen. Sowohl von den Säurekomponenten als auch von den Alkoholkomponenten her hat man es mit polyfunktionellen Rohstoffen zu tun. Wird irgendeine Reaktionskomponente mit molarem Überschuß in der Absicht eingesetzt, die Gleichgewichtslage zur Esterseite zu verschieben, ist es nachher in der Praxis schwierig, diesen Überschuß von dem Harz wieder abzutrennen. Ein solcher Überschuß wird entweder Teil der Alkydharz-Struktur oder bleibt als physikalische Mischung in diesem Harz enthalten. In jedem Fall verändert das die Eigenschaften des Harzes.

Durch die polyfunktionellen Säureanhydride bzw. Alkohole steigt zudem die statistische Wahrscheinlichkeit für die Bildung komplexer Mischungen dieser Produkte exponentiell an. Verwendet man beispielsweise eine stöchiometrische Menge Pentaerythrit, so erhält man eine Estermischung, die Mono-, Tri- und Tetraester im Gleichgewicht neben nicht umgesetztem Pentaerythrit enthalten kann. Gibt man noch eine monobasische Fettsäure hinzu, so resultiert eine Produktmischung sehr komplexer Natur. Hinzu kommt noch, daß die Ester durch Umesterung weitere Veränderungen erfahren. Da dieses zwischen zwei beliebigen Estermolekülen stattfinden kann, ist es für die Herstellung der Alkydharze von besonderer Bedeutung, denn dieser Effekt geht in die Molgewichtsverteilung des Endproduktes ein.

Wird die Veresterung bei den Alkydharzen ohne Verwendung eines eigenen Katalysators ausgeführt, läuft natürlich die Reaktion der Polyole mit den Polysäuren grundsätzlich genauso autokatalytisch ab wie bei den Weichmachern. Dies ist dort bereits ausführlich behandelt worden (s. S. 74). Die vorhandene Protonenkonzentration ist natürlich abhängig von den eingesetzten Anhydriden oder freien Dicarbonsäuren bzw. von den gleichzeitig mitvorgelegten monobasischen Säuren. Überlagert wird dieser Mechanismus in speziellen Fällen der Veresterung von den verschiedenen Reaktionen, die zwischen den Hydroxyl-, Carboxyl- und Estergruppen parallel dazu ablaufen. In Abhängigkeit von den jeweiligen Überschußkomponenten findet eine Alkoholyse und Acetolyse statt. Diese beiden Reaktionen werden sogar systematisch für die Herstellung von Alkydharzen aus Ölen benutzt. Wird beispielsweise Polyol und PSA gleichzeitig dem Öl zugegeben, bilden sich wesentliche Anteile von unlöslichen Polyolphthalaten. Diese Schwierigkeiten können vermieden werden, indem man entweder durch Alkoholyse oder Acetolyse einen Teilester aus Polyolen in einer Vorstufe herstellt. Die Acetolyse wird jedoch seltener als die Alkoholyse gebraucht.

Beim Alkydharz-Prozeß liegen die Veresterungstemperaturen entsprechend den Alkoholkomponenten zwischen 150 und 250 °C. Gewöhnlich bevorzugt man den Temperaturbereich von 210 – 250 °C. Unter diesen Bedingungen kann jedoch die Ätherbildung aus den Polyolen bereits relativ leicht ablaufen und als Nebenreaktion ein beträchtliches Ausmaß erreichen. Bei den meist üblichen Temperaturen von ca. 240 °C wurde z. B. eine Verätherung des Glycerins bis zu 8% gefunden. Lineare, polymere Ester erhält man, wenn sowohl das Säureanhydrid als auch der Alkohol nur zwei funktionelle Gruppen besitzen. Es entstehen thermoplastische, leicht hitzehärtbare Harze, die bei Raumtemperatur hart und spröde sind. Sie haben Kettenmoleküle von relativ hohem Molekulargewicht, deren Enden eine COOH-Gruppe oder OH-Gruppe tragen. Je nach der sterischen Struktur der Ausgangsstoffe erhält man dabei Harze oder kristalline faserige Produkte. Eine einzige Komponente mit mehr als zwei reaktionsfähigen Gruppen genügt jedoch, um dreidimensionale Moleküle entstehen zu lassen. Man bekommt so härtbare Harze, die fähig sind, in der Hitze unlösliche und unschmelzbare Lacke auszubilden.

Viele Lackharze enthalten eine dieser Komponenten, welche eine solche Fähigkeit zur Gelatinierung besitzen. Sie ist aber erst nach der Anwendung erwünscht. Tritt die Raumvernetzung bis zum Gelierpunkt schon vorher ein, entstehen unlösliche, nicht gießfähige Harze, die nicht verarbeitbar sind. Bei der Reaktion von PSA und Glycerin z. B. erfolgt die Gelierung sehr rasch und vor der vollständigen Veresterung. Die Veresterung muß deshalb kurz vor Erreichen dieses Punktes abgebrochen werden. Aus diesem Grunde ist die Reaktion schwierig zu handhaben.

Von R. H. Kienle[1,12] wurde versucht, die beobachtete Raumvernetzung über die Reaktionsbedingungen bei der Veresterung einzustellen. W. H. Carothers[23] beschrieb mathematische Gleichungen, die es ermöglichen sollten, den Umsetzungsgrad der Veresterung bis zum Gelierpunkt des Systems vorauszusagen, wenn die Zusätze mehr als zwei funktionelle Gruppen enthalten. Theorie und Praxis klafften jedoch weit auseinander, und so führte P. J. Flory[24] die statistische Wahrscheinlichkeit in die Voraussage der Gelierung ein. Es zeigte sich, daß der Verzweigungsindex hier mehr als in irgendeinem anderen System von bifunktionellen Molekülen der präzisen Rechnung der statistischen Verteilung folgte. M. Jonason[25] übertrug Florys Überlegungen auf die Alkyde, um den Effekt der Reaktivität von identischen funktionellen Gruppen, wie z. B. COOH-Gruppen, zu untersuchen. Er fand heraus, daß für praktische Zwecke die Differenz zwischen der Reaktivität von primären und sekundären OH-Gruppen ohne Einfluß auf den Veresterungsgrad und die Gelatinierung ist. Ein beachtlicher Unterschied in der Reaktivität besteht aber zwischen den COOH-Gruppen aliphatischer und aromatischer Polysäuren.

Inzwischen sind die Theorien ausreichend untermauert, um bei den meisten Alkydharzen einen Veresterungsgrad von 90 – 100% zu erreichen, ohne daß diese bei der Herstellung gelieren. Ein nicht veränderliches Alkydharz erhält man z. B. durch eine kontrollierte Reaktion zwischen PSA und Glycerin, indem zuerst der dreiwertige Alkohol mit einer monobasischen Säure in einen Monoester überführt wird und dieser dann mit PSA weiter verestert wird. Auf einem solchen Weg erhaltene Harze besitzen oft die gewünschten Eigenschaften. Bei dem zweiten Reaktionsschritt soll möglichst keine Umesterung ablaufen. Die Modifizierungskomponente kann auch eine ungesättigte Säure sein, wobei allerdings diese andere reaktive Gruppe während der Veresterung nicht reagieren darf. Diese Unterschiede verwertet die Praxis bei der Herstellung von trocknenden, öl- und maleinsäuremodifizierten Harzen.

3.4.1.2 Additionsreaktionen der ungesättigten, monobasischen Fettsäuren

Als Modifikationskomponente verwendet man gerne einbasische Fettsäuren mit einer konjugierten Doppelbindung. Durch sie kann man zweifach in das Reaktionsgeschehen eingreifen: einmal in die Umesterung selbst, zum anderen ist es möglich, durch Addition die ungesättigten Reaktionspartner zu vernetzen. Additionsreaktionen treten immer dann auf, wenn trocknende Öle oder trocknende Ölfettsäuren verwendet werden. Dabei wird stets nur ein Teil der Doppelbindungen für die Polymerisation ausgenutzt.

Diese Reaktionen, an denen sich sowohl einzelne Doppelbindungen als auch konjugierte Doppelbindungen beteiligen können, gehören zu der Alkydharz-Chemie und sind von dem ungesättigten Charakter der angewandten Fettsäuren abhängig. Beide können nach dem freien Radikalmechanismus und dem Diels-Alder-Mechanismus ablaufen. Die Art, wie die Reaktion fortschreitet, ist von den Reaktionskomponenten abhängig, doch bleibt sie auf den ungesättigten Charakter der jeweiligen Fettsäure bezogen.

Eine vom Säuretyp unabhängige freie Radikalreaktion ist dagegen die mit Sauerstoff. Bei der Herstellung der Alkydharze ist das im allgemeinen eine unerwünschte Nebenreaktion, denn eine durch Sauerstoff ausgelöste starke Polymerisation ist nicht notwendig. Als eine die Fettsäuren ergänzende Modifikationskomponente verwendet man auch Vinylmonomere, wie Styrol oder Methacrylsäureester und ähnliche. Wenn nichtkonjugierte Fettsäuren eingesetzt werden, reagiert Styrol nach dem Radikalmechanismus, bei konjugierten Fettsäuren hingegen setzt sich Styrol nach Diels-Alder um[26]. Die styrolisierten Alkydharze sind die wichtigste vinylmonomere Modifikation. Eine andere wichtige Reaktion nach Diels-Alder ist in diesem Zusammenhang die von konjugierten ungesättigten Fettsäuren mit Maleinsäureanhydrid. Diese thermische Reaktion umfaßt auch Reaktionen der konjugierten Fettsäuren, die sich erst durch Isomerisierung von isolierten Doppelbindungen ausbilden. Ungesättigte Reaktionskomponenten auf anderer Grundlage als monobasischer Fettsäure erlauben Modifikationen bei der Diels-Alder-Reaktion und der Radikaladdition. Die bevorzugten ungesättigten, dibasischen Säuren, wie Maleinsäure oder Fumarsäure, bieten eben die Möglichkeit, sowohl die freie Radikaladdition mit Vinylmonomeren als auch die Dienreaktion mit Rosin* einzugehen. MSA oder FS geben dem Lack eine bessere Farbe und Überzugshärte. Grundsätzlich aber gilt, daß die Alkyd-

---

* Rosin ist ein natürliches Ölharz; eine komplexe Mischung aus Harzsäuren und kleinen Mengen nichtsaurer Komponenten.

harze erst durch die chemische Verbindung mit den Fettsäuren ihre technisch wertvollen Eigenschaften erhalten.

3.4.1.3 Trocknungsvorgang

Hier handelt es sich um Reaktionen während der Entstehung des Überzuges. Bei trocknenden Alkydharzen sind es Polymerisationen, die durch Autoxidation ausgelöst werden. Diese Reaktionen finden besonders bei den trocknenden Ölen eine sehr breite Anwendung. Die Trocknung kann beschleunigt werden durch Zugabe von löslichen Salzen polyvalenter Metalle, wie Salze der Octancarbonsäure oder Naphthenate von Kobalt, Blei, Mangan[27]. Wichtig für die Trocknung ist es, eine Abdichtung der Oberfläche des Lackfilms zu vermeiden, bevor genügend Sauerstoff adsorbiert werden kann.

Der Mechanismus des Trocknungsvorganges der sauerstoffinduzierten Polymerisation von Ölen oder Alkydharzen ist noch nicht völlig geklärt. Am einleuchtendsten ist die Erklärung, wonach die geringen Anteile der Metalle die Peroxide zersetzen und dadurch freie Radikale bilden, welche die Polymerisation auslösen. Der organische Teil dieser Salze dient hingegen einer besseren Löslichkeit des Metalls im Alkyd. Will man ein Optimum an Geschwindigkeit und Einheitlichkeit beim Trocknungsvorgang erreichen, ist die Wahl des richtigen Trockners sehr wichtig. Der Öl-Alkydtyp will ebenso berücksichtigt sein wie die Pigmentation des Alkydharzes und die Bedingungen des Einbrennens, unter welchen die Trocknung erfolgen muß.

Die Konzentration des Trocknungszusatzes wird gewöhnlich in Gewichtsprozenten des Metalls angegeben, bezogen auf das feste Harz. Meist wird eine Kombination zweier Metalle gebraucht, eines für die Oberflächentrocknung und das andere für die Trocknung durch die Schicht des Überzuges hindurch. Die Konzentrationen liegen im allgemeinen im Bereich von 0,1 – 0,6% Blei zusammen mit 0,02 – 0,06% Kobalt.

3.4.1.4 Harzaufbau

Ein Alkydharz kann man auch als ein hartes Harz ansehen, das durch den Einbau von Fettsäuren in seinem Molekül einen inneren Weichmacher aufgenommen hat. In diesem Sinne sind natürlich die Alkydharze eine Verbesserung gegenüber dem Firnis oder den trocknenden Ölen, die in der Hauptsache physikalische Mischungen von gelösten Hartharzen sind.

Auf der Basis von Polyolen oder Polysäuren können Einstellungen vorgenommen werden, die durch die Wahl des Polyols oder der Polysäure nahezu jeden gewünschten Grad der Härte, Flexibilität, der Zähigkeit und der chemischen Widerstandsfähigkeit haben können. Durch Variation der Menge und Art des Fettsäuresubstituenten kann Löslichkeit, Reaktivität und Viskosität modifiziert werden. Das durchschnittliche Molekulargewicht bei Alkydharzen liegt im allgemeinen zwischen 2000 und 3000. Das Spektrum der Molgewichtsverteilung ist allerdings sehr breit[28].

3.4.2 Chemische Reaktionen bei UP-Harzen

Im allgemeinen entstehen Polyester durch Polykondensation. Die Reaktion liefert ein Polymeres, das nur aus den bifunktionellen Ausgangsstoffen, den Diolen und Dicarbonsäuren, entstanden ist. Obwohl es viele Möglichkeiten zur Bildung ungesättigter Polyester gibt, hat bisher nur die Reaktion zwischen Glykolen und den ungesättigten und gesättigten Dicarbonsäureanhydriden bzw. deren Säuren eine technische und wirtschaftliche Bedeutung erlangt.

In jüngster Zeit ist das Interesse auch auf die Möglichkeit gelenkt worden, anstelle der Glykole die Synthese mit Alkylenoxiden auszuführen. Alkylenoxide, wie Propylenoxid und Äthylenoxid, sind billig und in genügender Menge vorhanden. Bei ihrer Reaktion mit den Anhydriden bilden sie keine flüchtigen Nebenprodukte. Für diesen synthetischen Weg ist neben dem wirtschaftlichen auch ein technischer Anreiz gegeben.

Die Veresterung von Dicarbonsäuren und Diolen zwecks Ausbildung einer Polymerstruktur ist nur möglich, wenn die Struktureinheit 7 oder mehr Atome in der Kette hat. Bei einer geringeren Zahl wird die intramolekulare Reaktion bevorzugt, und es entsteht eine cyclische Verbindung anstelle der polymeren.

Ungesättigte Polyester vom Typ der linearen Polymeren mit niederem Molgewicht können zwar mit Radikalbildnern in der Hitze auch polymerisiert werden. In der Praxis werden sie indes nur für die Copolymerisation zusammen mit Vinylmonomeren gebraucht. So wird beispielsweise Styrol, erst Lösungsmittel, dann Reaktionspartner, in das feste Harz mit eingebaut.

3.4.2.1 Glykol-Anhydrid-Reaktion

Bei dieser Polyesterreaktion handelt es sich um die Kondensation zwischen einem Diol und einer Dicarbonsäure. Das Molverhältnis von Dicarbonsäureanhydrid zu Glykol liegt durchschnittlich bei 1 : 1,1. Im Falle von Anhydrid anstelle der Dicarbonsäure läuft der erste Reaktionsschritt, die Alkoholyse des Anhydrids, schnell ab im Vergleich zu der nachfolgenden Hydroxyl-/Carboxyl-Gruppen-Reaktion. Die Stufe zum Halbester ist exotherm. Dabei reagiert MSA im Vergleich zu PSA rund 10mal schneller. Der ungesättigte Polyester entsteht, indem sich mehrere Struktureinheiten stufenweise zu Di-, Tri- und oligomeren Estern verlängern[29]. Dieser Teil der Polyesterbildung ist der geschwindigkeitsbestimmende Schritt. Unter Abgabe eines Moleküls Wasser wächst jeweils das Molekulargewicht um einen Monomerenteil. In dem Maße, wie das Reaktionswasser entfernt werden kann, verschiebt sich das Gleichgewicht zu der Esterseite und damit zum höheren Molekulargewicht. Die Makromoleküle der verschiedenen Polyestertypen besitzen ein mittleres Molekulargewicht von 1000 – 5000.

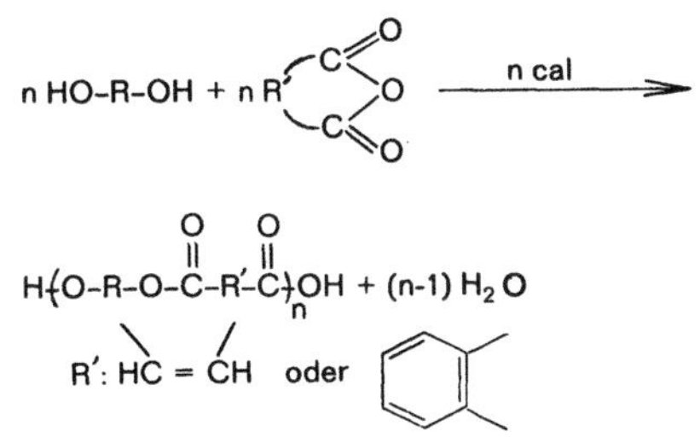

Die Kinetik der Polyesterbildung über die Polykondensationsreaktion wurde ausführlich von P. J. Flory[30] und G. V. Schulz[31] untersucht und kürzlich von D. N. Solomon[32] und S. D. Hamann[33] kritisch ergänzt. Die hauptsächlichen Ergebnisse hinsichtlich der Theorie der Polyesterbildung und ihre Anwendung auf die linearen, niedermolekularen, ungesättigten Polyester lassen sich wie folgt zusammenfassen:

Für die meisten Polyveresterungen ist die Geschwindigkeit am Anfang stets relativ hoch und fällt in dem Maße, wie die Kettenlänge ansteigt, rasch auf einen asymptotischen Grenzwert herunter. Oberhalb eines Polymerisationsgrades von 2 ist die wirkliche Reaktivität von COOH- und OH-Endgruppen bereits im wesentlichen konstant geworden.

Dies ist eine wichtige Erkenntnis für die Synthese von ungesättigten Polyestern aus bifunktionellen Monomereinheiten, die nicht sterisch gehindert sind, wenn der Polykondensationsgrad weniger als 100 beträgt. Wenn gleiche Reaktivität der gleichartigen funktionellen Gruppen vorliegt, kann das Molekulargewicht und die Verteilung nach statistischen Methoden berechnet werden.

Der Anteil der Umesterungsreaktion ist etwa genauso hoch wie der der direkten Veresterung. Nichtsdestoweniger kann man durch sorgfältige Wahl der Sequenzen bei der Zugabe der Reaktionskomponenten einen Polyester erzielen, der eine gezielte Anordnung entlang der Molekülkette besitzt. Man kann jedoch auch völlige Regellosigkeit erreichen, wenn die Reaktionszeit ausgedehnt wird, bis sich die Einstellung des Umesterungsgleichgewichts vollziehen kann.

Die Reaktionsordnung der autokatalytischen Polyveresterung, also ohne Zusatz von Katalysatoren, ist noch Gegenstand der Diskussion. Die Reaktionsordnung liegt im allgemeinen zwischen 2 und 3 und ist vom Polykondensationsgrad abhängig. Sie verschiebt sich nach 2, wenn saure Katalysatoren angewendet werden. Allerdings wird außer der Veresterung auch die Isomerisierung beschleunigt. Diese Katalysatoren verursachen jedoch auch leicht Verfärbungen und andere nicht erwünschte Nebenreaktionen. Bei den sogenannten Hochtemperaturprozessen verzichtet man meist auf den Gebrauch saurer Katalysatoren. Als amphotere Katalysatoren finden indes verschiedene Metallsalze oder organische Metallverbindungen bei der Veresterung Verwendung[34]. Von M. P. Stevens[35] wurden zahlreiche Metallsalze auf ihre katalytische Aktivität untersucht, und es zeigte sich, daß man z. B. Tetrabutyl- oder -octyltitanate oder -zirkonate sowie Zinnoxalat in Kombination mit Natrium- und Zinkacetaten benutzen kann. Die Wirksamkeit der einzelnen Katalysatoren in bestimmten Glykol-Säure-Systemen ist schwierig einzuschätzen. Offensichtlich ist es notwendig, dieses Gebiet noch intensiver zu studieren.

Im übrigen hängt die Wirksamkeit der Katalysatoren bei der Polyveresterung sehr stark von dem Polykondensationsgrad ab. Die Aktivierungsenergie für Polyveresterungen verschiedener Glykol-Säure-Systeme beträgt ungefähr 12 kcal/mol[36]. Der Polykondensationsgrad ungesättigter Polyester liegt normalerweise in dem Bereich von 10 – 50. Für ein einheitliches Molgewicht mit einem Polykondensationsgrad von 50 müssen die funktionellen Gruppen der Polyesterausgangsstoffe zu 95 – 98% umgesetzt sein. Werden höhere Molekulargewichte verlangt, wie bei den faserbildenden Polyestern, ist eine Umsetzung über 99% notwendig.

Für die autokatalytische Polyveresterung mit ihrer dritten Reaktionsordnung ist nach experimentellen Ergebnissen das durchschnittliche Molekulargewicht proportional der Quadratwurzel aus der Reaktionszeit. Hiervon ist nur die Startphase der Reaktion ausgenommen. Folgt jedoch die Polyveresterung der zweiten Ordnung, was bei der Verwendung von Katalysatoren der Fall ist, so wächst das durchschnittliche Molekulargewicht linear mit der Reaktionszeit. Man bevorzugt diese Bedingungen, wenn man hohe durchschnittliche Molekulargewichte erhalten will.

Bei der Herstellung ungesättigter Polyester wird im allgemeinen ein Überschuß an Diolen eingesetzt, um den Verlust an Diol zu kompensieren, das zusammen mit dem Reaktionswasser gasförmig ausgetragen wird. Das Molverhältnis ist dabei mit Blick auf die Geliermöglichkeit auf ein Optimum einzustellen.

Von den Nebenreaktionen, die während der Polykondensation ablaufen, sind drei am wichtigsten: die Isomerisierung von Maleinsäure zur Fumarsäure, die Addition von Glykol an die Maleinsäure- bzw. Fumarsäure-Doppelbindung und die oxidative Zerstörung der Doppelbindungen.

UP-Harze mit einem großen Anteil an Fumarsäure in ihrem Aufbau sind für viele Zwecke erwünscht. Es wird allgemein angenommen, daß hierfür die niedrige Reaktivität der Fumarsäure-Doppelbindungen zu Nebenreaktionen während der Polyveresterung verantwortlich ist und deshalb eine höhere Tendenz zur Raumvernetzung mit dem Styrol später während der Verarbeitung wirksam werden kann. Der Grad der Isomerisierung ist abhängig von der chemischen Struktur des Diols. Er fällt in der Reihenfolge 1.2- > 1.3- > 1.4-Diole, und er steigt an, wenn sekundäre Diole anstelle von primären verwendet werden.

Sehr viele Untersuchungen haben sich mit dem Mechanismus der Isomerisierung befaßt. In der Literatur erschien 1956 ein Überblick darüber[37]. Man hat es mit einer Reaktion 2. Ordnung zu tun, die sauer katalysiert wird. Läuft die Isomerisierung autokatalytisch in Gegenwart von Wasser ab, so beträgt die Aktivierungsenergie 21 $\pm$ 4 kcal/Mol, katalysiert man mit HCl, beträgt sie 18,4 kcal/Mol. Die Umlagerung von Maleinsäure zu Fumarsäure kann durch freie Radikale ausgelöst werden, wie solche aus Halogen- oder Thiolverbindungen, in Gegenwart von Licht und natürlich durch Säuren, wie Salzsäure, Benzoesäure, Phthalsäure oder Fumarsäure. Im thermodynamischen Gleichgewicht ist die Fumarsäurestruktur bevorzugt. Je stärker die sterische Hinderung des Diols ist, desto schneller geht die Isomerisierung vom cis- zum trans-Ester.

Während der Polyveresterung werden einige copolymerisierbare Doppelbindungen zerstört, weil Glykoladditionen und vom molekularen Sauerstoff ausgelöste freie Radikalpolymerisationen zu Nebenprodukten führen. So treten z. B. Ätherderivate auf. Ihr Anteil wächst mit steigender Reaktionstemperatur und mit zunehmender OH-Gruppen-Konzentration. Die Ätherbildung wird indes mit zunehmender Stärke der verwendeten Säure zurückgedrängt und nimmt ebenso mit anwachsender Isomerisierung[38] ab. Die Ätherbildung ist also von der Temperatur, der Zeit sowie von den Ausgangsstoffen abhängig, und diese beeinflussen sich gegenseitig. Beispielsweise beschleunigt PSA bei der Kondensation die Isomerisierung der Maleinsäure.

Die Zahl der Doppelbindungen im Polyester ist abhängig vom Anteil an einkondensierter Maleinsäure bzw. Fumarsäure. Infolge der Nebenreaktionen durch Addition von Glykolen ist im Endprodukt nicht mehr die ursprüngliche stöchiometrische Zahl der Doppelbindungen festzustellen. Für die Reaktivität eines Polyesterharzes ist aber die Anzahl der Doppelbindungen maßgebend.

3.4.2.2 Alkylenoxid-Anhydrid-Reaktion

Wenn Alkylenoxide, wie z. B. Propylenoxid, mit Säureanhydriden reagieren, entstehen gleichfalls unter Ringöffnungen lineare Polyester. Dieser Mechanismus ist der Polymerisation verwandter als der Polykondensationsreaktion.

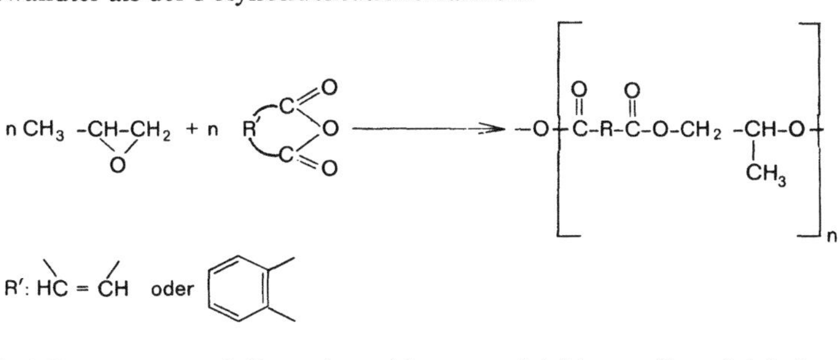

PSA wie MSA können mit Propylenoxid zur vergleichbaren Grundeinheit copolymerisiert werden. Die Reaktion verläuft ohne Katalysator sehr langsam. In der Praxis wird deshalb sowohl ein Initiator als auch ein Katalysator zur Beschleunigung der Reaktionsgeschwindigkeit verwendet.

Als Initiator haben sich hydroxylgruppenhaltige Substanzen, wie Wasser und Alkohol, bewährt, mit denen man auch das Molekulargewicht des Polyesters steuert[39]. Die Initiatoren sind OH-Gruppen erzeugende Substanzen, wobei für jedes Molekül des Initiators infolge der Ringöffnung des Epoxidringes wieder eine neue OH-Gruppe entsteht. Aus diesem Grunde reguliert die Menge des Initiators direkt das mittlere Molekulargewicht des Polymeren.

Start

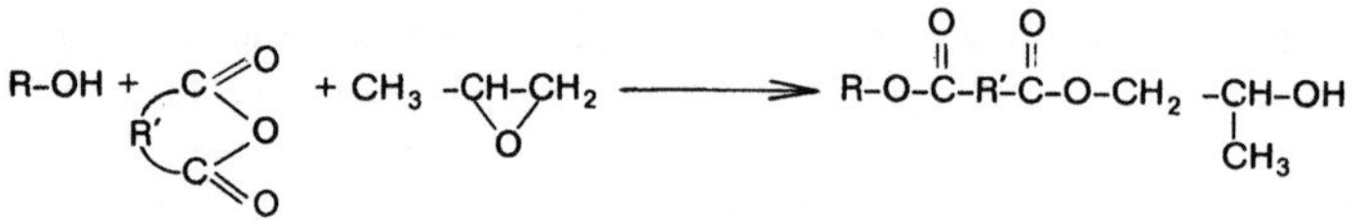

Wachstum

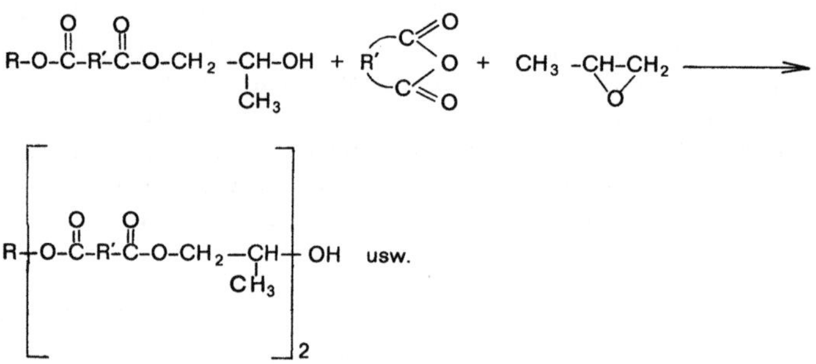

Als Katalysatoren für die Reaktion benutzt man vor allen Dingen basische Substanzen und Salze, so z. B. Natriumhydroxid, Lithiumhydroxid, Lithiumhalogenid, Zinkoxid, Zinkcarbonat, Amine u. a. Für die katalysierte Epoxid-Anhydrid-Reaktion wird ein anionischer Mechanismus angenommen.

Start

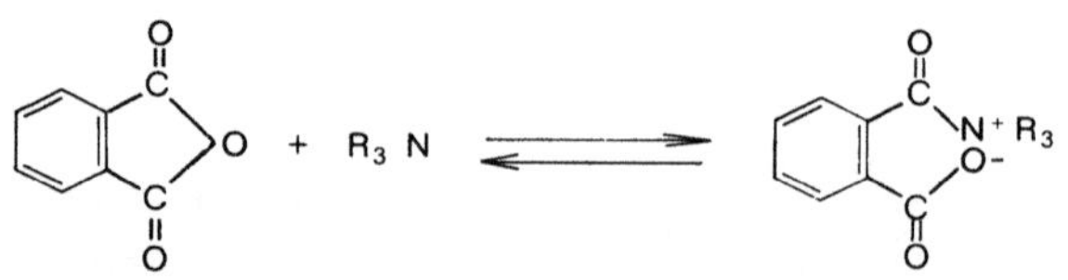

Wachstum

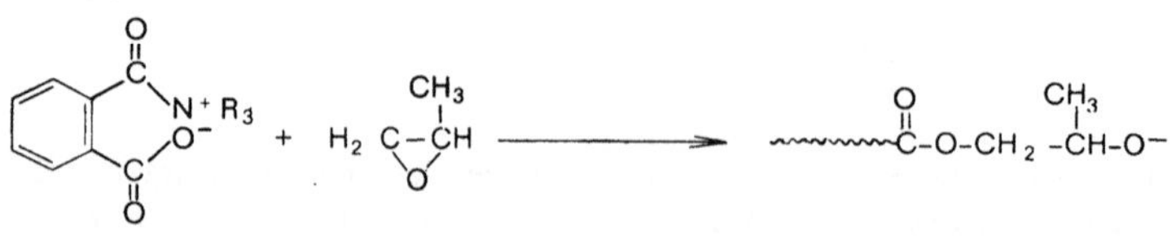

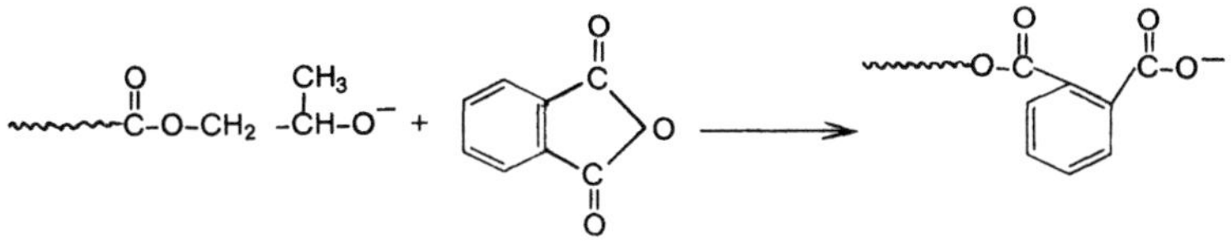

Der Mechanismus der späteren Reaktion folgt der Polymerisationsreaktion, bei der Start und Reaktionsabbruch genauso wichtig sind wie der Wachstumsschritt. Kein Teil einer monomeren Einheit wird während der Copolymerisation abgespalten, wie das bei einer typischen Polykondensationsreaktion sonst der Fall ist.

Als Nebenreaktion während der Polyveresterung kann sich auch eine Homopolymerisation der Epoxide einstellen. Durch Zugabe von Aminkatalysatoren kann diese Homopolymerisation jedoch unterdrückt werden. Der Nachteil des Katalysatorzusatzes besteht darin, daß die Harze meist stärker gefärbt sind. Außerdem muß im Harzaufbau die Maleinsäurestruktur durch eine weitere katalytische Reaktion, z. B. mit Piperidin oder Jod, nachträglich in die Fumarsäurestruktur umgelagert werden. Auch das beeinflußt die Farbqualität des Endproduktes. Häufig wird zudem eine Erniedrigung der Lagerstabilität beobachtet. Die Alkylenoxid-Anhydrid-Reaktion ist gegenwärtig für eine breite kommerzielle Anwendung noch nicht so durchgearbeitet wie die Glykol-Anhydrid-Reaktion.

Wichtige Unterschiede der einzelnen Polyesterherstellungsarten könnten sich durchaus für die technische Reaktionsführung einer Synthese über Alkylenoxid-Anhydrid als zu unvorteilhaft herausstellen und den scheinbaren Vorteil des Rohstoffes Alkylenoxid in das Gegenteil verkehren.

3.4.2.3 Stabilisierung des Polyestersystems durch Inhibitoren

Es ist bei der Herstellung und Verwendung des Polyesterharzes notwendig, das Produkt mit einem Inhibitor gegen freie Radikale zu versetzen. Die Auswahl eines geeigneten Inhibitorsystems ist nicht leicht, denn es hat eine Anzahl von verschiedenen Funktionen zu erfüllen. Inhibitoren braucht man, um ein vorzeitiges Gelieren während der Polyveresterung zu verhindern. Natürlich muß das auch bei der Vermischung mit dem Vinylmonomeren unterbunden werden. Mit Inhibitoren wird eine gute Lagerlebensdauer für das reine Monomere und für den im Monomeren gelösten Polyester erreicht, und sie regulieren die Lagerzeit eines katalysierten Harzsystems. Außerdem wird bei der Einstellung eines Harzes mit Inhibitoren eine bestimmte Gelierzeit festgelegt. All diesen verschiedenen Aufgaben muß ein Inhibitorsystem gerecht werden. Gleichzeitig soll dies mit einem Minimum an gegensätzlichen Effekten für die Copolymerisation des Harzes wie für die Eigenschaften des Produktes geschehen.

Diese Inhibitoren haben im allgemeinen eine große Neigung, sich mit aktivem Sauerstoff und aktiven freien Radikalen, die teilweise in den verschiedenen Prozeßstufen entstehen, zu verbinden und diese zu inaktivieren. Die Inhibitorreaktion selbst läuft relativ schnell ab und ist vorherrschend gegenüber der Copolymerisation. Wird später die Copolymerisationsreaktion gestartet, braucht man ausreichende Mengen an Katalysator, weil zunächst noch der vorhandene Inhibitor verbraucht werden muß, ehe die Polymerisation begonnen und zu ihrer normalen Endform durchgeführt werden kann. In der Praxis wird z. B. während der Herstellung des Polyesters normalerweise 100 – 200 ppm Hydrochinon zugegeben. Damit kann man eine vorzeitige Gelierung durch auftretende freie Radikale vermeiden. Da jedoch viele Polyester unter einer Inertgasatmosphäre hergestellt werden und Spuren von Sauerstoff notwendig sind, um Hydrochinon wirksam werden zu lassen, werden oft auch Chinone, wie Benzochinon, als Inhibitor direkt verwendet. Beim Lösen des Polyesters im Monomeren kann es notwendig sein, erneut Inhibitoren zuzugeben. Damit wird eine bestimmte Lagerbeständigkeit des Harzes eingestellt. Je nach dem Vinylmonomeren wird z. B. Hydrochinon, t-Butylbrenzcatechin oder Hydrochinonmonomethyläther eingesetzt. Für die eingestellte UP-Harz-Lösung wird meist eine Lagerzeit von 6 Monaten garantiert. Die gesamte Menge des Inhibitors schwankt zwischen 0,001 und 0,1% bezogen auf die eingestellte UP-Harz-Lösung[40].

3.4.2.4 Vinylmonomere als Lösungsmittel für ungesättigte Polyester

Reaktive Lösungsmittel dienen zur endgültigen Formulierung des ungesättigten Polyesterharzes. Man verwendet dazu Vinylmonomere. Ein solches übt zwei wichtige Funktionen aus: Zunächst wird durch reines Verdünnen der gewünschte Wert der Viskosität eingestellt und damit die hohe Viskosität des Polyesters auf eine leicht behandelbare Konsistenz reduziert. Gleichzeitig ist das Vinylmonomere für den ungesättigten Polyester aber auch ein Reaktionspartner. Bei der Anwendung des UP-Harzes wird damit die vollständige Ausbildung der dreidimensionalen Struktur gewährleistet, und es entsteht im Fall der Standardharze ein sehr hartes Endprodukt. Will man ein Optimum der Eigenschaften des Harzes erreichen, ist die richtige Wahl des reaktiven Lösungsmittels für den ungesättigten Polyester sehr wichtig.

Nur wenige Monomeren sind zufriedenstellende Lösungsmittel für Polyester. Es gibt nämlich spezifische chemische und physikalische Eigenschaftsforderungen, die erfüllt sein müssen. Beispielsweise soll eine weitgehende Mischbarkeit zwischen ungesättigtem Polyester und Vinylmonomerem gegeben sein, so daß eine homogene Lösung entsteht. Ferner wird durch eine geringe Flüchtigkeit des Lösungsmittels ein Wechsel in den Eigenschaften der eingestellten Harze auf einem Minimum gehalten. Natürlich soll das Endprodukt wenig oder gar nicht toxisch sein. Hoher Flammpunkt, möglichst keine Entflammbarkeit, schnelle Copolymerisationsfähigkeit mit dem ungesättigten Polyester und geringe Schrumpfung während der Polymerisation sind weitere Eigenschaften, die von den Monomeren für UP-Harze verlangt werden.

Von allen vinylmonomeren Lösungsmitteln dominiert Styrol, weil es in einem weiten Bereich der Anwendung allen diesen gewünschten Zwecken genügt. Andere Monomere, allein oder in Kombination mit Styrol, bieten spezielle Verbesserungen, wie sie für Sonderfälle notwendig sind (geringere Sprödigkeit, niedere Flüchtigkeit, weniger Schrumpfung, bessere Hochtemperatur-Eigenschaften, verbesserte Wasserbeständigkeit usw.).

Die Härtungsreaktion zwischen ungesättigtem Polyester und Vinylmonomerem ist eine Copolymerisation. Sie kann in der 60–70%igen Polyesterharzlösung durch energiereiche Strahlen, Wärme oder Katalysatoren ausgelöst werden. Überwiegend verwendet man Katalysatoren, wie organische Peroxide, z. B. Benzoylperoxid, Cyclohexanonperoxid, Methyläthylketonperoxid und Cumolhydroperoxid. Man bezeichnet diese Initiatoren, welche die radikalische Polymerisation starten, auch als „Härter". Die Substanzen zerfallen bei bestimmten, meist höheren Temperaturen unter Bildung von Radikalen. Will man auch bei niedriger Temperatur eine Copolymerisation erreichen, setzt man noch geringe Mengen von Beschleunigern zu. Diese sind je nach Art des Peroxids entweder organische Metallsalze, z. B. Kobaltnaphthenat, oder Amine, z. B. Dimethylanilin.

Der Mechanismus der Copolymerisation ist gut bekannt[41] und soll durch die folgenden Gleichungen beschrieben sein: In einer Startreaktion wird z. B. Benzoylperoxid in seine freien Radikale zerlegt.

$$(RCOO)_2 \longrightarrow 2\,RCOO^{\bullet} \longrightarrow 2\,CO_2 + 2\,R^{\bullet}$$

R = Phenyl

Die Startreaktion ist durch Menge und Zerfallgeschwindigkeit des Starters bestimmt. Die Zerfallgeschwindigkeit des Starters selbst wird durch die Gegenwart eines Beschleunigers beeinflußt.

Die Addition des Benzoylradikals an die Doppelbindungen des ungesättigten Polyesters und die des Styrols geschieht unter Bildung neuer Radikale:

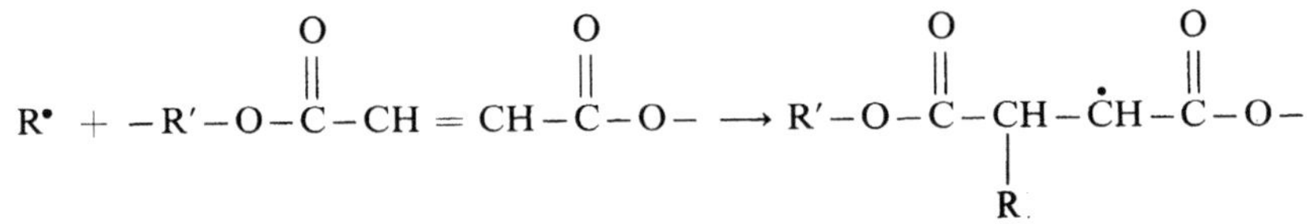

und

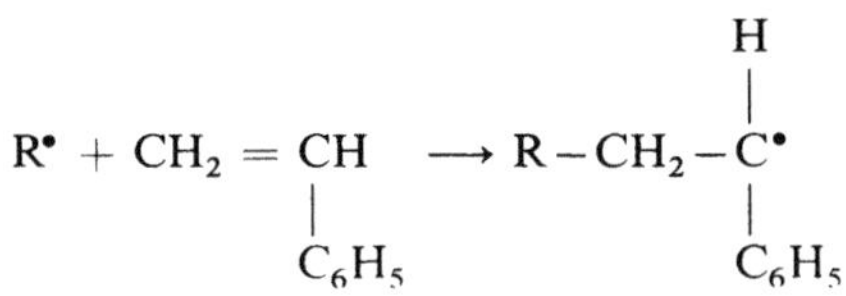

R = Benzoyl

in vereinfachter Form:

$$R^{\bullet} + M_1 \longrightarrow M_1^{\bullet}$$
$$R^{\bullet} + M_2 \longrightarrow M_2^{\bullet}$$

Das Wachstum der Radikalkette folgt dem Schema:

$$M_1^{\bullet} + M_1 \xrightarrow{k_{1,1}} M_1 - M_1^{\bullet}$$
$$M_1^{\bullet} + M_2 \xrightarrow{k_{1,2}} M_1 - M_2^{\bullet}$$
$$M_2^{\bullet} + M_2 \xrightarrow{k_{2,2}} M_2 - M_2^{\bullet}$$
$$M_2^{\bullet} + M_1 \xrightarrow{k_{2,1}} M_2 - M_1^{\bullet}$$

Für den Kettenabbruch gibt es drei Möglichkeiten:

1. Absättigung einer wachsenden Kette durch eine andere oder ein freies Radikal:

$$R - M_2 - M_1^{\bullet} + R - M_1 - M_2^{\bullet} \rightarrow R - M_1 - M_2 - M_1 - M_2 - R$$

2. Disproportionierung zweier wachsender Ketten durch Ausbildung einer Doppelbindung:

$$2\,R - M_1 - M_2^{\bullet} \rightarrow R - M_x + R - M_y$$

3. Abfangen eines Radikals unter Wasserstoffübertragung, jedoch unter Freiwerden eines neuen Radikals (Kettenübertragung):

$$(M_1 - M_2)_n^{\bullet} + HM \rightarrow (M_1 - M_2)_n\,H + M^{\bullet}$$

Auch Fremdstoffe können als Radikalfänger dienen. So wirkt z. B. der Luftsauerstoff während der Verarbeitung an der Oberfläche als Polymerisationsinhibitor, wobei die Oberfläche weich und klebrig bleibt.

Entscheidend für die Härtungsgeschwindigkeit von UP-Harzen ist deshalb die Dosierung des Katalysator- und Beschleunigersystems, die Reaktivität des UP-Harzes sowie dessen Gehalt an Inhibitor. Daneben spielen noch die Faktoren Temperatur und Schichtdicke eine Rolle. Bei der Härtung geht das flüssige Harz nahezu ohne Stoffverlust in einen vernetzten Kunststoff über. Durchschnittlich findet hierbei eine Volumenkontraktion von 6–8% statt.

Der Übergang der UP-Harzlösung vom flüssigen in den festen Zustand läßt sich summarisch durch das nächste Bild veranschaulichen:

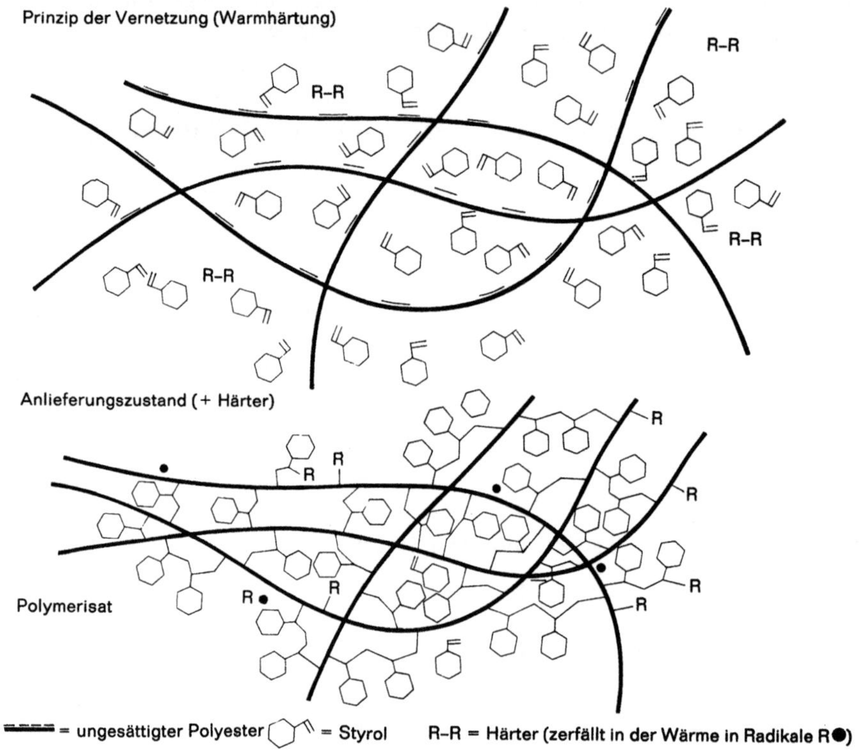

Wie quantitative Untersuchungen zeigten, sind die Veränderungen von spezifischen Harzeigenschaften während der Härtung abhängig von der Zeit und dem Verhältnis vom Monomeren zum Polyester. Zur Härtung gehört das Verschwinden der C–C-Doppelbindungen[42], eine Wärmetönung, die auf 80–160 cal/g ansteigt[43], ein 5–10%iges Anwachsen der Dichte[44], das Anwachsen im Brechungsindex[45], eine Änderung der UV-[46] und UR-Spektren[47], der diamagnetischen Suszeptibilität[48], der dielektrischen Eigenschaften sowie eine Abnahme der Löslichkeit und die Umwandlung der Flüssigkeit in ein halbweiches Gel während der frühen Phase der Reaktion, der ein fortschreitendes Anwachsen der Härte und Festigkeit folgt.

Mit steigender Häufigkeit von Doppelbindungen erhöht sich die Zahl der Vernetzungsstellen, und man erhält Produkte mit besserer Lösungsmittel- und höherer Wärmeformbeständigkeit. Dabei nimmt allerdings die Sprödigkeit und Rißanfälligkeit zu. In der Praxis muß deshalb der Verarbeiter für jeden speziellen Anwendungszweck zwischen hoch-, mittel- und niederreaktiven UP-Harzen unterscheiden. Dies ist u. a. auch ein Grund für die umfangreiche Palette dieser Harzklasse.

3.5 Produktionsmethoden

3.5.1 Alkydharze

Bei der Herstellung von Alkydharzen unterscheidet man das Einstufen- und das Zweistufenverfahren. Beim ersteren läßt man den Polyalkohol mit der Poly- und Monocarbonsäure zugleich reagieren. Beim letzteren wird dagegen zunächst aus dem trocknenden Öl und dem Glycerin das Monoglycerid hergestellt. In der anschließenden zweiten Stufe reagiert dieses dann mit dem Anhydrid bzw. der Dicarbonsäure[49].

Daneben unterscheidet man vier verschiedene Arbeitsweisen: die Fettsäure-Methode, die Fettsäure-Öl-Methode, die Ölverdünnungs-Methode und die Alkoholyse-Methode. Die Hauptreaktion der Veresterung von Polysäuren und Polyalkoholen wird dadurch vielfach variiert. Wenn Fettsäuren unmittelbar eingesetzt werden, findet natürlich überwiegend eine Direktveresterung statt. Bei Ölen muß dieser jedoch erst eine Alkoholyse oder eine Umesterung zwischen Öl und Polyalkohol vorausgehen. Die Fettsäure- und die Alkoholyse-Methode sind heutzutage die technisch am meisten angewandten Methoden. Von ihnen sind viele Variationen bekannt. Die anderen Methoden werden benutzt, um besondere chemische oder physikalische Eigenschaften durch Modifikationskomponenten zu erzeugen oder wenn für das Endprodukt eine spezifische Charakteristik gefordert wird.

Im allgemeinen wird das Zweistufenverfahren häufig angewendet, da es meist wirtschaftlicher als das Einstufenverfahren ist. Bei ersterem ist zunächst die Isolierung der freien Fettsäuren erforderlich. Das Einstufenverfahren wird dann eingesetzt, wenn die Monocarbonsäure als solche vorliegt, wie dies bei synthetischen Fettsäuren, Säuren des Tallöls usw. der Fall ist.

H. A. Goldsmith[50] führt die verschiedenen Eigenschaften des gleichen Produktes aus dem Ein- bzw. Zweistufenverfahren auf die unterschiedliche Reaktionsfähigkeit der verschiedenen COOH-Gruppen (Fettsäure, PSA, Phthalsäurehalbester) mit den primären und sekundären OH-Gruppen zurück.

3.5.1.1 Fettsäure-Methode

Eine typische Chargenfüllung von Fettsäure, Polyalkohol und Dicarbonsäure wird auf die Reaktionstemperatur, im allgemeinen auf 210 – 250 °C (manchmal wird auch bei 280 °C gearbeitet), erhitzt und so lange auf dieser Temperatur gehalten, bis die Alkydharz-Spezifikationen erreicht sind. Wandelt man diese Arbeitsweise so ab, daß der Polyalkohol mit der Dicarbonsäure reagiert, ehe die Fettsäure zugegeben wird, steigt die Viskosität sehr rasch an. Es entsteht eine breite Verteilung des Molekulargewichtes im Alkydharz. Die Stabilität solcher Produkte mit Trocknern ist gering. Neben einer Tendenz zur Oberflächentrocknung wird oft auch eine Gelierung in den Lackfilmen beobachtet.

3.5.1.2 Fettsäure-Öl-Methode

Eine elegante Arbeitsweise für viele Alkydharztypen besteht in der gemeinsamen Veresterung von Fettsäure-Öl, Polyalkohol und Dicarbonsäure. Im Reaktionskessel wird die Temperatur zwischen 210 und 280 °C eingestellt. Wiederum wird so lange verestert, bis die Spezifikationen des Harzes erreicht sind. Alkydharze, welche auf diese Weise hergestellt werden, ergeben Überzüge mit schnellerer Oberflächentrocknung und einer langsameren Durchtrocknung als z. B. Alkydharze nach der Alkoholyse-Methode. Es ist für die Methode wichtig, das Fettsäure/Öl-Verhältnis korrigieren zu können, um Teilgelierungen zu vermeiden.

3.5.1.3 Ölverdünnungs-Methode

Das nach der Ölverdünnungs-Methode hergestellte Alkydharz wird bei erhöhter Temperatur so lange mit Öl verdünnt, bis die gewünschte Ölkonzentration erreicht ist. Diese Harze besitzen eine bessere Streichcharakteristik, haben jedoch einen etwas weicheren Überzug verbunden mit einer schwächeren Farbaufnahme und Dauerstandfestigkeit im Vergleich zu Alkydharzen, die nach der Fettsäure- oder Alkoholyse-Methode erzeugt werden.

3.5.1.4 Alkoholyse-Methode

Große Mengen der Alkydharze werden hergestellt, indem zuerst Glycerinester, wie Sojaöl und Leinöl, der Alkoholyse unterworfen werden. Mit zugegebenen Polyolen, wie Pentaerythrit, werden Partialester erzeugt, die freie OH-Gruppen besitzen. Es entsteht eine Neuverteilung der Fettsäuregruppen. Die freien OH-Gruppen können anschließend mit PSA verestert werden. Im Vergleich zu der Fettsäure-Methode ergibt die Alkoholyse-Methode in den Alkydharzen folgende Unterschiede: höhere und schneller erreichbare Viskosität sowie Gelierung bei niedrigerem Veresterungsgrad und weichere, langsamer trocknende Lackfilme.

Die nicht katalysierte Alkoholyse läuft nur bei 280 °C oder darüber schnell ab. Säurezusätze sind als Katalysatoren verhältnismäßig unwirksam. Die Alkoholyse der Triglyceride ist gewöhnlich basenkatalysiert, und man verwendet dazu Alkali- oder Metallverbindungen. Alkali- bzw. Metallhydroxide sind zwar wirksame Katalysatoren für die Alkoholyse, doch neigen sie dazu, die Alkydharze dunkel zu färben. Zudem werden dadurch die Alkydharzfilme wasserempfindlicher.

Eine Untersuchung[51] der basenkatalysierten Alkoholyse von Sojaöl mit Pentaerythrit zeigte, daß bei einem Verhältnis von 0,00224 Mol Katalysator/1000 g Öl Bleiglätte als Katalysator am wirksamsten ist, gefolgt von Lanthannaphthenat, Calciumnaphthenat, Cernaphthenat, Calciumacetat und Lithiumsalzen.

Bei der üblichen Alkoholyse-Methode wird das Öl auf 230 – 250 °C erhitzt, die Bleiglätte und der Polyalkohol zugefügt und die Mischung erneut auf 230 – 250 °C Reaktionstemperatur eingestellt. Der Verlauf der Reaktion wird durch einen Löslichkeitstest der Mischung in wasserfreiem Methanol kontrolliert. Die Triglyceride sind in wasserfreiem Methanol unlöslich, während Monoester löslich sind. Für Glycerin als Polyalkoholkomponente liegt beispielsweise das Löslichkeitsverhältnis mit Methanol bei 1:2. Ist dieser Punkt erreicht, wird PSA zugegeben und mit dem Monoester bis zur gewünschten Spezifikation bei einer Temperatur von 210 – 250 °C ausreagiert.

3.5.1.5 Schmelz- oder Lösungsmittelprozeß

Die beschriebenen chemischen Grundmethoden sind außerdem noch in der verfahrenstechnischen Ausführung der Veresterung abwandelbar. Man spricht von einem Schmelzprozeß, wenn das Reaktionswasser allein mit der zugeführten Wärmemenge, also entsprechend der angewandten Temperatur-Zeit-Belastung, aus der Reaktion entfernt wird. Wird dagegen das Reaktionswasser mit einem inerten Schleppmittel azeotrop während der Veresterung ausgetragen, spricht man von einem Lösungsmittel- oder Azeotropprozeß.

Beim Schmelzprozeß wird das aus der Veresterung entfernte Reaktionswasser in die Atmosphäre gegeben oder in einem Abgaswaschsystem gesammelt. Bei dem Lösungsmittelprozeß beträgt die Menge der Lösungsmittel 3 – 10% der Kesselfüllung, wobei je nach Lösungsmittel dieses am Rückfluß gehalten werden kann. Die Dämpfe werden dahinter im Kondensator abgeschieden und gesammelt, im Scheider vom Wasser abgetrennt und das Lösungsmittel in den Prozeß zurückgeführt.

Der Lösungsmittelprozeß gestattet über die zugefügte Menge und den Rückfluß des Lösungsmittels eine bessere Temperaturkontrolle der Reaktion. Bevorzugt wird er bei der Fettsäure-Methode verwendet, wobei Lösungsmittel zusammen mit den Rohstoffen im Kessel vorgelegt werden. Im Falle der Alkoholyse-Methode wird das Lösungsmittel ferngehalten, bis die Alkoholyse beendet ist; erst nach der Dicarbonsäurezugabe wird es zugesetzt.

Sowohl bei dem Schmelz- als auch bei dem Lösungsmittelprozeß wird die Harzbildung beendet, indem der Kesselinhalt in einen Lösungstank entleert wird. Dieser enthält für die Verdünnung das Lösungsmittel in der für das Endprodukt vorgesehenen Menge, so daß der Handelstyp des Alkydharzes entsteht. Nach Filtration kann das Produkt in Fässer abgefüllt oder per Tank geliefert werden.

Der Lösungsmittelprozeß hat gegenüber dem Schmelzprozeß gewisse Vorteile: hellere Farbe des Harzes, bessere Ausbeute – da weniger PSA-Verlust –, niedrigere Veresterungstemperatur, schnellere Veresterung und eine genauere Temperaturkontrolle; die Kessel sind leichter zu reinigen. Insgesamt zeichnet sich zwar eine Tendenz zum Lösungsmittelprozeß ab, trotzdem wird noch eine beachtliche Menge Alkydharze nach dem Schmelzprozeß hergestellt. Auch dafür gibt es gute Gründe. Einmal ist in den bestehenden Fabrikationsstätten eine hohe Investitionssumme gebunden, verschiedene Alkydharztypen lassen sich zudem leichter nach dem Schmelzprozeß herstellen, und schließlich sind die Sicherheitsanforderungen weniger streng als beim Lösungsmittelprozeß.

3.5.1.6 Prozeßkontrolle

Die Qualität des Harzes wird während der Herstellung durch Probeentnahmen kontrolliert, anhand deren analytische Tests Auskunft über das Fortschreiten der Reaktion geben. Die Probeentnahmen müssen für den Umsetzungsgrad nach der Zeit repräsentativ sein. Durch schnelles Abkühlen der Proben muß der Umsetzungsgrad eingefroren werden. Von diesen Proben werden jeweils die Säurezahlen, die Viskosität, die Farbe und die Härtungszeit eingestellter Alkydharzlösungen bestimmt. Die Viskositätsmessung zeigt den Grad der Polymerisation und das Anwachsen des Molekulargewichts an. Angestrebt wird ein Bereich von 2–5 Säurezahleinheiten oberhalb der Säurezahl für die Gelierung, weil dann bei der Lagerung wie auch bei der Anwendung ein Fortschreiten der Reaktion mit Bildung von Gelpartikeln unterbleibt. Normalerweise soll die endgültige Säurezahl relativ niedrig sein. Die Mehrzahl der Alkydharze hat deshalb eine Endsäurezahl von unter 15. Trägt man die Säurezahl und den Viskositätswert gegen die Reaktionszeit in Form eines Diagramms auf, so kann man aus den Kurven sehr sauber den Zeitpunkt für das Ende der Reaktion extrapolieren. Dies ist außerordentlich wichtig, speziell bei der Handhabung von Alkydharzen mit weniger als 45% Öl.

Die Härtungszeit ist ebenfalls eine Messung des Polymerisationsgrades. Bei diesem Test wird ein Tropfen des Alkydharzes auf eine Metallplatte, die auf 200 °C gehalten wird, gebracht und die Zeit bestimmt, die für die Gelierung zum Film erforderlich ist. Je kürzer die Zeit für die Erstarrung ist, desto näher ist das Alkydharz am Gelierpunkt. Die Methode dient daher zur Überprüfung der Viskositäts-Säurezahl-Methode. Eine Härtungszeit unter 10 Sekunden zeigt im allgemeinen ein instabiles Alkydharz an.

Die Farbmessung wird mit derselben Probe, die für die Viskositätsbestimmung gebraucht wird, nach Gardner-1933-Color-Standards vorgenommen. Die Farbzahl während des Prozesses signalisiert Verunreinigungen oder fehlerhafte Reaktionsbedingungen.

Außerdem ist die Farbe des Endproduktes von Bedeutung, weil mögliche Interferenzen bei der Einfärbung mit Pigmenten auftreten können.

Die letzte Stufe der Qualitätskontrolle ist eine Analyse des fertigen Harzes. Diese umfaßt Spezifikationsdaten, wie Säurezahl, Viskosität, Erweichungspunkt der Lösung, Verdünnungscharakteristik und Prozentgehalt an Feststoffen. Die physikalischen Konstanten sind zwar kein absolutes Maß für die Wirkungsweise der Alkydharze, aber sie sind wertvoll für die qualitative Kontrolle einer laufenden diskontinuierlichen Produktion desselben Produktes. Werden zwei Harze aus denselben Rohmaterialien unter den gleichen Verfahrensbedingungen hergestellt und haben sie dieselben physikalischen Konstanten, so ist erfahrungsgemäß auch eine gleiche Wirkungsweise bei jeglicher Anwendung gegeben. Die Objektivität dieser Qualitätskontrollen ergibt sich somit aus der charakteristischen Wirksamkeit des Alkydharzes selbst, und sie erfolgen damit in einer praktischen und wirtschaftlichen Form.

3.5.2 UP-Harze

Die Mehrzahl der Produkte wird im Einstufenverfahren hergestellt. Für verschiedene Spezialharze wurde ähnlich den Alkydharzen auch ein Zweistufenverfahren entwickelt. Es kann an dieser Stelle jedoch weitgehend unberücksichtigt bleiben, da die Verfahrensbedingungen bei beiden Prozessen etwa die gleichen sind und sich der Zweistufenprozeß nur dadurch unterscheidet, daß die Anhydride bzw. Säuren in zwei Portionen zugegeben werden. Bei den Standardharzen gibt es viele Variationen der Einstellungen, die auch ihren Niederschlag in gewissen Unterschieden der Produktionsweise finden. Abhängig von der Anzahl der Harztypen und dem Volumen des einzelnen Produktes kennt man in einer UP-Harz-Fabrikation parallellaufende Produktionen mit eigenen Reaktionskesseln je Harztyp und universelle Reaktorsysteme für mehrere Produkte. Die Ein-Reaktorkessel-Einheiten sind typisch für die kleineren Erzeuger.

Bei der Einstufen-Methode werden alle Reaktionskomponenten in den Kessel gegeben. Die Mischung wird unter Rühren erhitzt und dabei Inertgas durchgeleitet. Die exotherme Wärmetönung der Veresterung hilft, die Reaktionsmischung auf die Reaktionstemperatur anzuheben. Gleichzeitig wird die Inertgasmenge erhöht, um das Reaktionswasser schneller zu beseitigen. Mehr als die Hälfte des Wassers bildet sich bereits während des ersten Reaktionsschrittes. Um ein Minimum an Glykol- und Anhydridverlust zu gewährleisten, ist auf dem Reaktionskessel ein Rückflußkühler mit nachgeschaltetem Kondensator installiert. Wenn die Reaktion dem Ende entgegengeht, verringern sich die flüchtigen Anteile. Die Temperatur im Kessel fängt an zu steigen, während sie in der Rückflußkolonne zu fallen beginnt. Die Inertgasmenge wird erneut gesteigert, um das zurückgebliebene restliche Reaktionswasser in der Schlußphase der Reaktion besser entfernen zu können. Bei MSA muß durch die chemische oder verfahrenstechnische Prozeßführung sichergestellt sein, daß die Maleate zu Fumaraten isomerisieren können. Man kann diese Isomerisierung mit einem Katalysator auslösen, läuft dabei aber Gefahr, unerwünschte Quervernetzungen und Nebenprodukte ebenfalls zu verstärken. Ohne Katalysator setzt die Isomerisierung erst oberhalb 200 °C merkbar ein. In der Praxis bevorzugt man häufig letzteren Weg. Typische Reaktionsbedingungen für die UP-Harz-Erzeugung sind deshalb 5 – 19 h Reaktionszeit in einem Temperaturbereich von 180 – 230 °C. Oberhalb 220 °C können allerdings bereits lästige Nebenreaktionen und geringe Farbbildung die Qualität des Produktes beeinflussen. In der Verdünnungsstufe wird im allgemeinen das Vinylmonomere in einem Behälter vorgelegt, in das der ungesättigte Polyester eingetragen wird. Für die Lösung des Polyesters im Vinylpolymeren zur Einstellung des Harzes werden je nach Kühlbedingungen $^1/_2$ – 8 Stunden benötigt.

3.5.2.1 *Schmelzprozeß*

Die apparative Ausstattung wurde bereits von A. G. Hovey[52] 1949 für die Herstellung von Alkydharzen beschrieben, und die wesentlichen Elemente sind bis heute auch für die UP-Harz-Produktion dieselben geblieben. Neuerdings installiert man eine solche Produktionseinheit meist mit Teil- und Totalkondensationseinrichtung, wodurch diese universell für Alkydharze und UP-Harze brauchbar ist.

A. J. Seiner[53] benutzte bei der Reaktion eine größere Menge Inertgas dazu, das Reaktionswasser zu entfernen, und dabei gelang es ihm, die Verweilzeit zu verkürzen. Auch S. Davies[54] fand, daß die Reaktionszeit verkürzbar oder gegebenenfalls eine niedrigere Reaktionstemperatur möglich ist, wenn die Polyveresterung unter vermindertem Druck ausgeführt wird. Hiernach wird stufenweise der Druck, von 600 – 500 mm Hg ausgehend, auf 35 mm Hg reduziert, bis eine Säurezahl von 30 – 20 erreicht wird.

3.5.2.2 *Lösungsmittelprozeß*

Nach dieser Methode wird die Veresterung in Gegenwart eines Lösungsmittels vorgenommen. Als technische Ausstattung dient derselbe Reaktor und Verdünnungskessel wie beim Schmelzprozeß. Das Lösungsmittel, gewöhnlich Xylol oder Toluol, entfernt durch azeotrope Destillation das Reaktionswasser. Daneben verringert es die Viskosität der Reaktionsmischung, erleichtert somit die Durchmischung und verbessert den Wärmeübergang. Mit der Menge des Lösungsmittels wiederum wird am Rückfluß die gewünschte Veresterungstemperatur eingestellt. Auf diese Weise bleiben die Verluste der Rohstoffe kleiner.

Bei diesem Prozeß wird meist auf Katalysatoren verzichtet. Dafür wird jedoch häufig zugleich unter Inertgas gearbeitet. Nach dieser Arbeitsweise ist für den Polyester eine größere Verweilzeit nötig als beim Schmelzprozeß. Außerdem geht es nicht ohne aufwendige Sicherheitsmaßnahmen. Nachteilig können sich Lösungsmittelrückstände im Polyester auf die Eigenschaften des Produktes auswirken. Die bekannten Vorteile des Lösungsmittelprozesses, leichtere Temperaturführung, einheitlichere Polyveresterung u. a., sind für die UP-Harze nicht so bestechend wie für die Alkydharze. Die Notwendigkeit der Isomerisierung der UP-Harze, möglichst ohne Qualitätsverschlechterung, auch die Verwendung reaktiver Vinylmonomere als Lösungsmittel zusammen mit anderen spezifischen Unterschieden lassen nach wie vor bei der UP-Harz-Produktion den Schmelzprozeß überwiegen.

3.5.2.3 *Prozeßkontrolle*

Der UP-Harz-Prozeß verlangt eine äußerst exakte Beherrschung aller Prozeßparameter, da bei der Polykondensation die Veresterung an einer bestimmten Stelle abgebrochen werden muß. Die sorgfältige Einhaltung des sehr begrenzten Spielraumes ist entscheidend für die Qualität des Produktes. Von den Verarbeitern werden zum Teil extrem hohe Qualitätsforderungen an die einzelnen Polyesterharztypen gestellt. Je nach Typ und Verwendungszweck kann es notwendig werden, von einer Betriebscharge bis zu 20 einzelne Kennzifferbestimmungen vorzunehmen, um den Typ garantieren zu können. Die wichtigsten Werte sind natürlich die Säurezahl, Viskosität, Farbzahl und die Kennzahl für Kalt- und Heißhärtung. Wiederum wird der Ablauf der Reaktion über regelmäßig genommene Proben kontrolliert, die auf Säurezahl, Viskosität und Farbzahl analysiert werden. Die Bestimmung der Kalthärtung (25 °C) geschieht mit 4% Cyclohexanonperoxid und 0,4% einer 10%igen Cobaltnaphthenatlösung, während die Kennzahl der Heißhärtung nach DIN 16945 ermittelt wird. Sie zeigt die Zeit an, in der die Temperatur einer mit Benzoylperoxid aktivierten Harzmenge von 65 auf 90 °C ansteigt. Gelegentlich dient auch die Menge des abgeschiedenen Reaktionswassers als Kennziffer. Ist die gewünschte Säurezahl, Viskosität etc. erreicht, wird die Reaktionsmischung auf 40 – 120 °C abgekühlt und in den Lösungstank gepumpt, wobei sie mit Inhibitoren versehen wird.

Für die Qualitätskontrolle des fertigen Harzes werden eine Reihe von verschiedenen Kennzahlen herangezogen. Am Beispiel des BASF-Produktes Palatal P 6 seien hier einige Toleranzen angegeben, innerhalb derer Typgerechtheit eines Harzes garantiert werden kann.

Säurezahl	32 ± 2	Gelierzeit 25 °C n. DIN	
H_2O-Gehalt	ca. 0,1%	(Kalthärtung)	18 – 24 min
Dichte	1,128 g/ml	Härtezeit	25 – 30 min
Doppelbindungswert	0,225	Spitzentemperatur	120 – 155 °C
n_D^{20}	1,535	Gelierzeit n. DIN	2 min 10 sec bis
Viskosität	220 – 260 sec	(Heißhärtung)	2 min 30 sec
(Auslaufbecher 4 DIN 53211)		Wärmeformbeständigkeit	
Styrolgehalt	34 ± 1%	nach Martens	120 – 130 °C
Lagerstab. b. 80 °C	30 – 40 h	Farbzahl (J-Skala)	1 – 2
		Farbzahl (APHA)	40 – 80

Für den Verarbeiter haben vor allem die Kennzahlen der Kalt- und Heißhärtung eine besondere Bedeutung. Bei diesen Tests ist oft die Einhaltung gleicher Voraussetzungen wegen der Vielzahl von Verarbeitern nicht immer gewährleistet.

Die Kennzahlen, die innerhalb der Bandbreite für die Handelsqualität liegen, geben indirekt über die genaue Prozeßführung bei der Herstellung des Produktes Auskunft. Normalerweise sind die technischen Möglichkeiten außerordentlich begrenzt, nachträglich eine Verbesserung des Polyesters oder des Polyesterharzes vorzunehmen. Das ist durch den Polymercharakter des Produktes bedingt. Schon bei geringen Abweichungen der einzelnen Kennzahlen ist das Produkt auf dem technischen Sektor lediglich bedingt, auf dem Lackgebiet jedoch noch schwieriger einsetzbar.

3.5.3 Diskontinuierliche und kontinuierliche Arbeitsweise

Alkydharze wie UP-Harze werden heute nahezu ausschließlich diskontinuierlich hergestellt. Dies hängt einmal mit der Zahl der Hersteller und ihren Produktionskapazitäten zusammen, zum anderen ist für das breite Sortiment der Chargenbetrieb flexibler. Kontinuierliche Arbeitsweisen sind meist spezifisch für ein Produkt ausgelegt.

Unabhängig von den verfahrenstechnischen Praktiken des Schmelz- oder Lösungsmittelprozesses sind für die Produktion in beiden Harzklassen außerdem verschiedene andere Bedingungen zu beachten. So ist eine gute Durchmischung erforderlich, weil eine möglichst gute Berührung von nicht mischbaren Komponenten, wie etwa Polyol und Öl, während der ersten Reaktionsphase in die Verweilzeit eingeht. Auch in den folgenden Stufen will man eine möglichst homogene Mischung haben. Neben dem reinen mechanischen Rühren kann hilfsweise eine ergänzende Durchmischung mit Inertgas, wie Stickstoff oder Kohlendioxid, vorgenommen werden. Ferner unterbindet das Inertgas weitgehend Nebenreaktionen durch Sauerstoff, wie Polymerisation der ungesättigten Verbindungen und Verfärbung. Außerdem wird Reaktionswasser mit ausgetragen. Das Inertgas übernimmt demnach eine dreifache Funktion. Eine gute Durchmischung durch Rühren und Inertgas verringert die Verweilzeit der Reaktionsmischung und erzeugt eine einheitliche Molekulargewichtsverteilung im Harz. Neben der reaktionsbedingten Abspaltung von Wasser während der Veresterung ist auch ein Verlust an Rohstoffen zu beobachten. Dieser ist abhängig von der technischen Ausstattung, der Herstellungsmethode und den Rohstoffen, wie z. B. flüchtigen, niedrigsiedenden Polyolen, sublimiertem PSA u. ä. Insgesamt schwankt dieser Mengenverlust zwischen 3 und 10%[55].

Beide Harze werden nach beendeter Veresterung mit einem Lösungsmittel verdünnt. Im Falle von Alkydharzen werden hauptsächlich Kohlenwasserstoffe, beim UP-Harz statt dessen reaktives Vinylmonomeres benutzt. Die Harzkonzentration in der Lösung kann in einem Bereich von 30–70 Gew.% schwanken.

Eine moderne diskontinuierliche Produktionseinheit eignet sich für die Erzeugung beider Polyesterharze, unabhängig davon, ob der Schmelz- oder der Lösungsmittelprozeß angewendet wird. Die Reaktionskessel sind aus Edelstahl. Das Volumen kann zwischen 200 l und 20 m^3 gewählt werden. Solche Kessel besitzen einen Rührer, Zuführung für Inertgas, Füllkörperkolonne mit Teil- und/oder Totalkondensationssystem sowie Lösungsmittelabscheider und Abgaswäsche. Für die Einstellung des Harzes im Lösungsmittel ist ein Verdünnungstank erforderlich, welcher zweckmäßigerweise ebenfalls mit Rührer, Rückflußkondensator und Kühlung ausgestattet sein sollte. Auch die Abdeckung durch Inertgas muß vorgesehen sein.

Der Übergang von der diskontinuierlichen zu einer kontinuierlichen Herstellung der Harze ist zwar schon verschiedentlich angestrebt worden, wurde jedoch aus den bereits erwähnten Gründen (Typenvielfalt, Menge eines einzelnen Produktes) bis vor kurzem nicht gewagt. Bei den Alkydharzen ist das auch heute noch so. Auf dem Gebiet der UP-Harze dagegen sind in der BASF 1970 erstmals kontinuierliche Produktionseinheiten, die nach der Anhydrid-Polyol-Reaktion arbeiten, in die Betriebspraxis eingeführt worden. Die für ungesättigte Polyester benötigten verhältnismäßig langen Reaktionszeiten auf ein kontinuierliches Verfahren ohne Qualitätsveränderungen des Produktes zu übertragen, wurde allgemein als schwierig eingeschätzt, und die wirtschaftlichen Vorteile wurden als geringfügig angesehen. Im übrigen dürften die Voraussetzungen für einen kontinuierlichen Prozeß von seiten des Marktes wohl nur bei den Großherstellern gegeben sein. Markt und Menge beeinflussen also die Entwicklung der technischen Methoden entscheidend. Ein Beispiel hierfür ist das UP-Harz-Sortiment der BASF. Von der gesamten Produktion an UP-Harzen entfällt über die Hälfte auf zwei Hauptmarken. Da sich viele Sondereinstellungen aus beiden Standardpolyestern ableiten, war es hier von der Menge und den Kosten her sinnvoll geworden, für jeden Typ zur kontinuierlichen Herstellung überzugehen. Das kontinuierliche Verfahren zeigt sich auch hinsichtlich einer konstanten Qualität des Harzes dem diskontinuierlichen Verfahren eindeutig überlegen. Der Aufwand für die laufende Betriebskontrolle ließ sich merklich reduzieren, die Personalkosten konnten gesenkt werden, und der Energieverbrauch wurde verringert.

Da die diskontinuierliche und kontinuierliche Produktion von UP-Harzen eine Rührkesseloperation ist, die nicht ungewöhnlich teuer oder mit einer komplizierten technischen Ausstattung verbunden ist, bestimmen bei einer wirtschaftlichen Fabrikationsgröße die Rohmaterialkosten zu 70–90% zusammen mit den Fertigungskosten den Verkaufspreis. Bis zu einer bestimmten Größe wird es deshalb billiger und einfacher sein, lediglich die Anzahl der Rührkessel zu erhöhen und gleichzeitig das Personal entsprechend zu verstärken. Ab einem Produktionsvolumen von 10000 t/Jahr sollte das kontinuierliche Verfahren vorteilhafter sein.

3.5.4 Lieferung

Die Verpackung und der Vertrieb der Harze richtet sich nach ihrer Konsistenz und den Wünschen der Kunden. Vielfach werden die Alkydharze als eingestellte Lösungen geliefert, die vom Bezieher noch mit den Ölsorten und Zusatzstoffen, wie Pigmenten u. a., für die gewünschten Kombinationen versehen werden. Manche Weiterverarbeiter bevorzugen es, lösungsmittelfreie Alkydharze im trockenen Zustand als Sackware zu erhalten. Oft werden diese „harten Alkyde" nach der Reaktion einfach in Blechgebinde abgelassen. Emballagen-Verpackung wird ebenfalls gern für Harzeinstellungen mit honigähnlicher Konsistenz bevorzugt. Der Verarbeiter muß diese Produkte durch geringe Erwärmung wieder fließfähig machen. Bei höherkondensierten, kurzöligen Typen wird eine höhere Aufschmelztemperatur benötigt, wobei darauf zu achten ist, daß die Temperatur des Alkydharzes nicht über max. 100 °C ansteigt und die Aufschmelzzeit selbst so gering wie möglich gehalten wird. Die UP-Harze kommen überwiegend als 60–65%ige Lösungen in Styrol, das teilweise auch mit anderen Monomeren verschnitten sein kann, in Fässern oder im Tankzug in den Handel. Je nach Produkt, ordnungsgemäße Lagerung vorausgesetzt, wird für die Harze eine Lagerfähigkeit zwischen 3 und 12 Monaten garantiert.

3.6 Technologie des kontinuierlichen UP-Harz-Verfahrens

Während man es bei der kontinuierlichen Weichmachersynthese mit einem Endprodukt von einheitlicher Molekülstruktur zu tun hat, entsteht bei der kontinuierlichen Herstellung ungesättigter Polyesterharze ein Polymeres, das durch eine Molgewichtsverteilungskurve charakterisiert ist. Das Verfahren arbeitet nach der Schmelzmethode, die Polyveresterung und Isomerisierung laufen autokatalytisch ab. Für diese UP-Harz-Synthese ist das Arbeiten ohne Katalysator und ohne ein azeotropes Schleppmittel vorteilhaft, da das polymere Endprodukt keiner besonderen Reinigung unterworfen wird. Im Falle der Anwendung von Katalysatoren ist eine spätere Entfernung aus dem Polymeren, wenn überhaupt möglich, mit beträchtlichen Schwierigkeiten verbunden. Desgleichen würde die quantitative Beseitigung eines Lösungsmittels aus dem kontinuierlichen Prozeß diesen wesentlich komplizieren und verteuern.

Um das Polymere innerhalb seiner Spezifikation zu halten, d. h. die mit dem Wechsel vom Diskontinuum zum Kontinuum zugleich unvermeidlich verbundene Verlängerung der Verweilzeit ohne Qualitätseinbußen des UP-Harzes zu beherrschen, ist eine laufende sorgfältige Kontrolle von Säurezahl und Viskosität des Reaktionsprodukts notwendig.

In der BASF, die zu den größten Herstellern von UP-Harzen in der Welt zählt, ist 1951 unter dem Warenzeichen Palatal die Produktion von UP-Harzen aufgenommen worden. Seit 1970 wird die Hauptmenge der UP-Harz-Produktion der BASF nach dem kontinuierlichen Polyester-Veresterungsverfahren[56] großtechnisch hergestellt. Diese moderne Synthese ermöglicht große Kapazitäten je Produktionseinheit, drängt manuelle Bedienungsfehler weitgehend zurück und bietet konstante Produktqualität.

Am Beispiel des einzigen derzeit technisch realisierten kontinuierlichen Prozesses wird im folgenden die Technologie dieses Verfahrens beschrieben.

3.6.1 BASF-Verfahren

Beim Prozeß werden die üblichen Ausgangsstoffe PSA, MSA und Propylenglykol verwandt, und die Polyveresterung wird in einer Kaskade von Rührkesseln durchgeführt. Nach Abkühlung des Polyesters wird dieser unter Zusatz eines Inhibitors mit Styrol in einem Lösungskessel vermischt und ggf. noch für die Lagerung stabilisiert.

Die kontinuierliche Polyveresterung wird in einer mehrstufigen Rührkesselkaskade vorgenommen, wie sie Abb. 18 beispielhaft schematisch zeigt. Dabei wird eine ausreichende Reaktionsgeschwindigkeit für die Polyveresterung in der Kesselkaskade bei einer Tem-

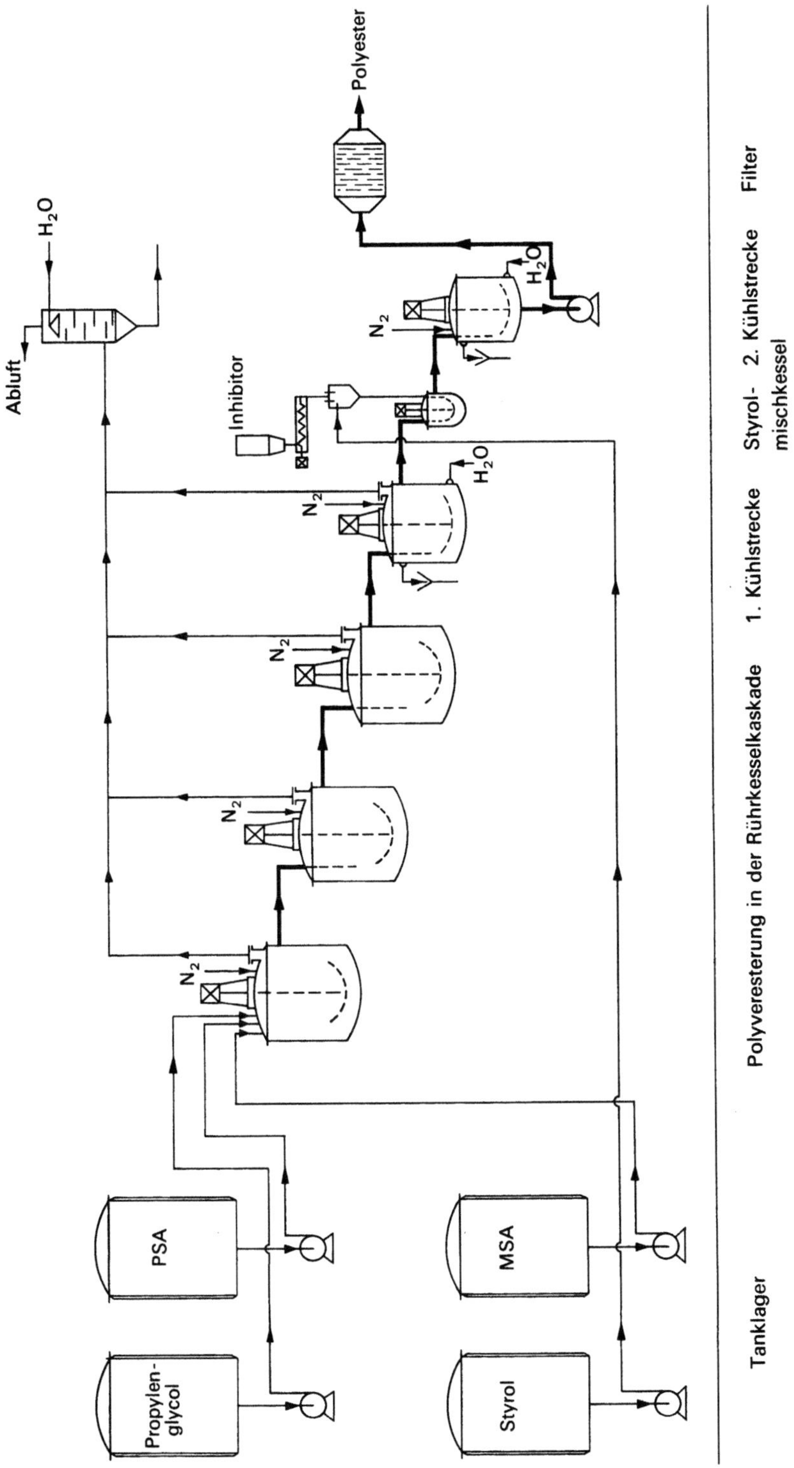

Abb. 18. BASF-Verfahren zur kontinuierlichen Herstellung ungesättigter Polyesterharze

peratur von 150 – 220 °C in den ersten drei Kesseln erreicht. Das Molverhältnis von Anhydrid zu Diol kann wie üblich 1 : 1,06 betragen, womit ein Umsetzungsgrad der Ausgangskomponenten bis zu 90% erzielt werden kann. Der geringe Alkoholüberschuß deckt die Verluste, die während der Reaktion durch Verdampfung und Addition des Glykols an MSA entstehen. Um eine nicht gewollte selektive Halbesterbildung auszuschalten, werden die Rohstoffe PSA, MSA und Propylenglykol getrennt in den ersten Reaktionskessel eingeführt. Größere destillative Verluste des Propylenglykols in der ersten Reaktionsphase werden unterbunden, indem der erste Reaktionskessel bei niedrigerer Temperatur gehalten wird. In diesem findet hauptsächlich die Alkoholyse der Anhydride statt, wobei die dabei freiwerdende Wärme bereits ausreicht, die Polykondensation einzuleiten. In jeder Stufe der Kesselkaskade wird das Reaktionswasser destillativ entfernt, wobei das eingeleitete Inertgas, wie z. B. Stickstoff, seine Hilfsfunktion als Schleppmittel entfaltet. In den folgenden beiden Reaktionskesseln wird dann die Temperatur auf 200 – 220 °C angehoben. Das Estergleichgewicht wird damit zugunsten der Polykondensate verschoben. Für die Produktqualität ist die Temperatur-Zeit-Belastung entscheidend. Die Verweilzeit wiederum wird von der Einstellung des Estergleichgewichtes beeinflußt, das seinerseits von den technischen Möglichkeiten der Entfernung des entstehenden Reaktionswassers abhängig ist. Das ungünstige Verhältnis von Volumen zur Oberfläche, wie es bei großen Reaktionsvolumina vorliegt, kann nur teilweise durch das Rühren über eine Vergrößerung der frei beweglichen Oberfläche ausgeglichen werden. Mit Inertgas wird dieses Verhältnis zusätzlich verbessert, so daß dem Verfahren Flexibilität gegenüber Störungen während des Prozeßverlaufs verliehen wird.

Nach dem dritten Reaktionskessel ist der Umsetzungsgrad von 90% nahezu erreicht. Sodann wird der Polyester in einem weiteren Kessel abgekühlt. Aus diesem vierten Behälter fließt ein zähflüssiger Polyester ab, der in einer Mischstrecke mit Styrol im Gewichtsverhältnis von ca. 65 : 35 gelöst wird. Gegen ein vorzeitiges Gelieren wird ein Inhibitor zugegeben und gleichzeitig der Mischvorgang auf möglichst kurze Zeit beschränkt. Die Inhibitormenge fixiert Gelierzeit, Lagerbeständigkeit und Verarbeitungszeit des UP-Harzes.

In einem weiteren Rührkessel wird das Harz schließlich auf 30 – 50 °C abgekühlt. Die einzige Reinigungsoperation des ganzen Prozesses besteht in einer Filtration des Harzes. Das erhaltene UP-Harz ist klar und erreicht Farbzahlen (APHA) nach Hazen von 40 – 80.

Für die Prozeßkontrolle ist lediglich die laufende Kontrolle von Viskosität, Temperatur und Säurezahl notwendig. Damit kann der Polykondensationsgrad ausreichend zuverlässig verfolgt werden. Für ein typgerechtes Produkt liegt die Säurezahl zwischen 25 und 35. Die Kennlinie des Molgewichtsverteilungsspektrums ist ebenfalls zur Charakterisierung des Polyesterharzes mit heranziehbar. Geringe Verschiebungen im Molgewichtsverhältnis zwischen höher- und niedermolekularen Anteilen lassen sich an Hand der Molgewichtsverteilung deutlich erkennen.

In einer Produktionseinheit mit etwa 20000 t/Jahr Leistung wird ein Mengenumsatz von 99% in der mehrstufigen Kesselkaskade erreicht. Die Ausbeuten, bezogen auf die Ausgangsstoffe, liegen bei mindestens 97% d. Th.

Flexibilität und Wirtschaftlichkeit: Die autokatalytische Polyveresterung in der Schmelze und die Lösung des Polyesters im Vinylmonomeren unter Zugabe von Inhibitoren zum Polyesterharz erwies sich als flexibel gegenüber Betriebsstörungen. Die Anhydrid-Diol-Reaktion führte somit zu einem allgemein brauchbaren Weg für eine kontinuierliche Herstellung. Wiederum wurde bewußt das Arbeiten bei Atmosphärendruck in einer Kaskade von Rührkesseln gewählt, obwohl diese Rührkessel im Vergleich zu anderen verfahrenstechnischen Möglichkeiten relativ große Reaktionsvolumina besitzen. Trotz größerer Verweilzeit erhält man eine gleichmäßigere Qualität des Produktes als im diskontinuierlichen Verfahren. Damit ist von der Qualität und der Kostenseite her eine deutliche Verbesserung erreicht worden.

Für die Kapazität und Leistung einer Betriebseinheit kann mit einer jährlichen Betriebszeit von mindestens 8160 Stunden gerechnet werden. Dies entspricht einem „on stream"-Faktor von 93,5% bezogen auf das volle Jahr.

Für dieses neue UP-Harz-Verfahren spiegelt sich die moderne technische Lösung in einer hohen Betriebssicherheit bei guter Ausbeute wider, und gleichzeitig hat man die Möglichkeit, zu großen Leistungen je Produktionseinheit zu kommen.

3.6.2 Andere Verfahren

In der Literatur sind verschiedentlich kontinuierliche Polyesterharz-Prozesse beschrieben worden. Nach dem amerikanischen Patent von United States Rubber[57] kann man mit einer kontinuierlichen Dünnschichtveresterung arbeiten. Dazu wird in einer Füllkörperkolonne das Veresterungsgemisch in dünnen Filmen von oben einem Inertgas im Gegenstrom zugeführt. Das Reaktionswasser wird mit diesem Gas aus dem Reaktionsgemisch entfernt. Nach K. Fischer[58] besteht der Reaktor aus einer langen beheizten Kammer, die mit einem wendelartigen Einbau ausgestattet ist und einen Rückflußkühler besitzt. L. N. Luchanskü[59] schließlich beschreibt eine 6 m lange Kolonne von 110 mm Durchmesser, die als Fallfilmreaktor arbeitet und bei der ein azeotropes Entwässerungssystem angewendet wird. Es ist jedoch bislang kein kontinuierliches Verfahren bekannt geworden, das in die industrielle Technik Eingang gefunden hätte.

Ein kontinuierliches Verfahren über den Alkylenoxid-Anhydrid-Weg wird in der Literatur zwar diskutiert, doch ist dies vorerst ein „Papierprozeß"[60], der lediglich eine theoretische Möglichkeit darstellt.

3.6.3 Abluft und Abwasser

Das Problem einer Luft- bzw. Wasserverunreinigung ist bei diesem Prozeß gelöst. Die im Abgas noch tensionsmäßig mitgenommenen Mengen an PSA und Propylenglykol bzw. Acetalverbindungen werden durch eine intensive Waschung niedergeschlagen. Diese Waschlösung wird aufkonzentriert und kann danach verbrannt werden. Die Abluft ist frei von jeglichen festen Bestandteilen.

3.7 Gesundheits- und Sicherheitsfaktoren bei Polyesterharzen

Für die Herstellung von Alkyd- und UP-Harzen wird eine große Skala von Rohstoffen und Zusätzen verwendet, die vom gesundheitlichen Standpunkt aus im allgemeinen wenig oder überhaupt nicht toxisch sind. Vernünftige Vorsichtsmaßnahmen, wie der Gebrauch von Schutzkleidung, Augenschutz und Atemschutzmaske, beim Umgang mit den Chemikalien sind durchaus ausreichend. Für die Lösungsmittel, seien es nun Kohlenwasserstoffe bei den Alkydharzen oder Monostyrol bei den UP-Harzen, sind die für diese Stoffe allgemein bekannten vorbeugenden Schutzmaßnahmen einzuhalten. Im Hinblick auf die maximale Arbeitsplatzkonzentration (MAK) z. B. für Styrol 100 ppm muß für ausreichende Belüftung innerhalb des Betriebes gesorgt sein. Bei der Verarbeitung styrolhaltiger Polyesterlacke ist dies besonders zu empfehlen. Zwar ist Monostyrol bedeutend weniger toxisch als Benzol und hat auch nicht dessen Blutgiftwirkung, doch reizen bereits niedrige Konzentrationen die Schleimhäute der Augen und Atemwege. Hautkontakte mit den

Harzlösungen sind tunlichst zu vermeiden. Vor allem führen die zur Härtung von UP-Harzen benötigten organischen Peroxide schon nach kurzer Einwirkungszeit auf der Haut zu starken Gewebeschäden und bei den Augen zu schweren Verätzungen. Die entsprechenden Vorsichts- und Schutzmaßnahmen sind aus dem Merkblatt der Berufsgenossenschaft der chemischen Industrie „Organische Peroxide" zu entnehmen. Bei den Harzen selbst ist jedoch eine gesundheitsschädigende Wirkung nicht bekannt.

3.8 Betriebssicherheit von kontinuierlichen Polyesterharz-Anlagen

Auch für die polymeren UP-Harze bestätigt sich die überlegene Zuverlässigkeit der kontinuierlichen Herstellungsmethode gegenüber der diskontinuierlichen. Da es sich bei diesem Prozeß im Prinzip lediglich um die Polyveresterung in einer Rührkesselkaskade und das Lösen des Polyesters in einem Vinylmonomeren handelt, also weder Verfahrensstufen für besondere Reinigungsoperationen noch irgendwelche Stoffkreise erforderlich sind, ist der Wartungsaufwand recht gering. Dies ist auch auf die schwächere Materialbeanspruchung infolge der gleichmäßigen Arbeitsweise und die Verwendung von Edelstahl zurückzuführen. Unachtsames Überschreiten kritischer Grenzbedingungen des Prozesses, wie sie gelegentlich bei dem diskontinuierlichen Arbeiten auftreten, werden durch die kontinuierliche Prozeßführung automatisch ausgeschaltet. Explosionen oder Brände, die so verursacht werden könnten, sind von Anfang an ausgeschaltet. Die Zuverlässigkeit des Polymerprozesses wird durch eine Flexibilität ergänzt, die es bei entsprechender technischer Konstruktion erlaubt, die Kapazität der Produktionseinheit mit $\pm 50\%$ zu belasten.

3.9 Diskussion der Zukunftschancen der kontinuierlichen Polyesterharz-Synthese

Alkyd- und UP-Harze gehören als chemisch nahverwandte Substanzen in dieselbe Produktklasse der Polyesterharze. Man kommt jedoch nicht umhin, bei der Einschätzung künftiger Möglichkeiten von der Eigenständigkeit der beiden Harztypen und ihrer zugehörigen Markträume auszugehen. Ob bestimmte technische Lösungen der Herstellungsprozesse eine Chance haben, verwirklicht zu werden, ist in der Regel ja nur in der Anfangsphase einer Entwicklung von der technischen Lösung selbst abhängig. Ist sie gelungen, kommen erst die eigentlich entscheidenden wirtschaftlichen Faktoren, wie Größe des Marktes, Wachstumsrate, Zahl der Konkurrenten und die finanzielle Kraft eines Herstellers, ins Spiel. Berücksichtigt man das, so ist vollkommen klar, warum auf dem Sektor der Alkydharze bis heute kein kontinuierliches Verfahren entwickelt wurde. Die Zahl der Hersteller ist groß, die Typenvielfalt beeindruckend, die Variationsbreite der Produktionsmethoden nicht gerade klein und die jährliche Wachstumsrate mit 2% gering. Die Investitionskosten für die technische Ausstattung einer diskontinuierlichen Produktion sind zudem bescheiden. Wenn es auch prinzipiell möglich sein muß, Alkydharze kontinuierlich herzustellen, so wird sich doch unter diesen Voraussetzungen wirklich nur ein sehr kleiner Kreis von Produzenten in der Welt mit einem solchen Gedanken in absehbarer Zeit näher befassen wollen. Wirtschaftlich sinnvoll kann es bloß für Firmen werden, die eine starke Marktposition haben und auch einen mengenmäßig überragenden Harztyp besitzen.

Für das Gebiet der UP-Harze sind indes die Dinge mehr im Fluß. Für einen Teil des Marktes gelten wohl die gleichen Gegebenheiten wie für Alkydharze. Mit einer jährlichen Wachstumsrate bis zu 20% zeichnet sich aber für die Zukunft eine Mengenkonjunktur ab, die auch anderen Großproduzenten den Wechsel von der diskontinuierlichen zur kontinuierlichen Produktion nahelegen wird. In der Phase des Übergangs werden sich zunächst die Anlagengrößen an dem Produktionsausstoß der stärksten Type orientieren. Erst in einer späteren Phase kann erwartet werden, daß die Anlagengrößen sich optimal nach den Marktmöglichkeiten richten. Für die Wirtschaftlichkeit eines kontinuierlichen Prozesses sollte die Größenordnung der Produktion ca. 10000 t/Jahr sein.

Die heutige technische Lösung einer kontinuierlichen Polyveresterung in einer Kaskade von Rührkesseln nach der Polyol-Anhydrid-Reaktion ist ein guter Kompromiß zwischen verfahrenstechnischen und wirtschaftlichen Parametern der UP-Harz-Produktion. Sie besticht gegenüber anderen Möglichkeiten durch die Einfachheit der Apparatur.

Ob aus der Alkylenoxid-Anhydrid-Reaktion ein konkurrenzfähiges kontinuierliches Verfahren erwächst, wird vermutlich wesentlich davon abhängen, ob es gelingt, die chemische Prozeßführung kontinuierlich befriedigend zu gestalten. Dem geringeren Rohstoffverlust dieses Prozesses steht die folgenreiche und in den Kosten nicht genau übersehbare Verwendung von Katalysatoren gegenüber. Gegenwärtig existiert noch kein derartiger Prozeß. Die weiteren Entwicklungsarbeiten werden deshalb eher den erfolgreich beschrittenen Weg weiterverfolgen und eine Verkürzung der Verweilzeit mit Hilfe der Verfahrenstechnik sowie die Steigerung der Leistung je Produktionseinheit zum Ziele haben.

4
Phthalsäureanhydrid für Farbstoffe und spezielle Produkte

4.1 Begriff und Historie

4.1.1 Begriff

Unter synthetischen Farbstoffen versteht man nahezu ausnahmslos mehr oder weniger komplizierte organische Verbindungen, die oft auch als Anilinfarben oder Teerfarbstoffe bezeichnet werden, da viele Ausgangsprodukte aus Teeren der Steinkohlen- und Braunkohlenindustrie entstanden. Von den fabrikmäßig hergestellten kommen nur sehr wenige, wie Alizarin und Indigo, in der Natur vor, alle übrigen synthetischen Farbstoffe sind Neuschöpfungen der chemischen Industrie. Ihre Einteilung kann nach dem färberischen Verhalten sowie nach der chemischen Konstitution vorgenommen werden.

4.1.2 Historie

Die älteste und auch heute noch bedeutende technische Anwendung des Phthalsäureanhydrids (PSA) liegt in seinem breit gefächerten Einsatz für die verschiedensten Farbstoffgruppen. Sie begann zunächst 1872 mit der Herstellung der Gruppe der Phthaleinfarbstoffe wie Fluorescein, Eosin u. a.

Nachdem K. HEUMANN[1] 1890 die erste technisch brauchbare Indigosynthese gefunden hatte und diese nach Erwerb durch die BASF[2] 1897 ihre technische Verwirklichung fand, erschloß sich ein weiterer Farbstoffsektor mit PSA als Rohstoff.

Schon 1901 fand R. BOHN[3] in der BASF einen neuen beachtenswerten Farbstoff auf Basis Anthrachinon, der im Laufe der folgenden zwei, drei Jahrzehnte dem König der Farbstoffe, dem Indigo, den Rang erfolgreich streitig machte. Der Name *Indanthren* für diesen Farbstoff entstand aus „*Ind*igo von *Anthracen*". Diese Bezeichnung wurde bereits im Oktober 1901 für die BASF als Warenzeichen unter Schutz gestellt und ist heute ein weltweiter Begriff für eine Auswahl der echtesten und beständigsten Farbstoffe aller Farbstoffklassen. Er steht für: „unübertroffen waschecht, lichtecht und wetterecht". Die Anthrachinonderivate umfassen seither eine breite Palette und sind aus der Praxis nicht mehr wegzudenken.

Die ursprünglichen Indanthrenfarbstoffe mit der Anthrachinonstruktur erhielten einen bedeutenden wirtschaftlichen Auftrieb erst Ende der 20er Jahre. Damals fand die Friedel-Crafts-Synthese Eingang in die Technik, nachdem wasserfreies Aluminiumchlorid durch C. WURSTER erstmals billig zugänglich wurde. Aus PSA- und Benzolderivaten konnten mit dieser Synthese zahlreiche Anthrachinonabkömmlinge als Küpenfarbstoffe wirtschaftlich hergestellt werden. Während sich bisher von PSA vor allem die blauen, orange und gelben Farbstoffe ableiteten und Anthrachinon die Farbstoffe der Brillantgrün-, Brillantviolett-, Marineblau-, Dunkelblau-, Grau-, Schwarz- und Olivreihe lieferte, wurde jetzt über die Benzoylbenzoesäurederivate das PSA zum Hauptrohstoff auch für die Anthrachinon-Farbpalette[4].

Etwa zu derselben Zeit, 1927, hatten H. DE DIESBACH und E. VAN DER WEID[5] durch Umsetzung von Phthalsäuredinitril mit Kupferbromid einen tiefblauen Pigmentfarbstoff erhalten, der nach seiner Konstitutionsaufklärung durch R. P. LINSTEAD[6] 1934 als erster Vertreter der Phthalocyaninfarbstoffe die Entwicklung einer interessanten Farbstoffklasse einleitete. Der komplexchemische Aufbau dieser Farbstoffe ist der Porphyrinstruktur des

Blatt- und des Blutfarbstoffes nahe verwandt. Sehr bald wurde die technische Auswertung dieser Farbstoffklasse sowohl von der ICI als auch von der BASF nachdrücklich betrieben.

Diese wesentlichen Farbstoffklassen mit PSA als Rohstoff haben sich bis heute zu einem kaum überschaubaren Farbstoffsortiment verästelt. Nebenbei boten sich im Laufe der Zeit für PSA-Derivate, die ursprünglich für Farbstoffe als Zwischenprodukte gebraucht wurden, auch andere Verwendungsmöglichkeiten, die heute ihre Eigenständigkeit haben.

4.2 Wirtschaftlich-technische Bedeutung

In der ganzen Welt sind mehrere 10000 Farbstoffe schon synthetisiert worden und für etwa 3000 davon wurde die Produktion aufgenommen; rund 500 haben eine größere Bedeutung erlangen können. Eine mengenmäßige Gliederung der sich von PSA ableitenden Farbstoffgruppen sowie detaillierte Angaben über die neuesten Farbstoffspezialitäten können hier nicht gegeben werden. Der Markt und auch der Produktionsverbund sind hier nicht so transparent wie im Kunststoffbereich.

Im ganzen gesehen kann gesagt werden, daß PSA aus der Farbstoffchemie überhaupt nicht mehr wegzudenken ist. Wohl spielt es als Rohstoff der Quantität nach eine untergeordnete Rolle, doch darf nicht vergessen werden, mit wie geringen Farbstoffmengen große Mengen an Gütern gefärbt werden können. Wir haben es hier mit einer besonderen Form der Hochveredelung eines Rohstoffes zu tun. Gleichzeitig ist damit auch eine Wertsteigerung der gefärbten Güter und ihre bessere Verkäuflichkeit verbunden. Die gegenwärtige Mode z. B. wäre ohne die heutige Farbpalette nicht vorstellbar.

Im folgenden sollen deshalb die bedeutendsten Farbstoffgruppen, die sich vom PSA ableiten, behandelt werden.

4.3 Technologie

Die Herstellung von Farbstoffen ist das klassische Beispiel für eine Chargenproduktion. Während die Farbstoffsortimente im Laufe des Jahrhunderts ständig einem Wandel unterworfen waren, ist die Herstellung der einzelnen Farbstoffe nach wie vor sehr spezifisch, wobei die herkömmlichen Methoden zwar verfeinert, aber im wesentlichen nicht verlassen wurden. Auch die geringen Mengen des einzelnen Farbstofftyps bieten im allgemeinen keinen Anreiz, einen kontinuierlichen Prozeß technisch zu verwirklichen.

4.4 Phthaleine

Die von A. von Baeyer[7] 1871 entdeckte neue Klasse der Phthaleinfarbstoffe entsteht aus der Reaktion des PSA mit Phenolkörpern. Erhitzt man PSA mit Phenol in Gegenwart von wasserabspaltenden Mitteln, wie conc. Schwefelsäure oder Zinkchlorid, erhält man

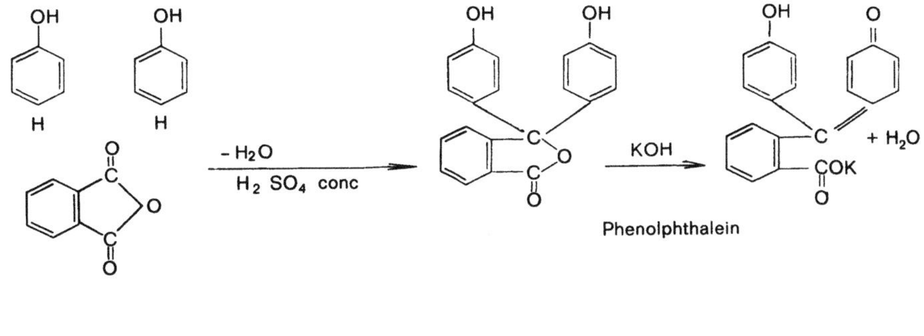

das Lacton Phenolphthalein. Es ist in saurem Bereich farblos und nimmt im alkalischen Bereich eine intensiv violettrote Färbung an. Auf diesem Wechsel der Farbe beruht seine Eignung als Indikator in der Acidimetrie. Wegen seiner Wirkung auf den Darmtrakt finden wir diese Substanz auch in einer Reihe medizinischer Präparate, die als Abführmittel gebraucht werden.

Verwendet man anstelle des Phenols z. B. Resorcin als Kondensationspartner, entsteht das wohlbekannte Fluorescein.

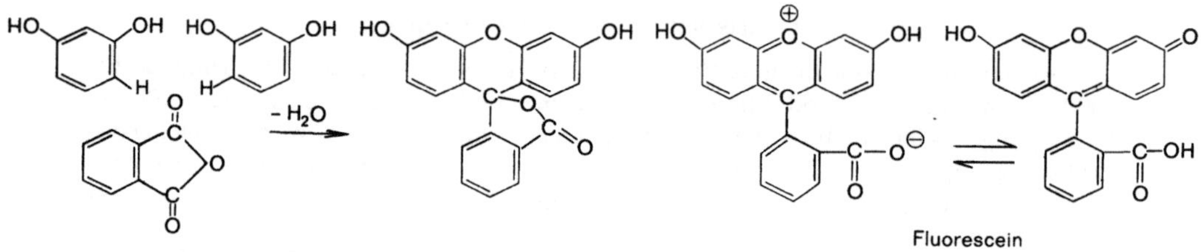

Fluorescein

Das Fluorescein selbst spielt keine besondere Rolle, jedoch sind bromierte und jodierte Verbindungen von Interesse. Das Tetrabromderivat des Fluoresceins ist unter dem Namen Eosin, das Tetrajodderivat als Erythrosin bekannt. Wird die Kondensation anstelle von Phthalsäure mit Dichlorphthalsäure vorgenommen, erhält man den Farbstoff Rose Bengale. Wird dagegen Tetrachlorphthalsäure eingesetzt, bildet sich nach der Bromierung des Kondensationsderivats mit Resorcin der Farbstoff Cyanosin. Die Kondensate von Pyrogallol und Gallussäure mit Phthalsäure sind Farbstoffe, die vor allem zur Verlackung, insbesondere mit Aluminium- und Chromsalzen, dienen.

Als Farbstoff in dieser Reihe hat schließlich noch das Kondensationsprodukt mit 1.6-Dihydroxynaphthalin eine gewisse Bedeutung. Es ist von analoger Struktur und wird als Druckfarbe für Schecks eingesetzt. Die Eigenschaft dieses Farbstoffes, im alkalischen Bereich blau, im sauren aber rot zu färben, dient hier als Erkennungsmerkmal.

In grundsätzlich gleicher Weise erhält man durch Kondensation von p-Kresol mit Phthalsäureanhydrid das ®Fluorol 5 G, das zum Anfärben von Ölen, besonders Schmierölen, verwendet wird. Bei der Synthese wird der Lactonring mit Oleum weiter kondensiert und durch zweimalige Hydrierung und Wasserabspaltung der Sauerstoff der Lactongruppe völlig entfernt.

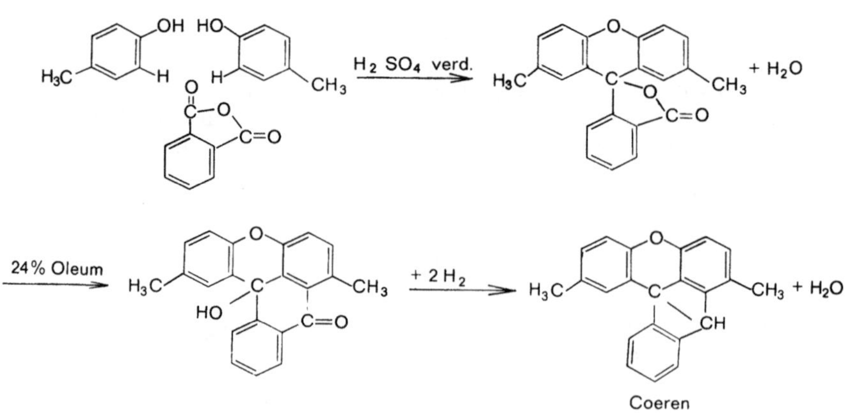

Coeren

(Fluorol 5G)

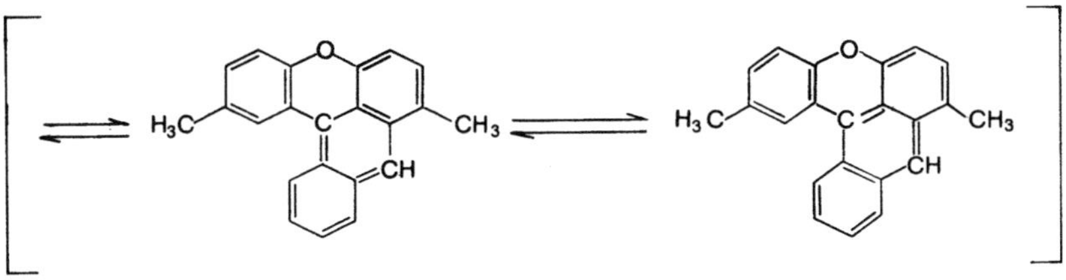

4.5 Rhodamine

Wird anstelle des Resorcins ein Aminophenol mit Phthalsäureanhydrid kondensiert, kommt man zu einer Reihe weiterer wichtiger Farbstoffe, die unter dem Sammelbegriff Rhodamine allgemein bekannt geworden sind. So ist der unter dem Namen Brillantrosa B im Handel befindliche Farbstoff – übrigens der erste seiner Art – das Kondensationsprodukt zwischen 3-Hydroxydiäthylanilin und PSA.

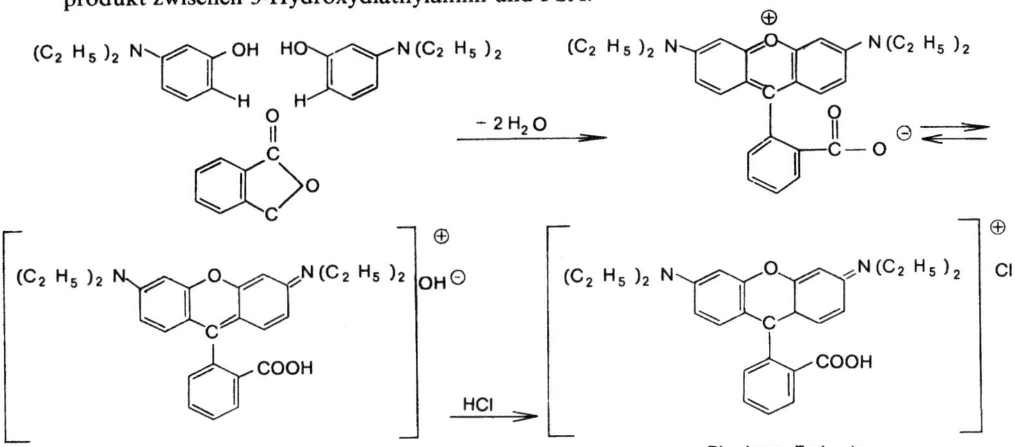

Rhodamin Farbbase Rhodamin Farbsalz

Die Rhodamin-Farbbasen kommen teilweise als Zinkchlorid-Doppelsalze in den Handel. Die Farblacke, wie sie zusammen mit Heteropolysäuren des Phosphors, Molybdäns und Wolframs entstehen, liefern wichtige Pigmentfarbstoffe der ®Fanal-Reihe, deren Stabilität wegen der Konstitution des organischen Bestandteils überrascht.

Weitere Komponenten zur Kondensation mit PSA sind Mono- und Dimethyl- bzw. Äthylaminoderivate des Methyl- oder Äthylkresols. Beispielsweise bildet sich bei der Kondensation des Amino-p-methylkresols mit PSA die Rhodamin 2 C-Base.

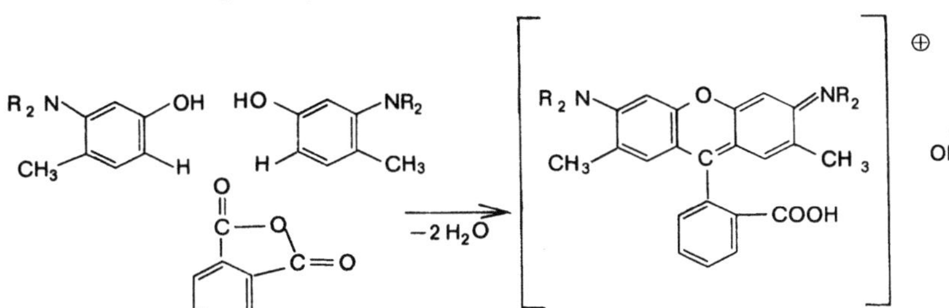

Rhodamin 2 C-Base

Die monosubstituierten Aminoderivate liefern mit Dimethyl- oder Diäthylsulfat weitere unlösliche Farbstoffe in verschiedenen Typen, die als Chloride, Sulfate, Phosphate und Borate im Handel sind.

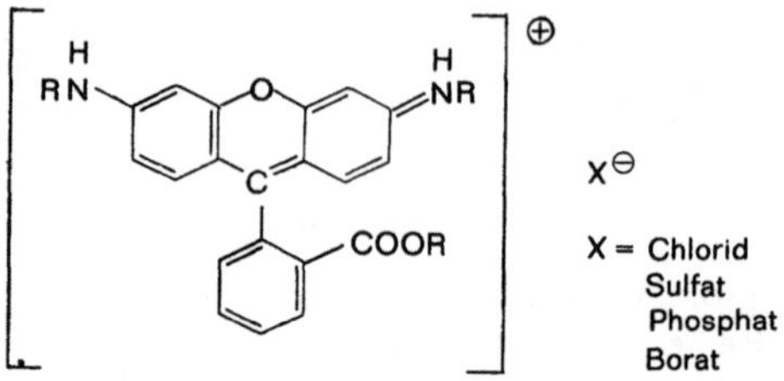

Rhodamin 6G(R = C_2H_5 -)

Das Rhodamin 6 G hat von organischen Molekülen in Lösung die niedrigste bis heute bekannt gewordene Laserschwelle, und damit konnte erstmals kontinuierliches Laserlicht erzeugt werden.

4.6 Anthranilsäure – Indigo und Chinaldinderivate

Bei der Synthese des Indigo im vorigen Jahrhundert spielte die von der BASF entdeckte katalytische Oxidation des Naphthalins mit Oleum in Gegenwart von Quecksilber eine bedeutende Rolle. PSA wurde billiges Ausgangsmaterial für das Phthalimid, durch das über den HOFMANNschen Abbau die Anthranilsäure zugänglich geworden war. Die über Jahrzehnte hinweg durchgeführte Indigosynthese verband Chloressigsäure mit Anthranilsäure zur Phenylglycin-o-carbonsäure, und diese lieferte in der Alkalischmelze den im letzten Drittel des vorigen Jahrhunderts so heiß umkämpften synthetischen Indigo.

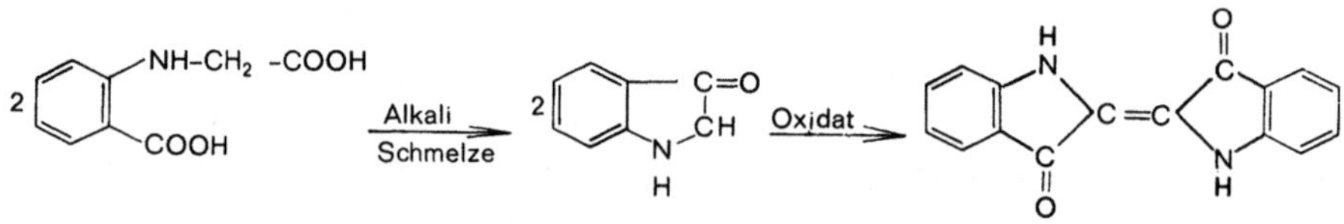

Die Anthranilsäure hat als Zwischenprodukt auch heute noch eine gewisse Bedeutung. Ihre Herstellung verläuft nach folgendem Reaktionsschema:

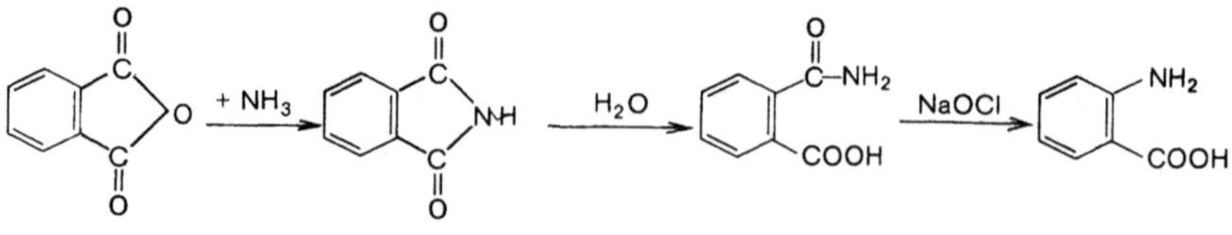

Sowohl von der Carboxyl- als auch von der Aminogruppe leiten sich verschiedene Derivate ab.

Der Methylester der Anthranilsäure ist ein bekannter Riechstoff, der auch in der Natur vorkommt und in sehr vielen der heute so beliebten synthetischen Parfüms enthalten ist. Seine durch die freie Aminogruppe bedingte Instabilität im Licht verursacht im wesentlichen die Dunkelfärbung des Parfüms bei längerem Stehen.

Durch Diazotieren der Aminogruppe erhält man einen Diazokörper, der, mit verschiedenen Komponenten gekoppelt, eine Reihe von Azofarbstoffen liefert. Die Umsetzung wird vorwiegend mit der freien Säure durchgeführt, ist aber auch mit dem Methylester möglich.

Durch Methylierung an der Aminogruppe erhält man N-Methyl-anthranilsäure. Diese dient als Ausgangsmaterial für die Herstellung des 4-Hydroxy-N-methylchinolon-2, das neben dem Chinaldin und dessen Derivaten zur Herstellung von Farbstoffen eingesetzt wird. Der einfachste davon ist das Chinophthalon, das bei Kondensation von Chinaldin mit Phthalsäure entsteht.

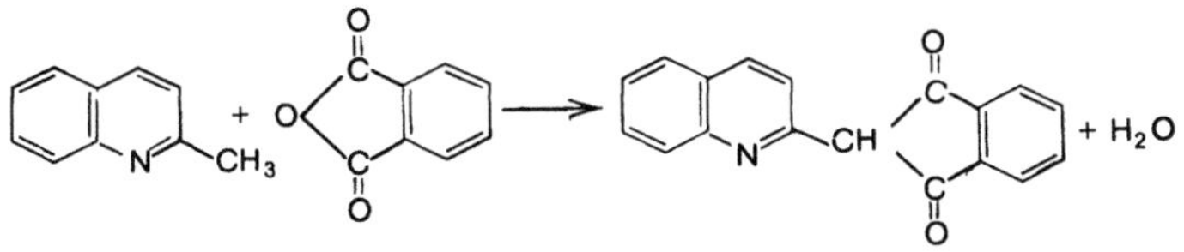

Chinophthalon

Wenn man Chinophthalon (s. auch S. 15) und 6-Methylchinophthalon mit Schwefelsäure sulfoniert, bis etwa 2,2 Sulfogruppen in die Molekel eingetreten sind, erhält man Säurefarbstoffe, die als Chinolingelb-Marken im Handel sind. Verwendet man Naphthochinaldin und kondensiert in gleicher Weise mit Phthalsäure, erhält man Naphthochinophthalon, das bei der Sulfonierung den BASF-Farbstoff Chinolingelb KT extra liefert.

4.7 Anthrachinonderivate

Eine außerordentlich fruchtbare Reaktion des PSA ist die Kondensation mit verschiedenen Aromaten unter Einwirkung von wasserfreiem Aluminiumchlorid nach FRIEDEL-CRAFTS. Sie führt zu den entsprechenden Derivaten der o-Benzoylbenzoesäure[8].

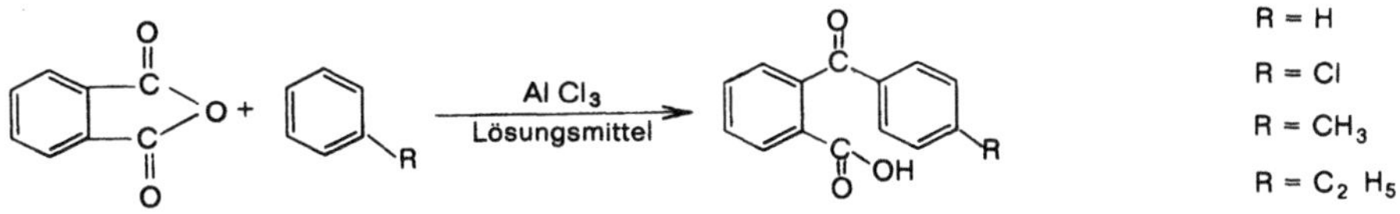

Durch Einwirkung von conc. Schwefelsäure oder Oleum tritt im nächsten Reaktionsschritt der Ringschluß zu den entsprechenden 2-Anthrachinonderivaten ein. Neben der Oxidation von Anthracen zu Anthrachinon spielt dessen Herstellung nach dem obigen Verfahren noch immer eine große Rolle. Es können also praktisch alle Anthrachinonfarbstoffe aus Phthalsäureanhydrid hergestellt werden.

4.7.1 Indanthren/Indanthron

Von größter technischer Bedeutung ist die Umsetzung mit Chlorbenzol, die das 2-Chloranthrachinon liefert. Dieses kann selbst zu Anthrachinonfarbstoffen weiterverarbeitet werden. Wichtiger ist jedoch der Austausch des Chlors mit Ammoniak zu 2-Amino-anthrachinon. Unterwirft man es der Alkalischmelze bei 250 °C, so erhält man einen blauen Küpenfarbstoff, den R. Bohn[3] im Jahre 1901 erstmals hergestellt hat und dem er den Namen Indanthren gab. Dieser Farbstoff ist noch heute, z. B. unter der Bezeichnung Indanthrenblau R 5 bzw. Indanthron, im Handel.

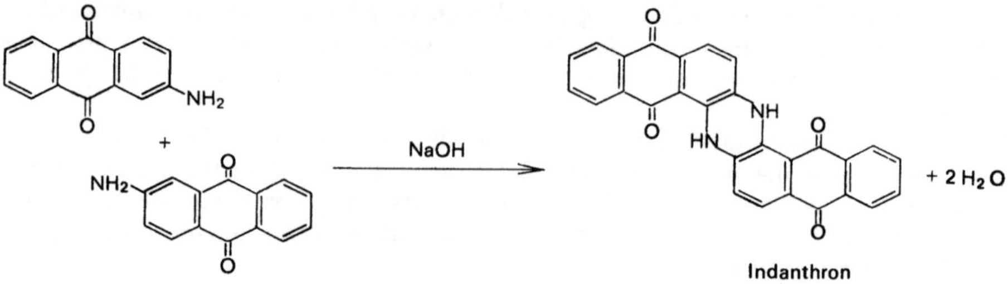

Indanthron
(Indanthrenblau)

4.7.2 Flavanthren u. a.

Bei höherer Temperatur, insbesondere in Gegenwart von Antimonpentachlorid, bildet sich neben Indanthren das Flavanthren, ein gelbfärbender Farbstoff, der z. B. als Indanthrengelb E im Handel ist. Es ist in seiner Küpe blau gefärbt.

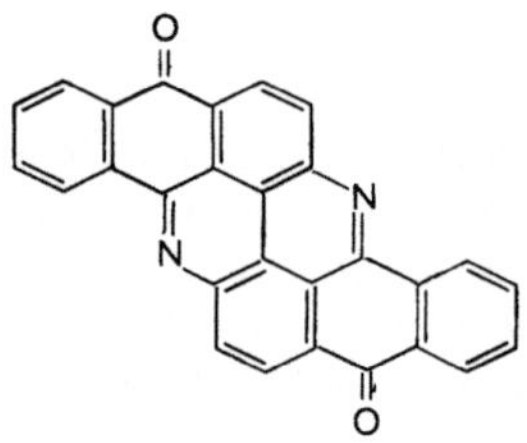

Flavanthren (gelb)

Technisch wird auch eine Variante dieser Synthese durchgeführt, bei der Phthalsäure gewissermaßen nur eine Schutzrolle übernimmt. Sie geht von 1-Chlor-2-amino-anthrachinon aus, das z. B. aus PSA und o-Dichlorbenzol oder Chlorbenzol über mehrere Reaktionsstufen gewonnen werden kann.

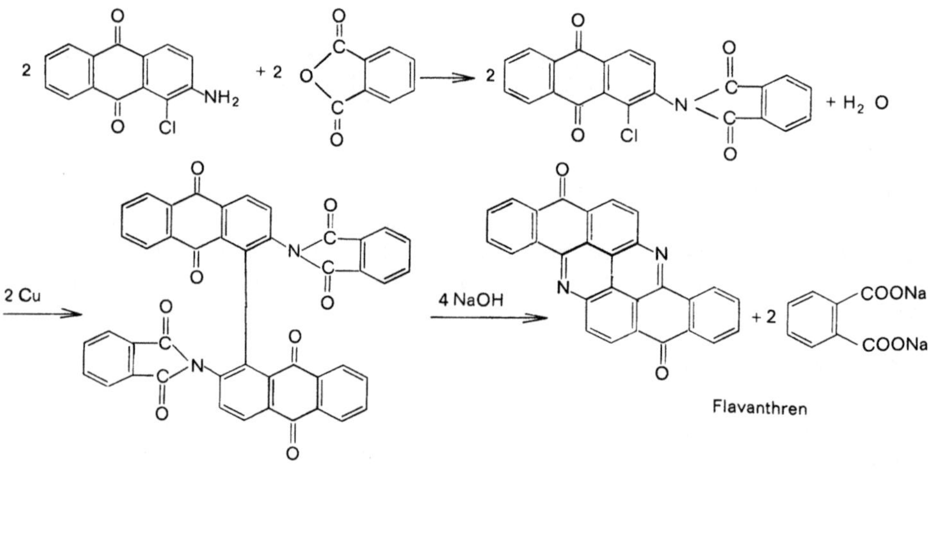

Flavanthren

Durch Chlorierung dieser Farbstoffe in unterschiedlicher Stärke werden verschiedene Farbnuancen erreicht. Dies gilt vornehmlich für Abkömmlinge des Indanthrens.

Aus 2-Methyl-1-chloranthrachinon wird das Pyranthron hergestellt. Durch Erhitzen mit Kupferpulver werden 2 Molekel unter Austritt des Chlors miteinander verknüpft. Unter der Einwirkung von wasserabspaltenden Mitteln tritt schließlich ein doppelter Ringschluß ein.

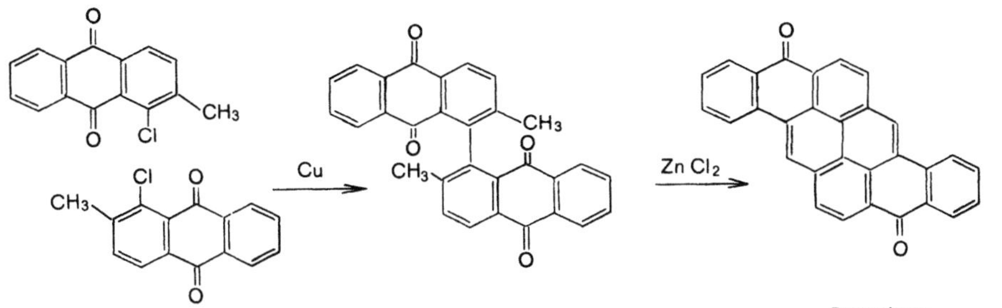

Pyranthron

Das Pyranthron ist ein aus roter Küpe sehr echter orangefärbender Farbstoff, der z. B. als Indanthrengoldorange G bekannt wurde.

4.7.3 2-Alkylanthrachinone

Die Reaktion mit Äthylbenzol führt neben der Farbstoffherstellung noch in ein ganz anderes Anwendungsgebiet und nutzt eine spezielle Reaktionsfähigkeit der Anthrachinon-Molekel. 2-Äthylanthrachinon dient heute als Katalysator bei der Herstellung von Wasserstoffperoxid[9]. Hier wird der leichte Übergang des Anthrachinons mit Wasserstoff in das Anthrahydrochinon-Derivat ausgenützt, der bei Einleitung von Sauerstoff unter Bildung von Hydroperoxid wieder rückläufig ist:

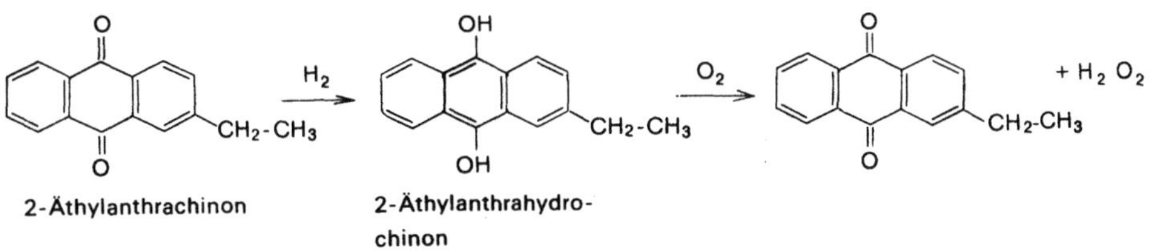

2-Äthylanthrachinon 2-Äthylanthrahydrochinon

Durch Nebenreaktionen wird 2-Äthyl-anthrachinon allmählich verbraucht und muß in der Lösung laufend ergänzt werden.

Durch Oxidation des 2-Methylanthrachinons mit Chromsäure erhält man die Anthrachinon-2-carbonsäure, die auch als Ausgangsmaterial für weitere Farbstoffe dient.

4.8 Phthalocyanine

Zu den Komplexfarbstoffen gehören die Phthalocyanine, die durch ihre außerordentliche Stabilität, u. a. gegenüber Temperaturen bis zu 500 °C, Zeugnis ablegen von der Unverwüstlichkeit geeignet konjugierter aromatischer Systeme.

Als erster Vertreter dieser Gruppe wurde von H. DE DIESBACH und E. VAN DER WEID[5] das Kupferphthalocyanin gefunden. Erst rund 7 Jahre später, 1934, wurde mit der Konstitutionsaufklärung durch R. P. Linstead und seine Mitarb.[6] deren technische Verwertbarkeit erkannt. In der Welt werden viele tausend Tonnen Phthalocyaninfarbstoffe jährlich erzeugt. Die BASF, einer der größten Phthalocyaninfarbstoff-Hersteller der Welt, bringt ihre Pigmentfarbstoffe auf Phthalocyaninbasis unter der Bezeichnung ®Heliogen-Farbstoffe auf den Markt.

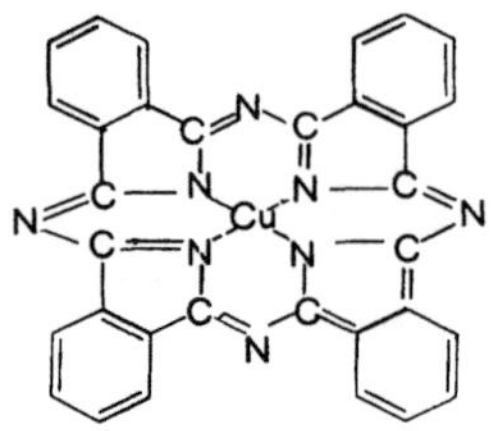

Cu-Phthalocyanin

Zur Synthese dieser Farbstoffe kann man sowohl von Phthalsäureanhydrid als auch von Phthalodinitril, das zuvor aus PSA hergestellt werden kann, ausgehen. In Ludwigshafen war für die Herstellung des Dinitrils der Phthalsäure bereits vor 1934 ein katalytisches Verfahren ausgearbeitet worden, so daß die Fabrikation von Heliogenblau sogleich technisch aufgenommen werden konnte.

4.8.1 Synthese aus PSA

Die Synthese aus PSA geht davon aus, daß beim Erhitzen desselben mit ausreichenden Mengen Harnstoff das Diiminoisoindolidin gebildet wird.

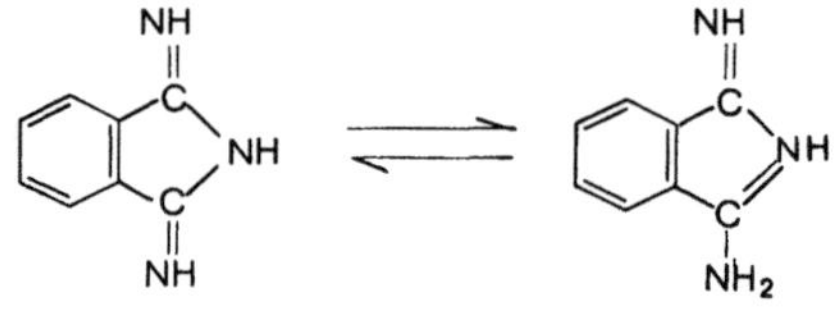

Diiminoisoindolidin

Das Diiminoisoindolidin kondensiert unter Austritt von Ammoniak in Gegenwart von Kupferchlorid zu dem komplexen Rohfarbstoff, der in einer α-, vorwiegend aber β-Modifikation auftritt. Durch Umlösen und Mahlen können die Pigmentteilchen beeinflußt werden. Durch Chlorierung in verschiedener Stärke kommt man zu einer Reihe von grünen Farbstoffen, die teilweise auch sulfoniert sein können bzw. die auch direkt durch Sulfochlorierung hergestellt werden. Diese Komplexfarbstoffe können zusätzlich noch mit Aluminiumchlorid verlackt werden.

Zur Synthese solcher Substanzen kann man auch direkt von 4-Chlorphthalsäure ausgehen. Werden in den erhaltenen Komplex noch Sulfogruppen eingeführt, so erhält man einen blauen Farbstoff. Dieser stellt als Kaliumsalz mit Calciumoxid verlackt einen äußerst stabilen Pigmentfarbstoff dar.

Einen grünen Farbstoff, das Heliogengrün 8 G, erhält man bei gemischter Chlorierung und Bromierung in der ungefähren Zusammensetzung $C_{32}N_8Br_{13}Cl_3Cu$.

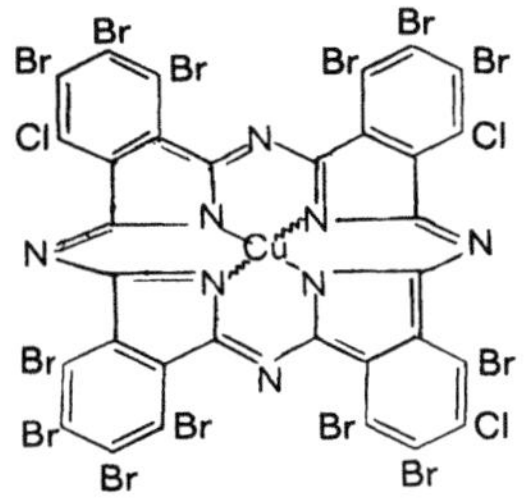

Heliogengrün 8G

Ein Farbstoff ähnlicher Zusammensetzung ist das Heliogengrün 6 G.
Beim Finishen dieser Produkte braucht man Phthalsäure in wäßriger Lösung. Werden die Farbstoffe damit behandelt, so läßt sich die für bestimmte Verwendungszwecke notwendige Kristallgröße züchten.

4.8.2 Synthese aus Phthalodinitril

Die Reaktion von PSA mit Ammoniak zu Phthalodinitril ist endotherm, und die notwendige Wärmemenge muß durch Heizen des Kreisgases sowie des Reaktors aufgebracht werden. Der Katalysator für diese Reaktion ist ein großporiges γ-Aluminiumoxid. Das modernste Verfahren zur Herstellung des Phthalodinitrils hat PSA als Rohstoff verlassen und führt o-Xylol in direkter Oxidation bei Gegenwart von Ammoniak katalytisch in Phthalodinitril über. Das Phthalodinitril wird dann unmittelbar mit Kupferchlorid nach dem sogenannten Backverfahren in Kupferphthalocyanin umgewandelt.

4.9 Azokörper

Zur Gruppe der Azofarbstoffe gehören auch gewisse Derivate des Phthalimids. Erwähnt sei hier z. B. ein rotfärbender Säurefarbstoff, bei dem man von 3-Nitrophthalsäure ausgeht. Diese liefert mit 1-Amino-2-sulfonyläthylen das entsprechende 3-Nitroäthylsulfonylphthalimid. Durch Hydrierung und Diazotieren der Aminogruppe und Kuppeln mit β-Naphthylamin erhält man schließlich einen sauren Rotfarbstoff.

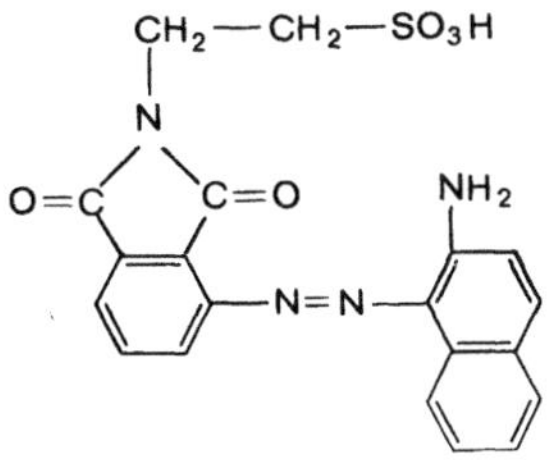

4.10 Gerbstoffe

In kleinerem Umfang dient PSA als Rohstoff für die Herstellung einiger synthetischer Gerbstoffe. Es handelt sich hier vor allem um Produkte aus Sulfophthalsäure. Diese wird durch Sulfonierung von Phthalsäure mit Oleum bei 160 °C hergestellt.

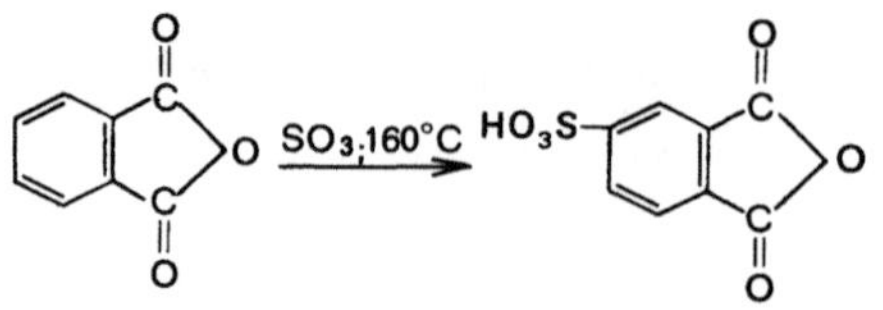

Wenn die Sulfophthalsäure mit Ammoniak oder Natronlauge neutralisiert ist, wird sie mit Zuschlägen, vor allem Phenolkondensationsprodukten, versehen und kommt in fester oder flüssiger Form als synthetischer Gerbstoff, z. B. unter dem Namen ®Decaltal[10] in den Handel.

4.11 Phthalimidderivate

Abkömmlinge des Phthalimids zeigen eine gewisse biologische Wirksamkeit. Einige davon findet man im Bereich der Schädlingsbekämpfungsmittel und der Pharmazie.

Ein Schädlingsbekämpfungsmittel, das insbesondere als Fungicid ein breites Wirkungsspektrum besitzt, ist z. B. das N-Trichlormethylthio-phthalimid (Kurzbezeichnung: Folpet). Es wurde von A. R. KITTLESON[11] erstmals beschrieben.

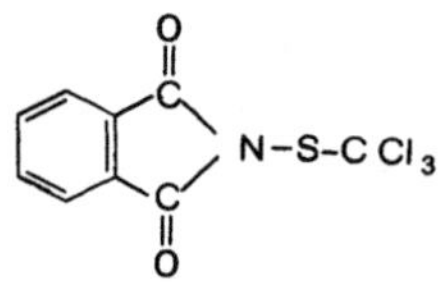

Da die Verbindung wenig toxisch ist, kann sie sogar zum Schutze schon geernteter Güter eingesetzt werden. Im Handel gibt es noch weitere Mittel ähnlicher Konstitution.

Ein Derivat des Phthalimids, das Thalidomid[12], hat unter dem Handelsnamen ®Contergan inzwischen eine traurige Berühmtheit erlangt und ist in die Medizin sowie in die Rechtsgeschichte eingegangen. Auf Grund dieser Erfahrung sollte die Aktivität dieser Phthalimid-Verbindungen bei Anwendung in biologischem Bereich besonders bedacht werden, um schädliche Nebeneffekte grundsätzlich zu vermeiden.

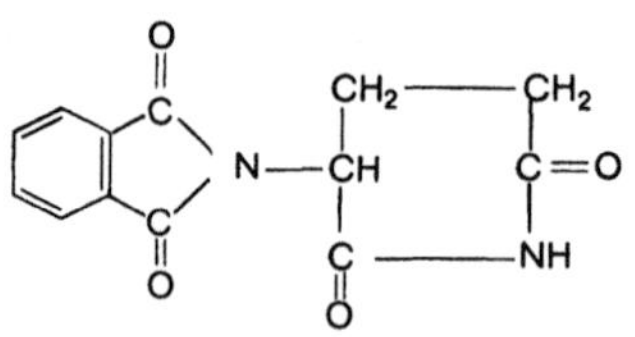

Thalidomid

4.12 Ausblick

Die Prognose für die weitere Entwicklung des Farbstoffmarktes muß sich an einigen allgemein gültigen Fakten orientieren, die allerdings öfters von Imponderabilien überlagert werden können. Zu diesen Grundbedingungen zählen sowohl eine wachsende Bevölkerung mit einer zunehmenden Tendenz zur farbigen Umwelt als auch das wechselnde Geschehen bei der Farbstoffproduktion selbst. Letzteres ist ein Wechselspiel zwischen zeitlichen und modischen Strömungen und Neuentwicklungen auf dem Gebiet der Werkstoffe, der Textilien und Farbstoffe.

Man verfügt heute über eine reiche Auswahl an Farbnuancen, und es ist zu erwarten, daß deren Zahl zur Deckung der steigenden Bedürfnisse in Zukunft noch vergrößert wird. Damit ist ein stetiges Wachstum verbunden, das weniger auf einer Produktionssteigerung als vielmehr auf einer Verbreiterung des Farbstoffsortiments beruht. Natürlich steigen dabei auch die Anforderungen an die Qualität. Mit anderen Worten: die Wirtschaftlichkeit des Farbstoffsektors hängt wahrscheinlich stärker als auf anderen Gebieten vom Einfallsreichtum des Chemikers ab.

Als Rohstoff für dieses Gebiet mag Phthalsäureanhydrid in dem einen oder anderen Fall verdrängt werden, völlig ablösen kann man es nicht, dazu ist es in den verschiedensten Farbstoffklassen zu fest verankert.

5
Phthalsäureanhydrid für Zwischenprodukte

5.1 Cyclohexa-3.5-dien-1.2-dicarbonsäure = $\Delta^{3.5}$-Dihydrophthalsäure und ihre Folgeprodukte

Die jüngste und eben erst einsetzende Anwendung von PSA erfolgt als Ausgangsprodukt für $\Delta^{3.5}$-Dihydrophthalsäure ($\Delta^{3.5}$-DHPS) und ihre Derivate. Hierbei handelt es sich um eine Gruppe von Verbindungen, die bisher teils unbekannt waren, teils als Laboratoriumskuriositäten existierten. Von ihnen kann erwartet werden, daß sie ein weiteres zukunftsträchtiges Kapitel in der technischen PSA-Verwendung eröffnen. Von Phthalsäure ausgehend läßt sich $\Delta^{3.5}$-DHPS durch Reduktion mit Natriumamalgam oder durch elektrochemische Hydrierung herstellen. Eine partielle katalytische Hydrierung ist nicht bekannt. In der Literatur sind Darstellungsweisen für $\Delta^{3.5}$-DHPS und ihre bekannten Derivate beschrieben, die sich nur für das Laboratorium eignen.

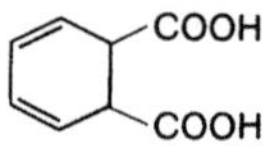

$\Delta^{3.5}$ - Dihydrophthalsäure

In der BASF wurde in den letzten Jahren für die Herstellung von $\Delta^{3.5}$-DHPS durch elektrochemische Hydrierung von PSA ein brauchbares technisches Verfahren entwickelt. Eine solche Synthese ermöglicht dieser von der Struktur her interessanten Verbindung über die verschiedensten chemischen Umsetzungen, insbesondere der Diels-Alder-Addition, eine Fülle von Folgeprodukten, die einem breiten Anwendungsbereich dienen können.

Natürlich mußten auch für die Derivate eigene technische Verfahren entwickelt werden.

5.2 Bekannte Darstellungsweisen

5.2.1 Reduktion von o-Phthalsäure mit Natriumamalgam

Die ersten und ausführlichsten Untersuchungen über die Reduktion von Phthalsäuren wurden von A. von Baeyer und H. Astié [1, 2] durchgeführt. Von v. Baeyer wurden verschiedene Dihydrophthalsäuren als Hydrierungs-Produkte der o-Phthalsäure dargestellt und versucht, ihre Struktur aufzuklären, und zwar:

Trans $\Delta^{3.5}$-DHPS, cis $\Delta^{3.5}$-DHPS, $\Delta^{2.6}$-DHPS, $\Delta^{2.4}$-DHPS und $\Delta^{1.4}$-DHPS. Die Methode von v. Baeyer zur Herstellung von $\Delta^{3.5}$-DHPS wurde u. a. von A. Neville [3] und E. A. Pasquinelli [4] bestätigt. Die Ausbeuten bei der Natriumamalgam-Reduktion von o-Phthalsäure zu Dihydrophthalsäure liegen bei 65% d. Th. Der Gehalt an $\Delta^{3.5}$-DHPS beträgt ca. 98 %.

5.2.2 Elektrochemische Reduktion von o-Phthalsäure

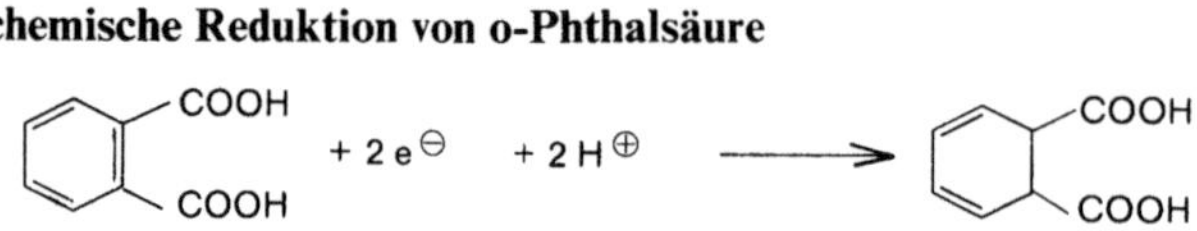

Die elektrochemische partielle selektive Hydrierung von o-Phthalsäure zu $\Delta^{3.5}$-DHPS wurde erstmals von C. Mettler [5] durchgeführt. Die Arbeiten von Mettler wurden von F. Somlo [6] reproduziert. Beide Autoren arbeiteten mit präparierten Bleikathoden [7]. Somlo stellte dabei fest, daß die Kathoden im Dauerversuch vergiftet werden. Die Reaktionstemperatur lag wegen der geringen Löslichkeit von Phthalsäure in der als Katholyten verwendeten 15%igen Schwefelsäure über 80 °C.

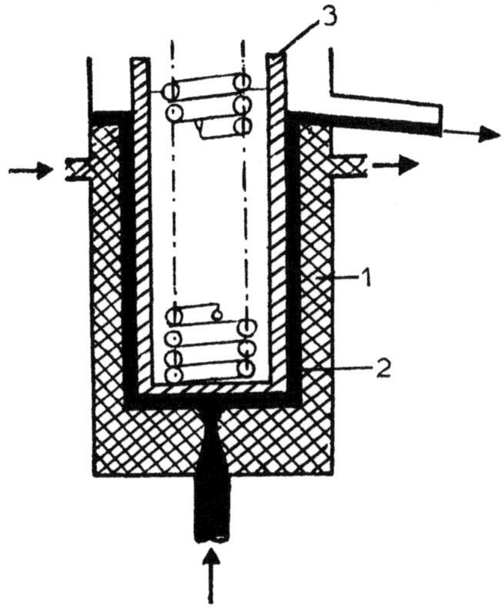

Abb. 19. Quecksilber-Elektrolysezelle nach Condit
1: Quecksilberkathode, 2: Katholytfilm, 3: Tondiaphragma

P. C. CONDIT[8] versuchte, die Arbeiten von METTLER und SOMLO in einen größeren Maßstab zu übertragen. Da nach kurzen Reaktionszeiten die Bleikathoden vergiftet waren und die Stromausbeute stark absank, ging er zur Verwendung von Quecksilber als Kathodenmaterial über. Er benutzte eine kontinuierliche Zelle mit dünnem Katholytfilm zwischen Kathode und Tondiaphragma (Abb. 19). Das als Kathode verwendete Quecksilber wurde laufend umgepumpt und mit Natronlauge regeneriert, um Vergiftungserscheinungen zu vermeiden. Die Stromausbeute bei METTLER und SOMLO mit mehr als 30% konnte von CONDIT auf über 80% erhöht werden. In beiden Fällen ist die anfallende $\Delta^{3,5}$-DHPS durch Isomerisierungsprodukte verunreinigt.

Polarographische Untersuchungen mit der Quecksilber-Tropfelektrode über die Reduktion von o-Phthalsäure wurden von N. H. FURMAN und C. E. BRICKER[9] an o-Phthalsäure und ihren Salzen durchgeführt. Über die Reduktionsprodukte wird keine Aussage gemacht. M. ONO[10] nahm mit Hilfe der Quecksilber-Tropfelektrode die Polarogramme der elektrochemischen Reduktion von Phthalsäure und Phthalsäureestern auf. Das Reduktionsprodukt der o-Phthalsäure wird von diesem Autor als $\Delta^{2,6}$-DHPS bezeichnet.

5.2.3 Diensynthese

Der Vollständigkeit halber seien noch die Arbeiten von O. DIELS und K. ALDER[11] sowie M. J. GOLDSTEIN und G. L. THAYER Jr.[12] erwähnt, von denen α-Pyron mit Maleinsäureanhydrid (MSA) unter CO_2-Abspaltung zu $\Delta^{3,5}$-DHPS umgesetzt wurde. Die Reaktion kann zweistufig unter Isolierung des Dienaddukts von α-Pyron an MSA oder einstufig durchgeführt werden.

Ebenfalls der Diensynthese bedient sich die folgende Herstellungsmethode, bei der Crotonaldehyd in Gegenwart von Essigsäureanhydrid mit MSA umgesetzt wird[13]. Die Reaktion läuft über die Enolform des Crotylidenacetats, das als Dien MSA anlagert. Beim Abspalten von Essigsäure entsteht aus dem Dienaddukt $\Delta^{3,5}$-DHPS-anhydrid ($\Delta^{3,5}$-DHPSA) bzw. $\Delta^{3,5}$-DHPS.

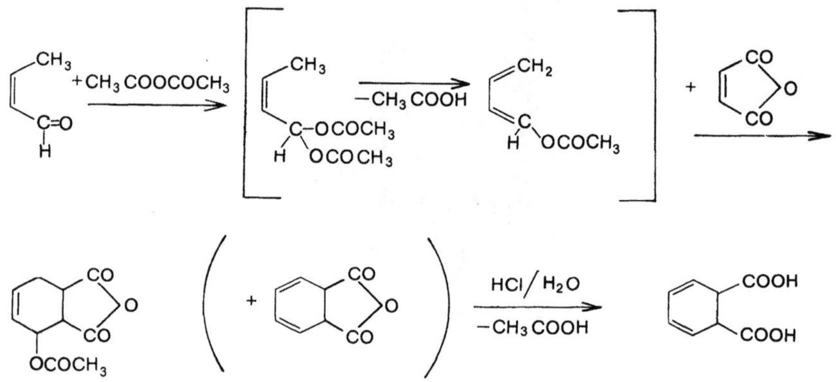

5.3 BASF-Verfahren zur Herstellung von $\Delta^{3,5}$-Dihydrophthalsäure

Von den erwähnten Herstellungsmethoden bot einzig die elektrochemische selektive partielle Hydrierung von o-Phthalsäure die Chance, zu einem wirtschaftlichen Verfahren zu gelangen, das auch technisch realisierbar ist. Unterstützt wurde dieser Weg durch die günstige Rohstoffbasis im eigenen Hause. Die bekannten Arbeitsweisen waren allerdings mit vielen Mängeln behaftet. So erhält man nach METTLER und SOMLO eine schlechte Material- und Stromausbeute, und die Bleikathoden werden vergiftet. Die Methode war also in der vorliegenden Form nicht brauchbar.

Der Nachteil des CONDITschen Verfahrens liegt in der großen Quecksilbermenge, für die ein Kreislauf nötig ist. Ferner enthält das Reduktionsprodukt infolge der Isomerisierung der $\Delta^{3,5}$-DHPS zu $\Delta^{2,5}$-DHPS das für Diensynthesen nicht verwendbare Nebenprodukt.

Die elektrochemische Synthese der $\Delta^{3,5}$-DHPS mußte somit erneut bearbeitet werden. Gleich zu Beginn der Untersuchungen über die elektrochemische Hydrierung der o-Phthalsäure stellten sich die Forderungen nach:

- Verwendung von Kathoden, die nicht vergiftet werden bzw. Verwendung von Katholytsystemen, die eine Vergiftung von Bleikathoden vermeiden;
- Auffinden von Reaktionsbedingungen, unter denen eine Isomerisierung der $\Delta^{3,5}$-DHPS vermieden wird, d. h. Arbeiten bei niedrigen Temperaturen;
- möglichst hohe Depolarisatorkonzentration (d. h. o-Phthalsäurekonzentration), um eine hohe Raumzeitausbeute und eine hohe Stromdichte zu erreichen;
- geeignetes Diaphragma;
- technisch brauchbare Elektrolysezelle;
- kontinuierliches Verfahren.

Unabhängig davon ergab sich beim Nacharbeiten der Literaturangaben, daß die Bestimmung der Reduktionsprodukte durch Jodzahl und UV-Spektroskopie zu Fehlschlüssen führt. Unter anderem entsteht als Isomerisierungsprodukt die $\Delta^{2,5}$-DHPS statt der $\Delta^{2,6}$-DHPS, wie es in der Literatur beschrieben ist. Die $\Delta^{2,5}$-DHPS ist aber mit der UV-Analyse nicht zu erfassen. Erst durch die Anwendung der Kernresonanzspektroskopie zur Strukturaufklärung und quantitativen Bestimmung wurde festgestellt, daß bei den Versuchsbedingungen der Literaturvorschriften $\Delta^{2,5}$-DHPS entsteht.

Ferner wurde die Vergiftung der Bleikathoden durch schmierige braune Beläge bestätigt.

Im Vergleich zu einer normalen chemischen oder katalytischen Reaktion ist bei der elektrochemischen Synthese eine ungewöhnlich große Anzahl von Faktoren mit teilweise gegenläufiger Tendenz von entscheidendem Einfluß auf das Reaktionsgeschehen. Um die 6 Hauptforderungen zu erfüllen, konnte oft nur experimentell das Optimum für die komplexen Verhältnisse bestimmt werden – eine unerläßliche Voraussetzung für ein interessantes Verfahren. Von den wichtigsten Parametern waren zu berücksichtigen: Kathodenmaterial, Kathodenpotential, Wasserstoffüberspannung, Stromdichte, Depolarisatorkonzentration, Konvektion, Temperatur, Katholytzusammensetzung (u. a. Leitfähigkeit) und Gestaltung der Elektrodenfläche sowie der Elektrolyträume.

5.3.1 Grundlagen und Reaktionsbedingungen

An Hand der Strom-Spannungs- und Potential-Zeitkurven [14] war es möglich, die Brauchbarkeit von Legierungen, wie z. B. Pb-Ag, Pb-Ag-Hg, Pb-Sb, Cd-Sn [15], als Kathodenmaterial zu ermitteln. Mit diesen Kathoden konnte zwar die Vergiftung eingeschränkt, eine gewisse Inaktivierung jedoch nicht vollständig ausgeschaltet werden.

Die polarographische Bestimmung der Strom-Spannungskurven an der Quecksilber-Tropfelektrode in wäßrigem Medium nach bekannten Methoden [9,10] ergab für die Hydrierung der o-Phthalsäure eine Stufe mit dem Halbstufenpotential (gemessen gegen die normale Wasserstoffelektrode) von

– 0,92 Volt bei p_H 1
– 0,98 Volt bei p_H 2.

Die Grundkurve wurde im gleichen Elektrolyten ohne Phthalsäure aufgenommen. In diesem Falle besteht die Elektrodenreaktion in der Wasserstoffentwicklung an der Kathode. Die Grundkurve verläuft in diesem p_H-Bereich ca. 200 mV negativer (vgl. Abb. 20).

Der Abstand zwischen der Grundkurve und der polarographischen Strom-Spannungskurve nimmt mit abnehmendem p_H schnell ab, so daß eine Messung in stark saurem Medium ($p_H < 1$) infolge eintretender Wasserstoffentwicklung nicht mehr möglich ist.

Dieses Ergebnis sagt aus: Im wäßrigen System können die Reaktionsprodukte nicht weiter hydriert werden, weil nach der ersten Reduktionsstufe die Wasserstoffbildung bevorzugt ist; d. h. o-Phthalsäure kann in wäßrigen Katholyten selektiv zu Dihydrophthalsäure reduziert werden.

Die Strom-Spannungskurven unter galvanostatischen Bedingungen in einem wäßrigen schwefelsauren System bei 85 °C an einer stark amalgamierten Blei-Quecksilber-Legierung als Kathode zeigen einen Abstand zur Grundkurve (Wasserstoffentwicklung) von etwa 100 mV (Abb. 21). Eine stärkere Wasserstoffentwicklung kann also nur durch sorgfältige Kontrolle des Kathodenpotentials vermieden werden.

Die Messung des Kathodenpotentials in diesem System bei verschiedenen Stromdichten in Abhängigkeit von der Zeit (Potential-Zeitkurve) ergab eine stetige Verschiebung zu

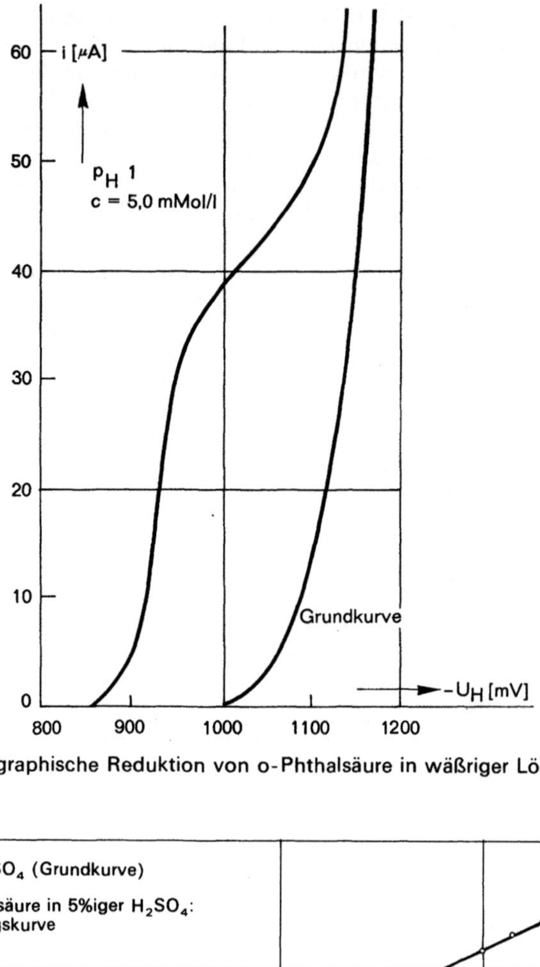

Abb. 20. Polarographische Reduktion von o-Phthalsäure in wäßriger Lösung bei 25 °C

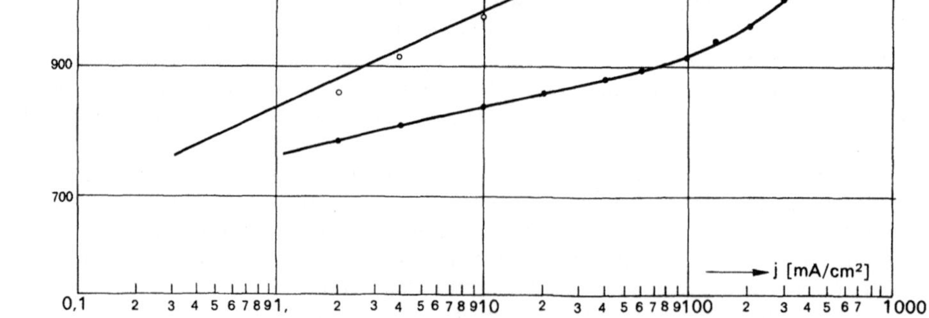

Abb. 21. Strom-Spannungskurve bei 85 °C in H_2O

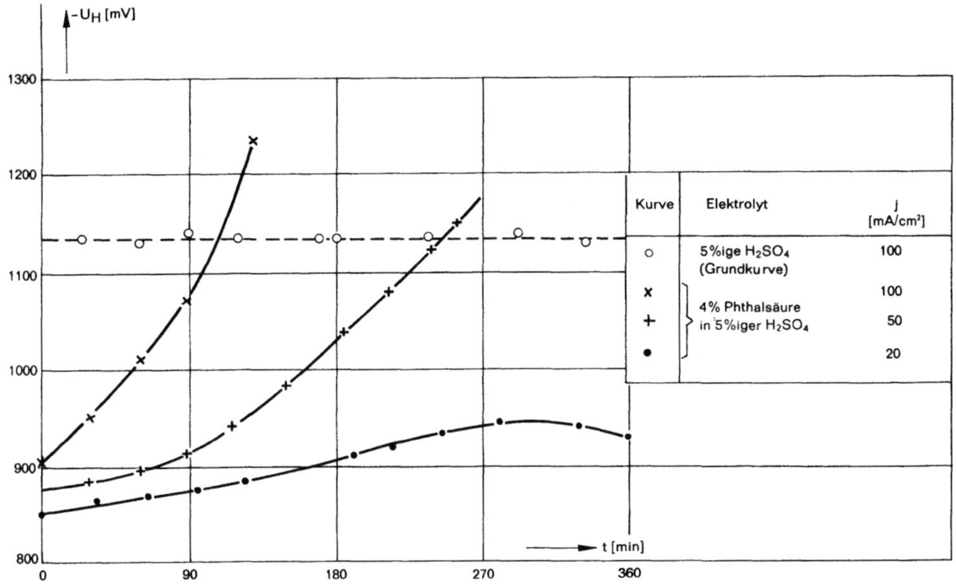

Abb. 22. Potential-Zeitkurve bei verschiedenen Stromdichten bei 85 °C in H_2O

negativeren Werten und damit zur Grundkurve (Abb. 22). Diese Verschiebung findet um so schneller statt, je höher die Stromdichte ist. Da die Grundkurve im Gegensatz dazu zeitlich völlig konstant bleibt, wird nach einer gewissen Zeit die Grundkurve geschnitten, und als Konkurrenzreaktion findet eine starke Wasserstoffentwicklung statt.

Auf Grund dieses Resultates steht fest, daß die Reduktion von o-PS zu $\Delta^{3,5}$-DHPS gehemmt ist, denn in verdünnter Schwefelsäure werden auch Kathoden aus Legierungen vergiftet. Teerartige Beläge treten zwar nicht mehr auf, doch ist eine verstärkte Wasserstoffbildung zu beobachten.

Im Hinblick auf ein technisches Verfahren besitzt diese Arbeitsweise in wäßriger Lösung noch andere Nachteile:

- Hohe Reaktionstemperatur über 80 °C und dadurch verursachte Umlagerung der $\Delta^{3,5}$-DHPS.
- Geringe Depolarisatorkonzentration (bei 90 °C ca. 4,5 Gew.% PS), d. h. hohe Konzentrationspolarisation bei höheren Stromdichten sowie niedere Raumzeitausbeute.

Durch Zusatz von mit Wasser mischbaren organischen Lösungsmitteln zum Katholyten erwartete man folgende Vorteile:

- Beeinflussung der Vergiftungserscheinungen an der Kathode;
- Niedrige Reaktionstemperatur und dadurch eine geringere Umlagerung der $\Delta^{3,5}$-DHPS; ferner sollte es möglich sein, die Tondiaphragmen durch Ionenaustauschermembranen zu ersetzen;
- Höhere Löslichkeit und damit eine höhere Raumzeitausbeute und eine geringere Konzentrationspolarisation.

Von den naheliegenden Alkoholen war schon aus der Literatur[6] bekannt, daß sie Nebenreaktionen verursachen und für diesen Zweck ungeeignet sind. Näher untersucht wurde

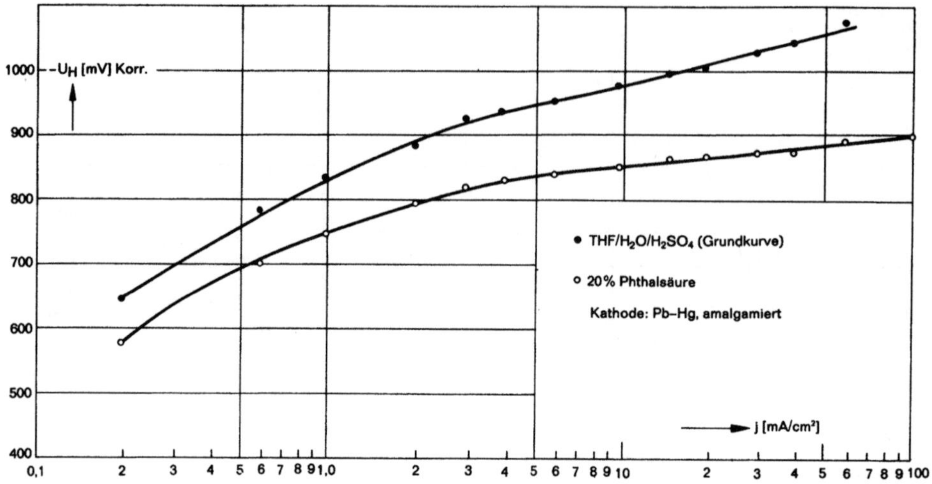

Abb. 23. Strom-Spannungskurve bei 35 °C in THF

daher vor allem Dimethylformamid, Tetrahydrofuran (THF), Dioxan, Acetonitril und Glykolmonomethylester. Aus den Strom-Spannungskurven am Beispiel des THF (Abb. 23) geht hervor, daß über den gesamten Stromdichtebereich die Grundkurve negativer liegt als die Kurve in Gegenwart von Phthalsäure. Bei höheren Stromdichten nimmt der Abstand der beiden Kurven sogar zu. Die Potential-Zeitkurven einer Dauerelektrolyse bei konstanter Stromdichte lassen erkennen, daß im Gegensatz zu den Verhältnissen im

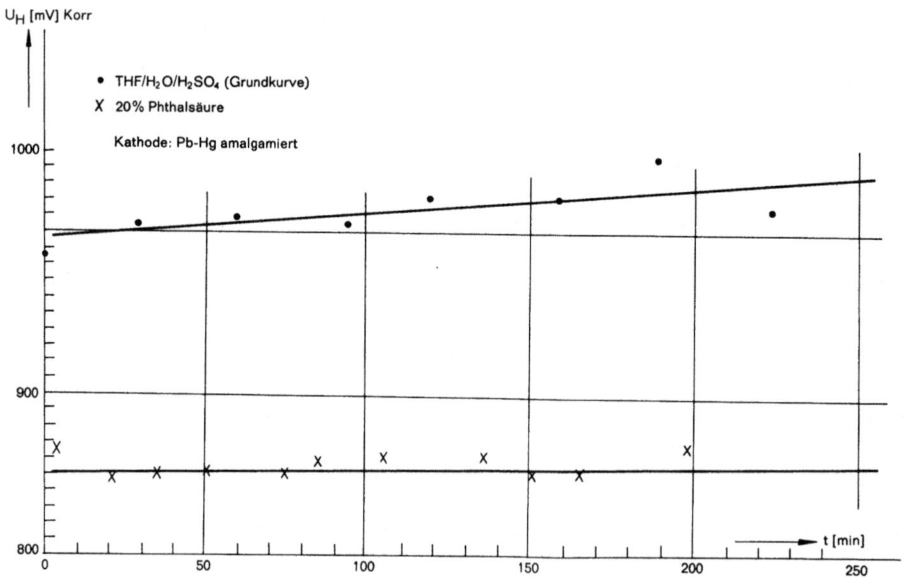

Abb. 24. Potential-Zeitkurve bei j = 50 mA/cm² (35 °C) in THF

wäßrigen System bei der Grundlösung (H_2-Entwicklung) eine zeitliche Negativierung des Potentials auftritt. Die Messung mit Tetrahydrofuran (Abb. 24) und Dioxan ergab ein völlig konstantes Potential. Die Potentialdifferenz zwischen beiden Kurven nimmt dabei zeitlich zu. Eine Negativierung oder Vergiftung der Kathode ist nicht zu beobachten. Der Potentialabstand zwischen Grundkurve und Strom-Spannungskurve mit o-PS beträgt 150–200 mV. Dieses Ergebnis bestätigt die Erwartungen. Eine zeitlich zunehmende Wasserstoffentwicklung während der Elektrolyse unterbleibt, weil die Inaktivierung der Kathode in dem neuen Katholytmedium beseitigt wird.

Nachdem die grundsätzliche Frage der Kathodenvergiftung gelöst war, galt es, die optimalen Reaktionsbedingungen zu ermitteln. Für die experimentellen Untersuchungen dienten Glaszellen mit runden Elektroden und Tonzylinder als Diaphragmen (Abb. 25) sowie eine Filterpressenzelle (Abb. 26–28) mit Ionenaustauschermembranen als Diaphragmen. Der Katholyt setzte sich zusammen aus: 15–20% Phthalsäure, 50–60% Lösungsmittel (insbesondere Dioxan und Tetrahydrofuran), 15–20% Wasser und 5% H_2SO_4[16].

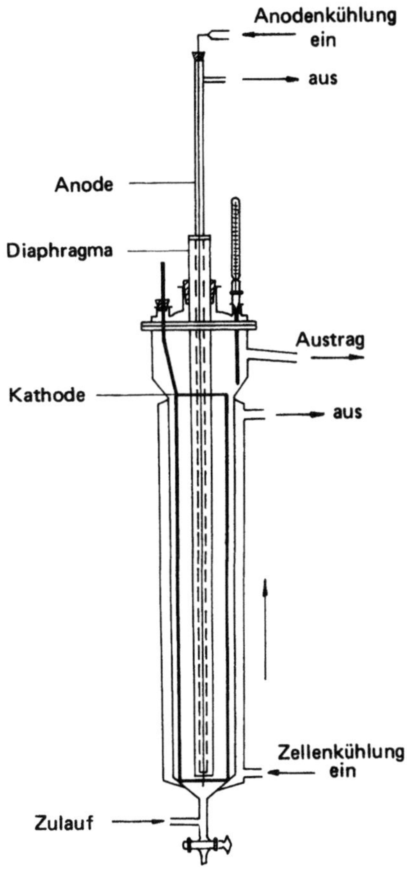

Abb. 25

Wiederum erwies sich, wie aus den Versuchswerten (Tab. 16) hervorgeht, die neue Arbeitsmethode mit organischen Lösungsmitteln den bekannten Verfahren in wäßriger Schwefelsäure weitaus überlegen. In der Tab. 16 sind die Ergebnisse zweier Versuche mit und ohne Lösungsmittelzusatz unter sonst vergleichbaren Bedingungen gegenübergestellt.

Tab. 16.

Versuche	ohne Lösungsmittel	mit Lösungsmittel
o-PS-Gehalt im Katholyten (%)	4,5	20
Reaktionstemperatur (°C)	>85	35
Ausbeute an $\Delta^{3.5}$-DHPS (% d. Th.)	≤ 70	>85
Gehalt an $\Delta^{2.5}$-DHPS (%)	≥ 20	≤ 10
Stromausbeute bez. auf $\Delta^{3.5}$-DHPS (%)	50	>64
Stromverbrauch (kWh/kg $\Delta^{3.5}$-DHPS)	ca. 8	ca. 6

Als einziger Nachteil des Arbeitens mit lösungsmittelhaltigen Katholyten ist die geringe Leitfähigkeit des Lösungsmittelsystems zu betrachten. Dies kann aber durch eine geeignete Zellenkonstruktion mit möglichst geringen Abständen zwischen Kathode und Diaphragma ohne weiteres ausgeglichen werden. Damit läßt sich die Zellspannung verringern und der Energieverbrauch senken.

Die Elektrolyseversuche ließen bisher nicht bekannte Zusammenhänge sichtbar werden, so besteht z. B. eine starke Abhängkeit der Materialausbeute und des Reaktionsverlaufs vom Lösungsmittel (vgl. Tab. 17).

Tab. 17. Stromdichte 10 A/dm² – Stromumsatz 140 %

Lösungsmittel	Dihydrophthalsäure (% d. Th.) ($\Delta^{3.5}$ + $\Delta^{2.5}$)
Tetrahydrofuran	94
Dioxan	89
Methylglykol	84
Dimethylformamid	76
Acetonitril	77
Aceton	72

In Dimethylformamid ist die Isomerisierung der $\Delta^{3.5}$-DHPS zu $\Delta^{2.5}$-DHPS begünstigt. Mit Aceton verfärbt sich der Katholyt braun, wobei sich schmierige Beläge auf Elektroden, Diaphragmen und Zellwänden bilden. In Tetrahydrofuran sind Nebenprodukte begünstigt, und zwar entstehen in einer bisher nicht bekannten Reaktion Diphthalyl und die En-diol-Form der α,α'-Benzoindicarbonsäure.

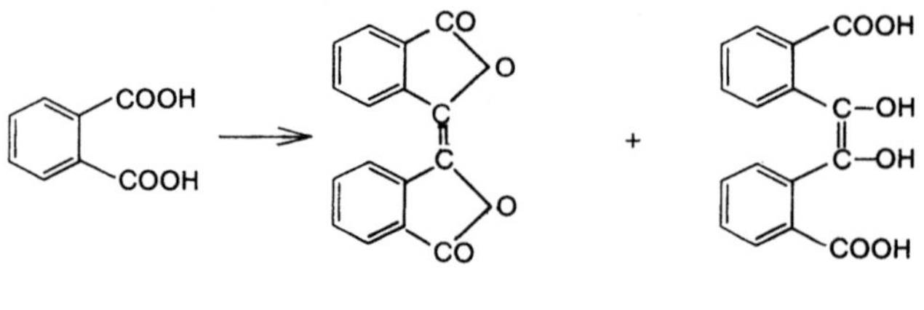

5.3.2 Elektrolysezelle nach dem Prinzip der Filterpresse

Für eine Produktionseinheit wurde eine Elektrolysezelle nach der Bauart einer Filterpresse konstruiert. Als Diaphragmen werden Kationenaustauschermembranen verwendet. Bei der Entwicklung dieser Elektrolysezelle mußten verfahrenstechnische, elektrische und chemische Gesichtspunkte in Erwägung gezogen und aufeinander abgestimmt werden. Durch eine unterschiedliche Anzahl der Einzelelemente kann die Kapazität der Elektrolysezelle variiert werden. Die Elektrolysezelle wird vom Elektrolyten parallel oder hintereinander durchströmt. Die Elektroden sind bipolar. Aus den Abbildungen 26–28 ist ein Zellenblock aus mehreren Zelleneinheiten sowie der Aufbau einer einzelnen Einheit aus den Einzelteilen zu ersehen.

Die Elektrolysezelle als Block besteht aus aneinandergereihten Elektroden mit den dazugehörenden Rahmen, die in ein Gestell senkrecht eingehängt und zusammengepreßt werden. Die Anzahl der einzelnen Zelleneinheiten wird hauptsächlich durch die elektrischen Gegebenheiten (u. a. Gesamtzellspannung) bestimmt, zweckmäßigerweise wird sie zwischen 10 und 40 Einzelzellen liegen (Abb. 26). Abb. 27 zeigt die Einzelteile einer Zelleneinheit. Die Elektroden (1) enthalten in diesem Beispiel einen Stahlkern, der als Kühltasche ausgebildet ist. Außen sind sie allseitig verbleit. Auf beiden Seiten, an denen der Elektrolyt vorbeiströmt, können sie ausgewölbt sein. Dadurch werden die in den entsprechenden Abmessungen hergestellten Rahmen (2) aus Polyäthylen, die mit Zuleitungen (3a) und Ableitungen (3b) für den Elektrolyten sowie Entgasungsrohren (4) für Wasserstoff bzw. Sauerstoff versehen sind, eingepaßt. Durch die Breite der Auswölbung und der Rahmen ist der Abstand zur nächsten Elektrode bzw. zum Diaphragma (7) gegeben. In den freien Raum der Kunststoffrahmen werden die Abstandshalterungen aus Polyäthylen

A = Druckspindel
B = Kunststoffüberzug
C = Druckplatte
D = Elektrode
E = Stromfahne
F = Kunststoffrahmen
G = Produktzufluß
H = Produktaustritt
I = Anolytzufluß
J = Anolytaustritt
K = Kühlwassereintritt
L = Kühlwasseraustritt
M = Entgasung

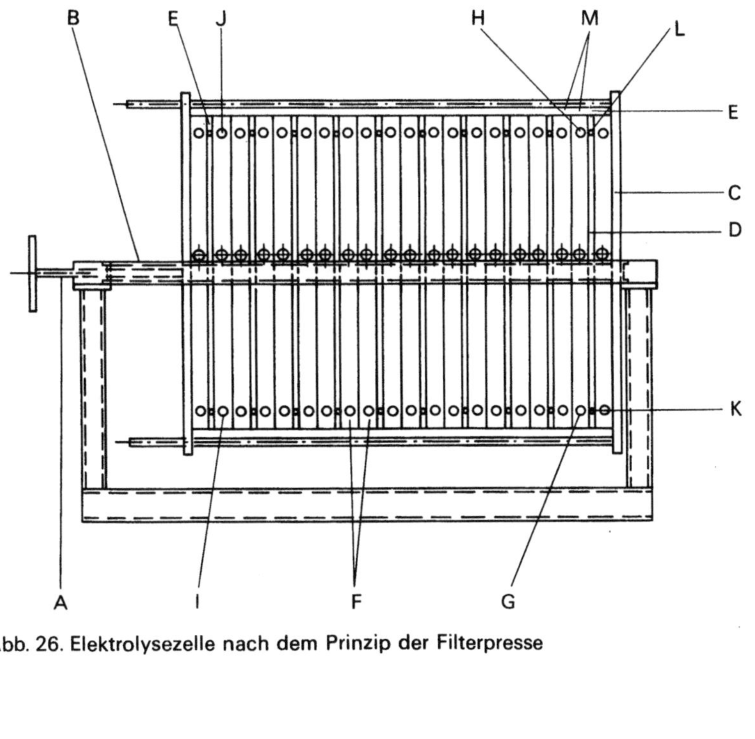

Abb. 26. Elektrolysezelle nach dem Prinzip der Filterpresse

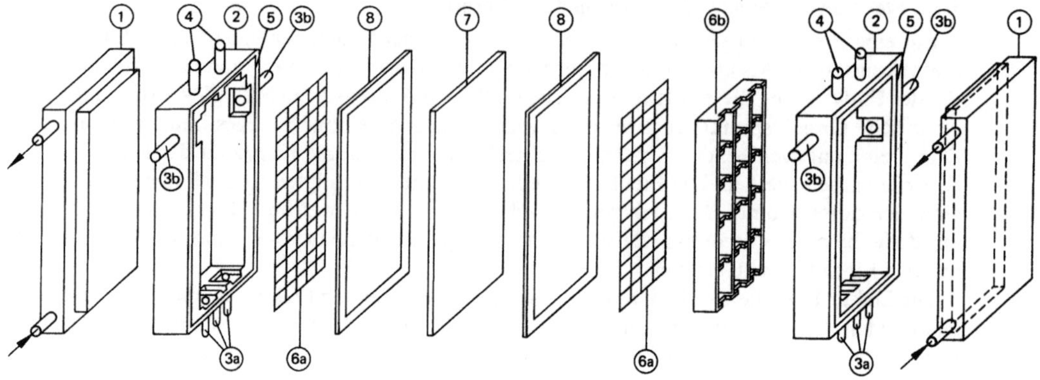

Abb. 27. Einzelteile einer Zelleinheit

- A = Anolyt
- B = Diaphragma
- C = Katholyt
- D = Kühlwassereintritt
- E = Kühlwasseraustritt
- F = seitl. Abgang f. Katholyt
- G = Abstandshalterung (Stützgewebe)
- H = Kunststoffrahmen
- I = seitl. Abgang für Anolyt
- J = PE-Masken
- K = Abstandshalterung (Gitter)
- L = Stahltasche
- M = Blei
- N = Dichtung

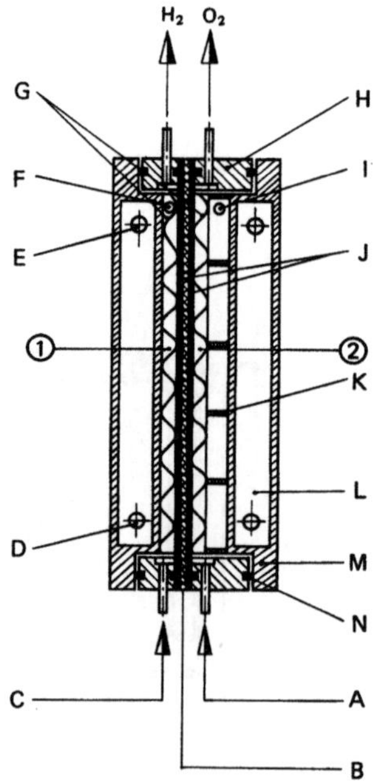

Abb. 28. Elektrolyseneinheit aus zwei bipolaren Elektroden

in Form eines Netzes (6a) oder eines Gitters (6b), das zusätzlich ein Netz enthalten kann, eingehängt. In die Rahmen sind Dichtungen (5) aus ®Hypalon eingelegt. Sie dichten beim Zusammenbau die Zelleneinheit zur Elektrode und zum Diaphragma hin ab. Als Diaphragmen werden Kationenaustauschermembranen verwendet.

Eine aus zwei bipolaren Elektroden zusammengesetzte Elektrolyseeinheit mit Rahmen und Diaphragma zeigt Abb. 28. Der Elektrolytraum mit dem geringen Abstand (1) zwischen Elektrode und Ionenaustauschermembrane ist für Elektrolyte mit geringer Leitfähigkeit und der Elektrolytraum mit breitem Abstand (2) für Elektrolyte mit hoher Leitfähigkeit vorgesehen. Bei der Phthalsäurehydrierung durchströmt der Katholyt den Elektrolytraum mit geringem Abstand und der Anolyt den Elektrolytraum mit breitem Abstand. Der Elektrolyt fließt durch die Zellenräume jeweils von unten nach oben. Die einzelnen Zellräume sind durch Verteilerrohre (Paralleldurchfluß) oder Verbindungsrohre (Seriendurchfluß) aus Kunststoff miteinander verbunden.

Variationen in der technischen Ausführungsform der Elektroden sind möglich. So können beispielsweise zwei Bleiplatten parallel zueinander in einen Kunststoffrahmen eingepaßt, abgedichtet und leitend miteinander verbunden werden. Wird die Wärme durch außenliegende Kühlaggregate abgeführt, kann die Elektrode aus nur einer Platte bestehen. Ebenso ist es möglich, die Elektrolytkanäle seitlich oben und unten in den Zellenblock zu verlegen, wobei allerdings bei gut leitenden Elektrolyten auf Stromverluste durch Streuströme zu achten ist.

Mit der Elektrolysezelle sind auch andere elektrochemische Reduktionen sowie Oxidationen möglich.

Abb. 29. (Mit freundlicher Genehmigung der Accumulatorenfabriken Wilhelm Hagen AG, Soest)

Zur Erzielung einer höheren Raumzeitausbeute, einer verbesserten Konvektion und einer niederen Zellspannung ist es vorteilhaft, Kathoden mit strukturierter und damit vergrößerter Oberfläche[17] zu verwenden.

Eine derartige von uns entwickelte Elektrode zeigt Abb. 29.

Die technische Herstellung der Elektroden wird bei den Accumulatorenfabriken Wilhelm Hagen AG, Soest, durchgeführt.

5.3.3 Technologie des kontinuierlichen Verfahrens

Im folgenden Schema (Abb. 30) sind die einzelnen Verfahrensstufen der elektrochemischen Phthalsäurehydrierung skizziert:

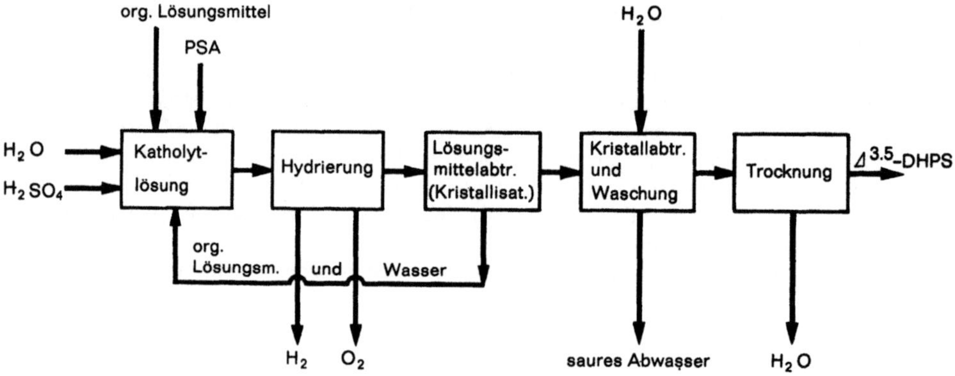

Abb. 30.

Die Ausgangsstoffe Phthalsäure, Wasser, Schwefelsäure und Lösungsmittel werden in einem Behälter gemischt und kontinuierlich der Elektrolysezelle zudosiert. Im Aufarbeitungsteil wird unter Einhaltung von Bedingungen, die eine Umlagerung von $\Delta^{3.5}$-DHPS in das $\Delta^{2.5}$-Isomere unbedingt vermeiden, die Dihydrophthalsäure durch Abdestillieren des Lösungsmittels isoliert. Die zurückbleibende Maische aus DHPS und verdünnter Schwefelsäure wird in einem weiteren Verfahrensschritt in Feststoff und Filtrat getrennt. Nach Waschen und Trocknen des Feststoffes fällt direkt die rohe Dihydrophthalsäure an (Abb. 31).

Um im Dauerbetrieb gleichmäßig hohe Stromausbeute, Materialausbeute und Umsatz zu gewährleisten, ist ein periodisches Abstellen und Kurzschließen der Elektrolysezelle von Vorteil[18]. Durch diese Maßnahmen werden auch Nebenreaktionen, wie z. B. die Bildung von Diphthalyl und Benzoindicarbonsäure, unterbunden.

Im folgenden sind einige Angaben über die Reaktionsbedingungen und das Ergebnis der Elektrolyse im halbtechnischen Maßstab zusammengestellt.

Katholytzusammensetzung:	15–20% o-PS, 50–55% Dioxan, 5% H_2SO_4, Rest H_2O
Reaktionstemperatur:	30–40 °C
Stromumsatz:	120%
Stromdichte:	8–12 A/dm^2
$\Delta^{3.5}$-DHPS-Ausbeute:	90% d. Th.
Stromausbeute:	75%
Energieverbrauch:	3,3 kWh/kg $\Delta^{3.5}$-DHPS
Zellenbelastung:	1,8 kg $\Delta^{3.5}$-DHPS/m^2 aktiver Kathodenfläche u. Stde.

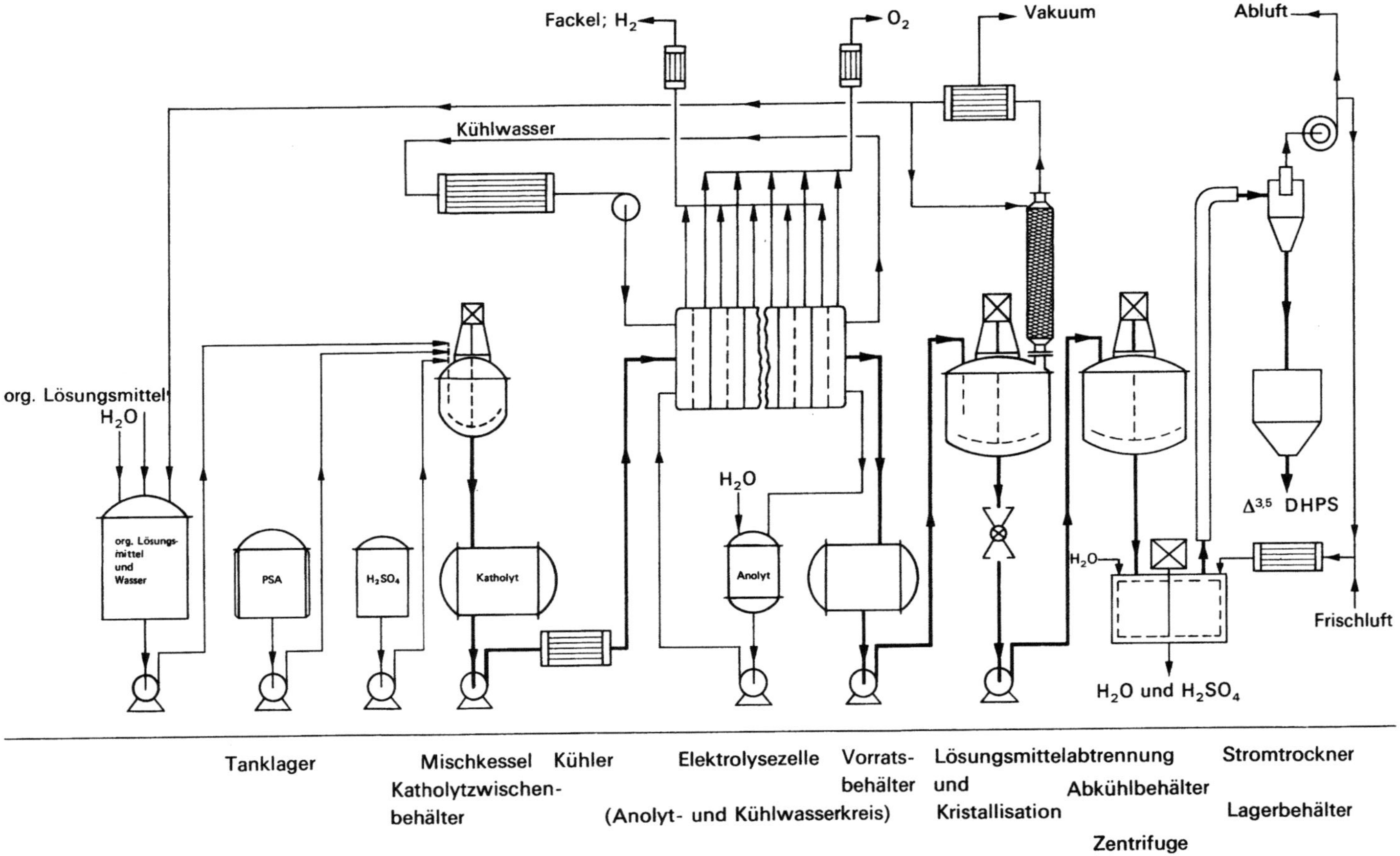

Abb. 31. BASF-Verfahren zur kontinuierlichen Herstellung von $\Delta^{3,5}$-Dihydrophthalsäure

Der Verlust von $\Delta^{3,5}$-DHPS ist abhängig von dem Gehalt des organischen Lösungsmittels in der Maische. Er liegt normalerweise bei 2%. Da während des ganzen Prozesses kein weiterer nennenswerter Materialverlust entsteht, beträgt die Materialausbeute für diese elektrochemische Reaktion 97,5–98%.

Mit der Entwicklung des elektrochemischen Verfahrens zur Hydrierung von Phthalsäure zu Dihydrophthalsäure wurde für die BASF sowohl in verfahrenstechnischer als auch chemischer Hinsicht Neuland erschlossen. Mit Dihydrophthalsäure kann ein Produkt großtechnisch zur Verfügung gestellt werden, das sowohl in wissenschaftlicher als auch wirtschaftlicher Hinsicht als interessantes Ausgangsprodukt für eine Reihe von Folgeprodukten bzw. Umsetzungen anzusehen ist.

5.4 Derivate der $\Delta^{3,5}$-Dihydrophthalsäure

Auf Grund ihrer Struktur – konjugiertes Diensystem und Carboxylgruppen – ist die $\Delta^{3,5}$-DHPS ein interessantes Ausgangsprodukt für viele chemische Umsetzungen. Es handelt sich dabei insbesondere um Reaktionen der Carboxylgruppen und Additionsreaktionen. Es soll hier über das Ergebnis einiger Arbeiten und über den derzeitigen Entwicklungsstand der Untersuchungen berichtet werden, wobei im Vordergrund unserer Untersuchungen die Diels-Alder-Reaktion stand. Die Schwerpunkte wurden dabei von wirtschaftlichen und technischen Überlegungen bestimmt. Einige Reaktionen können deshalb hier nur angedeutet bzw. die vorläufigen Untersuchungsergebnisse und Strukturvorschläge lediglich zur Diskussion gestellt werden.

5.4.1 Isomere der $\Delta^{3,5}$-Dihydrophthalsäure

Von der Dihydrophthalsäure sind verschiedene Isomere möglich, und zwar Struktur- und Konfigurationsisomere, die von v. BAEYER[1] erstmals untersucht wurden. Einige seiner Strukturvorschläge sind von den heutigen Kenntnissen aus zu korrigieren.

5.4.1.1 Strukturisomere der $\Delta^{3,5}$-Dihydrophthalsäure

Das $\Delta^{3,5}$-Isomere ist isoliert als Substanz beständig. In wäßriger Lösung tritt Umlagerung ein, die durch Temperaturerhöhung und Säuren bzw. Basen beschleunigt und gelenkt wird. Beim Kochen der wäßrigen Lösung oder bei Säurekatalyse entsteht das $\Delta^{2,5}$-Isomere, das auch bei der Natriumamalgam-Reduktion von Phthalsäure in sodaalkalischer Lösung nach v. BAEYER[1] erhalten wird. Dies ist das eindeutige Ergebnis von Kernreso-

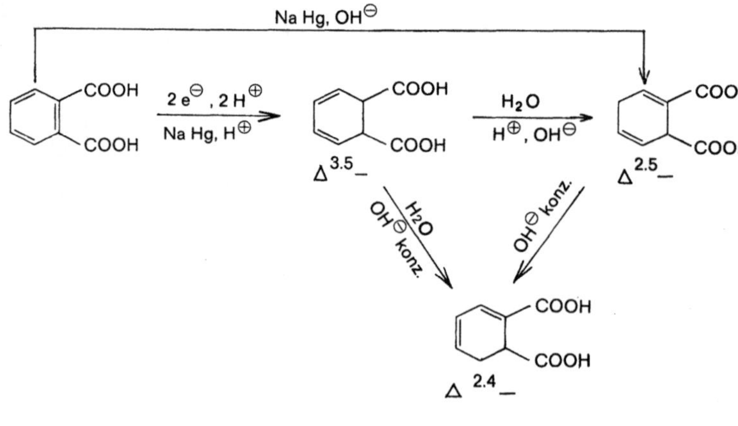

nanz-Untersuchungen[19] und wird auch durch Literaturangaben[12] bestätigt. Die von v. BAEYER beschriebene und bis 1965 in die Literatur übernommene $\Delta^{2,6}$-DHPS liegt mit Sicherheit nicht vor. Bei der basenkatalysierten Umlagerung entsteht jedoch neben dem $\Delta^{2,5}$-Isomeren auch das $\Delta^{2,4}$-Isomere. Die $\Delta^{2,4}$-DHPS als die beständigste Form der verschiedenen Isomeren kann bei ausreichend langer Reaktionszeit angereichert werden.

5.4.1.2 Konfigurationsisomere der $\Delta^{3,5}$-Dihydrophthalsäure

Im Verlauf der Untersuchungen fielen bei der elektrochemischen Hydrierung Dihydrophthalsäureproben mit unterschiedlichen Schmelzpunkten an. Es treten Differenzen zwischen 154 °C und 201 °C auf. Nach der Elementar-, Ultrarot- und Kernresonanzanalyse (NMR) handelt es sich bei allen Proben aber einwandfrei um $\Delta^{3,5}$-DHPS mit der üblichen Verunreinigung von geringen Mengen $\Delta^{2,5}$-DHPS und nicht umgesetzter o-Phthalsäure. Es lag nahe, daß es sich bei den einzelnen Proben um Isomere bzw. Isomerengemische der $\Delta^{3,5}$-DHPS (cis- und trans-Form) mit unterschiedlichen Schmelzpunkten handelt, die schon v. BAEYER[1] isoliert hatte. Nach der Literatur entsteht bei der Reduktion von o-Phthalsäure mit Na-Amalgam das trans-Isomere, während das cis-Isomere nur durch vorsichtige Hydrolyse des $\Delta^{3,5}$-Dihydrophthalsäureanhydrids erhalten wird. Bei der Anhydridbildung soll sich die trans-$\Delta^{3,5}$-DHPS intermediär in die cis-Form umlagern, die dann erst unter Wasserabspaltung zum Anhydrid weiterreagiert. Bei der Hydrolyse entsteht die cis-Säure, die nunmehr in Substanz isoliert werden kann.

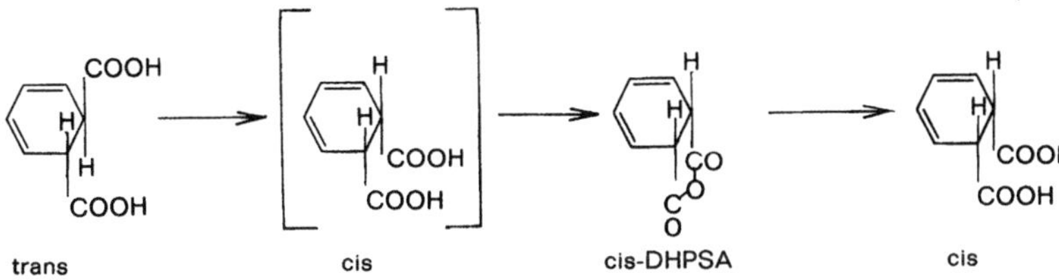

Bei der $\Delta^{3,5}$-DHPS sind folgende Isomere möglich, und zwar bezogen auf die Stellung des Carboxylsubstituenten:

1. axial – axial (a – a)
2. äquatorial – äquatorial (e – e)
3. axial – äquatorial (a – e)

Dabei entspricht axial – axial und äquatorial – äquatorial der trans-Stellung und axial – äquatorial der cis-Stellung der Substituenten in bezug auf die Ebene des Sechs-

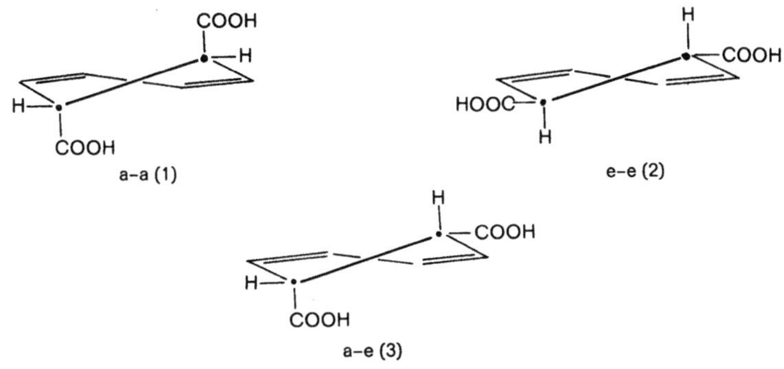

rings. Die Konformationsisomeren (1) und (2) sind durch Umklappen des Rings ineinander überführbar, während sie in das Konfigurationsisomere (3) nur über einen Konfigurationswechsel umgelagert werden können.

In einer ausgedehnten Versuchsreihe sollte mit der Kernresonanzspektroskopie an einem 220-MHz-Gerät die Struktur der Proben mit unterschiedlichen Schmelzpunkten geklärt werden[19]. Dabei lassen sich folgende Aussagen machen: Bei der Natriumamalgam-Reduktion von Phthalsäure wird das trans-Isomere erhalten (Schmelzpunkt 198–201 °C), wobei eine Zuordnung der Konformation (1) oder (2) nicht möglich ist. Bei der elektrochemischen Hydrierung dagegen entsteht ein Gemisch der Konfigurationsisomeren cis und trans mit unterschiedlicher Zusammensetzung (ca. 30 : 70 – 70 : 30). Reines (3), d. h. axial-äquatoriale Stellung der Carboxylgruppen mit einem Schmelzpunkt von 154–156 °C, erhält man dagegen bei der Hydrolyse des $\Delta^{3,5}$-DHPS-anhydrids, über das auch die Anhydridbildung läuft. Bei der Aufnahme eines Temperaturspektrums in deuteriertem Dioxan bei 95 °C konnte neben einer Umlagerung von cis nach trans die thermische Anhydridbildung aus dem Isomeren (3) nachgewiesen werden. Dagegen sind eine thermische Umlagerung von trans nach cis sowie eine thermische Anhydrisierung von trans nicht nachweisbar.

Angabe der Signallagen im Kernresonanzspektrum, δ-Skala bezogen auf TMS = 0:

trans-Form	in DDMSO:	$H_{1,2}$	3,56–3,57 ppm
		$H_{4,5}$	5,81 ppm
		$H_{3,6}$	5,98 ppm
	in d_8-Dioxan:	$H_{1,2}$	3,69 ppm
		$H_{4,5}$	5,83 ppm
		$H_{3,6}$	5,96 ppm
cis-Form (3)	in DDMSO:	$H_{1,2}$	3,52 ppm
		$H_{3,4,5,6}$	5,90 ppm
	in d_8-Dioxan:	$H_{1,2}$	3,57 ppm
		$H_{4,5}$	5,90 ppm
		$H_{3,6}$	6,01 ppm

5.4.2 Reaktionen der Carboxylgruppen

5.4.2.1 Anhydrisierung

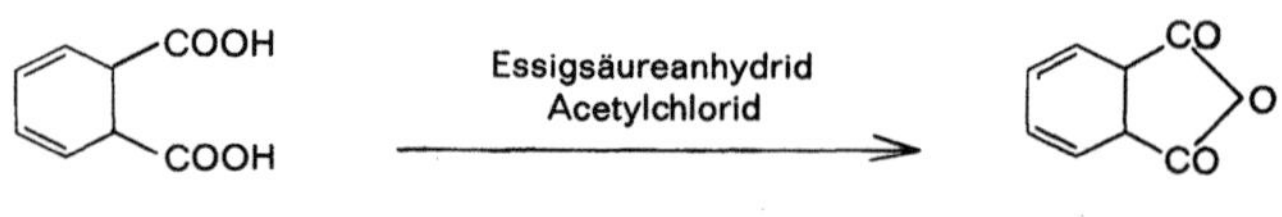

F: 102–103°C

Das Anhydrid der $\Delta^{3,5}$-DHPS wurde erstmals ebenfalls von v. BAEYER[1] hergestellt. Durch kurzfristiges Kochen in Essigsäureanhydrid und anschließendes Verdampfen des Essigsäureanhydrid/Essigsäure-Gemisches über Natronkalk wird eine unreine Kristallmasse erhalten, die mit Chloroform gereinigt werden muß. Beim Nacharbeiten dieser Vorschrift unter Verwendung des trans-Isomeren erhält man das cis-Anhydrid in einer Ausbeute von ca. 50% d. Th.: ca. 60% der Säure nehmen an der Reaktion nicht teil.

Mit dem elektrochemischen Hydrierprodukt, also dem cis-trans-Gemisch beträgt die Ausbeute ca. 60% d. Th.: ca. 30% werden nicht umgesetzt und als Säure wiedergewonnen.

Methode und Umsatz der Anhydridbildung sind unbefriedigend. Da aber das Anhydrid als Ausgangsprodukt besonders für schwierige Diensynthesen von Interesse ist, wurde die Anhydridbildung näher studiert und die Grundlagen für ein technisch durchführbares Verfahren mit maximaler Ausbeute erarbeitet. Der Verlauf der Anhydridbildung ist ferner von größter Bedeutung für die DIELS-ALDER-Synthese mit Maleinsäureanhydrid zum Bicyclooctentetracarbonsäuredianhydrid (BTA), denn es verläuft der Primärschritt der DIELS-ALDER-Reaktion ebenfalls über das Anhydrid. Eine maximale Ausbeute des Dienaddukts kann somit nur durch Optimierung des Primärschrittes erreicht werden.

Da bei der Bildung des $\Delta^{3,5}$-DHPS-anhydrids aus der trans-Form eine Konfigurationsumkehr der Substituenten in die axial—äquatoriale Stellung vorausgehen muß, ehe eine Ringschließung zum Anhydrid stattfinden kann, hängt die Anhydridbildung und dadurch die Ausbeute u. a. von der Isomerisierungsgeschwindigkeit bzw. dem Grade der Isomerisierung ab.

Bei den Bemühungen um die günstigste Reaktionszeit gelang es nicht, aus der Ausbeute und der Reinheit des isolierten Anhydrids zu einer brauchbaren Aussage über den Ablauf und den Umsetzungsgrad der Anhydridbildung zu kommen. Es wurde daher versucht, direkt in der Reaktionslösung den Anhydridgehalt mit Hilfe der NMR-Spektroskopie zu bestimmen. Obwohl diese Methode mit gewissen Mängeln behaftet ist und keine exakten Werte ergibt, lassen die Analysenergebnisse aber doch einen eindeutigen Gang erkennen. Ein Maximum des Anhydridgehalts in der Lösung erhält man zwischen 2 und 10 Minuten Reaktionszeit unter Rückflußtemperatur (ca. 135 °C). Bei längerer Verweilzeit treten im NMR-Spektrum die Signale des dimeren DHPS-anhydrids auf. Die gleichen Banden in dem NMR-Spektrum sind zu beobachten, wenn $\Delta^{3,5}$-DHPS-anhydrid mit Essigsäure bei höherer Temperatur behandelt wird. Bei einer Reaktionszeit von mehreren Stunden kann das Dimere nahezu quantitativ isoliert werden.

Erhärtet wird diese Aussage auch durch Versuchsergebnisse mit verschiedenen dienophilen Partnern während der DIELS-ALDER-Reaktion. Zum Beispiel kann man das $\Delta^{3,5}$-DHPS-anhydrid in der Reaktionslösung durch MSA abfangen. Die Ausbeute des Dienaddukts ist abhängig von der Reaktionsdauer der Anhydridbildung. Dabei ist die Ausbeute an Dienaddukt am höchsten bei einer Reaktionszeit von ca. 5—10 Min. und be-

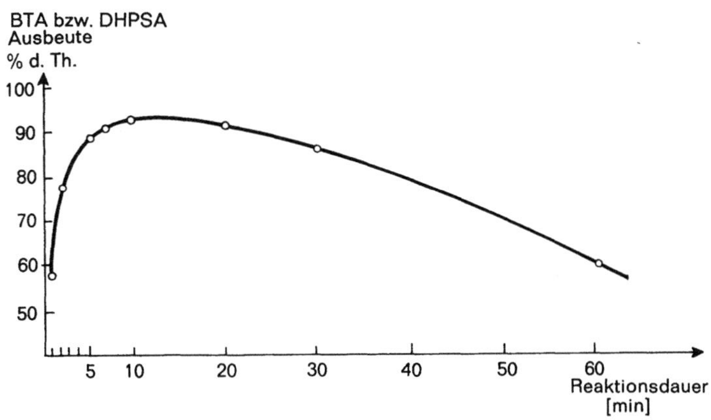

Abb. 32. DHPSA-Ausbeute in Abhängigkeit von der Reaktionsdauer

stätigt das Maximum bei der NMR-Untersuchung. Erhitzt man mit längerer Verweilzeit vor der MSA-Zugabe, fällt die Ausbeute deutlich ab. Abb. 32 zeigt die Anhydridbildung (als BTA-Ausbeute) in Abhängigkeit von der Reaktionsdauer, wobei das gebildete Anhydrid mit MSA abgefangen wurde. Die Diensynthese wurde dabei mit 100% Ausbeute angenommen.

Unter optimalen Reaktionsbedingungen wird also $\Delta^{3,5}$-DHPS-anhydrid in der Reaktionslösung mit über 90% Ausbeute gebildet. Als reine Substanz lassen sich aber nur 50% isolieren. Arbeitet man die Mutterlauge selbst unter schonendsten Bedingungen auf, erhält man nur ein stark verunreinigtes DHPS-anhydrid mit 20% Ausbeute, so daß die Gesamtausbeute dabei max. 70% beträgt. Fängt man dagegen das in der Mutterlauge gelöste Anhydrid mit MSA ab, erhält man das DHPS-anhydrid mit 40% Ausbeute in Form des Dienadduktes; d. h. die gesamte Ausbeute beläuft sich auf 90%. Demnach muß sich DHPS-anhydrid während des Isolierens zersetzen.

Wird Dihydrophthalsäureanhydrid in Lösungsmitteln (z. B. Essigsäure) mehrere Stunden bei Temperaturen von weniger als 110 °C erhitzt, so läßt es sich anschließend nahezu quantitativ als Anhydrid wiedergewinnen. Das heißt, die Zersetzung des DHPSA, wie sie während der Bildung neben der Dimerisierung zu beobachten ist, läßt sich nicht allein auf eine thermische Unbeständigkeit zurückführen. Bei Temperaturen oberhalb 110 °C dimerisiert das DHPS-anhydrid zum entsprechenden Dienaddukt.

Aus der $\Delta^{2,5}$-DHPS konnte weder mit Essigsäureanhydrid noch mit Acetylchlorid ein Anhydrid dargestellt und isoliert werden.

5.4.2.2 *Veresterung*

Die säurekatalysierte Veresterung der DHPS bzw. des DHPS-anhydrids mit Alkoholen führt unter den üblichen Bedingungen zu dem entsprechenden Ester. Das gebildete Wasser wird durch Auskreisen entfernt, damit die Umlagerung in die $\Delta^{2,5}$-Form unterbunden wird.

Zur Herstellung des Dimethylesters wurde sowohl die freie $\Delta^{3,5}$-DHPS als auch das Anhydrid mit Methanol in Gegenwart katalytischer Mengen p-Toluolsulfosäure umgesetzt. Es entstehen dabei in über 85% Ausbeute zwei isomere $\Delta^{3,5}$-DHPS-dimethylester.

Aus der trans-DHPS erhält man den trans-Dimethylester; $Kp_{0,45}$: 98 – 102,5 °C, n_D^{21} : 1,4877.

Aus dem DHPS-anhydrid dagegen erhält man bei schonender Arbeitsweise den cis-Diester; $Kp_{0,17}$: 67 – 68 °C, n_D^{22} : 1,4858.

Durch Verestern der Dihydrophthalsäure mit Diazomethan läßt sich der $\Delta^{3,5}$-DHPS-dimethylester nur mit geringer Ausbeute herstellen. Mit Diazomethan wird nämlich die Umlagerung in das $\Delta^{2,5}$-Isomere katalysiert, und zusätzlich addiert sich Diazomethan an die Doppelbindungen der DHPS.

Das Verestern der $\Delta^{2,5}$-DHPS mit Methanol liefert den $\Delta^{2,5}$-DHPS-dimethylester mit 85% Ausbeute; $Kp_{0,15}$: 71,5 – 72,5 °C, $n_D^{20,3}$: 1,4959.

Die Ester der DHPS sind für Umsetzungen interessant, die mit der freien Säure u. a. infolge der Schwerlöslichkeit in den meisten organischen Lösungsmitteln problematisch sind.

5.4.2.3 *Kondensationen*

Mit Dihydrophthalsäure bzw. deren Anhydrid lassen sich im Prinzip die Kondensationsreaktionen durchführen, die auch von den anderen nachbarständigen Dicarbonsäuren bzw. Anhydriden bekannt sind. Die geringere Beständigkeit z. B. im Vergleich zu PSA erhöht die Möglichkeit zu Nebenreaktionen. Bei erhöhter Temperatur verharzt und dimerisiert das Anhydrid oder es lagert sich um. Zum Beispiel erhält man bei der Reaktion von $\Delta^{3.5}$-DHPS-anhydrid mit Hexamethylendiamin eine Substanz, die nach der NMR- und IR-Analyse das Bis-Imid der $\Delta^{2.5}$-DHPS enthält. Der basische Charakter der Reaktionskomponente verursachte offenbar die Umlagerung von der $\Delta^{3.5}$- zur $\Delta^{2.5}$-Form. Das Reaktionsprodukt ist harzähnlich und braun verfärbt, F: 160–165 °C.

Setzt man $\Delta^{3.5}$-DHPSA dagegen mit Äthanolamin in Dioxan als Lösungsmittel um, erhält man die Monoamidverbindung vom Schmelzpunkt 170 °C.

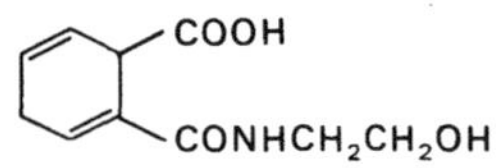

Nach Aussage der NMR-Spektren liegen die Doppelbindungen in $\Delta^{2.5}$-Stellung; und zwar wandert die eine Doppelbindung in Konjugation zur Säureamidgruppe.

Beim Versuch, durch Wasserabspaltung das entsprechende Imid zu erhalten, trat Zersetzung ein.

5.4.3 Reaktionen der konjugierten Doppelbindungen

Interessanter als die Reaktionen der Carboxylgruppen sind diejenigen der konjugierten Doppelbindungen, wie etwa die Addition, vor allem die Diensynthesen.

5.4.3.1 Additionsreaktionen

Als Beispiel für eine Additionsreaktion sei die Anlagerung von Brom in der Kälte an die konjugierten Doppelbindungen zur 3.6-Dibrom-cyclohexen-(4)-dicarbonsäure-(1.2) erwähnt.

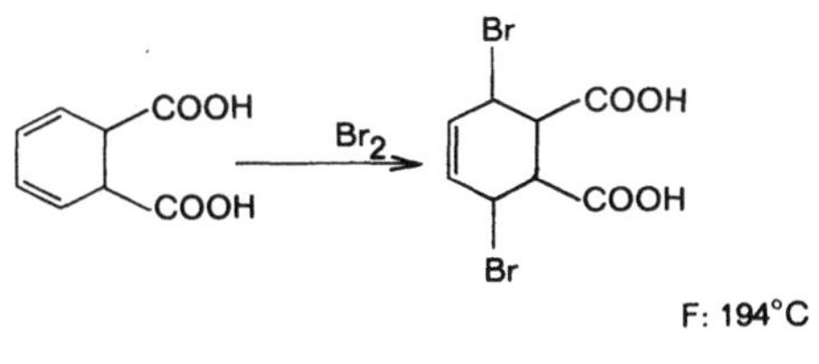

5.4.3.2 Hydrierung

Durch Hydrierung der Doppelbindungen sollte sich das entsprechende Tetra- bzw. Hexahydroderivat darstellen lassen. Bei Hydrierversuchen mit den freien $\Delta^{3.5}$-DHPS-Isomeren und $\Delta^{3.5}$-DHPSA an Edelmetallkatalysatoren unter Normalbedingungen fand keine Wasserstoffaufnahme statt. Lediglich die $\Delta^{3.5}$-DHPS-dimethylester-Isomeren nahmen unter den gleichen Bedingungen 30–60% Wasserstoff auf. Die Hydrierprodukte sind uneinheitlich.

5.4.3.3 Diensynthesen mit $\Delta^{3.5}$-DHPS bzw. $\Delta^{3.5}$-DHPS-anhydrid

Mehrbasische Carbonsäuren, vor allem mit aromatischem Charakter, haben in letzter Zeit großes technisches Interesse gefunden. So werden z. B. Pyromellithsäure, Benzophenontetracarbonsäure und Trimellithsäure für die Herstellung hochtemperaturbeständiger Kunststoffe (Folien, Thermoplaste, Drahtlacke) und Spezialweichmachern (z. B. für die Kabelindustrie) eingesetzt.

Ein Zugang zu dieser Stoffklasse öffnet sich durch die Umsetzung von carboxylgruppenhaltigen Reaktionspartnern mit der $\Delta^{3.5}$-DHPS nach DIELS-ALDER. Mit dieser reaktionsfähigen Diendicarbonsäure konnte eine Reihe von polyfunktionellen Dienaddukten hergestellt werden. Mit MSA und Acrylsäure als dienophile Partner erhält man bicyclische Tetra- und Tricarbonsäuren bzw. deren Anhydride. Das gegenwärtig technisch interessanteste Folgeprodukt der Dihydrophthalsäure ist das Dienaddukt mit MSA, das Bicyclo[2.2.2]oct-7-en-2.3.5.6-tetracarbonsäuredianhydrid (BTA). Um für diese Substanz zu einem brauchbaren Verfahren zu kommen, wurden eingehende Untersuchungen über den Reaktionsverlauf angestellt. Zur Abrundung wurden auch andere Dienophile eingesetzt. Dabei konnte die Literaturangabe[20] bestätigt werden, daß die freie $\Delta^{3.5}$-DHPS im Gegensatz zu ihrem Anhydrid nicht fähig ist, nach DIELS-ALDER mit dienophilen Verbindungen zu reagieren. Es ist aber möglich, mit sehr reaktionsfähigen Dienophilen die Reaktion in einem Schritt ohne Isolierung des Anhydrids vorzunehmen. Dieser Weg steht aber nur wenigen Dienophilen, wie z. B. MSA, Acrylsäure, Acrylsäureester oder Acrylnitril, offen. Bei weniger reaktionsfähigen Dienophilen ist es günstiger, vom DHPS-anhydrid auszugehen. Damit ist eine wichtige Voraussetzung für die wirtschaftliche chemische Synthese geschaffen.

Mit Hilfe der DIELS-ALDER-Synthese besteht somit die Möglichkeit, über die $\Delta^{3.5}$-Dihydrophthalsäure in ein interessantes neues Gebiet polyfunktioneller Verbindungen vorzustoßen. Dieser Reaktionstyp war deshalb auch das bevorzugte Objekt ausführlicherer Studien.

5.4.3.3.1 Literaturüberblick

In der Literatur finden sich nur wenige Hinweise über polysubstituierte Bicyclo[2.2.2]-octene. Vor allem für die Herstellung von Bicyclooctentetracarbonsäuredianhydrid bzw. dessen Derivate sind wenige Methoden beschrieben. Sie beruhen auf der von O. DIELS und K. ALDER zum ersten Male vorgenommenen Dienaddition von Dihydrophthalsäureanhydrid mit MSA. Entweder ist das Diendicarbonsäureanhydrid selbst das Ausgangsprodukt oder es entsteht intermediär als Zwischenprodukt. Alle bekannten Bildungsweisen eignen sich indes nur schlecht als Methoden für eine halbtechnische oder technische Herstellung. Einerseits ist die Ausbeute unbefriedigend, andererseits sind die Ausgangsprodukte schwer zugänglich oder – wie im Falle des DHPS-anhydrids – nur mit schlechten Ausbeuten herzustellen.

O. DIELS und K. ALDER[21] setzten Cyclohexa-3.5-dien-1.2-dicarbonsäureanhydrid (DHPSA) in der Schmelze mit MSA um. Man erhält das Addukt mit 90% d. Th. Ausbeute. Von den gleichen Autoren stammt die Vorschrift, in Gegenwart von Lösungsmitteln, wie Benzol oder Toluol, zu arbeiten[22]. Dieses Verfahren wurde von M. J. GOLDSTEIN und G. L. THAYER Jr.[12] nachgearbeitet, wobei sie eine Ausbeute von 50% d. Th. erzielten. G. SMITH, C. L. WARREN und W. R. VAUGHAN[20] versuchten die Diensynthese mit der Säure, konnten jedoch mit keinem dienophilen Reaktionspartner ein Addukt erhalten. Selbst mit dem sehr reaktionsfähigen Dienophil Tetracyanoäthylen fand keine Reaktion statt. Dagegen läßt sich aus dem DHPS-dimethylester und MSA das Additionsprodukt in einer Ausbeute von 69% d. Th. herstellen.

Ebenfalls von O. DIELS und K. ALDER[11] stammt die Methode zur Herstellung des BTA aus α-Pyron mit zwei Mol MSA, die von GOLDSTEIN und THAYER[12] näher untersucht wurde. In einer ersten Reaktionsstufe lagert sich ein Mol MSA an α-Pyron an. Dieses Addukt kann mit einer Ausbeute von 85% isoliert werden. Unter Decarboxylierung entsteht dann mit 85%iger Ausbeute unter Anlagerung eines zweiten Mols MSA das Dienaddukt BTA; Gesamtausbeute: 71,5% d. Th.

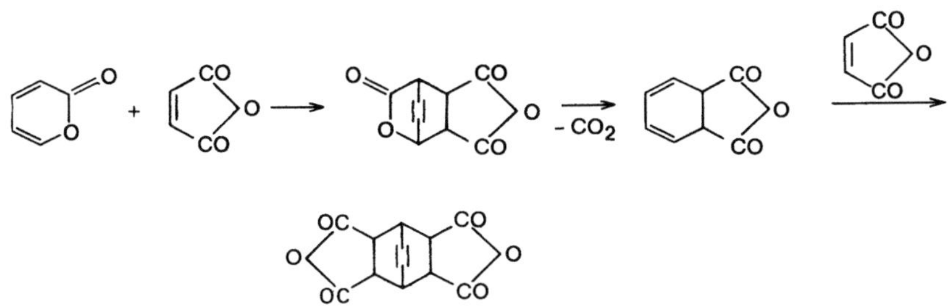

BTA erhält man ferner bei der Umsetzung von 1-Chlorbutadien mit MSA[23]. Intermediär entsteht 3-Chlor-cyclohexen(4)-1.2-dicarbonsäureanhydrid, das beim Erhitzen Chlorwasserstoff abspaltet und mit einem zweiten Mol MSA zum Dienaddukt BTA mit 45% Ausbeute weiterreagiert.

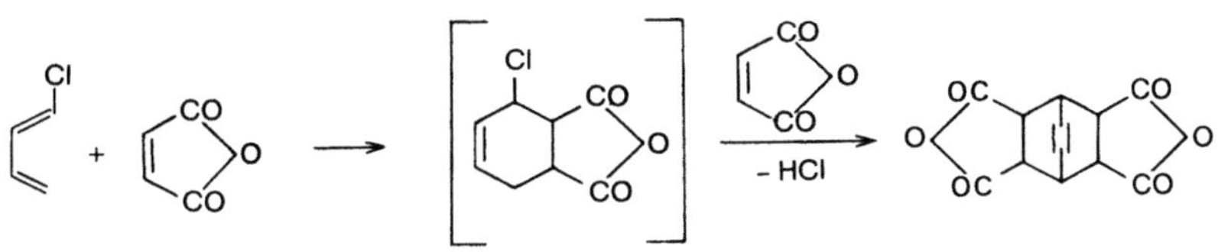

Ebenfalls über Dihydrophthalsäureanhydrid verläuft die Synthese aus Crotonaldehyd, Essigsäureanhydrid und MSA[13], wobei Crotylidendiacetat und 3-Acetoxy-tetrahydrophthalsäureanhydrid als Zwischenstufe entstehen.

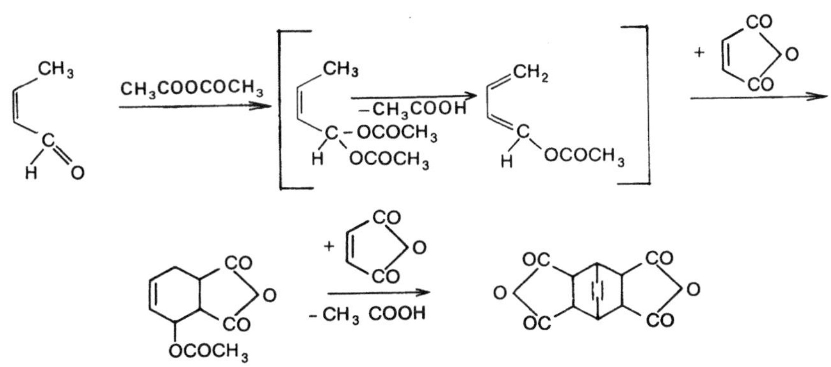

5.4.3.3.2 Bicyclo[2.2.2]oct-7-en-2.3.5.6-tetracarbonsäuredianhydrid (BTA)

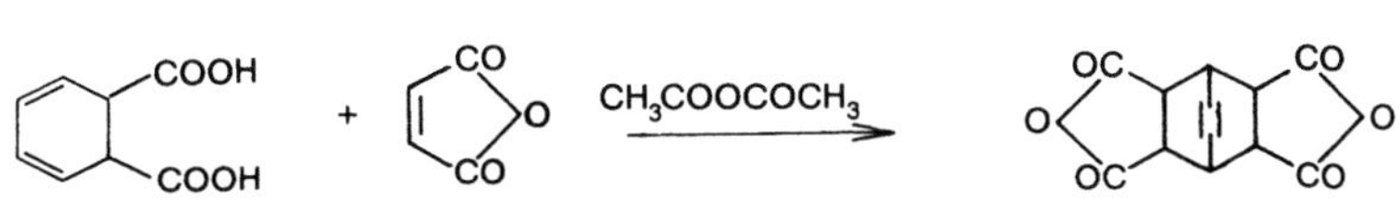

Bicyclooctentetracarbonsäuredianhydrid ist Ausgangsprodukt für eine Reihe neuer interessanter Substanzen. Eine wirtschaftliche Synthese konnte nur von der freien DHPS ausgehen und mußte die aufwendige Isolierung des Anhydrids umgehen. Da durch MSA das intermediär gebildete DHPSA in der Reaktionslösung abgefangen werden konnte, läßt sich diese Forderung erfüllen und die Diensynthese mit hoher Ausbeute durchführen[24].

Die Synthese kann in einer Stufe ausgeführt werden. Für eine maximale Ausbeute nimmt man jedoch auf die zwei Teilschritte der Reaktion Rücksicht. Wie schon erwähnt, wird zunächst Dihydrophthalsäure zum Anhydrid umgesetzt, und dann erfolgt erst die Adduktbildung. Damit erzielt man eine Ausbeutesteigerung von ca. 25% gegenüber der einstufigen Arbeitsweise. Ausbeutebestimmend ist der erste Teilschritt. Hierbei sind folgende Faktoren von Einfluß auf die Ausbeute des Dienadduktes: die Qualität des Ausgangsproduktes, die Reaktionsbedingungen und besonders die Reaktionszeit.

Als optimale Reaktionsbedingung für die Herstellung von BTA in einer technischen Anlage führt man die Diensynthese in zwei Teilschritten durch. Man erhitzt dazu DHPS und 0,5 Gew.% Kohle mit Essigsäure und Essigsäureanhydrid im Molverhältnis 1:4:2 rasch auf Rückflußtemperatur. Nach 5 bis 10 Min. folgt das Abfiltrieren der Kohle und die Zugabe von 1,05 Mol MSA. Nach 15 bis 20 Min. bei 120–130 °C ist die Reaktion beendet, und das Reaktionsgemisch wird abgekühlt und das Addukt abgetrennt. Nach dieser Methode[25] gewinnt man BTA mit einer Reinheit von ca. 99,5%. Der Schmelzpunkt beträgt 356–357 °C (Zers.). Die Bildungswärme bei der Diensynthese wurde zu 37,5 kcal/Mol BTA bestimmt. Das zugehörige Blockschema (Abb. 33) für die einzelnen Verfahrensschritte sieht wie folgt aus:

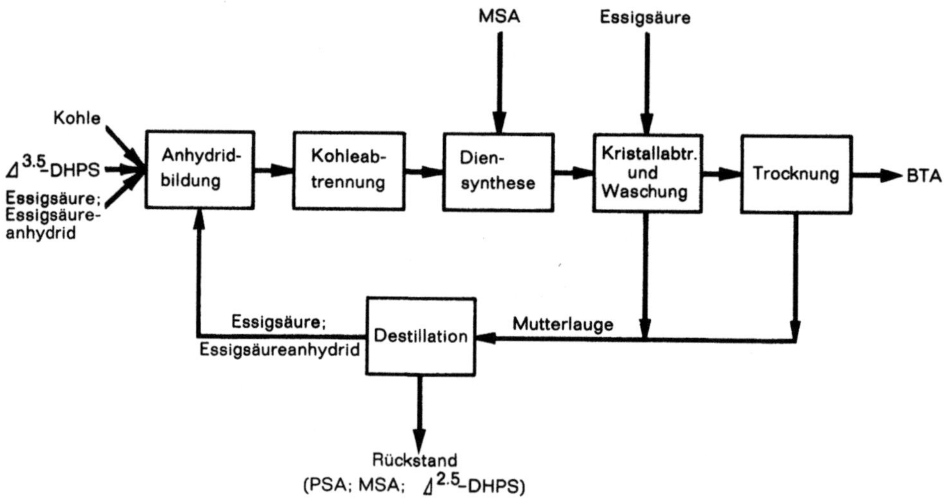

Abb. 33.

Dihydrophthalsäure, Essigsäure, Essigsäureanhydrid und Aktivkohle werden kontinuierlich einem Rührbehälter zudosiert. Das Gemisch wird anschließend in einer Heizstrecke erhitzt. Danach wird kontinuierlich die Aktivkohle abgetrennt und das Filtrat sowie flüssiges MSA einer Rührkesselkaskade zugeleitet. Im ersten Kessel der Kaskade läuft die Reaktion nahezu quantitativ ab, und das gebildete BTA fällt hier schon aus. Im anschließenden Abkühlbehälter wird die anfallende Suspension auf Zimmertemperatur abgekühlt und dann auf eine Schleuder zum Abtrennen des Feststoffes von der Reaktionslösung gegeben. Nach dem Waschen mit Essigsäure wird BTA in einem Stromtrockner getrocknet. Das anfallende Filtrat wird einer Destillation zugeführt und in ein Gemisch aus Essigsäure und Essigsäureanhydrid, das wieder verwendet wird, sowie in reine Essigsäure aufgetrennt. Im Sumpf der Kolonne fällt als Rückstand PSA, MSA und $\Delta^{2.5}$-DHPS an.

Das anfallende BTA kann ohne besondere Reinigung direkt weiterverarbeitet werden. Die Ausbeute an BTA bei dem Verfahren beträgt ca. 90–92%, bezogen auf den $\Delta^{3.5}$-DHPS-Gehalt der eingesetzten Dihydrophthalsäure.

5.4.3.3.3 Bicyclo[2.2.2]oct-7-en-2.3.5-tricarbonsäure-2.3-anhydrid (BTR)

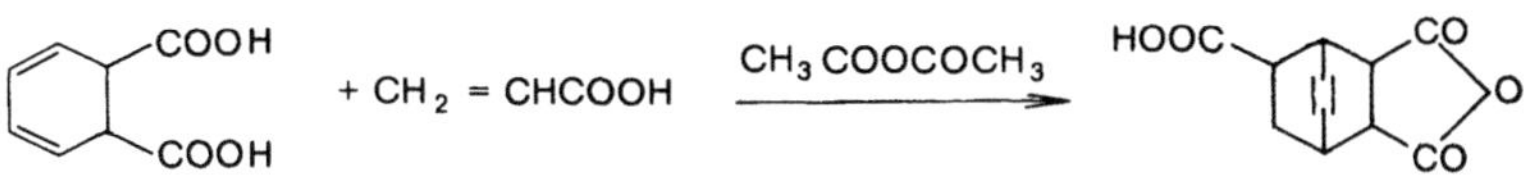

Setzt man $\Delta^{3.5}$-DHPS mit Acrylsäure um, so entsteht BTR. Auch hierbei wird zweckmäßigerweise wieder in einer Rührkesselkaskade unter Verwendung von $\Delta^{3.5}$-DHPS und Essigsäureanhydrid gearbeitet. Die Aufteilung in die zwei Verfahrensschritte der Anhydridbildung und Diensynthese ist jedoch nicht unbedingt erforderlich. Für diese Reaktion ist nämlich Teilschritt 2, die Adduktbildung, ausbeutebestimmend. Ein starker Einfluß vom Ausgangsprodukt und der Anhydrisierungszeit auf die BTR-Ausbeute konnte nicht festgestellt werden. Mit anderen Worten, die Maßnahmen, welche bei der Diensynthese mit MSA die Ausbeute um ca. 25% steigerten, hatten bei der Diensynthese mit Acrylsäure keinen Erfolg. Dagegen ist eine starke Abhängigkeit der BTR-Ausbeute von der Menge des eingesetzten Dienophils, also der Acrylsäure, festzustellen. Die besten Ergebnisse werden mit einem Acrylsäureüberschuß von 3–4 Mol/Mol DHPS erhalten. Allerdings kann davon nur etwa 1 Mol zurückgewonnen werden. Der Rest polymerisiert während der Reaktion bzw. geht andere Nebenreaktionen mit der DHPS ein.

Die Ausbeute liegt unter guten Reaktionsbedingungen bei 58% d. Th. Auch mit $\Delta^{3.5}$-DHPS-anhydrid ließ sich die Ausbeute nicht wesentlich erhöhen.

5.4.3.3.4 Sonstige Dienaddukte

Nach der geschilderten Methode wurden mit der freien $\Delta^{3.5}$-DHPS als Ausgangsprodukt auch andere dienophile Verbindungen zur Reaktion gebracht[26]: Acrylsäureester, Acrylnitril, Maleinsäuredimethylester, Fumarsäuredimethylester, Vinylmethylketon und $\Delta^{2.5}$-Dihydrophthalsäure.

Zwei isomere Dienaddukte sind bei der $\Delta^{2.5}$-DHPS möglich, und zwar Substanz I und II. Das Kernresonanzspektrum spricht eindeutig für das Isomere I. Mithin reagiert die Doppelbindung in 5-Stellung der $\Delta^{2.5}$-DHPS mit dem Dien.

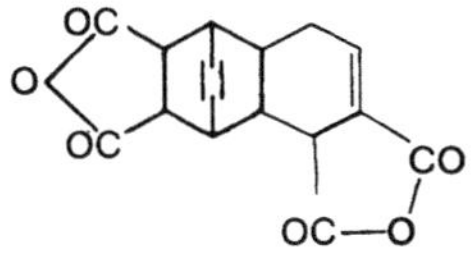

I

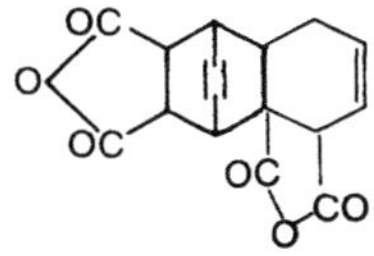

II

Setzt man die beiden DHPS-dimethylester (vgl. 5.4.2.2) mit MSA um, so erhält man die beiden isomeren Dienaddukte vom Schmelzpunkt 112 und 201 °C, die mit den entsprechenden Dienaddukten aus DHPSA und FS- bzw. MS-ester identisch sind (vgl. Übersicht I).

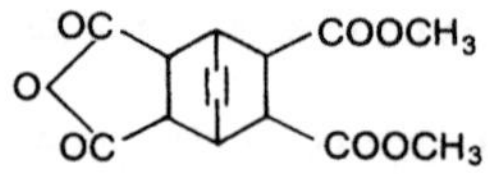

Wird statt der Säure Dihydrophthalsäureanhydrid als Ausgangsmaterial verwendet, sei es in der Schmelze oder in höhersiedenden Lösungsmitteln, kann man Diensynthesen bei Temperaturen über 120 °C mit Methacrylsäure, Vinylencarbonat, Hexachlorcyclopentadien, Chinon und Maleinaldehydsäure vornehmen. Dabei ist aber zu beachten, daß unter diesen Reaktionsbedingungen bevorzugt eine Dimerisierung des $\Delta^{3,5}$-DHPS-anhydrids abläuft. Deshalb sind diese Dienaddukte immer mit dimerem Dihydrophthalsäureanhydrid verunreinigt, besonders bei Dienophilen, die viel reaktionsträger als $\Delta^{3,5}$-DHPS-anhydrid selbst sind. In solchen Fällen kann durch langsames Zudosieren des Dihydrophthalsäureanhydrids zum Dienophilen die Dimerenbildung vermindert werden.

5.4.3.3.5 $\Delta^{3,5}$-Dihydrophthalsäureanhydrid als Dienophil

Wird geschmolzenes $\Delta^{3,5}$-DHPSA auf 140 – 150 °C erhitzt, so dimerisiert es unter spontaner Temperaturerhöhung, während das Reaktionsgemisch erstarrt.

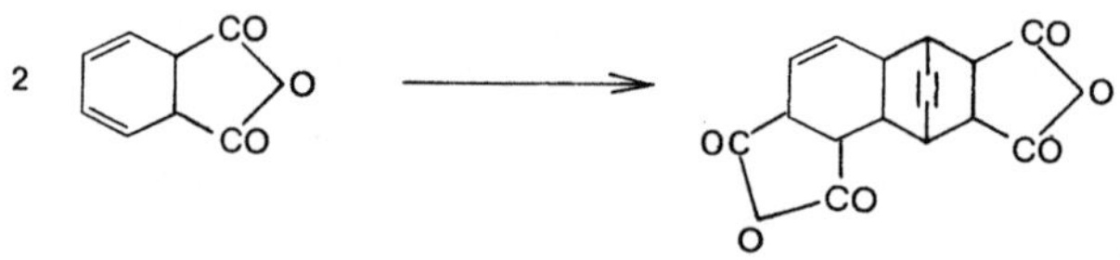

Diese Reaktion läuft auch, aber weniger stürmisch, in Lösungsmitteln mit einem Siedepunkt oberhalb 130 °C ab; Ausbeute: 70 – 80% d. Th.

Schon beim Erhitzen von $\Delta^{3,5}$-DHPS in siedendem Essigsäureanhydrid über mehrere Stunden entsteht das Dimere, wenn auch in stark verminderter Ausbeute (30 – 50%). Dieses Beispiel beweist, daß das $\Delta^{3,5}$-DHPSA die Fähigkeit hat, mit reaktionsfähigen Dienen auch als Dienophil zu reagieren.

Bei der Umsetzung mit Cyclopentadien kann sowohl DHPSA als auch Cyclopentadien als Dien reagieren. Im ersten Fall entsteht Addukt I, im zweiten Fall Addukt II. Die Umsetzung verläuft in Essigsäureanhydrid mit 50% Ausbeute, bezogen auf die freie $\Delta^{3,5}$-DHPS.

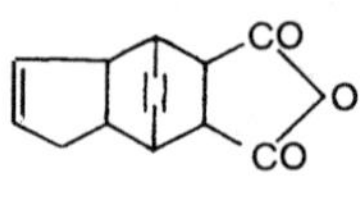

I

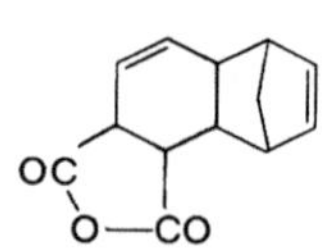

II

Nach Aussagen der NMR-Spektren liegt mit großer Wahrscheinlichkeit Addukt II vor, d. h. $\Delta^{3,5}$-DHPSA reagiert als Dienophil mit Cyclopentadien.

5.4.3.3.6 Übersicht über die Dienaddukte

In der folgenden Zusammenstellung sind unabhängig von den technischen und wirtschaftlichen Aspekten die hergestellten Addukte wiedergegeben.

Übersicht I

(Dienaddukte)

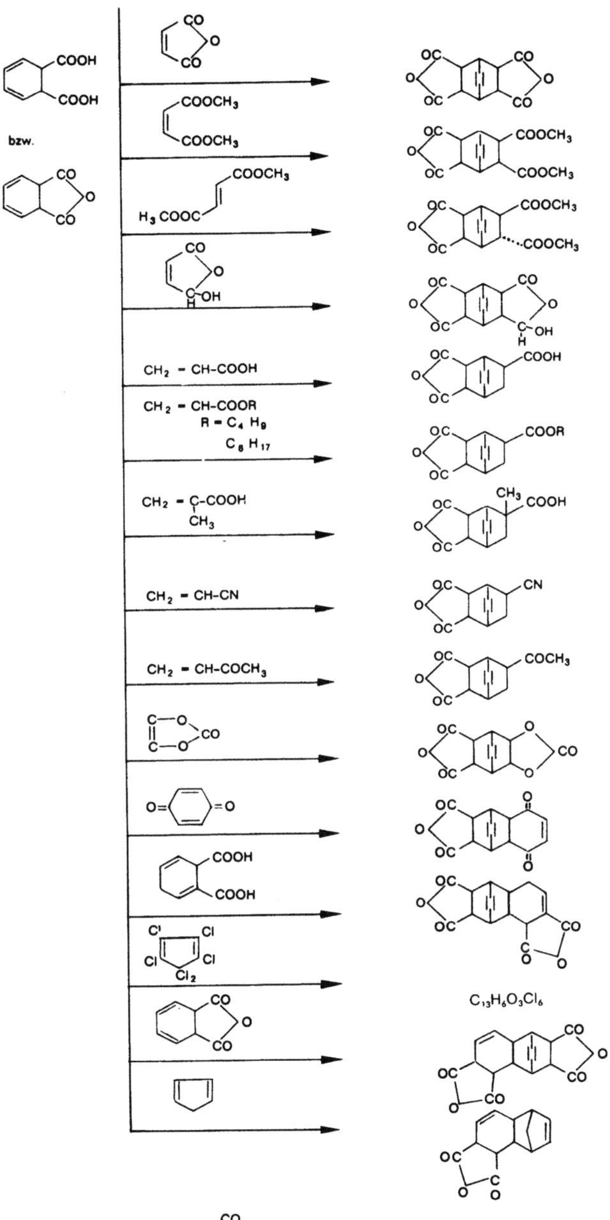

- 92 % d. Th. F: 354,5–356 °C
- 46 % d. Th. cis F: 201–202 °C
- 41 % d. Th. trans F: 110–111 °C
- 30 % d. Th. F: 257 °C
- 58 % d. Th. F: 223–225 °C
- $R = C_4H_9$: 97 % d. Th. $Kp_{0,3}$: ~ 250 °C; $R = C_8H_{17}$: 62 % d. Th. $Kp_{1,0}$: 213–218 °C
- 25 % d. Th. F: 243–245 °C
- 68 % d. Th. F: 190–193 °C
- 27 % d. Th. F: 161–164 °C
- 26 % d. Th. F: 313–314 °C
- 39 % d. Th. F: 207–210 °C
- 25 % d. Th. F: 256 °C
- $C_{13}H_6O_3Cl_6$ Isomerengemisch 13 % d. Th. F: 240–242 °C
- 80 % d. Th. F: 213,5–215 °C
- 48 % d. Th. F: 140–142 °C

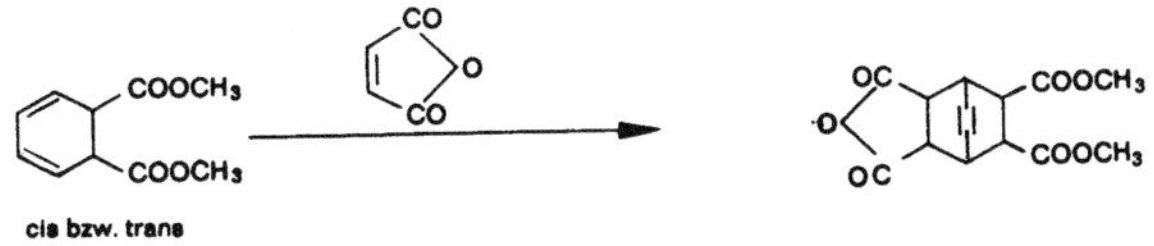

70 % d. Th.
F: 202 °C cis
F: 112 °C trans

5.5 Derivate der Dienaddukte

Die Folgeprodukte der Dienaddukte leiten sich entweder von den Reaktionen der funktionellen Gruppen oder den Reaktionen der Doppelbindung ab. Ausführlicher wurden BTA und BTR untersucht, wobei der Schwerpunkt auf BTA lag.

5.5.1 Reaktionen der funktionellen Gruppen

Die funktionellen Gruppen der Dienaddukte gehen die bekannten Reaktionen in der üblichen Weise ein. Sie enthalten alle von der $\Delta^{3,5}$-DHPS her die Anhydridgruppe und je nach dem dienophilen Partner, wie Maleinsäureanhydrid, Maleinsäure, Fumarsäure bzw. deren Ester, Acrylsäure, Acrylnitril etc., zusätzliche funktionelle Gruppen, wodurch Möglichkeiten für die verschiedensten Umsetzungen gegeben sind.

Zum Beispiel läßt sich aus dem Addukt mit Vinylencarbonat durch alkalische Verseifung die folgende interessante Dihydroxy-dicarbonsäure (2.3-Carboxy-5.6-dihydroxy-bicyclo[2.2.2]-oct-7-en) ableiten; Ausbeute ca. 20% d. Th. F: 180 – 182 °C.

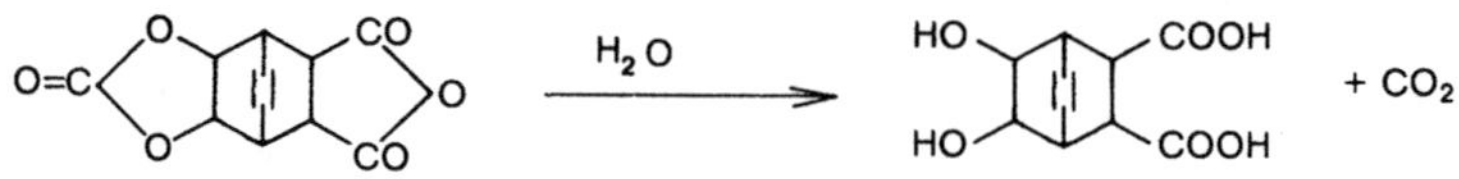

5.5.1.1 BTR-Derivate

5.5.1.1.1 Hydrolyse

Beim Kochen einer 1%igen wäßrigen BTR-Lösung ist nach 15 Min. die Anhydridgruppe hydrolysiert. Die bicyclische Tricarbonsäure schmilzt bei 216 °C, wobei wieder Wasserabspaltung zum Anhydrid eintritt.

5.5.1.1.2 Veresterung

BTR läßt sich mit Alkoholen nach bekannten Methoden verestern. Folgende Triester des BTR wurden hergestellt.

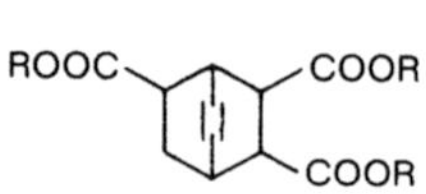

Die Ausbeute beträgt durchschnittlich 90% d. Th. bezogen auf BTR.

BTR-trimethylester	n_D^{20}	1,4942
BTR-triäthylester	n_D^{20}	1,4820
BTR-tri-n-propylester	n_D^{20}	1,4785
BTR-tri-n-butylester	n_D^{20}	1,4762
BTR-tri-2-äthylhexylester	n_D^{20}	1,4741
BTR-tridecylester	n_D^{20}	1,4748

5.5.1.1.3 Kondensationen

Die Anhydridgruppe reagiert mit Aminen zuerst unter Aufspaltung des Ringes und dann je nach Reaktionsbedingungen unter Wasserabspaltung. Bei der Umsetzung mit Äthanolamin entsteht das entsprechende Imid in 95% Ausbeute.

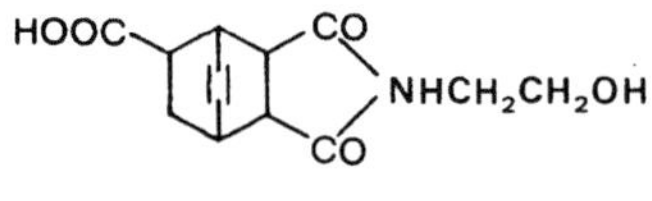

F = 146°C

BTR kann ferner analog Trimellithsäureanhydrid zur Herstellung von Polyesterimiden[27] eingesetzt werden.

5.5.1.2 BTA-Derivate

5.5.1.2.1 Hydrolyse

Beim Kochen einer 1%igen wäßrigen BTA-Lösung erhält man nach 30 Min. quantitativ die Tetracarbonsäure; F: ca. 376 °C. Die Tetracarbonsäure neigt stark zur Wasserabspaltung und Rückbildung des Dianhydrids. Beim Trocknen tritt diese Reaktion schon ab 100 °C ein.

5.5.1.2.2 Veresterung

Aus BTA lassen sich die entsprechenden Tetracarbonsäureester mit Ausbeuten von über 90% herstellen.

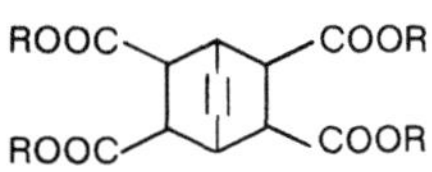

BTA-tetramethylester	F = 111 °C
BTA-tetra-n-butylester	F = 77 – 78 °C
BTA-tetraamylester	F = 50 °C
BTA-tetra-2-äthylhexylester	n_D^{20} 1,4761
BTA-tetra-i-nonylester	n_D^{20} 1,4773
BTA-tetradecylester	n_D^{20} 1,4762

Durch geeignete Reaktionsführung kann man auch gemischte Ester des BTA erhalten. Die höheren Ester wurden besonders im Hinblick auf Eignung als Weichmacher synthetisiert[28]. Beispielsweise besitzen die Tetranonyl- und Tetra-2-äthylhexylester gesuchte spezielle Eigenschaften.

5.5.1.2.3 Kondensationen

Bei der Umsetzung von BTA mit Monoaminen, z. B. 2 Mol Äthanolamin in siedenden Lösungsmitteln, wie Dioxan oder Methanol, erhält man in nahezu quantitativer Ausbeute die Diimidverbindungen:

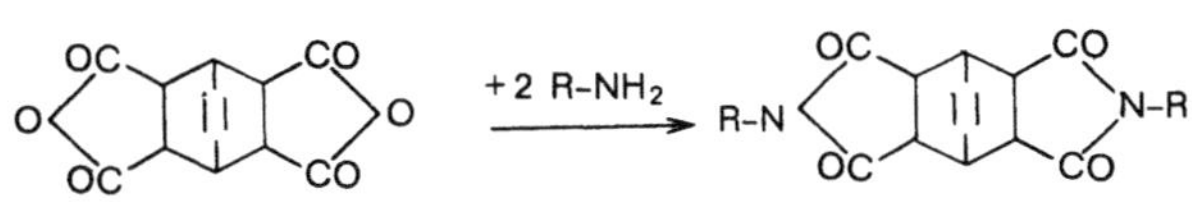

R = $-CH_2CH_2OH$, 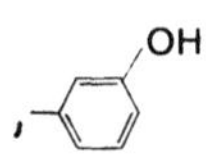 , $-C_6H_{13}$

F: 276°C F: 330–333°C F: 153°C

Mit Diaminen und BTA lassen sich ferner im Prinzip die gleichen Polykondensationsreaktionen wie beispielsweise mit Pyromellithsäureanhydrid durchführen. Damit hat man einen Zugang zu der Gruppe der technisch interessanten Polyimide[27,29,30]. Diese Produkte zeichnen sich durch eine gute Temperaturbeständigkeit aus. Sie sind u. a. als temperaturbeständige Folien oder Drahtlacke brauchbar. Eine große Anzahl an Kondensationsprodukten mit verschiedensten aromatischen, gesättigten und substituierten Diaminen wurden von B. REICHEL[31] hergestellt.

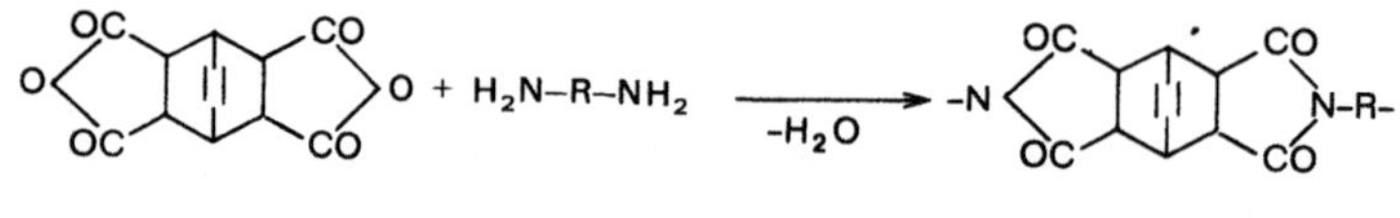

wobei R =

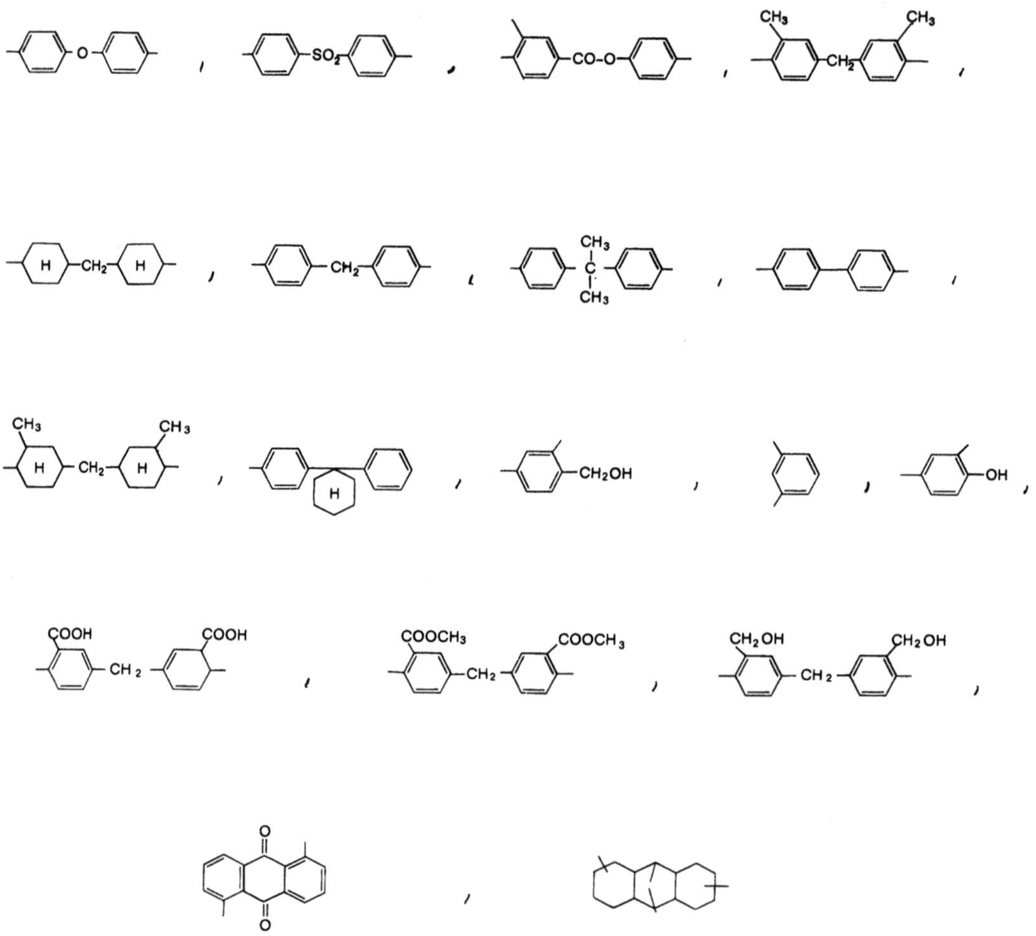

Mit mehrwertigen Alkoholen erhält man Polyester, die als Lacke Verwendung finden; dabei sind insbesondere wasserlösliche Einbrennlacke interessant[32].

Mit Hydrazin reagiert BTA mit guter Ausbeute zum Dihydrazid (F: 368–372 °C), das nach H. NAARMANN u. a.[33] mit Dialdehyden als Reaktionspartner zu neuen Polymeren, zu Polyaminoimiden (Polyimidazomethinen) umgesetzt werden kann.

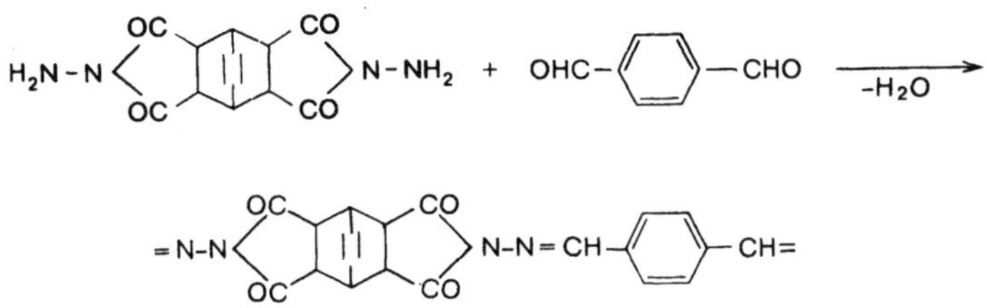

5.5.2 Reaktionen der Doppelbindung

Bei den Dienaddukten der $\Delta^{3,5}$-DHPSA befinden sich mit großer Wahrscheinlichkeit die Anhydridgruppe und die anderen Substituenten in endo-Stellung zur Äthylenbrücke. Demnach nehmen im BTA beide Anhydridgruppen die endo-Form ein[34].

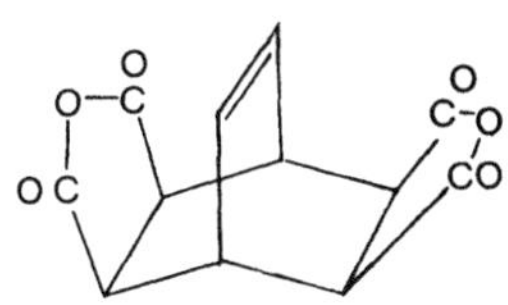

Die Doppelbindung müßte sterisch gehindert sein, und dies sollte sich in einer verminderten Reaktionsfähigkeit äußern. Die Experimente bestätigten diese Erwartung. Weder bei BTA noch BTR gelangen Additionsreaktionen, wie z. B. die Bromierung.

Von besonderem Interesse erschien unter anderem die oxidative Aufspaltung der Doppelbindung von BTR und BTA zu Polycarbonsäuren.

5.5.2.1 Oxidation

Die Oxidation der Doppelbindung in den bicyclischen Verbindungen sollte zu polyfunktionellen Cyclohexancarbonsäuren führen. Solche Verbindungen sind in Form der Säuren oder ihrer Anhydride u. a. von Interesse für Polykondensationen bzw. Quervernetzungen, wie etwa bei den Harzen und für spezielle Weichmacher. Als Oxidationsmittel kann Kaliumpermanganat oder Salpetersäure dienen. Im Hinblick auf eine wirtschaftlich-technische Lösung ist aber nur Salpetersäure in Betracht zu ziehen.

5.5.2.1.1 Oxidation von BTR

Bei der Oxidation von BTR mit Salpetersäure in Gegenwart von Ammoniumvanadat als Katalysator erhält man mit 90% Ausbeute Cyclohexan-1.2.3.4.5-pentacarbonsäure[35]. Das Oxidationsprodukt enthält 1 Mol Wasser gebunden; F: 224–226 °C. Das Kernresonanzspektrum zeigt ein Multiplett mit Maxima bei 3,41; 3,05; 2,6 und 2,1 ppm (Lösungsmittel: DDMSO; innerer Standard: Tetramethylsilan).

Erhitzt man mit konz. Salzsäure im Autoklaven auf 170 °C, lagert sich die Säure um zu einer isomeren wasserfreien Pentasäure vom F: 236–238 °C mit einem Singulett bei 2,55 ppm im NMR-Spektrum.

Ein Dianhydrid der Cyclohexanpentacarbonsäure entsteht durch Erhitzen beider Isomeren mit Essigsäureanhydrid; F: 245–247 °C.

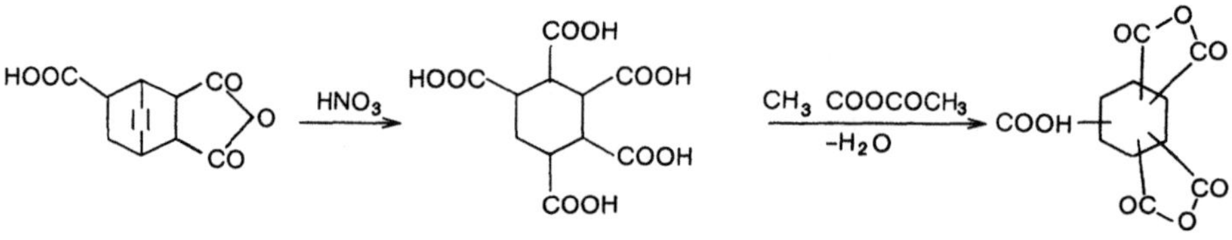

Oxidiert man ohne Katalysatoren, entsteht mit hoher Ausbeute eine Substanz vom Schmelzpunkt 240–245 °C. Es handelt sich hierbei um eine Zwischenstufe, da die weitere Oxidation in Gegenwart von Katalysatoren quantitativ Cyclohexanpentacarbonsäure ergibt. Nach Elementaranalyse, NMR und Folgeprodukten muß es sich um folgende Verbindung handeln:

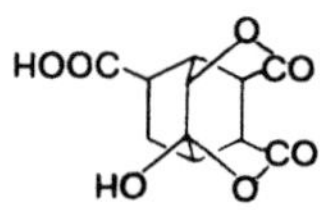

5.5.2.1.2 Oxidation von BTA

Die Oxidation von BTA mit Salpetersäure wurde eingehender untersucht. Je nach der Konzentration der Salpetersäure wird die Reaktion bei Normal- oder Überdruck durchgeführt. Die Oxidation läuft mit und ohne Katalysator gleich gut ab. Allerdings werden dabei wieder zwei völlig verschiedene Oxidationsprodukte erhalten.

Mit Oxidationskatalysatoren wie Molybdaten und Vanadaten, besonders Ammoniumvanadat, entsteht mit über 90% Ausbeute d. Th. Cyclohexan-1.2.3.4.5.6-hexacarbonsäure (CHHS)[36,37]. CHHS wurde erstmals von v. Baeyer[38] durch Hydrierung von Mellithsäure mit Natriumamalgam hergestellt. Über die Konstitution dieser Hexacarbonsäure (= Hydromellithsäure) wird ebenso wie bei dem Reaktionsprodukt einer japanischen Anmeldung[36] keine Angabe gemacht. Bei der Natriumamalgam-Reduktion[38] erhält man CHHS mit einer Ausbeute von 32% d. Th.; F: 168–174 °C (Zers.). Mit konz. Salzsäure läßt sich das Produkt bei höherer Temperatur zu einem Isomeren mit dem Schmelzpunkt von 297–299 °C umlagern. Die aus BTA entstehende CHHS hat einen Schmelzpunkt von 222–224 °C[37]; sie enthält 1 Mol Wasser gebunden. Sie kann ebenfalls mit Salzsäure zu demselben Isomeren wie aus der „Hydromellithsäure" umgelagert werden. Ein weiteres Isomere erhält man durch Hydrolyse des Trianhydrids; F: 252–255 °C.

Alle Cyclohexanhexacarbonsäuren ergeben mit Essigsäureanhydrid dasselbe Trianhydrid (F: 287–290 °C). Das Umlagerungsisomere und das Hydrolyseisomere lassen sich indes nicht wieder in das Oxidationsisomere überführen. Sie enthalten auch kein gebundenes Wasser.

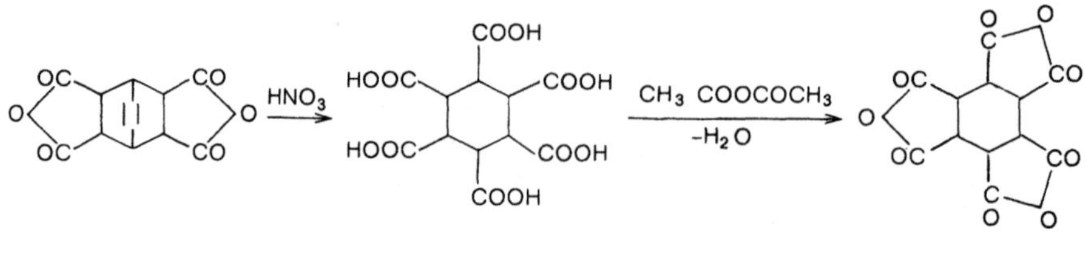

Nach den NMR-Untersuchungen[19] liegen bei den Hexasäuren mindestens vier verschiedene Isomeren vor mit unterschiedlichem Verhältnis der axialen und äquatorialen cycloaliphatischen Protonen. In Tab. 18 sind die vier isolierten Cyclohexanhexacarbonsäuren mit ihrem Protonenverhältnis zusammengefaßt (Lösungsmittel: DDMSO; innerer Standard: Tetramethylsilan).

Tab. 18.

Cyclohexan-1.2.3.4.5.6-hexacarbonsäure	F °C	Cycloaliphatische Protonen äquatorial Anzahl	äquatorial Lage ppm	axial Anzahl	axial Lage ppm
NaHg-Red.-produkt (1)	168–174	2	3,55	4	aufgespalten 2,7 u. 2,9
BTA-Oxid.-isomeres (2)	222–224	3	3,55	3	3,1
Hydrolyseisomeres (3)	252–255	2	3,60	4	2,75
Umlagerungsisomeres (4)	297–299	0	–	6	2,65

Die Formeln 2–4 zeigen die Stellung der Carboxylgruppen der drei Isomeren 2–4 in bezug auf die Ebene des Cyclohexanringes.

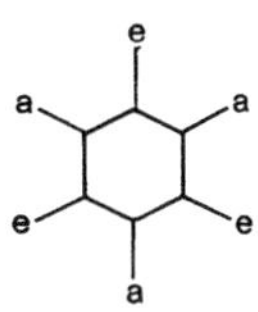

(2)
all-cis

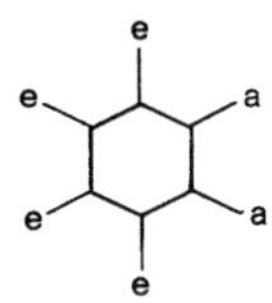

(3)

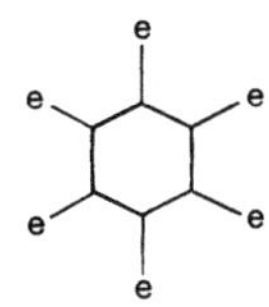

(4)
all-trans

Obwohl die „Hydromellithsäure" nach v. BAEYER die gleiche Anzahl a- und e-Protonen aufweist wie das Hydrolyseisomere des Anhydrids, sind die beiden Substanzen nicht identisch, wie aus den Schmelzpunkten und dem Aussehen der NMR-Spektren hervorgeht.

Als Folgeprodukte der Hexasäuren seien außer dem Trianhydrid noch verschiedene Hexaester angeführt, die bei der Umsetzung der Säure bzw. des Anhydrids entstehen.

Hexamethylester	F: 125 °C
Hexa-n-butylester	n_D^{20} 1,4700
Hexa-2-äthylhexylester	n_D^{20} 1,4713

Cyclohexanhexacarbonsäuren können ferner für Polykondensationen verwendet werden, z. B. zur Herstellung von vernetzbaren thermostabilen Matten[39].

Wie bei BTR geht die Salpetersäure-Oxidation der Doppelbindung im BTA in Abwesenheit von Katalysatoren nicht bis zur Carbonsäurestufe. Man erhält in guter Ausbeute eine reinweiße Substanz mit einem Schmelzpunkt von 218–219 °C[40]. Der Wassergehalt beträgt auch nach scharfem Trocknen ca. 2,5%. Es ist bisher noch nicht gelungen, die Struktur der Verbindung völlig aufzuklären. Es handelt sich ebenfalls um eine oxidative Zwischenstufe analoger Konstitution wie bei der BTR-Oxidation, die mit Ammonvanadat und Salpetersäure quantitativ in die Hexasäure überführbar ist. Nach unseren vorläufigen Erkenntnissen handelt es sich um Isomerengemische, an deren Strukturaufklärung gegenwärtig gearbeitet wird.

5.6 Ausblick

Das letzte Kapitel von „Phthalsäureanhydrid und seine Verwendung" hebt sich von den vier vorausgegangenen sichtbar ab. Während es sich bei dem Rohstoff Phthalsäureanhydrid selbst, wie auch bei dessen Verwendung für Weichmacher, Polyesterharze und Farbstoffe, um Anwendungsbereiche handelt, die seit 70 bis 100 Jahren fest im Marktgeschehen der chemischen Industrie verankert sind, wird das Gebiet der Zwischenprodukte aus Phthalsäureanhydrid über Dihydrophthalsäure gerade erst erschlossen. Es kann deshalb heute noch nicht von einer wirtschaftlich-technischen Bedeutung dieser Produkte im üblichen Sinne gesprochen werden.

Es bieten sich aber Anwendungsmöglichkeiten an, die jetzt erst wahrgenommen werden können, weil durch ein zwar altbekanntes, doch unkonventionelles Verfahren die ganze Stoffklasse preiswert zugänglich wurde. Die besonderen Eigenschaften der teilweise neuen Substanzen dürften gerade im Zuge der fortschreitenden Spezialisierung und Verfeinerung der Anwendungstechniken und -bereiche gefragt sein und bezahlt werden. Einige Sektoren seien hier genannt: Tetraester von Bicyclooctentetracarbonsäure und Hexaester der Cyclohexanhexacarbonsäure als Polymerweichmacher und für die Mineralölindustrie, hochtemperaturbeständige Kunststoffe für die Elektroindustrie, Polycarbonsäuren bzw. deren Anhydride als Lackrohstoffe und Produkte für den Landwirtschaftssektor und die Feinchemie.

Eine neue Entwicklung ist damit in Fluß gekommen, die wie stets, wenn Neuland betreten wird, keine verläßliche Prognose zuläßt und manche Überraschung bringen wird. Es ist bemerkenswert, daß es wieder einmal mit einer Weiterentwicklung bekannter Verfahrensmethoden gelungen ist, für einen so alten und intensiv bearbeiteten Rohstoff wie Phthalsäureanhydrid das Tor zu einer neuen Produktgruppe und ihren Anwendungsbereichen aufzustoßen.

Anhang

(Stoffwerte und Spezifikationen)

1. Phthalsäureanhydrid

(1.3-DIOXO-Phthalan; PSA)

1.1 Physikalische Daten

Molekulargewicht	: 148,11 kg/K Mol
Spezifisches Normgewicht[71]	: 6,61 kg/Nm^3
Siedetemperatur bei 760 Torr[71]	: 284,5°C
Verdampfungswärme[71]	: 105,5 Kcal/kg; 15,625 Kcal/Mol
Schmelztemperatur[70]	: 131,1°C
Schmelzwärme[71]	: 38,0 Kcal/kg; 5,628 Kcal/Mol
Sublimationswärme[71]	: 143,5 Kcal/kg; 21,253 Kcal/Mol
Verbrennungswärme[74]	: 5293,0 Kcal/kg; 783,946 Kcal/Mol
Bildungswärme aus o-Xylol[75]	: 264,8 Kcal/Mol
aus Naphthalin[75]	: 427,0 Kcal/Mol
Normalentropie (25°C, 760 Torr)[72]	: 0,2895 Kcal/kg; 0,0428 Kcal/Mol
Lösungswärme (H_2O; 25°C)[72]	: 70,89 Kcal/kg; 10,499 Kcal/Mol
Löslichkeiten (g/in 100 g)	: 20°C 50°C 100°C
Wasser	: 0,64 g 1,74 g 19,0 g
Pyridin	: 80,0 g
Ameisensäure (95%)	: 4,7 g
Schwefelkohlenstoff	: 0,7 g
Hydrationskonstante (kw; 25°C)[73]	: 0,607
Flammpunkt[77]	: 152°C
Zündtemperatur[77]	: 580°C
Zündgrenzen (Luft, 760 Torr)[77]	:
untere	: 1,7 Vol% ≙ 100 g PSA/m^3
obere	: 10,5 Vol% ≙ 650 g PSA/m^3
Zündgruppe[77]	: G 1
Staubexplosion (untere Grenze)	: 25 g PSA/m^3 Luft
Elektr. Aufladung des Staubes	: 6000 Volt positiv
Unterste Explosionsgrenze des Dampfes[76]	
Temp °C	: 136 200 250 300
g PSA/m^3 Luft	: 103 95 60 51

Explosionsdrücke[76]

Temp. für Dampfdruck in °C	max. Expl. Druck ata	PSA Vol. %	PSA g/m^3 Luft bei 20°C	Zerfall
140	–	1,7	103	–
141,4	–	1,8	110	–
142,8	–	1,9	116	ja
144	–	2,0	122	ja
144	–	2,0	122	ja
144	2,7	2,0	122	ja
148	4,3	2,2	136	ja
149	2,7	2,4	145	ja
150	5,0	2,5	153	ja
154	3,4	2,7	166	ja
156	4,0	3,0	184 (Fehler ca. 5%)	ja

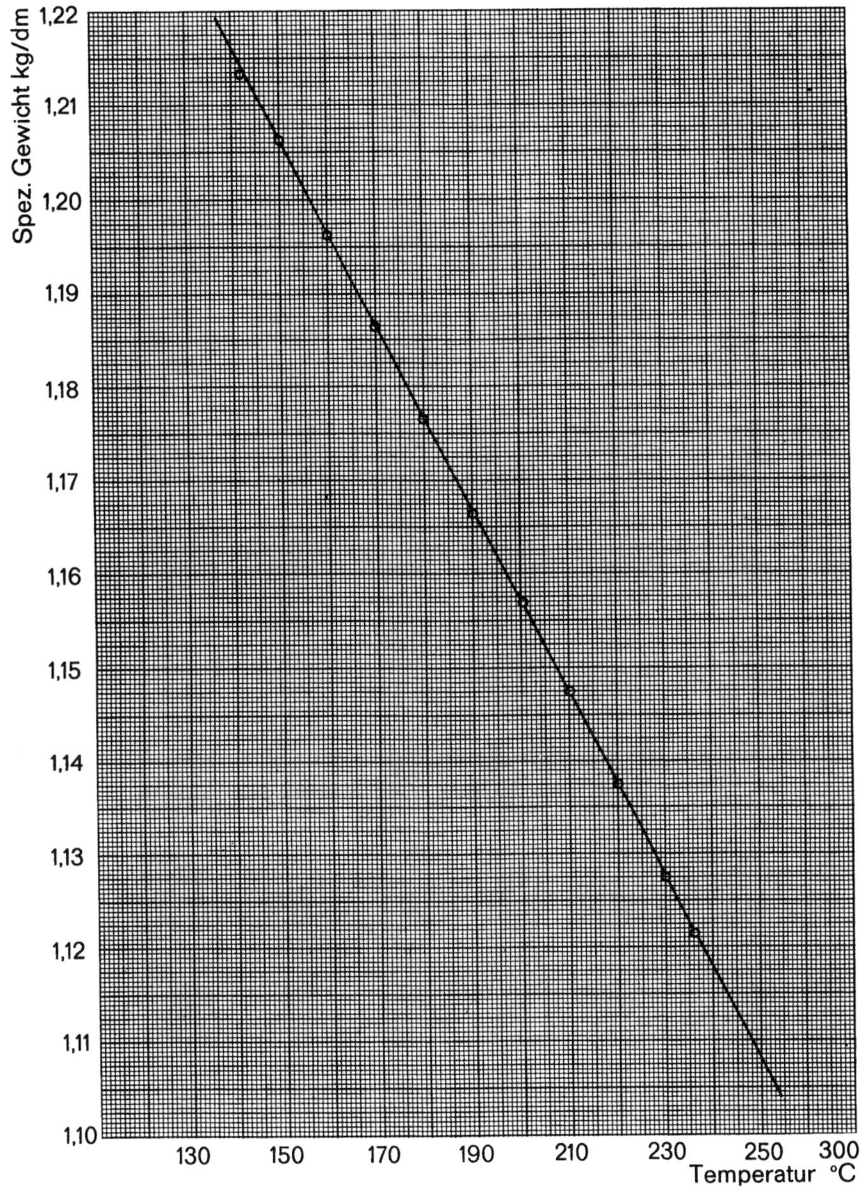

Abb. 34. Phthalsäureanhydrid — spez. Gewicht γ_{fl} (flüssig) [74]

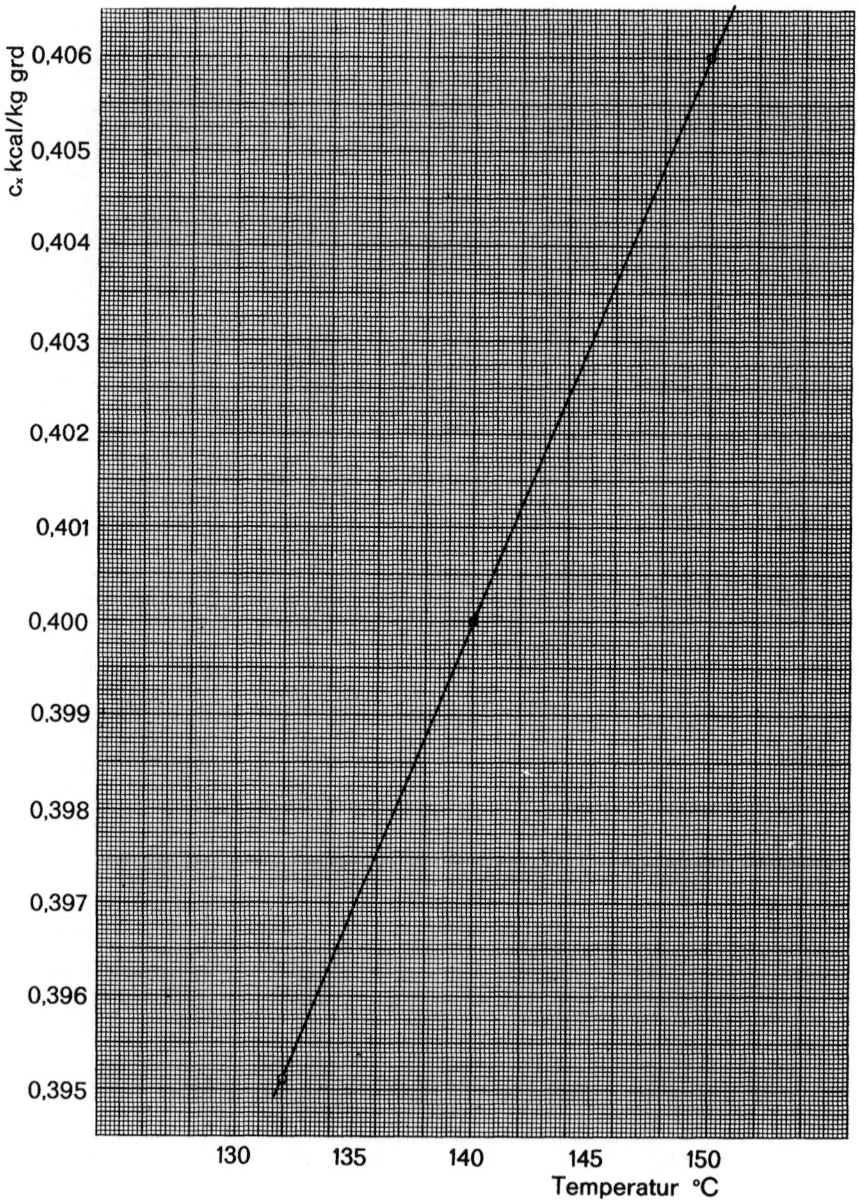

Abb. 35. Phthalsäureanhydrid — spez. Wärme d. Flüssigk. c_{fl} [74]

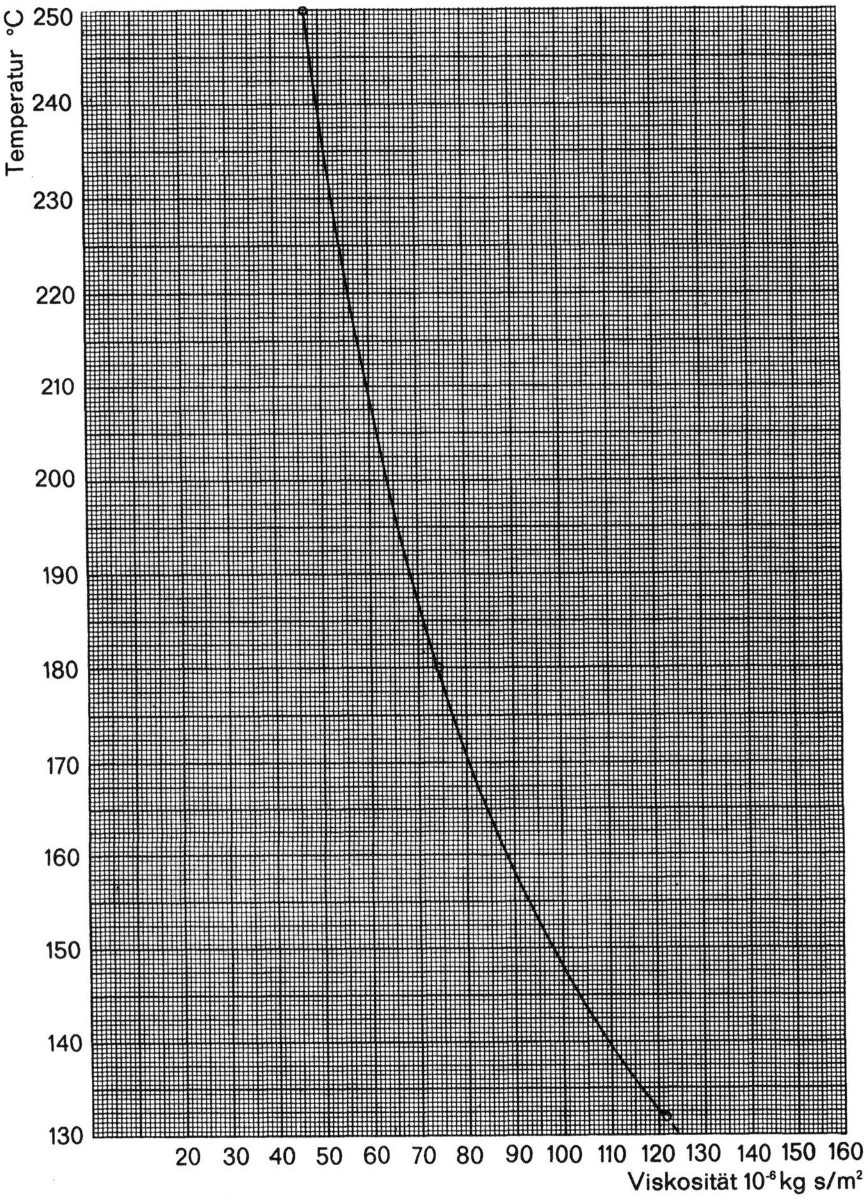

Abb. 36. Phthalsäureanhydrid — dyn. Viskosität der Flüssigk. η_{fl}[75]

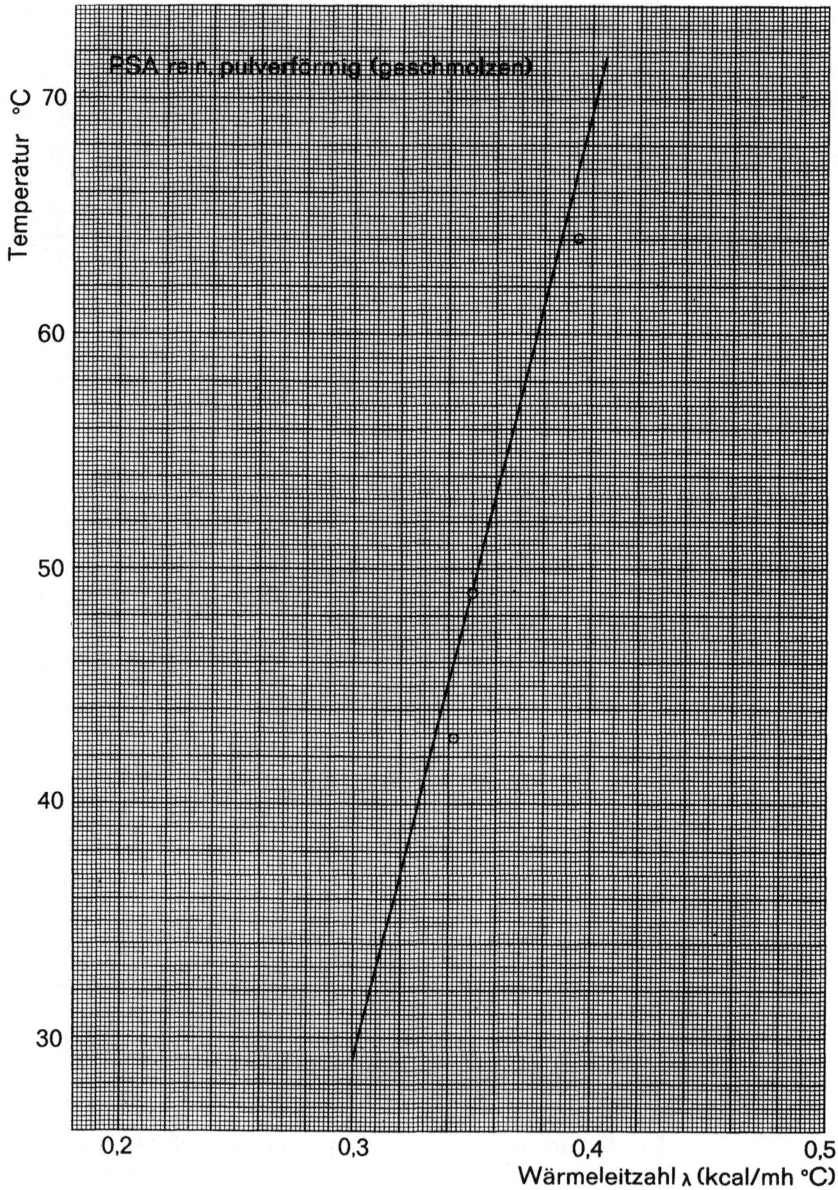

Abb. 37. Phthalsäureanhydrid — Wärmeleitzahl λ (kcal/mh °C) [75]

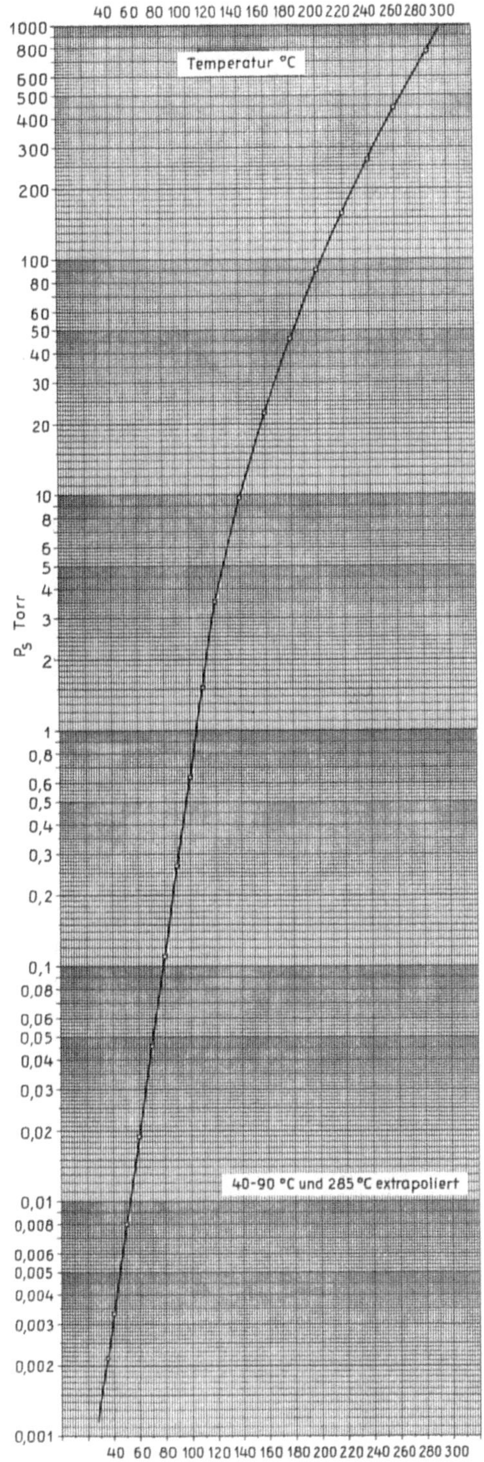

Abb. 38. Phthalsäureanhydrid — Dampfdruck 0,001—1000 Torr, 40—300° C [74]

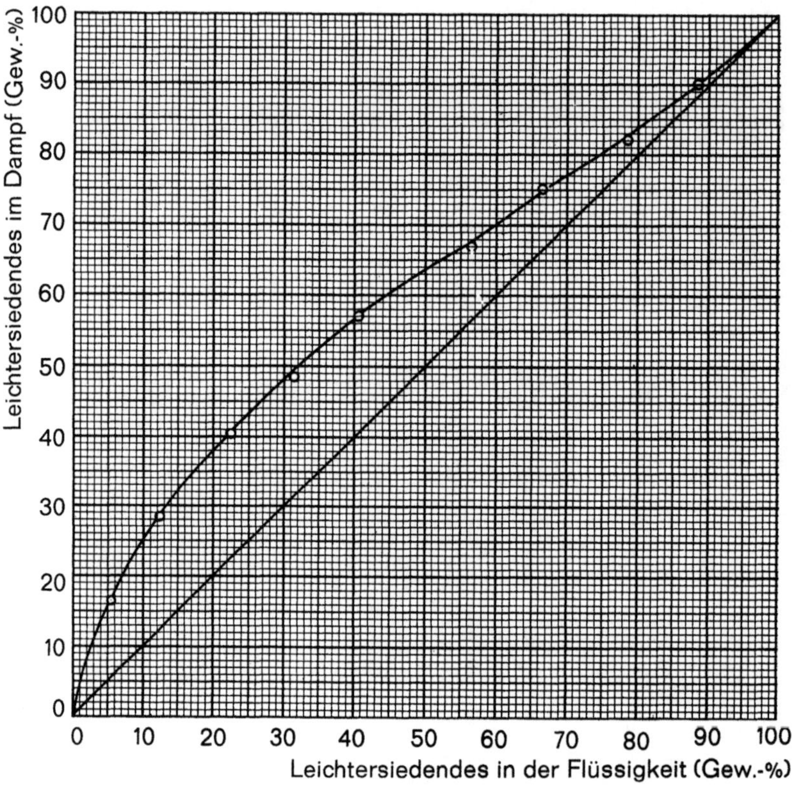

Abb. 39. Gleichgewichtskurve Benzoesäure — Phthalsäureanhydrid 100 Torr[75]

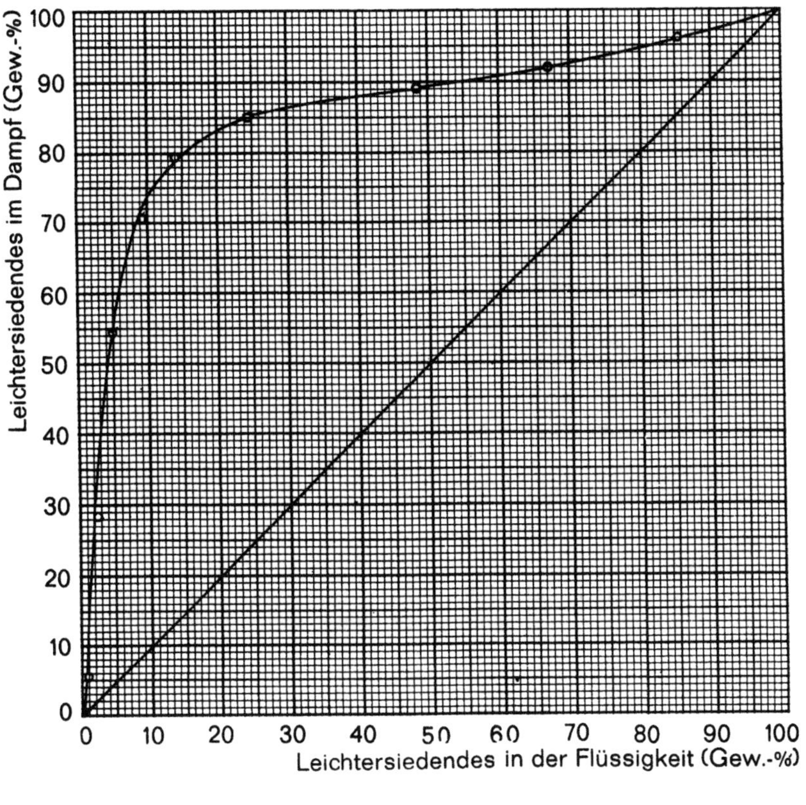

Abb. 40. Gleichgewichtskurve Maleinsäureanhydrid — o-Toluylsäure 100 Torr[75]

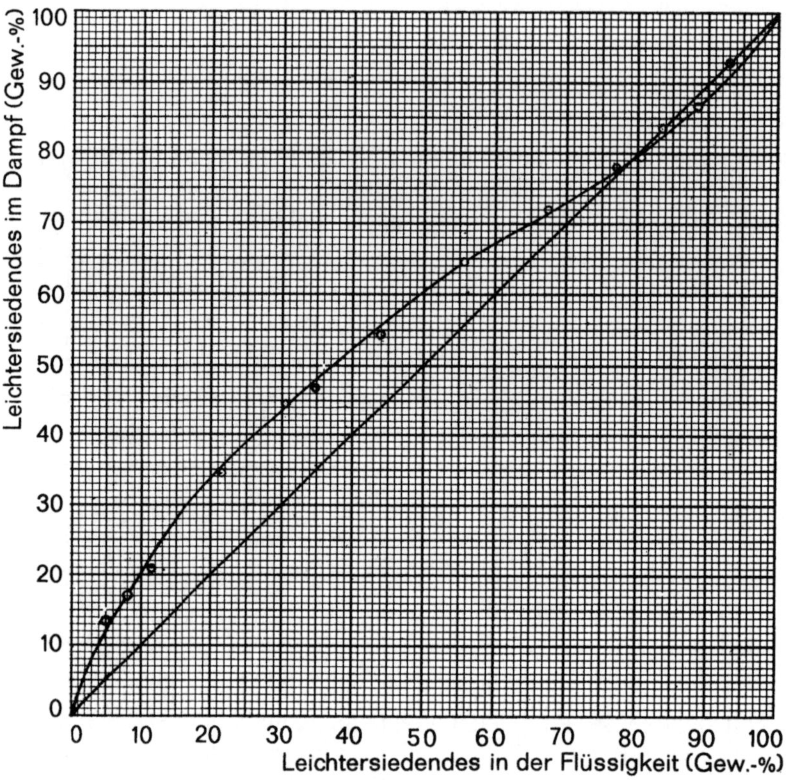

Abb. 41. Gleichgewichtskurve o-Toluylsäure — Phthalsäureanhydrid 100 Torr[75]

1.2 Biologische Wirkung

Phthalsäureanhydrid ist nur wenig toxisch, so daß resorptive Gesundheitsschädigungen durch das Produkt bei sachgerechter Handhabung nicht zu befürchten sind. Die primäre Hautreizwirkung von Phthalsäureanhydrid ist im Tierversuch gering, doch besitzt das Produkt in Staubform eine gewisse Schleimhautreizwirkung. Ein MAK-Wert für Phthalsäureanhydrid ist in der Bundesrepublik Deutschland bisher nicht festgelegt worden; es wird aber empfohlen, den in den USA gültigen MAK-Wert von 12 mg/m^3 am Arbeitsplatz nicht zu überschreiten.

1.3 Spezifikationen von reinem PSA

Analyse	*BASF* Garantie-werte	erreich-bare W.	*SRI* Control Specif.	Tipical	*ASTM*
Erstarrungspunkt °C	130,8	130,9	130,8	130,9	$\geqq$130,8
PSA%	>99,8	>99,8	99,7	99,8	–
PS%	<0,1	<0,1	–	–	–
MSA%	<0,05	<0,05	–	–	–
Monocarbonsäuren %	<0,1	<0,1	–	–	–
Farbzahl**	10–20	5–10	$\leqq$30	10	$\leqq$30
Hitzestabilität***	20–40	10–20	$\leqq$70	30	$\leqq$100
Asche	nicht nachweisbar		–	–	–
Fe (ppm)	–	–	5	1	–

* Aussehen
Fest : rein weiß
Geschmolzen: farblos wasserklar
** Vergleichsskala nach APHA
*** 90 Minuten bei 250°C; Vergleichsskala nach APHA

1.4 Anforderungen an die Spezifikationen der Rohstoffe

o-Xylol

Zündgrenzen (Luft, 760 Torr)
untere: 0,84 Vol.% ≙ 44 g o-Xylol/m³
obere: 6,00 Vol.% ≙ 312 g o-Xylol/m³

Analysen		BASF	SRI
o-Xylol	Gew.%	>95	95–96,5
Aromaten	Gew.%	>99	–
C_9-Aromaten	Gew.%	<1	0,7
Nichtaromaten	Gew.%		<0,5
Freie Säuren		keine	keine
Schwefel ppm		<5	frei
Flammpunkt °C		17–23	35
Zündtemperatur °C		465°C	–
Destillationsbereich °C		–	0,6–2,0
Dichte g/cm³		–	0,882–0,8838
Farbzahl (Saybolt)		wasserhell	+30
„Doctor"-Test		–	negativ
Schleier bei 30°C		–	negativ
Kauributanol-Wert		–	112,6
Kupfer-Korrosion		–	negativ
„acid wash color"		–	–1 bis +1
Rückstand	Verdampfung	negativ	–
	Verbrennung	negativ	–

Naphthalin

Zündgrenzen (Luft, 760 Torr)
untere: 0,69 Vol.% ≙ 40 g Naphthalin/m^3
obere: 5,90 Vol.% ≙ 338 g Naphthalin/m^3

Analysen	BASF	SRI			
Erstarrungspunkt °C	≧80	≧79,6	≧78	≧76	≧74
Farbzahl (APHA)	10–30	–	–	–	–
Nichtflüchtige Anteile Gew.%	–	–	≦0,3	≦0,4	≦0,5
Benzolunlösliche Anteile Gew.%	–	–	≦0,3	≦0,4	≦0,5
Wassergehalt	–	–	≦1,0	≦1,0	≦1,0

Salzmischung (59 Gew.% KNO_3 : 41 Gew.% $NaNO_2$)

KNO_3	: 99,83%	*$NaNO_2$*	: >99%
Cl^{-1}	: <0,01%	Cl^{-1}	: <0,01%
Wasser	: 0,1%	Wasser	: 0,2–1,0%
SO_4^{-2}	: 0,01 %	NO_3^{-1}	: <0,5%
Ca^{+2}	: 0,01%	CO_3^{-2}	: <0,01%
Mg^{+2}	: 0,003%	Al_2O_3	: <0,0005%
Fe^{+2}	: 0,0004%	Fe_2O_3	: <0,0005%
wasserunlöslich	: 0,002%	Schwermetalle	: <0,002%

Kesselspeisewasser (kalt, entgast)

Härtezahl : 0,01
NH_4^+ : 2,0–2,5 mg/l
Hydrazin : 0,2–0,25 mg/l
Sauerstoff : 0,2 mg/l
SiO_2 : <0,02 mg/l
Na^+ : <0,005 mg/l
p_H-Wert : 9,5–9,7 mg/l

Schwefeldioxid (flüssig)

SO_2 : ≧99,9%
SO_3 : ≦50 ppm
H_2O : ≦100 ppm
Farbe : wasserhell + klar

2. Phthalatweichmacher

2.1 Physikalische und chemische Daten der wichtigsten Weichmacher der BASF

Weichmacher		Viskosität cP; 20 °C	Dichte g/cm³/ 20 °C	Brechungszahl n_D20 °C	Säurezahl mg/KOH g	Verseifungszahl mg/KOH g	Verseifungsgeschw. % n. 16h	Farbzahl APHA	Farbzahl Jod-skala	Siedeverlauf °C bei STow	Flüchtige Anteile* %	Pourpoint °C	Flammpunkt °C	Zündgruppe
Di-2-äthylhexylphthalat DOP Palatinol AH	$C_{24}H_{38}O_4$ M. G. 390,54	80–85	0,982–0,984	1,486–1,487	<0,1	285–290	36	10–40	0–1	230–233	ca. 0,15	–55	ca. 190	G 2
Diisooctylphthalat DIOP Palatinol DIO	$C_{24}H_{38}O_4$ M. G. 390	70–80	0,982–0,985	1,485–1,487	<0,1	285–290	39	10–40	0–1	235–240	ca. 0,1	–55	>200	G 2
Diisodecylphthalat DIDP Palatinol Z	$C_{28}H_{46}O_4$ M. G. 446	115–130	0,964–0,967	1,484–1,487	<0,1	249–253	40	20–40	0–1	250–267	0,1	–50	190	G 2
Diisononylphthalat DINP Palatinol DN	$C_{26}H_{42}O_4$ M. G. 418	155–175	0,977–0,980	1,485–1,489	<0,1	267–272	38	10–40	0–1	244–252	ca. 0,1	–50	177	G 2
Dibutylphthalat DBP Palatinol C	$C_{16}H_{22}O_4$ M. G. 278,34	19–22	1,046–1,049	1,492–1,494	<0,1	401–406	ca. 38	10–40	0–1	180–186	ca. 2,5	ca. –70	180	G 2
Diisobutylphthalat DIBP Palatinol IC	$C_{16}H_{22}O_4$ M. G. 278,34	41–44	1,039–1,042	1,489–1,491	<0,1	401–406	ca. 37	10–40	0–1	171–177	2,0	–50	173	G 2
Diäthylphthalat DEP Palatinol A	$C_{12}H_{14}O_4$ M. G. 222	12–14	1,120–1,122	1,5021–1,5025	<0,1	ca. 505	ca. 29	5–10	0–1	175–179 20 Torr	ca. 9,0	–64	ca. 156	G 2
Di-methylglykolphthalat Palatinol O	$C_{14}H_{18}O_6$ M. G. 282	50–65	1,170–1,174	1,503–1,505	<0,1	397–402	39	10–40	0–1	193–206	ca. 0,6	–50	192	G 2
Dibutylglykolphthalat Palatinol K	$C_{20}H_{30}O_6$ M. G. 362	40–50	1,060–1,065	1,486–1,488	<0,1	306–318	39	30–100	2–4	225–238	ca. 1,0	–55	192	G 2

* Gewichtsverlust in % nach 2 h bei 150 °C; 10 g in Petrischale Ø 75 mm.

2.2 Spezifikationen von ausgewählten Weichmachermarken

	Di-2-äthylhexylphthalat			DOP	
Spezifikation	Viskosität cP; 20°C	Dichte g/cm³; 20°C	Brechungszahl n_D 20°C	Säurezahl mg KOH/g	Farbzahl APHA
Marktwert	77–85	0,982–0,986	1,486–1,487	0,05–0,1	10–40
BASF	80–85	0,982–0,984	1,486–1,487	<0,1	10–40
Chem. Werke Hüls	77–82	0,983–0,984	1,487	≦0,07	≦40
Melle-Bezons	77–82	0,983–0,986	1,4865	~0,05	<30
Monsanto*	–	0,980–0,985	1,4845–1,4858	~0,07	<25

	Diisooctylphthalat			DIOP	
Spezifikation	Viskosität cP; 20°C	Dichte g/cm³; 20°C	Brechungszahl n_D 20°C	Säurezahl mg KOH/g	Farbzahl APHA
Marktwert	68–80	0,982–0,988	1,485–1,487	0,05–0,1	10–40
BASF	70–80	0,982–0,985	1,485–1,487	<0,1	10–40
Chem. Werke Hüls	–	–	–	–	–
Melle-Bezons	68–78	0,982–0,988	1,487	~0,05	<40
Monsanto*	–	0,980–0,985	1,4810–1,4880	~0,07	<25

	Diisodecylphthalat			DIDP	
Spezifikation	Viskosität cP; 20°C	Dichte g/cm³; 20°C	Brechungszahl n_D 20°C	Säurezahl mg KOH/g	Farbzahl APHA
Marktwert	115–130	0,964–0,967	1,484–1,487	0,07–0,1	20–70
BASF	115–130	0,964–0,967	1,484–1,487	0,1	20–40
Chem. Werke Hüls	ca. 114–116	0,966–0,967	ca. 1,485	≦0,07	≦70
Melle-Bezons	–	–	–	–	–
Monsanto*	–	0,963–0,969	1,4794–1,4864	~0,07	<50

	Diisononylphthalat			DINP	
Spezifikation	Viskosität cP; 20°C	Dichte g/cm³; 20°C	Brechungszahl n_D 20°C	Säurezahl mg KOH/g	Farbzahl APHA
Marktwert	130–175	0,977–0,980	1,485–1,489	0,07–0,1	10–70
BASF	115–175	0,977–0,980	1,485–1,489	<0,1	10–40
Chem. Werke Hüls	130–165	0,977–0,980	1,487–1,488	≦0,07	≦70
Melle-Bezons	–	–	–	–	–
Monsanto*	–	–	–	–	–

* Dichte und Brechungszahl bei 25°C

2.3 BASF-Anforderungen an die Spezifikation der Alkohole

Analysen	2-Äthylhexanol	Isooctanol	Isononanol	Isodekanol
Viskosität cP; 20°C	~10	11	17,5	17,83
Dichte g/cm³; 20°C	0,831–0,832	0,832–0,834	0,8396	0,8377
Brechungszahl n_D 20°C	1,431–1,432	1,432	1,438	1,4398
Hydroxylzahl	425–435	425–430	382–386	350–354
Carbonylzahl	–	<0,3	≦0,3	–
Säurezahl mg KOH/g	–	<0,1	–	–
Wassergehalt %	<0,2	–	–	≦0,1
Erstarrungspunkt	–76	–38,6	–	–
Stockpunkt °C	–	–	<20	<20
Siedebereich 760 Torr, °C	184,3–185,0	184–189	193–204	212–215
Farbzahl				
APHA	<10	–	–	–
ELKO*	≧90	≧90	≧85	≧85
Jodskala	0–1	1	–	1–2
Reinheitsgrad %	≧99	≧99	≧99	≧99

Bei den isomeren Alkoholen handelt es sich um Isomerengemische.

* Gemessen nach H_2SO_4-Test: 98 cm³ Alkohol + 7 cm³ conc. H_2SO_4 1 h bei 100°C rühren.

2.4 Phthalatweichmacherpalette

Produzierte Phthalsäureester für Weichmacher mit Anzahl der Hersteller pro Typ auf der westlichen Welt.

Weichmacher	Zahl der Herstellfirmen
Di-2-äthylhexylphthalat	17
Dibutylphthalat	13
Diisooctylphthalat	10
Diäthylphthalat	9
Dihexylphthalat	6
Diisononylphthalat	5
C_7-C_9-Alkoholphthalate	5
Dibutylglykolphthalat	5
Diisodecylphthalat	4
Dimethylphthalat	4
Dicyclohexylphthalat	4
Dimethylglykolphthalat	4
C_9-C_{11}-Alkoholphthalate	4
Dilaurylphthalat	3
Dicaprylphthalat	3
Benzylbutylphthalat	2
Diisobutylphthalat	2
Di-n-octyl-n-decylphthalat	2
Diamylphthalat	2
Butylcyclohexylphthalat	2
Dimethylcyclohexylphthalat	2
Dialphanolphthalat	1
C_4-C_6-Alkoholphthalate	1
C_6-C_8-Alkoholphthalate	1
Butyldecylphthalat	1
Propylenglykol-1.2-Phthalat	1

3. Ungesättigte Polyesterharze

3.1 Physikalische und chemische Daten

Im Lieferzustand

Analyse	Einheit	*BASF* ®Palatal P 4	*Hüls* ®Vestopal 120 L	*Bayer* ®Leguval N 50 S	*BASF* Palatal P 6	*Hüls* Vestopal 130	*Bayer* Leguval W 16
Lichtdurchlässigkeitszahl	Jodskala	1–2	1–2	< 1	1–2	1–2	< 1
Farbzahl	APHA	40–100	< 80	< 50	40–80	< 70	< 50
Brechungszahl (bei 20 °C)	n_D	1,545	–	–	1,534–1,536	–	–
Dichte (bei 20 °C)	g/ml	1,120	1,13	1,13	1,13	1,13	1,13
Säurezahl	mg/KOH/1 g	31 ± 2	–	< 35	32 ± 2	–	< 35
Styrolgehalt	Gew.%	35 ± 1	33	35 ± 2	34 ± 2	33	35 ± 2
Viskosität (bei 20 °C)	cP	700–800	1100	600–700	1000–1250	1100	1300–1500
Viskosität als Auslaufzeit (bei 20 °C)	sec	120–160	210	140	200–260	210	~ 100
Verdünnbarkeit mit Styrol ohne Trübung	Gew.%	unbegrenzt	unbegrenzt	praktisch unbegrenzt	~ 1 : 10	–	–
Dampfdruck (bei 20 °C)	Torr	1	–	–	1,5–1,8	–	–
Flammpunkt	°C	32,5	35	~ 32	34	35	ca. 32
Wärmeleitzahl	kcal/m °C h	0,162	–	~ 0,13	0,162	–	ca. 0,13
Spezifische Wärme	kcal/kg °C	0,42	–	~ 0,40	0,42	–	ca. 0,40
Kubische Ausdehnungszahl	$°C^{-1} \cdot 10^{-4}$	8	7,5	~ 7,70	8	7,7	ca. 7,7

UP-Harz ausgehärtet; optische und mechanische Daten

Analyse	Einheit	*BASF* ®Palatal P 4	*Hüls* ®Vestopal 120 L	*Bayer* Leguval N 50 S	*BASF* Palatal P 6	*Hüls* Vestopal 130	*Bayer* Leguval W 16
Lichtdurchlässigkeitszahl	Jodskala	2–4	–	–	2	–	–
Brechungszahl (bei 20 °C)	n_D	1,567	1,564	1,571	1,553	1,560	1,56
Rohdichte (bei 20 °C)	g/cm³	1,209	1,22	1,23	1,219	1,23	1,22
Zugfestigkeit	kg/cm³	600	450	600	600	450	500
Elastizitätsmodul, berechnet aus dem Zugversuch	kg/cm²	37000	–	–	2,0	–	2
Bruchdehnung	%	2,2	–	2	48000	–	–
Poissonsche Zahl	μ	0,36	–	–	–	–	–
Biegefestigkeit	kg/cm²	900	900	1100	900	850	1100
Elastizitätsmodul, berechnet aus dem Biegeversuch	kg/cm²	40000	40000	35000	40000	40000	35000
Druckfestigkeit	kg/cm²	1700	1600	1400	1600	1600	1500
Kugeldruckhärte nach 60 Sek.	kg/cm²	1500	2100	1800	1600	2150	1900
Schlagzähigkeit	cm kg/cm²	9	8	10	9	8	10
Kerbschlagzähigkeit	cm kg/cm²	1,2	–	–	1,2	–	–

UP-Harz ausgehärtet; thermische und elektrische Daten

Analyse	Einheit	*BASF* ®Palatal P 4	*Hüls* ®Vestopal 120 L	*Bayer* ®Leguval N 50 S	*BASF* Palatal P 6	*Hüls* Vestopal 130	*Bayer* Leguval W 16
Formbeständigkeit in der Wärme nach Martens	°C	57	55–60	55	80 ± 5	70	85
Glasübergangstemperatur	°C	DIN 53445	–	–	DIN 53445	–	–
(Mittlere Erweichungs-temperatur)	–	83	–	–	125	–	–
Wärmeleitzahl	kcal/m °C h	0,162	DIN 52612 0,14	–	0,16	0,14	ca. 15
Spezifische Wärme	kcal/kg °C	0,35	0,35	–	0,30	0,35	ca. 30
Lineare Ausdehnungszahl	$°C^{-1} \cdot 10^{-4}$	0,9–1,3	0,8–1,1	–	1–5	0,8–1,0	0,8
Rel. Dielektrizitätskonst. bei 1 KHz	ε_r	3,4	~3,0	–	3,4	~3,5	–
Dielektrischer Verlust-faktor; bei 1 KHz	tan δ	0,006	~0,005	–	0,006	~0,005	
Spezifischer Durch-gangswiderstand	Ω cm	$3,8 \cdot 10^{15}$	$>10^{15}$	–	10^{16}	$>10^{15}$	–
Oberflächenwiderstand	Ω	$4 \cdot 10^{14}$	$>10^{13}$	–	10^{14}	–	–
Durchschlagfestigkeit	KV/mm	36	–	–	35	–	–
Kriechstromfestigkeit	–	T 5	KA 3 C	–	KA 3 C	KA 3 C	–

3.2 BASF-Anforderung an die Spezifikationen der Rohstoffe

Analysen	Monostyrol	1.2-Propylenglykol	MSA
Reinheitsgrad %	≧99,6	≧99	≧99
Dichte (g/cm^3; 20 °C)	0,906	1,0363	–
Viskosität (cp; 20 °C)	–	55	–
Brechungszahl (n_D 20 °C)	1,5466	1,4328 – 1,433	–
Erstarrungspunkt °C	– 30,8	–	52,8
Stockpunkt °C	–	– 59	–
Farbzahl (APHA)	–	< 10	≦80
Hitzebeständigkeit (APHA)	–	–	–
Säurezahl (mg KOH/g)	–	< 0,02	1144
Verseifungszahl	–	< 0,2	–
Verdunstungszahl	19,5	–	–
Eisengehalt	–	–	frei
Siedebereich °C; 760 Torr	145,2	187 – 189	–

Literatur

1. Phthalsäureanhydrid

1. *A. Laurent*, Liebigs Ann. **19**, 38 – 50 (1836).
2. *A. Laurent*, Liebigs Ann. **41**, 108 – 109 (1842).
3. *C. Graebe*, Liebigs Ann. **149**, 26 (1869).
4. *E. Sapper*, BASF, DRP. 91202 (1896).
5. *A. Wohl*, DRP. 379822 (29. 6. 1916); BASF-Nutzungsrecht 1. 9. 1916.
6. *H. D. Gibbs & C. Conover*, US. P. 1285117 (17. 2. 1917/19. 11. 1918); US. P. 1284888 (12. 5. 1917/12. 11. 1918).
7. *R. Landau & H. Harper*, Chem. & Ind. **1961 (2)**, 1143 – 1152.
8. BIOS Final Rep., Nr. 666, 875, 935.
9. FIAT Final Rep., Nr. 649.
10. *W. A. Caspari*, US. P. 1674589 (6. 11. 1926/19. 6. 1928).
11. *J. A. Lee*, Chem. met. Eng. **52**, 100 – 101 (1945).
12. *H. L. Riley*, UCC, Brit. P. 713560 (1951).
13. *J. R. Callaham*, Chem. Eng. **53**, 116 – 119, 138 – 141 (1946).
14. *R. Landau*, Ind. Chemist **33**, 615 – 617 (1955). Mid Century, US. P. 2833816 (1955).
15. *P. H. Spitz*, Hydrocarbon Process. **47**, 163 – 164 (1968).
16. *C. R. Downs*, Ind. Eng. Chem. **32**, 1294 – 1298 (1940). *J. R. Callaham*, Chem. Eng. **53**, 119 (1946).
17. *R. F. Ruthruff*, Petr. Refiner **33**, 155 – 157 (1954).
18. *F. Bernardini & M. Ramacci*, Chimica e Ind. **48 (1)**, 9 (1966); C. A. **64**, 9630 (1966). *H. Pichler & F. Obenaus*, Brennstoffchem. **46**, 258 – 264 (1965). *V. S. Aliev, M. J. Rustamov & E. M. Seid-Rzaeva*, Azerb. Khim. Zh. **1965 (1)**, 68; C. A. **63**, 13000 (1965).
19. *J. J. Carbery & D. White*, Ind. Eng. Chem. **61**, 27 – 35 (1969).
20. *K. Konopicky*, Brennstoffchem. **36**, 151 – 155 (1955).
21. *G. L. Simard, J. F. Steger, R. J. Arnott & L. A. Siegel*, Ind. Eng. Chem. **47**, 1424 – 1430 (1955).
22. *L. F. Marek*, US. P. 1987506 (1928); Ind. Eng. Chem. **41**, 1894 (1949).
23. *J. R. Callaham*, California Research Co., US. P. 2521466 (1945). *I. E. Levine*, Chem. Eng. Progr. **43**, 168 (1947); Chem. Petroleum Hydrocarbons **3** (1955).
24. *G. Rienäcker*, Chem. Techn. **11**, 246 – 259 (1959).
25. *W. Friedrichsen*, Chemie-Ing.-Techn. **41**, 967 – 970 (1969). *W. Friedrichsen & O. Göhre*, BASF, Belg. P. 681237 (1967). *W. Friedrichsen, G. Pöhler & O. Göhre*, BASF, Belg. P. 708692 (1967).
26. United Coke & Chemicals Co. Ltd., Belg. P. 592605 (1960).
27. *H. L. Riley*, Hydrocarbon Processing and Petr. Refiner **42**, 167 – 172 (1963), The Design and Operation of Fluidized-Catalyst Phthalicanhydride Plants. (143. Meeting of Amer. Chemists Soc., Cincinnati, 13. – 18. 1. 1963).
28. American Cyanamid Co., Belg. P. 554553 (1957); Priorität in USA 1956.
29. *H. Nonnenmacher, M. Appl & K. Andrussow*, BASF, DBP. 1144709 (12. 7. 1961/12. 9. 1963). *H. Nonnenmacher, M. Appl, K. Andrussow & J. Haug*, BASF, US. P. 3167567 (26. 1. 1965).
30. *F. Lorenz, J. Wagner, D. Bettermann, W. Mann & J. Walter*, BASF, DOS. 1601162 (6. 9. 1967); DOS. 1601163 (23. 9. 1967).
31. *J. B. Pierce*, Voundation, DBP. 1225210 (1967); Brit. Priorität 20. 9. 1955/5. 9. 1956.
32. *J. Alexander Jr. & S. G. Hindin*, Ind. Eng. Chem. **39**, 1044 – 1049 (1947).
33. *C. R. Downs*, J. Soc. chem. Ind., Chem. & Ind. **45**, 188 – 193 (1926).
34. *H. L. Riley*, Trans. Inst. chem. Eng. **37**, Nr. 6 (1959).
35. *D. A. Rogers & F. Porter*, Solvay Process Co., US. P. 2071361 (1935).
36. Monsanto Chemical Co., DBP. 857052 (1950); US. Priorität 1944.
37. Chem. Eng., **60**, 114 – 115 (1953).

38. *A. S. Wigdorow, A. W. Amitin & L. J. Blachmann*, Khim. prom. **42 (1)**, 31 – 32 (1966).
39. *H. L. Riley*, Chem. & Ind. **1956 (2)**, 1464 – 1468. Division of Fuel Chemistry, **7**, 205 – 218 (1963). Petr. Refiner **42**, 210 – 213 (1963).
40. Chemische Fabrik von Heyden AG, DBP. 1083230.
41. *H. Suter & G. Pöhler*, BASF, DBP. 1097427 (1959/1963).
42. *H. Suter & G. Pöhler*, BASF, DBP. 1167810 (1960/1964). *H. Suter, G. Pöhler, K. H. Müller & F. Wirth*, BASF, DAS. 1259870 (1966).
43. *K. H. Engel & H. L. Stasse*, Allied Chemical Corp., US. P. 2356449 (22. 8. 1944).
44. Pittsburgh Coke & Chem. Corp., US. P. 2850440 (1955).
45. American Cyanamid Co., US. P. 2670325 (1951).
46. *Ullmann*, Enzyklopädie der technischen Chemie, 3. Aufl., 13. Bd., 721 (München-Berlin 1962).
47. *Ullmann*, Enzyklopädie der technischen Chemie, 3. Aufl., 13. Bd., 723 (München-Berlin 1962).
48. Ruhröl, Europa-Chemie **21**, 7 (1965).
49. Lurgi, Chem. Ztg. **89**, 327 (1965).
50. California Research Corp., Hydrocarbon Process. and Petr. Refiner **42**, 210 (1963).
51. *B. E. A. Thomas & J. G. D. Molinari*, Ind. Chemist **5**, 216 – 218 (1961).
52. Scientific Design Co., Inc., Hydrocarbon Process. and Petr. Refiner **42**, 213 (1963).
53. Chemische Fabrik von Heyden AG, Hydrocarbon Process. and Petr. Refiner **46**, 213 (1967).
54. United Coke & Chemicals Co. Ltd. & Foster Wheeler Corp., Hydrocarbon Process. **46**, 214 (1967).
55. American Cyanamid Co., Petr. Refiner **38**, 285 (1959).
56. Sherwin Williams Co. & Badger Co., Hydrocarbon Process. **46**, 215 (1967).
57. *J. J. Graham*, European Chem. News **10**, Nr. 245, 27 (1966).
58. *R. Landau*, Ind. Chemist **33**, 615 – 617 (1955); US. P. 2833816.
59. Du Pont, US. P. 2276774.
60. *Towle & Baldwin*, Hydrocarbon Process. and Petr. Refiner **43**, 149 (1964).
61. *J. Berthoux & C. Gerbelot-Barrillon*, Progil, Fr. P. 998922 (14. 12. 1964).
62. *F. List*, CWH, Erdöl u. Kohle **22**, 197 – 200 (1969).
63. *A. S. Banciu*, Revista de Chimie **17**, 362 – 367.
64. European Chemicals News, **14**, Nr. 342, 14 (1968); **14**, Nr. 346, 18 (1968).
65. *F. List, J. Dodt & H. Alfs*, CWH, DOS. 1814707 (14. 12. 1968/2. 7. 1970).
66. *F. List & H. Alfs*, CWH, DOS. 1813391 (7. 12. 1968/2. 7. 1970).
67. *W. J. G. Cudmore & G. P. Olsen*, Standard Oil Co., DOS. 1915690 (27. 3. 1969/9. 10. 1969); US. Priorität 27. 3. 1968.
68. *R. F. Schwab & W. H. Doyle*, Chem. Eng. Progr. **66**, 49 – 53 (1970).
69. *I. E. Levine*, California Research Co., US. P. 2474002 (1949); US. P. 2521466 (1950). *W. G. Toland*, California Research Co., US. P. 2574512 (1951).

Anhang:

70. *A. C. Werner & S. V. R. Mastrangelo*, J. Amer. Chem. Soc. **75**, 5244 – 5247 (1953).
71. *J. H. Perry*, Chemical Engineer's Handbook 1963.
72. *Kirk-Othmer*, Encyclopedia of Chemical Technology, 2. Aufl., 15. Bd., 445 – 446 (New York 1968).
73. SRI, Rep. Nr. 34, 201 (1968).
74. BASF, unveröffentlicht.
75. BASF, unveröffentlicht.
76. BASF, unveröffentlicht.
77. *K. Nabert & G. Schön*, Sicherheitstechnische Kennzahlen brennbarer Gase und Dämpfe, 66, 1953. Betriebswacht, Jahresvormerkbuch der Gewerblichen Berufsgenossenschaften, 112 – 113, 1970.

2. Phthalsäureanhydrid für Weichmacher

1. Deutscher Normenausschuß, DIN 55945, Bl. 1.
2. *J. A. Cutting*, Brit. P. 1638 (1854).

3. *J. & I. Hyatt*, US. P. 105338 (1870).
4. Meister, Lucius & Brüning, DRP. 127816 (1900); C. **1902 (1)**, 288.
5. *H. T. Clarke*, US. P. 1398939 (29. 11. 1921).
6. *H. F. Willkie*, US. P. 1449156 (20. 3. 1923).
7. *H. J. Mair & L. Meier*, Kunststoffe **60**, 308 (1970).
8. Ruhrchemie, US. P. 1993552 (14. 2. 1933/5. 3. 1955); DRP. 870999 (6. 8. 1950/19. 3. 1953). BASF, DBP. 895975 (16. 9. 1943/9. 11. 1953). ICI, Brit. P. 687142 (12. 9. 1949/11. 2. 1953); Fr. P. 1175191 (15. 5. 1957/20. 3. 1959). Pittsburgh Coke & Chem. Corp., US. P. 2628249 (3. 1. 1951/10. 2. 1953). *I. Kiosa*, Arch. Pharmaz. Ber. Dtsch. pharmaz. Ges. **287 (59)**, 457 (1954).
9. Standard Oil Develop., US. P. 2642389 (30. 12. 1950/16. 6. 1953). Usines de Melle, Fr. P. 1055453/454 (5. 5. 1952/18. 2. 1954); Ital. P. 505736 (18. 4. 1953); Fr. P. 63620 (18. 12. 1953/ 30. 9. 1955). *Vasilescu*, D. W. P. 11113/120 (22. 8. 1953/14. 1. 1956).
10. *W. E. Cash & W. H. Gell*, British Industrial Solvents, Brit. P. 660021 (1948); C. **1954**, 11598.
11. *B. Wolff*, Przem. chem. **42 (2)**, 65 – 73 (1963).
12. *H. Suter*, Chemie-Ing.-Techn. **41**, 971 – 974 (1969).
13. *J. Roberts & H. C. Urey*, J. Amer. Chem. Soc. **60**, 2391 (1938); **61**, 2584 (1939).
14. *H. Goldschmidt* & Mitarb., Z. physik. Chem. **143**, 139, 278 (1929).
15. *E. S. Gould*, Mechanismus u. Struktur in der org. Chemie, 1. Aufl., 372, (Weinheim/Bergstr. 1962).
16. *A. Coenen*, Advances in Chemistry Science, Series No. 48, American Chemical Society, Washington, D. C. 1965.
17. *F. Knörr & H. Spes*, DAS. 1142868 (23. 8. 1960/31. 1. 1963).
18. *P. W. Sherwood*, Erdöl Kohle **22**, 525 – 527 (1969).
19. *A. W. C. Taylor & S. A. Lamb*, Imperial Chemical Industries, Brit. P. 716485 (1950); C. **1955**, 10862. *A. Coenen & F. Broich*, CWH, DBP. 914006 (1951); C. **1955**, 4699. *W. L. Beears, F. X. Werber, J. E. Jansen, T. L. Gresnam & B. F. Goodrich*, Fr. P. 1134016 (1954); C. **1957**, 12603. *F. X. Werber & B. F. Goodrich*, Fr. P. 1165428 (1955); C. **1959**, 17460. *J. A. Mountain, L. J. Schick Jr. & A. A. Schetelich*, Esso Research, DAS. 1164410 (1957); C. **1967**, 3018. *W. A. Dimler Jr., V. L. Hughes, J. Kirshenbaum, J. J. Murphy Jr. & A. A. Schetelich*, Esso Research, DBP. 1135457 (1958); C. **1962**, 6213. *H. Schwarzhanns*, DAS. 1273521 (2. 3. 1966/ 25. 7. 1968).
20. *Ullmann*, Enzyklopädie der technischen Chemie, 3. Aufl., 13. Bd., 728 (München-Berlin 1962).
21. *I. M. Church & F. C. Whitmore*, J. Amer. Chem. Soc. **56**, 180 (1934). *R. V. McGrew & P. Maroni*, Compt. rend. **257**, 1715, 1867 (1963).
22. *H. Meyer*, Liebigs Ann. **433**, 338 (1923).
23. *J. K. Mertzweiler*, Standard Oil Develop., US. P. 2578724 (1948); C. **1955**, 2071.
24. *A. Coenen & F. Broich*, DBP. 914006 (1954).
25. *P. J. Garner & G. Watson*, Shell Refining, DBP. 844146 (1947); C. **1953**, 2844.
26. *K. Schoenemann*, Dechema-Monographie, 21. Bd., 203 (Frankfurt/a. M. 1952).
27. *H. I. Joschek, M. Klier & P. Haug*, Chemie-Ing.-Techn. **40**, 449 (1968).
28. *H. Suter, J. Jahn, F. Janka, F. Brunnmüller & O. B. Claren*, BASF, DAS. 951882, 2 (15. 10. 1969).
29. *H. Suter, J. Jahn, G. Schulz, F. Janka & G. Purpur*, BASF, Belg. P. 750462.
30. *O. B. Claren & K. Kettner*, BASF, DAS. 1921110 (25. 4. 1969/18. 3. 1971).
31. *H. Suter, G. Pöhler, F. Brunnmüller & O. B. Claren*, BASF, DAS. 1225164 (25. 1. 1964/ 22. 9. 1966).
32. *Kudo Shiro* & Mitarb., Kyowa Hakko Kogyo Co., Ltd., US. P. 3476796 (2. 5. 1964/4. 11. 1969); DAS. 1543112 (30. 4. 1965/5. 11. 1970).
33. Distillers Co., US. P. 2759967 (1958).
34. European Chemicals News, **17**, Nr. 422, 18 (1970).
35. *L. O. Raether, A. J. Lauck & H. R. Gamrath*, Monsanto Chemical Co., US. P. 2975210 (14. 3. 1958); Belg. P. 596629 (2. 5. 1961); Ind. eng. chem. Prod. Res. Devel. **2**, 133 – 137 (1963); Chem. Eng. News **42**, 15, 85 – 86 (1964).
36. Montecatini Edison S. p. A., Chem. Industr. **20**, 936 (1968).

Anhang:

37. *Kirk-Othmer*, Encyclopedia of Chemical Technology, Esterification, 5. Bd., 777–816; Plasticizers, 10. Bd., 766–797, The Interscience Encyclopedia, Inc., New York 1950/1953.
38. *L. H. Horsley*, Advances in Chemistry Science, Azeotropic Data, American Chemical Society, Washington, D. C. 1952.

3. Phthalsäureanhydrid für Polyesterharze

1. *R. H. Kienle*, Paper Presented at Meeting of American Institute of Chemists, Northwestern University (1928). *R. H. Kienle & C. S. Ferguson*, Ind. Eng. Chem. **21**, 349 (1929).
2. *J. Berzelius*, Rapp. Annuel Progrès Chimie **1847**, 260.
3. *J. van Bemmelen*, J. pr. **69**, 84, 93 (1856).
4. *H. Debus*, Phil. Mag. **16**, 438 (1858).
5. *A. V. Lourenco*, Ann. chim. et phys. **67**, 313 (1863).
6. *A. Furaro & L. Danesi*, J. Fortschr. Chemie **1880**, 799.
7. *D. Vorländer*, Liebigs Ann. **280**, 167, 171 (1894).
8. *W. Smith*, J. Soc. chem. Ind. **20**, 1073 (1901).
9. *M. J. Callahan*, US. P. 1091627; 1091628; 1091732; 1108329; 1108330; 1108332 (1914). *K. B. Howell*, US. P. 1098728 (1914). *W. C. Arsem*, US. P. 1098776; 1098777 (1914). *L. H. Friedburg*, US. P. 1119592 (1914). *E. S. Dawson*, US. P. 1141944 (1915).
10. Farbf. Bayer, DRP. 318222 (1917).
11. *H. Staudinger*, Ber. **53**, 1073 – 1085 (1920).
12. *R. H. Kienle & A. G. Hovey*, J. Amer. Chem. Soc. **51**, 509 (1929); **52**, 3636 (1930). *R. H. Kienle*, Ind. Eng. Chem. **22**, 590 (1930); US. P. 1893873 (1933); J. Soc. chem. Ind., Chem. and Ind. **55**, 229 (1936).
13. *W. H. Carothers*, J. Amer. Chem. Soc. **51**, 2548 (1929).
14. *M. F. Mark & G. S. Withby*, Collected Papers of W. H. Carothers, Interscience Publishers, Inc., London 1940.
15. *T. F. Bradley*, Ind. Eng. Chem. **29**, 440, 579 (1937).
16. *C. Ellis*, US. P. 2255313 (1937/1941).
17. *Bjorksten*, Research Labs., Polyesters and Their Applications (New York 1960).
18. *P. H. Selden*, Glasfaserverstärkte Kunststoffe (Berlin-Göttingen-Heidelberg 1967).
19. *J. Schreiber*, Farbe Lack **63**, 443 (1957).
20. *E. Seifert*, Farbe Lack **60**, 187 (1954).
21. *W. B. Winkler & T. F. Washburn*, US. P. 2663649 (1953).
22. *H. Fikentscher, W. Nieswandt & H. Disselhoff*, BASF, DBP. 948816.
23. *W. H. Carothers*, Trans. Faraday Soc. **32**, 43 (1936); Collected Papers on Polymerization, High Polymers, 1. Bd. (New York 1940).
24. *P. J. Flory*, J. Amer. Chem. Soc. **63**, 3083, 3091, 3096 (1941); **69**, 30 (1947); **74**, 2718 (1952); Chem. Rev. **39**, 137, 184 (1946).
25. *M. Jonason*, J. Appl. Polymer Sci. **4**, 129–140 (1960).
26. *K. S. Markley*, Fatty Acids, 2. Aufl., 2. Bd., 1051–1054 (New York 1961).
27. *C. A. Klebsattel*, J. Amer. Oil Chem. Soc. **27**, 500–504 (1950).
28. *R. A. Brett*, J. Oil Colour Chem. Assoc. **41**, 428–444 (1958).
29. *W. H. Carothers*, Trans. Faraday Soc. **32**, 39 (1936).
30. *P. J. Flory*, J. Amer. Chem. Soc. **61**, 3334 (1939); Principles of Polymer Chemistry (Ithaca 1953).
31. *G. V. Schulz*, Z. physik. Chem. **182 (1)**, 127–144 (1938).
32. *D. N. Solomon*, Makromol. Sci. Rev. **C 1 (1)**, 179–212 (1967).
33. *S. D. Hamann, D. N. Solomon & J. D. Swift*, Makromol. Sci. Chem. **A 2 (1)**, 153–174 (1968).
34. *L. R. Lebras & D. F. Stalier*, Pittsburgh, Plate Glass Co., US. P. 3055867 (25. 9. 1962); 3057824 (9. 10. 1962). *F. X. Weber*, B. F. Goodrich Co., US. P. 3056818 (2. 10. 1962). *E. W. Wilson & I. H. Hutchins*, Eastman Kodak Co., US. P. 3055869 (25. 9. 1962).

35. *M. P. Stevens & J. D. Gardner*, Process Design Dev. **4 (1)**, 67 (1965).
36. *M. Davies* & Mitarb., Trans. Faraday Soc. **49**, 395–404 (1953). *S. R. Rafikow* & Mitarb., Doklady Akad. SSSR **64**, 211–214 (1949). *L. K. Maros* & Mitarb., Makromol. Chem. **78**, 223–230 (1964).
37. *M. Davies & F. P. Evans*, Trans. Faraday Soc. **54**, 74–80 (1956).
38. *L. Turunen*, Ind. Eng. Chem. **1 (1)**, 40–50 (1962). *M. Felici* & Mitarb., Chimica e Ind. **45 (2)**, 166–172 (1963). *Z. Ordelt*, Makromol. Chem. **63**, 153–161 (1967).
39. *R. F. Fischer*, J. Polymer Sci. **44**, 155–172 (1960). *H. G. Waddill* & Mitarb., Ind. Eng. Chem. **3 (1)**, 53 (1964).
40. *W. E. Cass & R. E. Burnett*, Ind. Eng. Chem. **46**, 1916 (1954).
41. *P. J. Flory*, Principles of Polymer Chemistry (Ithaca, N. Y. 1953). *B. Golding*, Polymers Resins, Their Chemistry and Chemical Engineering, van Nostrand, New Jersey. *F. W. Billmeyer*, Testbook of Polymer Science (New York 1959).
42. *C. B. Roberts & H. A. Brejcha*, Anal. Chem. **35**, 1104 (1963).
43. *L. K. S. Tong & W. O. Kenyon*, J. Amer. Chem. Soc. **67**, 1278 (1945).
44. *H. W. Starkweather & G. B. Taylor*, J. Amer. Chem. Soc. **52**, 4708–4714 (1930).
45. *H. W. Melville & W. F. Watson*, Trans. Faraday Soc. **44**, 68 (1948).
46. *J. W. Goodeve*, Trans. Faraday Soc. **34**, 1239 (1938).
47. *E. L. Kropa & R. B. Barnes*, Amer. Chem. Soc., Papers, Meeting (1941).
48. *J. Farquharson*, Trans. Faraday Soc. **32**, 219 (1936); **33**, 824 (1937).
49. *K. Ott, F. Frick & H. Bernard*, I.G. Farb., DRP. 547517 (1927).
50. *H. A. Goldsmith*, Ind. Eng. Chem. **40**, 1205 (1948).
51. Alkyd Report Nr. 12, Hercules Powder Company, Wilmington, Del.
52. *A. G. Hovey*, Ind. Eng. Chem. **41**, 730–737 (1949).
53. *A. J. Seiner*, US. P. 3109831; 3109833; 3109834 (1963).
54. *S. Davies*, US. P. 2961430 (1960).
55. *T. C. Patton*, Alkyd Resin Technology (New York 1962).
56. *H. Suter, G. Pöhler, K. Martin & F. Brunnmüller*, BASF, DAS. 1268842 (6. 5. 1964/22. 5. 1968).
57. United States Rubbers Co., US. P. 2480928 (1944).
58. *K. Fischer & S. A. Chatillon*, Fr. P. 1461113 (1966).
59. *L. N. Luchanskü* & Mitarb., Lakokrasochnye Materialy I Ich Primenenie **1**, 59–63 (1966).
60. SRI, Rep. Nr. 26, 154 (1967).

4. Phthalsäureanhydrid für Farbstoffe und spezielle Produkte

1. *K. Heumann*, Ber. **27**, 2653 (1894).
2. *A. von Nagel*, Fuchsin, Alizarin, Indigo, BASF-Schriftenreihe des Firmenarchivs Nr. 1.
3. *R. Bohn*, DRP. 129845, 129846, 129847, 129848 (1901).
4. *A. von Nagel*, Indanthren, Komplexfarbstoffe, Tenside, BASF-Schriftenreihe des Firmenarchivs Nr. 2.
5. *H. de Diesbach & E. van der Weid*, Helv. **10**, 886 (1927).
6. *R. P. Linstead*, Ber. **72**, 93 A–103 A (1939).
7. *A. von Baeyer*, Ber. **4**, 457, 555, 658 (1871); Liebigs Ann. **202**, 36 (1880).
8. *G. Heller*, Angew. Chem. **19**, 669 (1906); I.G. Farb., DRP. 495447 (1927).
9. *P. W. Sherwood*, Chemie-Ing.-Techn. **32**, 459 (1960).
10. *H. Gnamm*, Fachbuch für die Lederindustrie, 5. Aufl. (1958).
11. *A. R. Kittleson*, US. P. 2553770 (1949). *A. R. Kittleson*, Science **115**, 84 (1952).
12. *M. Negwer*, Organ.-chem. Arzneimittel, 3. Aufl. (1966).

5. Phthalsäureanhydrid für Zwischenprodukte

1. *A. von Baeyer*, Liebigs Ann. **269**, 148 (1892).
2. *H. Astié*, Liebigs Ann. **258**, 188 (1890).
3. *A. Neville*, J. chem. Soc. (London) **89**, 1745 (1906).

4. *E. A. Pasquinelli*, An. Asoc. quim. arg. **T 31**, 186 (1943).
5. *C. Mettler*, Ber. **39**, 2933 (1906).
6. *F. Somlo*, Z. Elektrochem. **35**, 769 (1929).
7. *J. Tafel*, Ber. **33**, 2209 (1900).
8. *P. C. Condit*, Ind. Eng. Chem. **48**, 1252 (1956); US. P. 2477579, 2477580, 2537304.
9. *N. H. Furman & C. E. Bricker*, J. Amer. Chem. Soc. **64**, 660 (1942).
10. *M. Ono*, Nihon Kagaku Zasshi **75**, 1195 (1954); C. A. **51**, 12704 (1954).
11. *O. Diels & K. Alder*, Liebigs Ann. **490**, 257 (1931).
12. *M. J. Goldstein & G. L. Thayer Jr.*, J. Amer. Chem. Soc. **87**, 1925 (1965).
13. Brit. P. 747970 (3. 7. 1952).
14. *F. Beck*, BASF, unveröffentlicht.
15. *H. Suter, H. Nohe, F. Beck & A. Hrubesch*, BASF, DOS. 1568094 (26. 3. 1966).
16. *H. Suter, H. Nohe, F. Beck, W. Brügel & H. Aschenbrenner*, BASF, DBP. 1618078 (10. 1. 1967).
17. *H. Nohe & H. Suter*, BASF, DOS. 1953260 (23. 10. 1969).
18. *H. Nohe & H. Suter*, BASF, DOS. 1953259 (23. 10. 1969).
19. *W. Brügel & H. Friebolin*, BASF, unveröffentlicht.
20. *G. Smith, C. L. Warren & W. R. Vaughan*, J. org. Chem. **28**, 3323 (1963).
21. *O. Diels & K. Alder*, Liebigs Ann. **490**, 266 (1931).
22. *O. Diels & K. Alder*, DRP. 526168.
23. *W. F. Yates*, US. P. 3125585.
24. *H. Suter*, BASF, DAS. 1234211 (17. 8. 1963).
25. *H. Suter, H. Nohe & H. Hannebaum*, BASF, DBP. 1643654 (28. 8. 1967).
26. *H. Suter & F. Brunnmüller*, BASF, DAS. 1241444 (11. 12. 1963).
27. *C. Srna, H. Pohlemann, G. Daumüller & H. Suter*, BASF, Belg. P. 693296 (27. 1. 1967).
28. *H. Suter & G. Pöhler*, BASF, DBP. 1254624 (17. 8. 1963).
29. *H. Suter, G. Pöhler & F. Brunnmüller*, BASF, DAS. 1268838 (6. 9. 1963). *B. Reichel & B. Vollmert*, BASF, DOS. 1495192 (26. 8. 1964). *B. Reichel*, BASF, DOS. 1570300 (25. 9. 1965). *C. Srna, W. Eisfeld & H. Nohe*, BASF, DOS. 2004380 (31. 7. 1970).
30. *B. Vollmert*, Kunststoffe **55**, 446 (1965).
31. *B. Reichel*, BASF, unveröffentlicht.
32. *F. Brunnmüller, H. Suter & H. Sander*, BASF, DBP. 1237245 (13. 2. 1964). *F. Brunnmüller, H. Suter & J. W. Hartmann*, BASF, DBP. 1248196 (14. 5. 1964). *H. Pohlemann, R. Bachmann, C. Srna & B. Stanger*, BASF, DOS. 1669095 (9. 3. 1968/6. 5. 1971).
33. *H. Naarmann, N. Patsch, H. Eilingsfeld & M. Marx*, BASF, DOS. 1915576 (27. 3. 1969).
34. *A. S. Onishchenko*, Diene Synthesis, 361, Israel Program for Scientific Translation, Jerusalem 1964.
35. *H. Nohe*, BASF, DOS. 1768744 (24. 6. 1968).
36. Kureha Kagaku Kogyo Co., Jap. P. 21417 (1968).
37. *H. Nohe*, BASF, DBP. 1618162 (19. 5. 1967).
38. *A. von Baeyer*, Liebigs Ann. **7**, 18, Suppl.-Bd. (1870).
39. *C. Srna*, BASF, DOS. 1955158 (3. 11. 1969).
40. *H. Nohe*, BASF, DOS. 1593778 (13. 5. 1967).

Sachverzeichnis

C

E

I – J

R

V

Y

WISSENSCHAFTLICHE FORSCHUNGSBERICHTE

Begründet von Raphael Eduard Liesegang – Fortgeführt von Rolf Jäger
Herausgegeben von W. Brügel und A. W. Holldorf

Reihe I: Grundlagenforschung und grundlegende Methodik

Neuere naturwissenschaftliche Beiträge:

62. *W. Brügel*
Einführung in die Ultrarotspektroskopie
4. Auflage. XIV, 426 Seiten, 200 Abb., 37 Tab. 1969. Ganzln. DM 80,–

64. *G. Klages*
Einführung in die Mikrowellenphysik
2. Auflage. XI, 279 Seiten, 135 Abb. 1967. Kunststoff DM 29,–

65. *W. Pepperhoff*
Temperaturstrahlung
XI, 281 Seiten, 166 Abb., 26 Tab. 1956. Ganzln. DM 39,50

67. *R. Schenck*
Das Licht im Grundsystem des Kohlenhydratstoffwechsels
XIII, 136 Seiten, 19 Abb., 16 Tab. 1960. Ganzln. DM 38,–

68. *H. A. Müser*
Einführung in die Halbleiterphysik
XVI, 237 Seiten, 35 Abb., 2 Tab. 1960. Ganzln. DM 43,–

70. *J. Brandmüller* und *H. Moser*
Einführung in die Ramanspektroskopie
XVI, 515 Seiten, 193 Abb., 72 Tab. 1962. Ganzln. DM 94,–

73. *W. Pepperhoff* und *H.-H. Ettwig*
Interferenzschichten-Mikroskopie
VIII, 79 Seiten, 44 z. T. farb. Abb., 1 Tab. 1970. Kunststoff DM 28,–

74. *G. Herzberg*
Einführung in die Molekülspektroskopie
Übersetzt von *W. Brügel*
Etwa VIII, 200 Seiten, einige Abb. u. Tab. 1972. Ganzln. ca. DM 36,–

75. *A. Fadini*
Molekülkraftkonstanten
Etwa VIII, 240 Seiten, zahlr. Abb. u. Tab. 1973. Ganzln. ca. DM 120,–

DR. DIETRICH STEINKOPFF VERLAG · DARMSTADT · POSTFACH 1008

VERWANDTE LITERATUR

L. J. Bellamy
Ultrarot-Spektrum und chemische Konstitution
Übersetzt von *W. Brügel*
2. Auflage. XV, 325 Seiten, 11 Abb., 23 Tab. 1966. Kunststoff DM 28,–

W. Brügel
Kernresonanz-Spektrum und chemische Konstitution
(Tabellenwerk)
XVIII, 235 Seiten, 212 Tab. 1967. Loseblattsystem in Kunststoffordner DM 140,–

K. Denbigh
Prinzipien des chemischen Gleichgewichts
Übersetzt von *H. Oel* und *G. Eckold*
2. Auflage. Etwa XX, 500 Seiten, 50 Abb., 20 Tab. 1973 in Vorbereitung.

H. Focke
Zur Geschichte der Nachtstrompropulsion
VIII, 95 Seiten, 30 Abb., 9 Tab. 1970. Kunststoff DM 24,–

E. F. Greene und *J. P. Toennies*
Chemische Reaktionen in Stoßwellen
Übersetzt von *H. G. Wagner*
XV, 202 Seiten, 85 Abb., 15 Tab. 1959. Kart. DM 25,–

W. Jost und *K. Hauffe*
Diffusion – Methoden der Messung und Auswertung
2. Auflage. X, 327 Seiten, 108 Abb., 38 Tab. 1972. Kunststoff DM 128,–

S. Koller
Neue graphische Tafeln zur Beurteilung statistischer Zahlen
4. Auflage. XI, 166 Seiten, 27 Abb., 35 mehrfarb. Tafeln, 1 Ableselineal. 1969. Kpl. in Kunststoff-Ordner DM 72,–

W. Moll
Taschenbuch für Umweltschutz
Etwa VIII, 200 Seiten, zahlr. Tab. 1973 in Vorbereitung.

H. Röck
Destillation im Laboratorium
XIII, 164 Seiten, 65 Abb., 24 Tab. 1960. Kart. DM 26,–

H. Röck und *W. Köhler*
Ausgewählte moderne Trennverfahren mit Anwendungen auf organische Stoffe
2. Auflage. X, 210 Seiten, 148 Abb., 38 Tab. 1965. Kart. DM 44,–

R. Schlögl
Stofftransport durch Membranen
XII, 123 Seiten, 19 Abb. 1964. Kart. DM 24,–

H. Strehlow
Magnetische Kernresonanz und chemische Struktur
2. Auflage. XII, 176 Seiten, 99 Abb., 22 Tab. 1968. Kunststoff DM 34,–

K. Winterfeld
Organisch-chemische Arzneimittelanalyse
XII, 308 Seiten, 26 Tab. 1971. Kunststoff DM 18,–

DR. DIETRICH STEINKOPFF VERLAG · DARMSTADT · POSTFACH 1008

Abb. 2. Entwicklung der Salpeterbadöfen für Festbettkatalysatoren bei der Phthalsäureanhydridherstellung

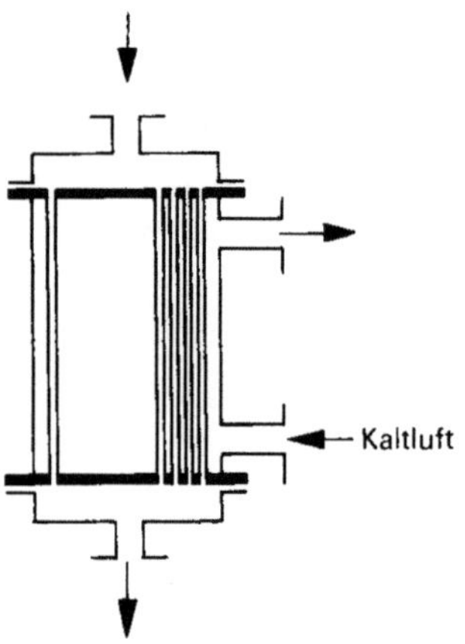

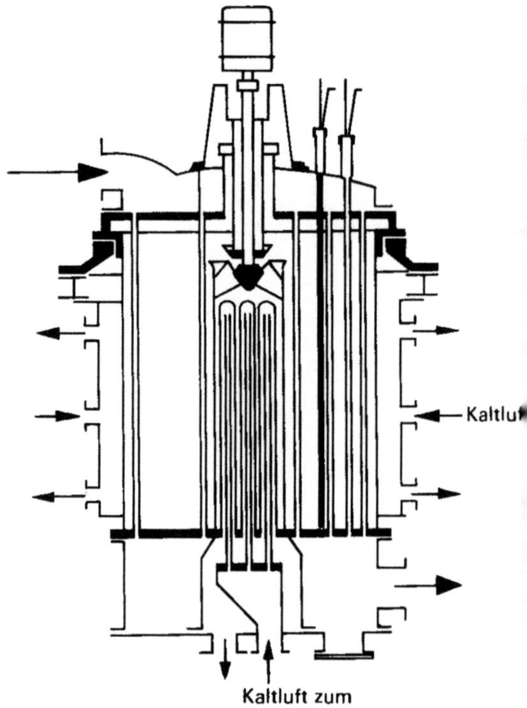

Technische Daten

Typ 1920		**Typ 1926**	
Rohrzahl	300	Rohrzahl	2250
Rohrmaße, innen	20–25 mm	Rohrmaße, innen	25 mm
Röhrenbündel	2000 × ca. 700 mm ⌀	Röhrenbündel	3300 × ca. 2000 mm ⌀
Konstruktion	BASF	Konstruktion	BASF
Wärmeabführung	Luftkühlung	Wärmeabführung	Salzbad mit Luftkühlung
Leistung	6–8 Tonnen/Monat	Leistung	~80 Tonnen/Monat
Beladung	ca. 40 g Naphthalin/ Nm^3 Luft und Stunde	Beladung	40 g Naphthalin/Nm^3 Luft u. Stunde
Techn. Zwischengrößen [Jahr/Rohrzahl/Leistung]	1921–1935/ ~600/20	Techn. Zwischengrößen [Jahr/Rohrzahl/Leistung]	1935/3000/90 1952/4000/120

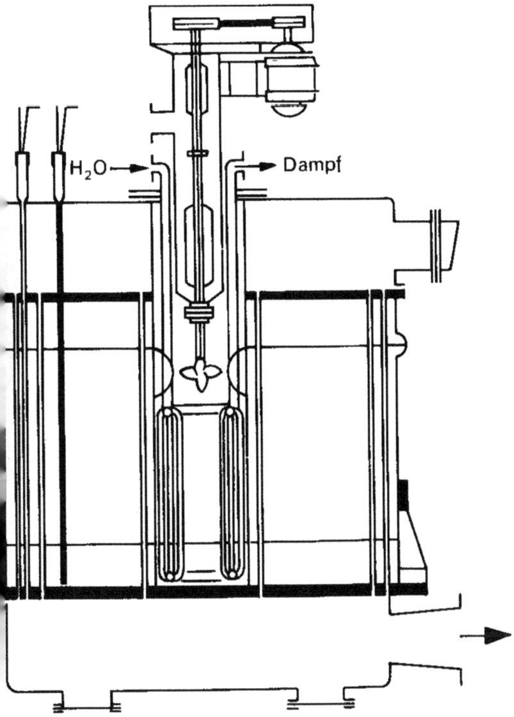

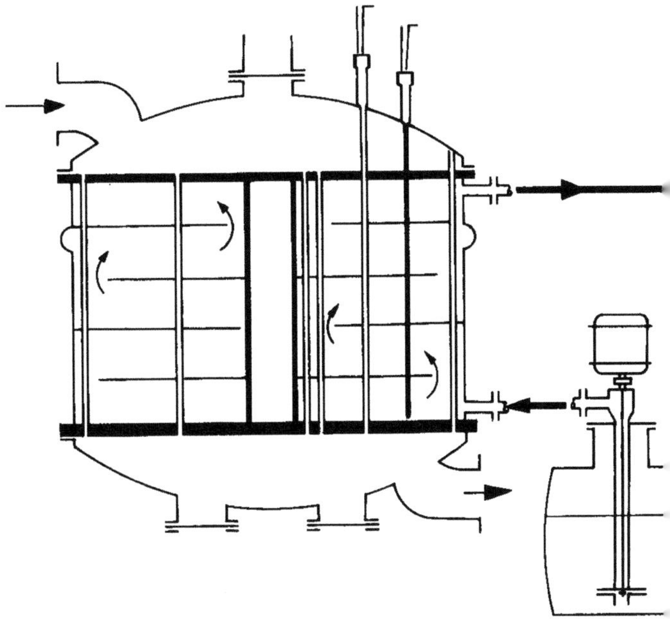

963

ıhl	8927
ıaße, innen	25 mm
ıbündel	3050 × 4200 mm ⌀
uktion	DWE/v. Heyden
ıabführung	Dampf 30 atü
ıg	400 Tonnen/Monat
ıng	40 g o-Xylol oder Naphthalin/Nm³ Luft u. Stunde
. Zwischengrößen	1952–59/4000/125
Rohrzahl/Leistung]	1960/5400/175

Typ 1962/66

Rohrzahl	
Rohrmaße, innen	20 mm
Röhrenbündel	(2500 × 4200 ⌀)
Konstruktion	DWE/Scientific-Design
Wärmeabführung	Diphyl
Leistung	750 Tonnen/Monat
Beladung	60–65 g o-Xylol/Nm³ Luft u. mit regelmäßiger Katalysatorre
Techn. Zwischengrößen [Jahr/Rohrzahl/Leistung]	1945/125 Tonnen/Monat/bei

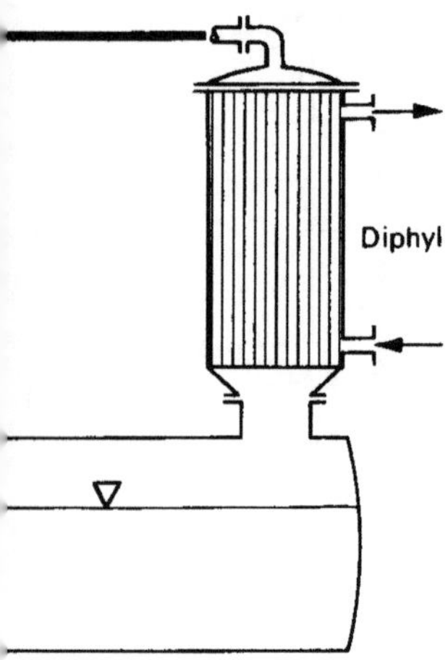

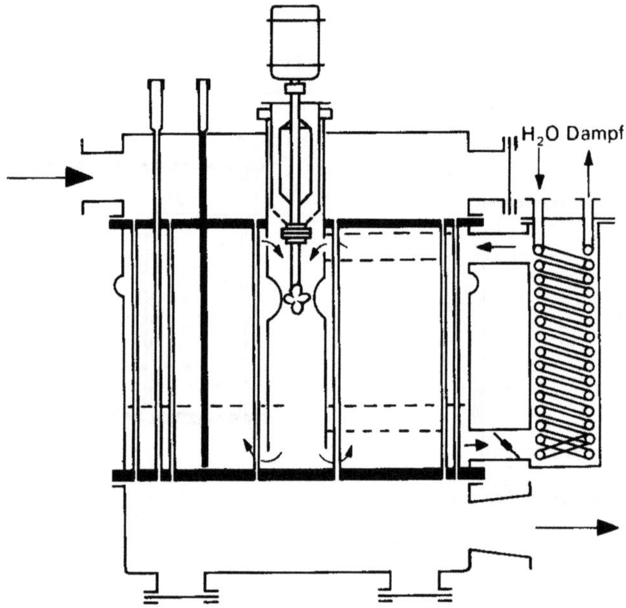

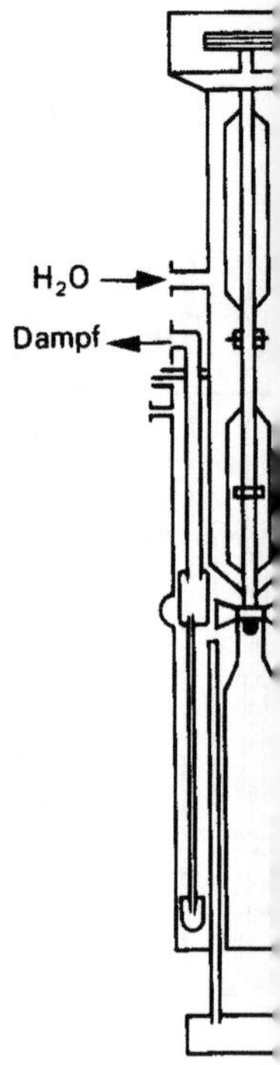

Stunde im Exbereich,
generierung
Oronite USA

Typ 1966

Rohrzahl	8200
Rohrmaße, innen	25 mm
Röhrenbündel	(2500 × 3800 ∅)
Konstruktion	DWE/Ruhröl
Wärmeabführung	Dampf
Leistung	850 Tonnen/Monat
Beladung	38–42 g o-Xylol/Nm³ Luft u. Stunde
Techn. Zwischengrößen [Jahr/Rohrzahl/Leistung]	5500/450

Typ 196
Rohrzahl
Rohrmaß
Röhrenbü
Konstrukt
Wärmeab
Leistung
Beladung
Techn. Zw
[Jahr/Ro

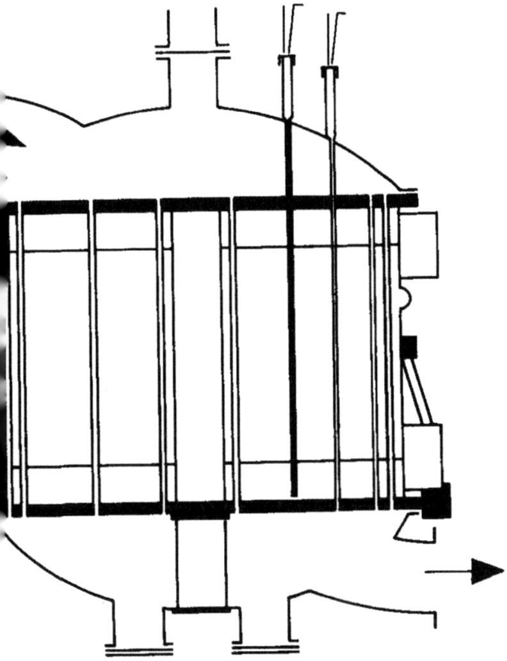

	9948
	25 mm
	3200 × 4200 mm ø
	BASF/DWE
	Dampf 20–90 atü
	1200 Tonnen/Monat
	40 g o-Xylol/Nm³ Luft u. Stunde
ßen	1970/13 700/1650
tung]	

Abb. 6. Aggregate zur PSA-Abscheidung

Typ I
Desublimationskammer

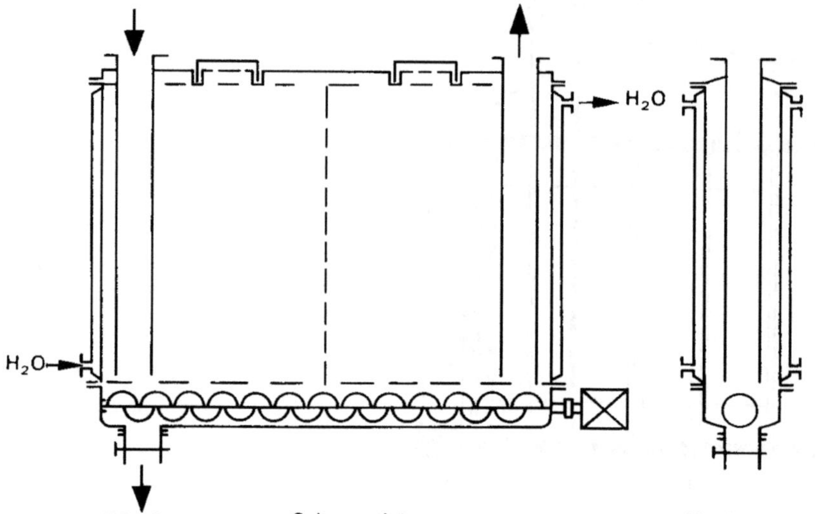

Baujahr	1936
Konstruktion	BASF
Abscheidungsfläche	ca. 25 m²
Wärmeträger	Wasser oder Luft
Leistung	13 Stück/80 Tonnen im Monat
Ausmaße	h = 3000 mm, b = 600 mm, l = 3500 mm

Maßstab 1 : 40

Typ II
Kristallabscheider

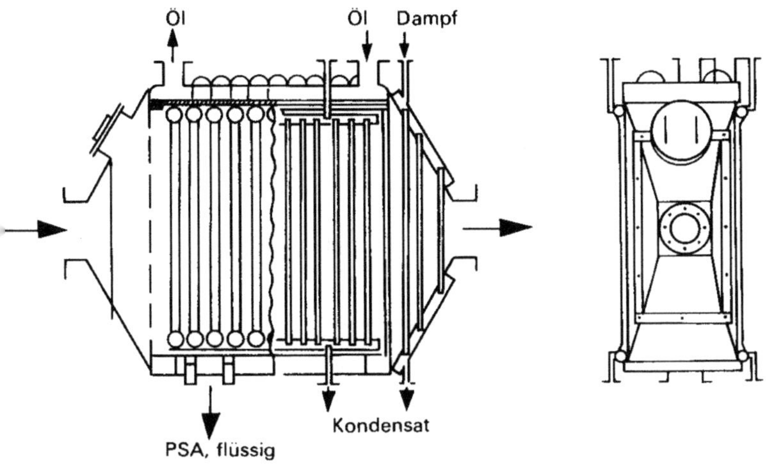

Seitenansicht

Vorderansicht

Baujahr	1960
Konstruktion	UCC
Abscheidungsfläche	600 m²
Wärmeträger	Mobiltherm light
Leistung	20 Stück/1800 Tonnen im Monat
Ausmaße	h = 2380 mm, b = 1100 mm, l = 3080 mm

Typ III
Kristallabscheider

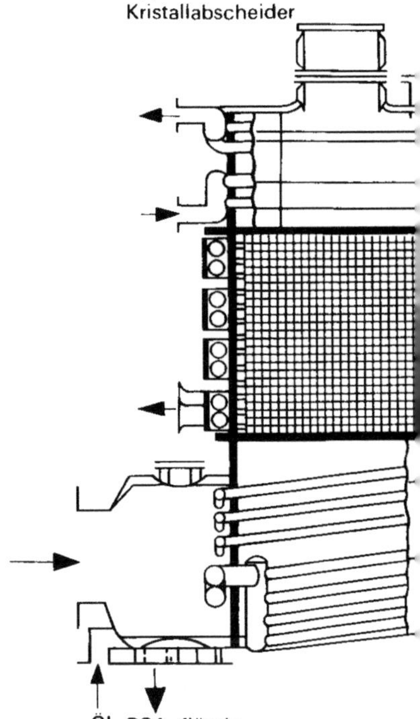

Baujahr
Konstruktion
Abscheidungsfläche
Wärmeträger
Leistung
Ausmaße

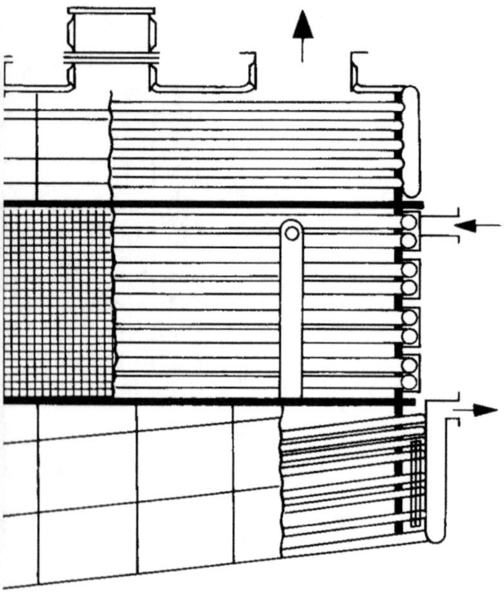

Seitenansicht

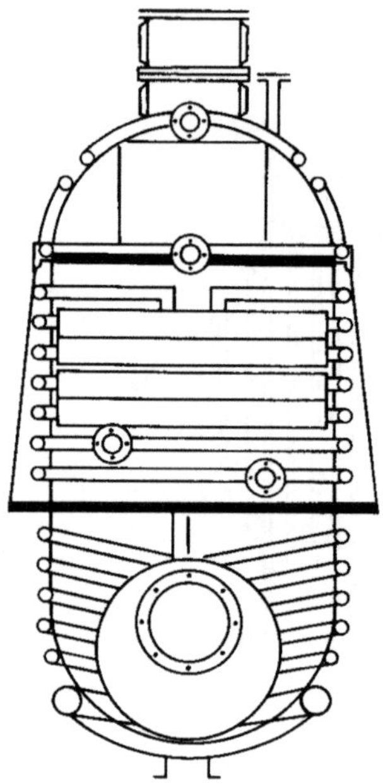

Vorderansicht

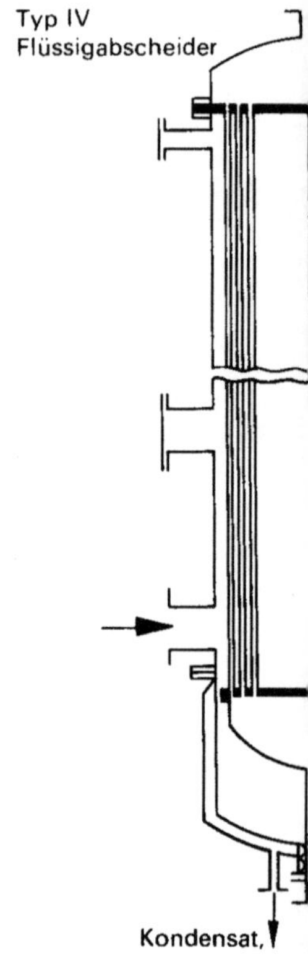

Baujahr	1966/1970
Konstruktion	GEA
Abscheidungsfläche	1500 m²/3700 m²
Wärmeträger	®Mobiltherm light
Leistung	6 bzw. 3 Stück/1200 Tonnen im Monat
Ausmaße	h = 4300 mm, b = 2200 mm, l = 6400 mm

Dampf

, flüssig

Williams/Badger
m²
sser 128°C
yp IV u. II/2000 Tonnen im Monat
del
) mm, ∅ = 1200 mm
ren, ∅ innen = 25 mm

Abb. 16. BASF-Verfahren zur kontinuierlichen Herstellung von Phthalsäureestern

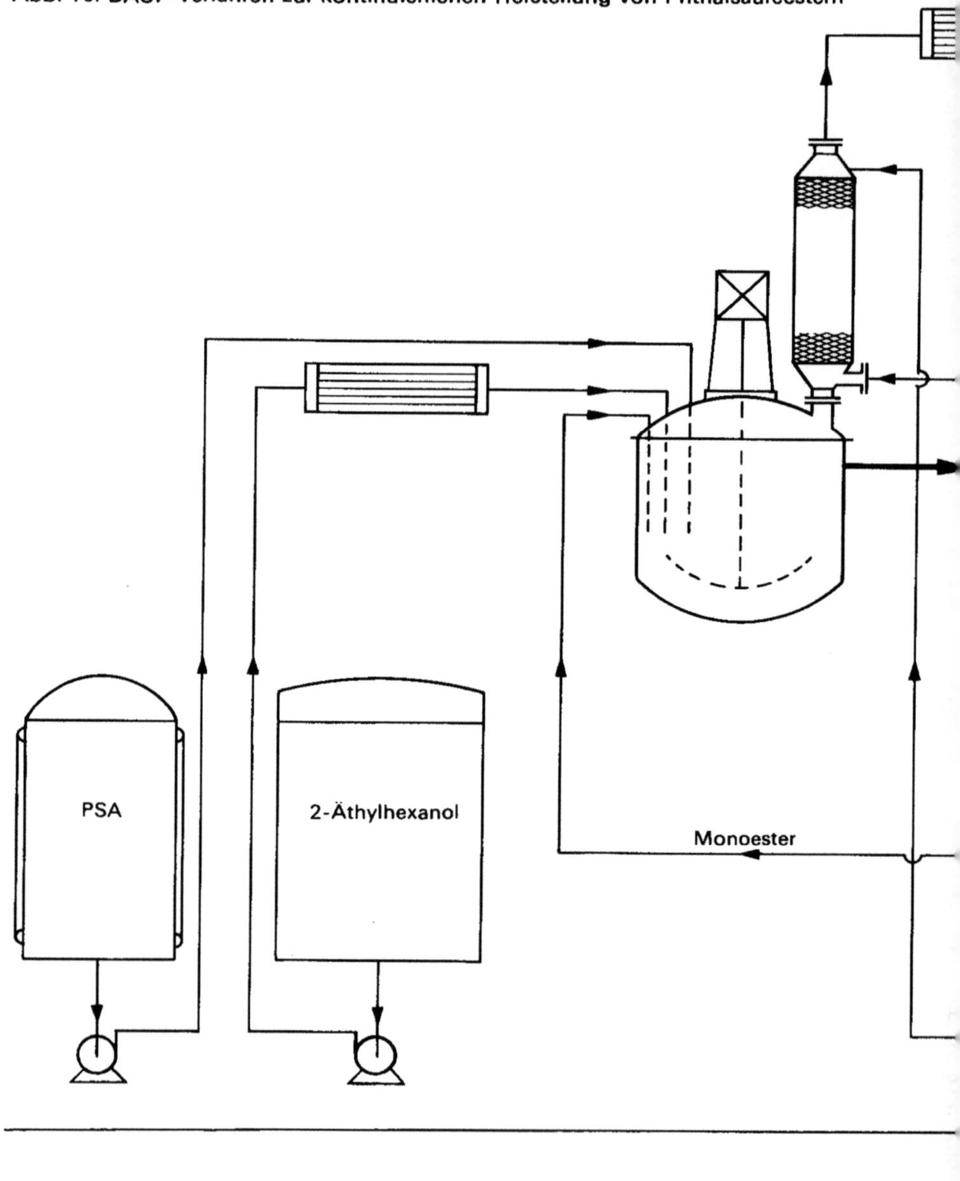

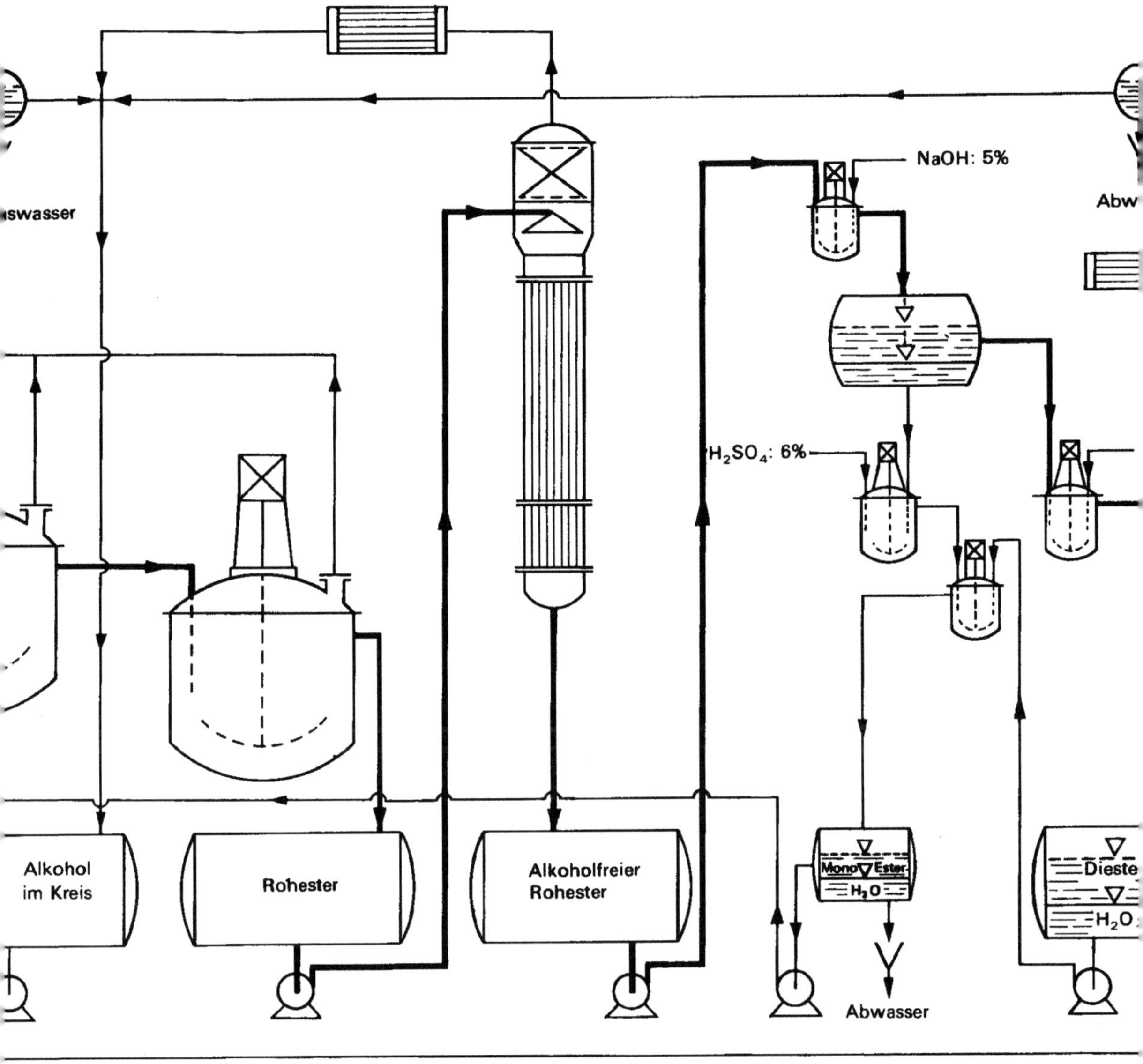

Rührkesselkaskade

Abtrennung des Alkohols

Neutralisations- u. Waschstufe
Rückgewinnung des Monoesters

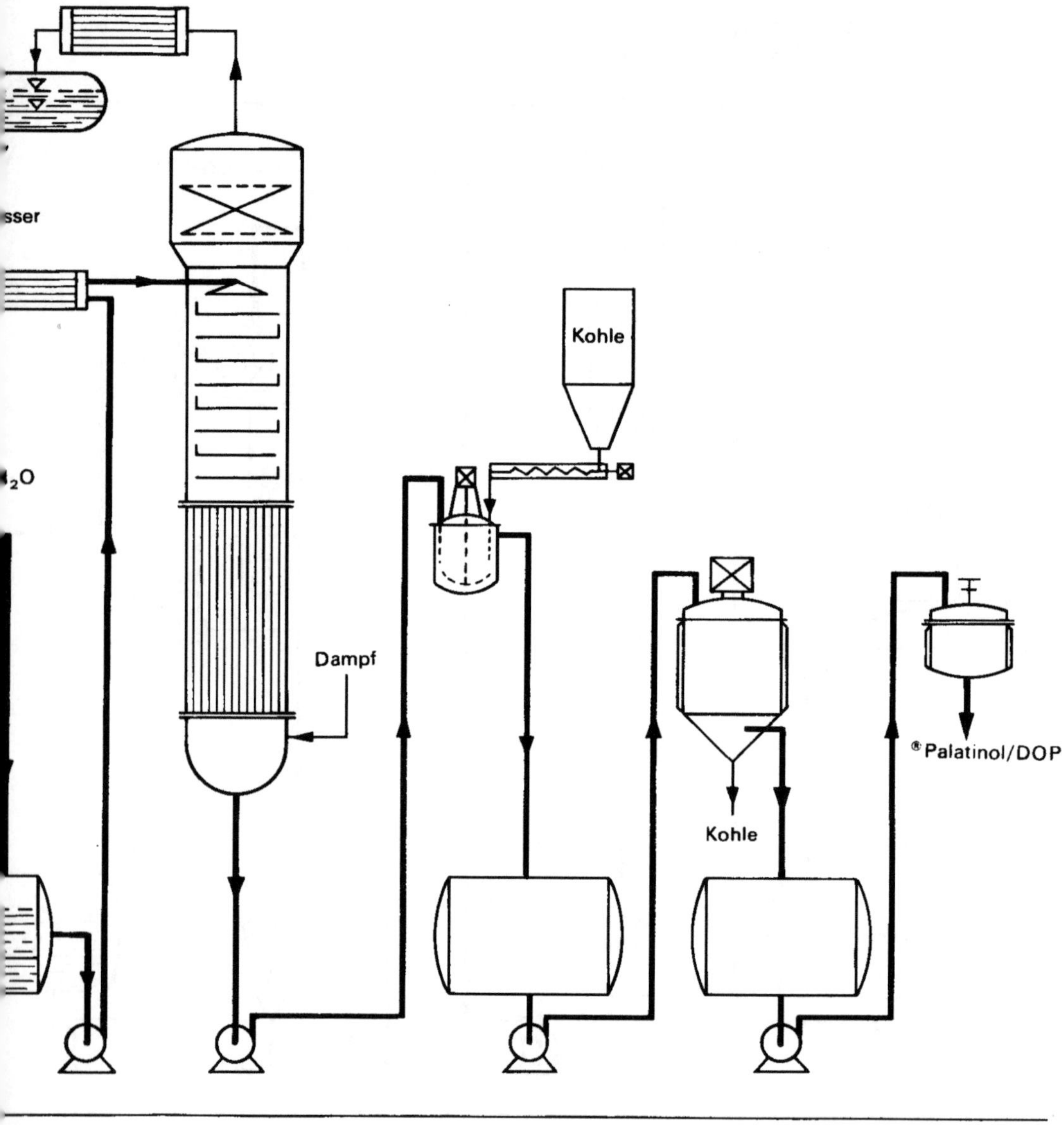

Ausdämpfung u. Trocknung

Adsorptionsbehandlung mit Aktivkohle
Grob- u. Feinfiltration

Abb. 11. BASF-Festbettverfahren

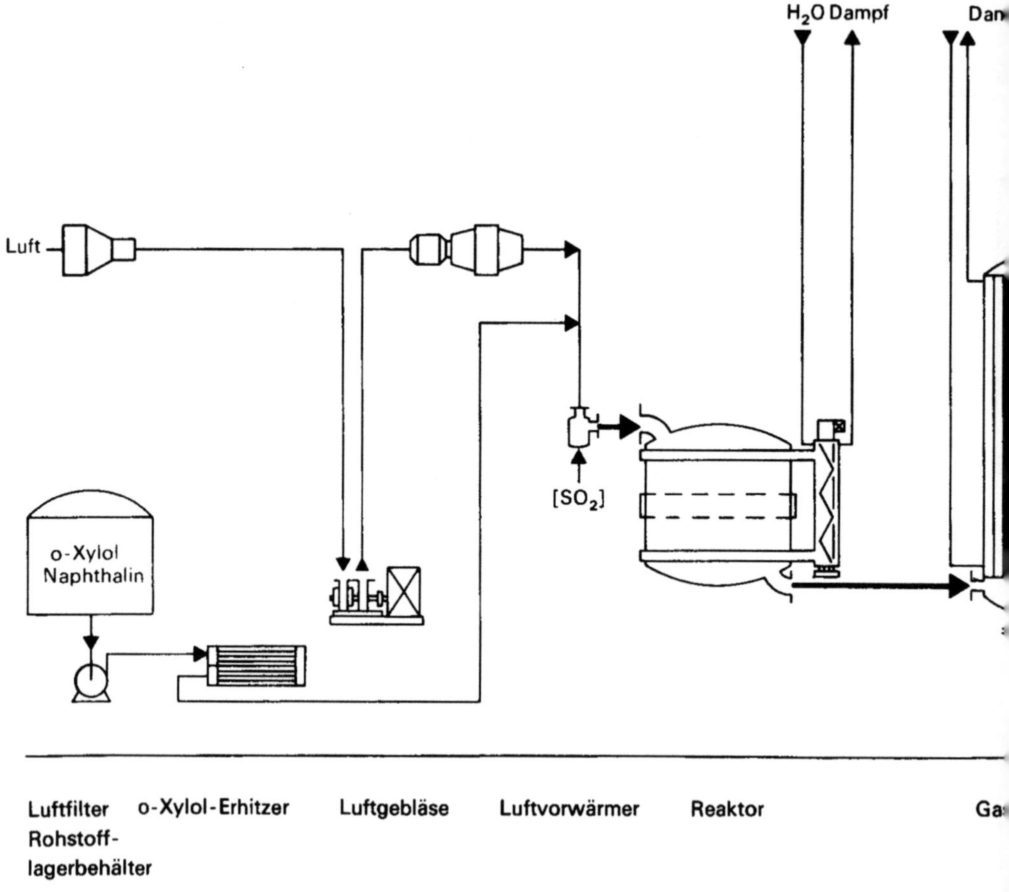

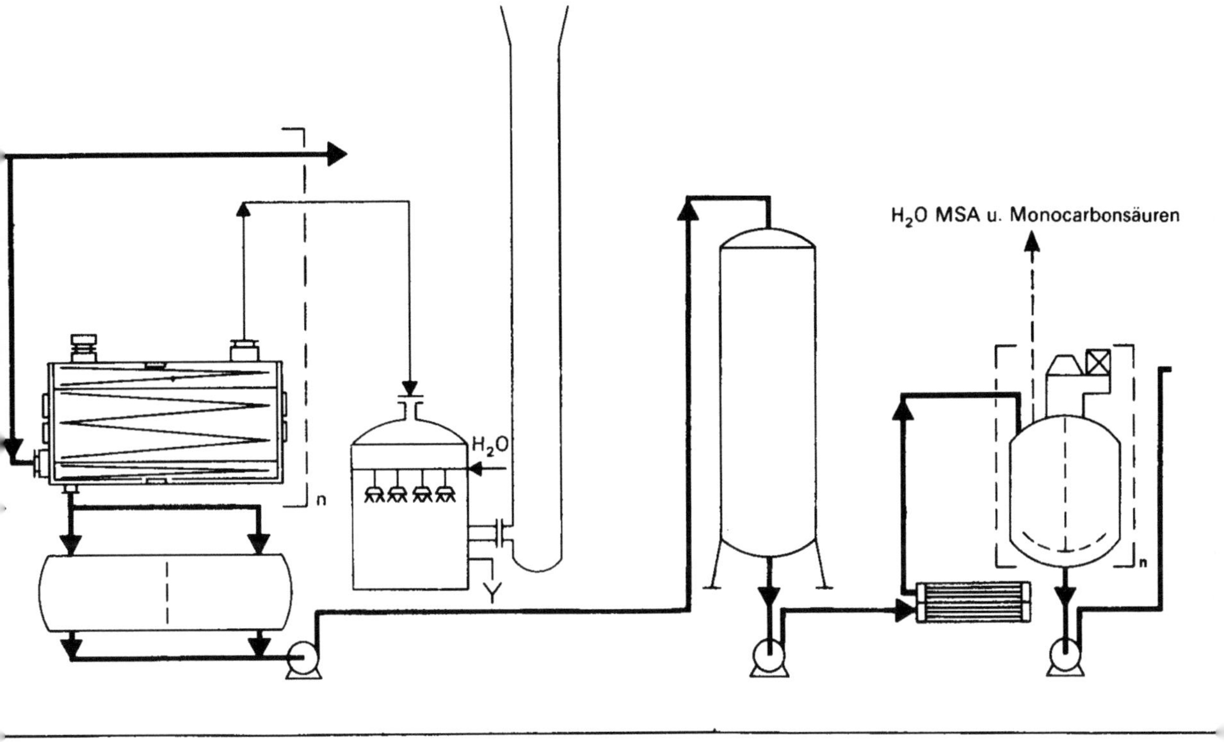

Schmelzabscheider

Roh-PSA-Behälter

Waschturm mit Abgaskamin

Roh-PSA-Lagertank

Durchlauferhitzer

Vorzersetzer

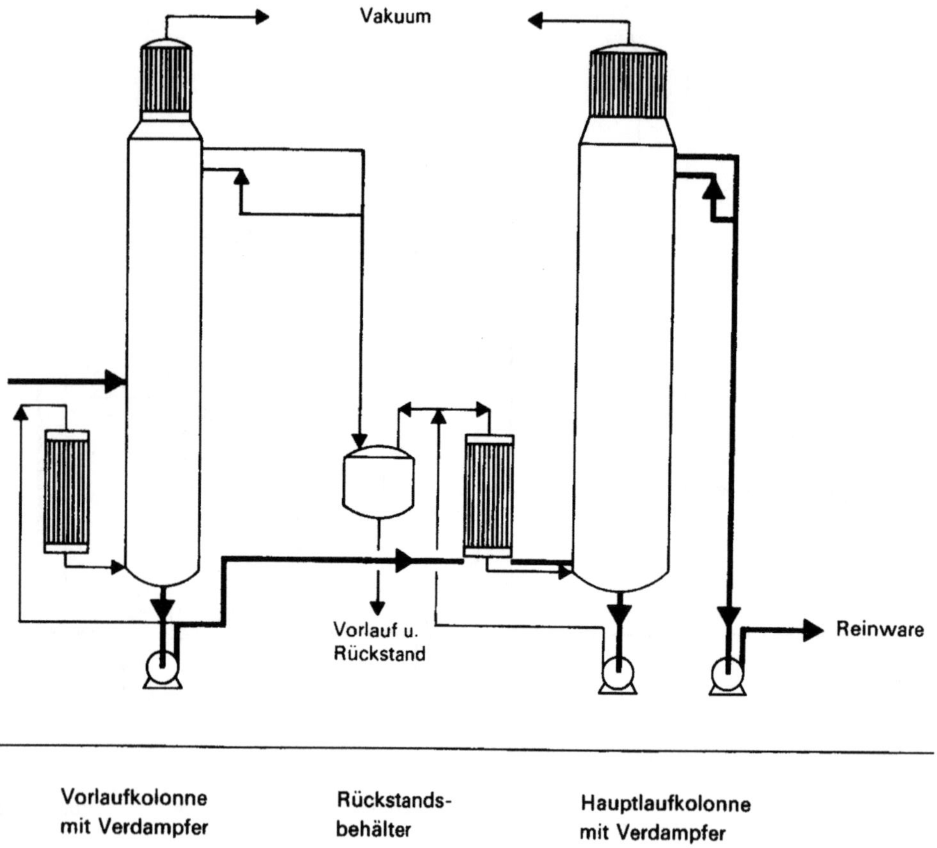
Vakuum
Vorlauf u.
Rückstand
Reinware
Vorlaufkolonne
mit Verdampfer
Rückstands-
behälter
Hauptlaufkolonne
mit Verdampfer

Abb. 14. Progil-Flüssigphasenoxidation

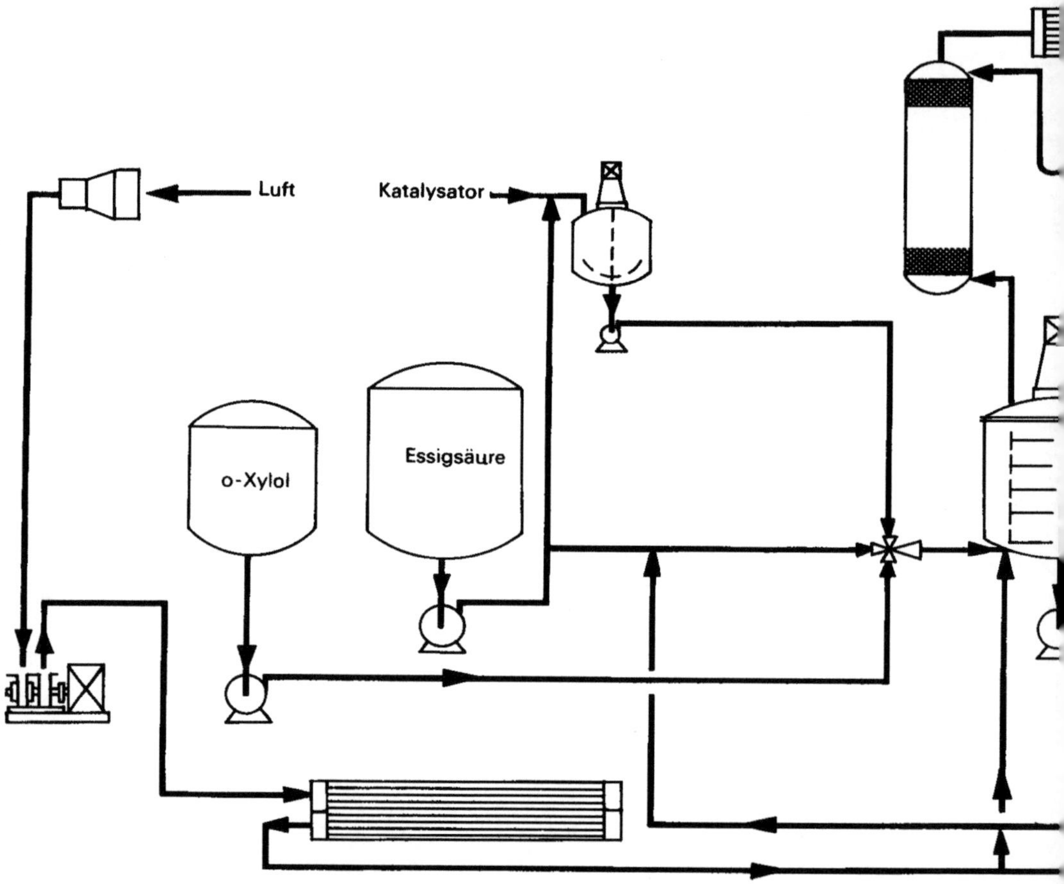

Luftfilter
Luftgebläse
o-Xylolbehälter
Essigsäure-behälter
Katalysator-mischkessel
Luftkühler
Mischdüse
Wass

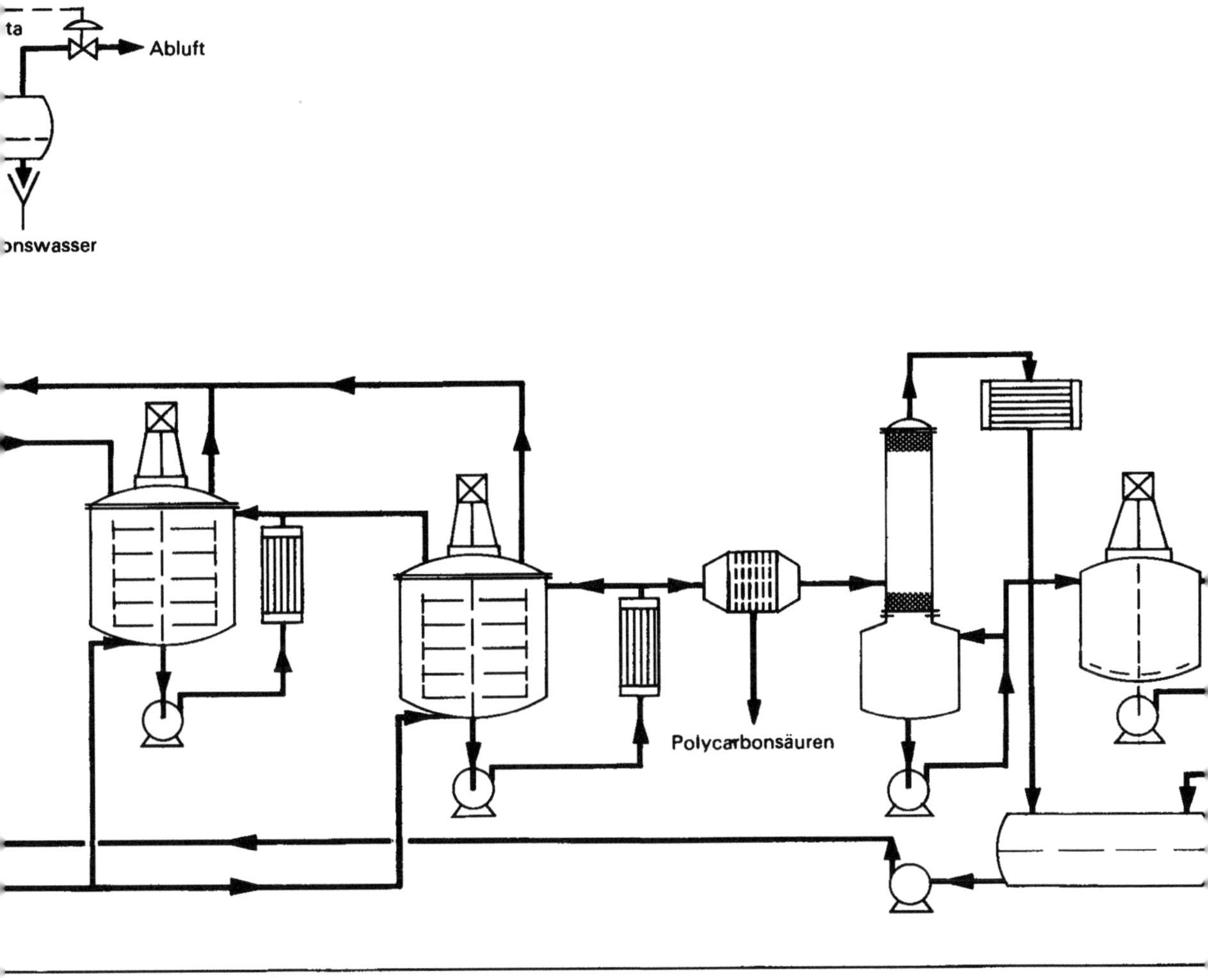

Reaktoren der Kaskade (mit Außenkühlern) Filter Entspannungsstufe mit Kristallisation
Sammelbehälter für Mutterlauge

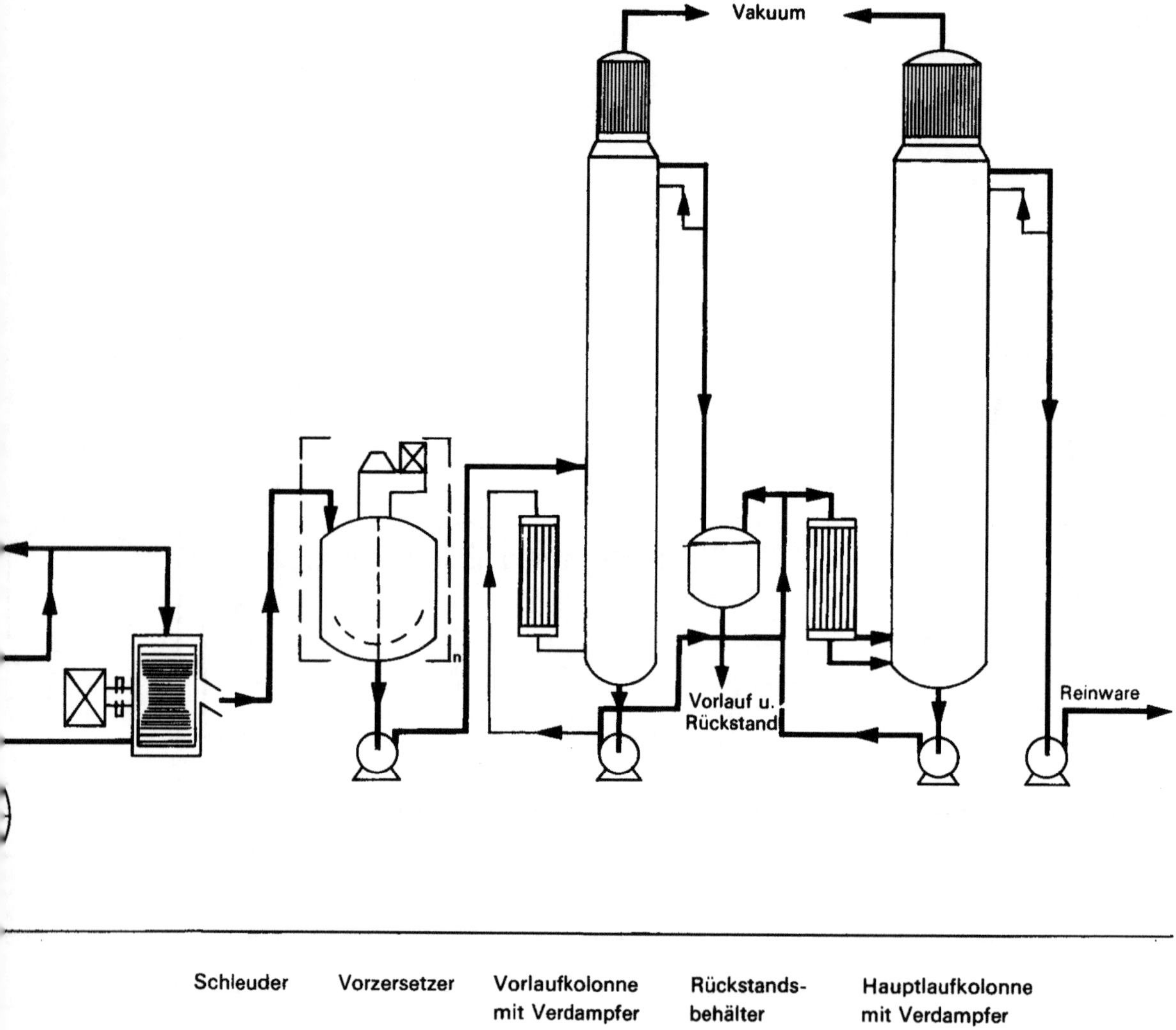
Vakuum
Vorlauf u.
Rückstand
Reinware
Schleuder
Vorzersetzer
Vorlaufkolonne
mit Verdampfer
Rückstands-
behälter
Hauptlaufkolonne
mit Verdampfer

Abb. 13. Sherwin Williams/Badger-Wirbelverfahren

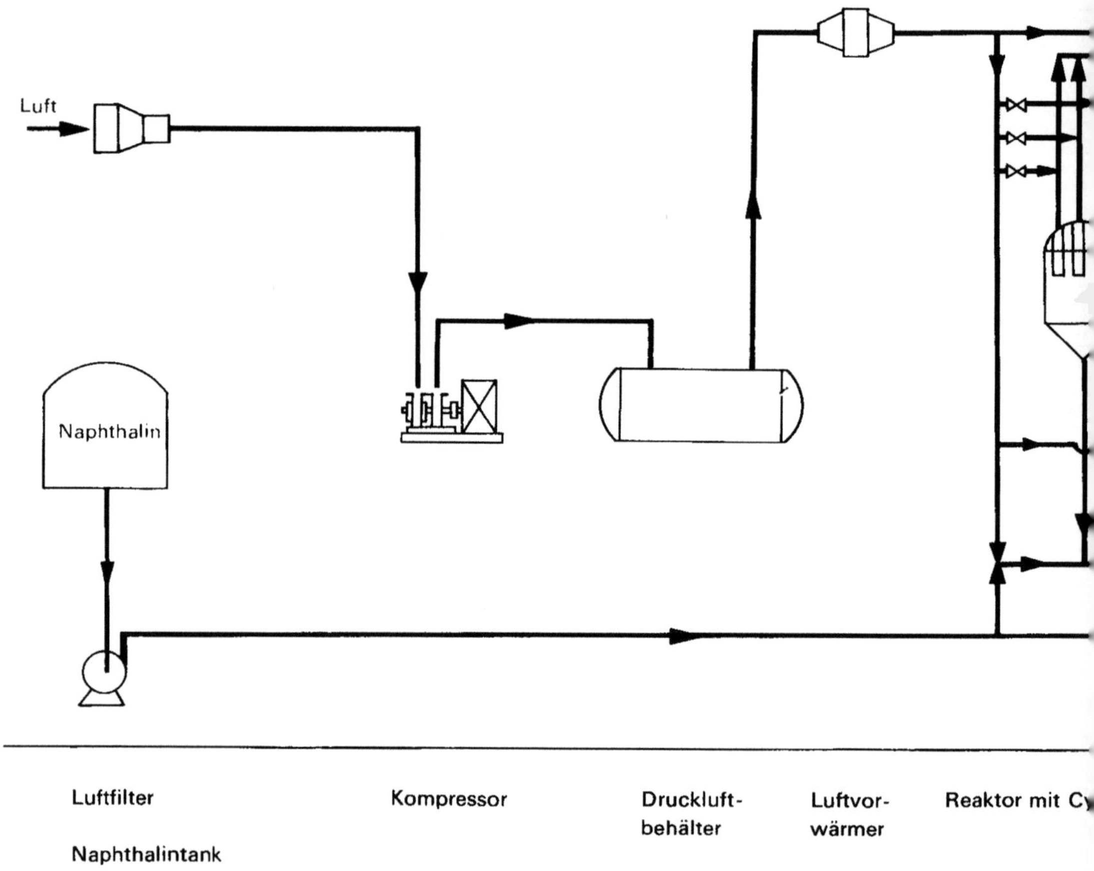

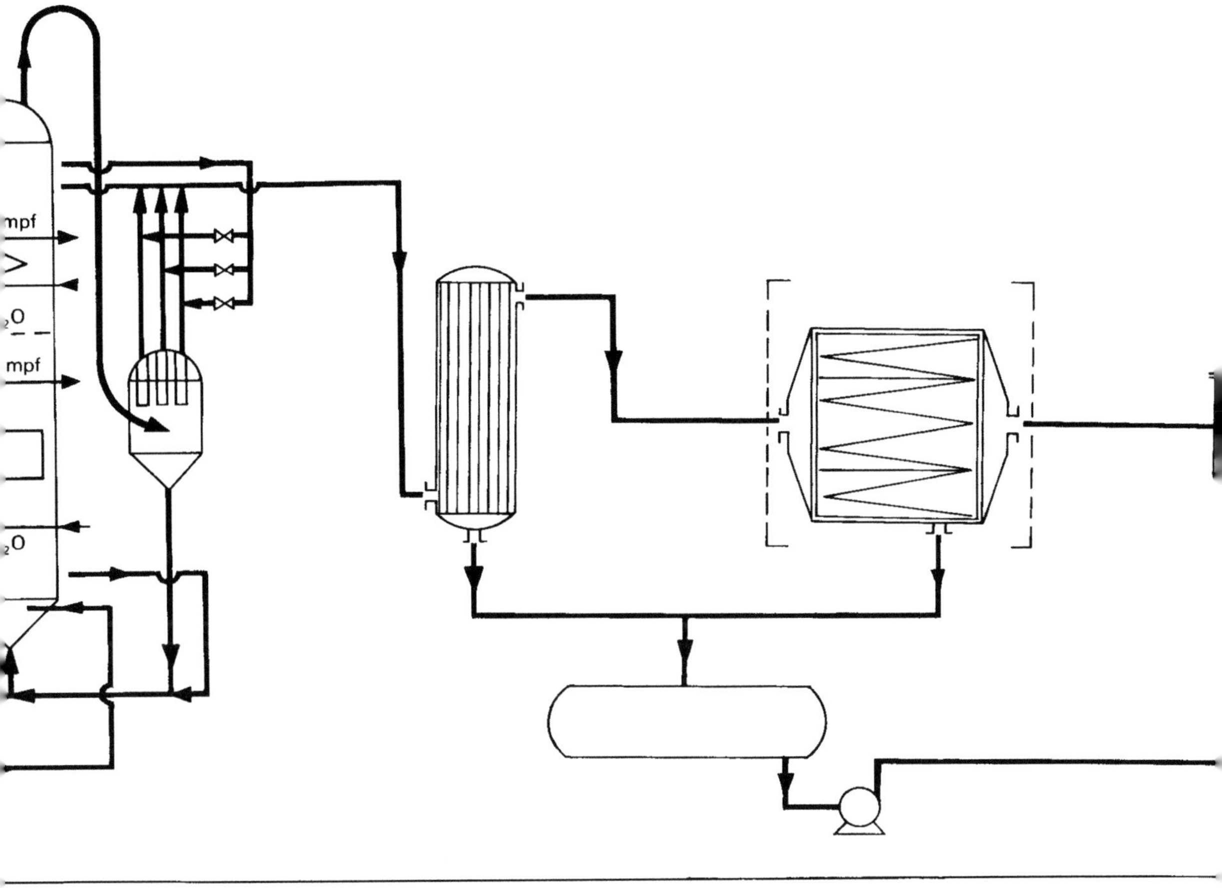
Flüssigabscheider
Roh-PSA-Behälter
Schmelzabscheider

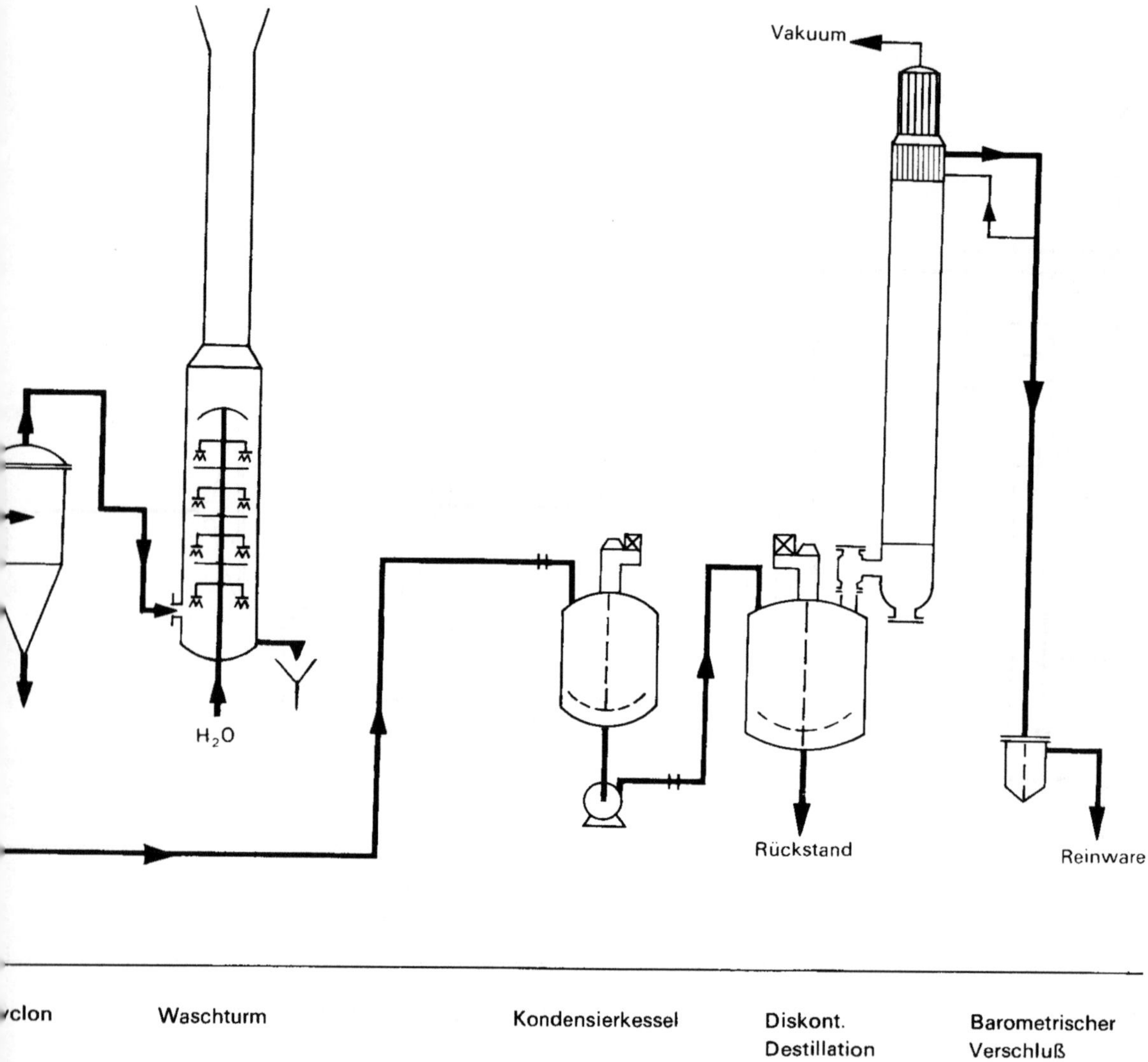
Vakuum
H₂O
Rückstand
Reinware
·clon
Waschturm
Kondensierkessel
Diskont.
Destillation
Barometrischer
Verschluß

Die Aufnahme des Schutzumschlages zeigt einen modernen großtechnischen Produktions-Verbund von Phthalsäureanhydrid (72000 t/Jahr) und dessen hauptsächlichen Verbraucher Weichmacher (200000 t/Jahr). Dieser Fabrikationskomplex wurde 1968 bei der BASF in Ludwigshafen am Rhein verwirklicht.

DM 98.—

GPSR Compliance

The European Union's (EU) General Product Safety Regulation (GPSR) is a set of rules that requires consumer products to be safe and our obligations to ensure this.

If you have any concerns about our products, you can contact us on ProductSafety@springernature.com

In case Publisher is established outside the EU, the EU authorized representative is:

Springer Nature Customer Service Center GmbH
Europaplatz 3
69115 Heidelberg, Germany

Batch number: 10577969

Printed by Printforce, the Netherlands